Johannes Altenbach
Wolfgang Kissing
Holm Altenbach

Dünnwandige Stab- und Stabschalentragwerke

Grundlagen und Fortschritte der Ingenieurwissenschaften

Fundamentals and Advances in the Engineering Sciences

herausgegeben von
Prof. Dr.-Ing. Wilfried B. Krätzig, Ruhruniversität Bochum
Prof. Dr.-Ing. Dr.-Ing. E.h. Theodor Lehmann[†], Ruhruniversität Bochum
Prof. Dr.-Ing. Dr.-Ing. E.h. Oskar Mahrenholtz, TU Hamburg-Harburg
Prof. Dr. Peter Hagedorn, TH Darmstadt

Konvektiver Impuls-, Wärme- und Stoffaustausch
von Michael Jischa

Einführung in Theorie und Praxis der Zeitreihen- und Modalanalyse
von Hans G. Natke

Mechanik der Flächentragwerke
von Yavuz Basar und Wilfried B. Krätzig

Introductory Orbit Dynamics
von Fred P. J. Rimrott

Festigkeitsanalyse dynamisch beanspruchter Offshore-Konstruktionen
von Karl-Heinz Hapel

Abgelöste Strömungen
von Alfred Leder

Strömungsmechanik
von Klaus Gersten und Heinz Herwig

Konzepte der Bruchmechanik
von Reinhold Kienzler

Dünnwandige Stab- und Stabschalentragwerke
von Johannes Altenbach, Wolfgang Kissing
und Holm Altenbach

Johannes Altenbach
Wolfgang Kissing
Holm Altenbach

Dünnwandige Stab- und Stabschalentragwerke

Modellierung und Berechnung im konstruktiven Leichtbau

Mit 113 Bildern und 25 Tabellen

Prof. Dr.-Ing. habil. Johannes Altenbach
Professor für Technische Mechanik (1968–92)
Institut für Festkörpermechanik
Otto-von-Guericke-Universität Magdeburg
z. Zt. Gastprofessuren BUGH Wuppertal
und Universität Miskolc (Ungarn)

Prof. Dr.-Ing. habil. Wolfgang Kissing
Fachbereich Maschinenbau
Hochschule Wismar
Fachhochschule für Technik, Wirtschaft und Gestaltung

Privatdozent Dr.-Ing. habil. Holm Altenbach
Arbeitsgruppe Werkstoffmechanik
Otto-von-Guericke-Universität Magdeburg
Gastprofessur Polytechnisches Institut Kharkov/Ukraine (1991)
Alexander von Humboldt-Stipendiat Ruhr-Universität Bochum (1992)

Gedruckt auf säurefreiem Papier

ISBN 978-3-322-99214-7   ISBN 978-3-322-99213-0 (eBook)
DOI 10.1007/978-3-322-99213-0

Vorwort

Die ersten Anregungen zur Beschäftigung mit den Modellgleichungen für dünnwandige Konstruktionen erhielten zwei der Autoren während ihrer Tätigkeit im Institut für Statik und Stahlbau der damaligen Technischen Hochschule „Otto von Guericke" Magdeburg bereits vor ca. 30 Jahren vom Direktor dieses Institutes, *Prof. Dr.-Ing. Friedrich Kurth*. Eine erste Gruppe wissenschaftlicher Publikationen betraf die kritische Analyse der Berechnung der Ringträger von Tagebaugroßgeräten nach einer Membrantheorie, einer Theorie biegesteifer Faltwerke und der Theorie der Wölbkrafttorsion dünnwandiger Stäbe nach *Vlasov*. Eine zweite Gruppe von Arbeiten galt der Anwendung der halbmomentenfreien Schalentheorie von *Vlasov* auf die Berechnung der Verformungen und Spannungen in geschlossenen Vollwandkonstruktionen des Kranbaus unter Berücksichtigung des Einflusses von Querschotten.

Bemühungen zur Verbesserung der Berechnungsmodelle für eine globale Analyse der Schiffsfestigkeit und der Schiffsschwingungen gaben Anfang der 80er Jahre erneut einen Anstoß, das halbmomentenfreie Schalenmodell nach *Vlasov* einzusetzen und gleichzeitig zu verallgemeinern. Es entstanden eine Reihe gemeinsamer Publikationen von *J. Altenbach* und *W. Kissing* als Grundlage weiterer Forschungsarbeiten an der TH Magdeburg und der damaligen Ingenieurhochschule Wismar. So wurden z.B. in Magdeburg am Institut für Festkörpermechanik mehrere Diplomarbeiten geschrieben, von denen die Arbeiten von *M. Kruse* und *J. Brilla* besonders hervorgehoben seien, da in ihnen wichtige Ergebnisse zur Anwendung der Finite–Elemente–Methode auf prismatische und schwach nichtprismatische Kastenträger auf der Grundlage des halbmomentenfreien Schalenmodells erarbeitet wurden.

Die gemeinsamen Forschungsarbeiten führten zu dem Ergebnis, daß eine alleinige Konzentration auf das halbmomentenfreie Schalenmodell für geschlossene Querschnitte die Anwendungen sehr einschränkt. Somit war die Ableitung eines allgemeineren Stabschalenmodells wünschenswert, das auf dünnwandige Konstruktionen mit beliebiger Querschnittsform angewendet werden kann. Die Forschungsarbeiten zur Verallgemeinerung des halbmomentenfreien Schalenmodells wurden daher vorrangig in Wismar konzentriert und dabei analytische Lösungswege und die Anwendung des Übertragungsmatrizenverfahrens untersucht. In Magdeburg begann die Entwicklung eines allgemeinen Stabschalenmodells. Es wurde ein entsprechendes finites Stabschalenelement entwickelt, das eine computerorientierte Berechnung dünnwandiger Konstruktionen mit eindimensionalen finiten Elementen ermöglicht, die die wesentlichen Merkmale des Strukturverhaltens dünnwandiger Konstruktionen richtig erfassen.

Einen vorrangigen Anteil an diesen Forschungsarbeiten haben Doktoranden aus Wismar und Magdeburg. *H. Franzke* untersuchte die Grenzen analytischer Lösungsmethoden, *P. Reckziegel* die effektive Anwendung des Übertragungsmatrizenverfahrens beim verallgemeinerten halbmomentenfreien Schalenmodell. Mit der Dissertation von *M. Zwicke* wurde erstmalig ein leistungsfähiges Stabschalenmodell entwickelt und die Qualität des entsprechenden finiten Stabschalenelementes durch numerische Berechnungen nachgewiesen. *F. Schneider* entwickelte ein verallgemeinertes Stabmodell sowie ein einsatzfähiges finites C^1-Element für gerade Stäbe sowie ein finites C^0-Element für gerade und eben gekrümmte Stäbe unter Berücksichtigung der Schubdeformationen der Stabmittelfläche.

Die Erweiterung der Modellgleichungen auf anisotrope Strukturelemente führte zu einer stärkeren Betonung werkstoffmechanischer Fragen und in diesem Zusammenhang zur Mitwirkung von *H. Altenbach*, der an der TU Magdeburg die Werkstoffmechanik in Lehre und Forschung vertritt. Mit der Dissertation von *V. Matzdorf* wurde das von *M. Zwicke* entwickelte Stabschalenmodell auf anisotrope Strukturelemente erweitert und damit ein erster Abschluß für den Einsatz verallgemeinerter Stabmodelle bei der globalen, linearen Strukturanalyse dünnwandiger Konstruktionen erreicht.

Die Autoren möchten sich bei allen an diesen Arbeiten beteiligten Diplomanden und Doktoranden bedanken, da ihre Arbeiten einen wesentlichen Anteil am Zustandekommen des vorliegenden Buches haben. Besonders genannt seien *Dipl.-Ing. J. Brilla, Dr.-Ing. H. Franzke, Dipl.-Ing. S. Gute, Dipl.-Ing. M. Kruse, Dr.-Ing. V. Matzdorf, Dr.-Ing. P. Reckziegel, Dr.-Ing. F. Schneider, Dipl.-Ing. J. Sengpiel* und *Dr.-Ing. M. Zwicke*.

Ferner bedanken sich die Autoren bei der *Alexander von Humboldt*-Stiftung für die Förderung eines Forschungsaufenthaltes von *H. Altenbach* an der Ruhr-Universität Bochum und beim Deutschen Akademischen Austauschdienst (*DAAD*) für die Förderung der Forschungszusammenarbeit mit den Technischen Universitäten Bratislava/Slovakai, Kharkov/Ukraine und Miskolc/Ungarn (*J.* und *H. Altenbach*) sowie Szczecin/Polen, Košice/Slovakai und Wolgograd/Rußland (*W. Kissing*). Diese Förderungen haben die Bedingungen für die Erarbeitung des Manuskriptes positiv beeinflußt. Bedanken möchten sich die Autoren auch bei den vielen Fachkollegen, die durch ihre kritischen Hinweise und Bemerkungen zu veröffentlichten Teilergebnissen und Vorträgen auf Tagungen oder Kolloquien mitgeholfen haben, die erzielten Ergebnisse immer wieder kritisch zu überdenken.

Besonderer Dank gebührt auch dem Vieweg–Verlag und den Herausgebern der Schriftenreihe „Grundlagen und Fortschritte der Ingenieurwissenschaften", *W.B. Krätzig* und *O. Mahrenholtz*. Einen besonderen Anteil am Zustandekommen des Buchprojektes hatte auch *Th. Lehmann*, der bis zu seinem Tode als Mitherausgeber der genannten Schriftenreihe wirkte.

Magdeburg/Wismar, April 1993   J. ALTENBACH
                                                                            W. KISSING
                                                                   H.ALTENBACH

Inhaltsverzeichnis

1 Einführung

Dünnwandige Konstruktionen haben in allen Bereichen der konstruktiven Ingenieurarbeit eine breite Anwendung gefunden. Sie erfüllen in oft optimaler Weise die funktionellen Anforderungen für ihren Einsatz mit den Möglichkeiten des Leichtbaus und einer hohen Materialökonomie. Die Gründe dafür ergeben sich u.a. aus folgenden Merkmalen:

- Durch die Anwendung der Grundsätze des konstruktiven Leichtbaus ist es möglich, mit einem relativ geringen Materialeinsatz eine hohe Steifigkeit der Gesamtkonstruktion und ihrer Strukturelemente zu erzielen. Eine beanspruchungsgerechte Gestaltung der Querschnittsform dünnwandiger Strukturelemente, die zweckmäßige Anordnung von Aussteifungen bei größeren Blechfeldern oder doppelwandige Ausführungen von Wandelementen führen zu Leichtbaukonstruktionen, die sich durch einen minimalen spezifischen Materialeinsatz sowie eine hohe Steifigkeit und Festigkeit auszeichnen.

- Dünnwandige Konstruktionen bieten besonders gute Voraussetzungen, die Umhüllungs– und die Tragfunktionen miteinander zu vereinen. Es entstehen daher Tragwerke, Maschinen, Apparate und Anlagen, die auch eine gute ästhetische Wirkung haben und ökologischen Anforderungen entsprechen.

- Die automatisierte Fertigungstechnik führt zu einer kostengünstigen Herstellung der Strukturelemente, moderne Fügeverfahren und Montagetechniken erlauben einen rationellen Aufbau der Gesamtkonstruktion aus einzelnen Sektionen mit einer hohen Präzision.

Natürlich muß man neben den vielen Vorteilen auch die Nachteile einer dünnwandigen Konstruktion beachten, die sich z.B. durch einen im allgemeinen höheren Aufwand für den Korrosionsschutz, aber auch durch ein oft sehr unterschiedliches globales und lokales Strukturverhalten ergeben.

Die größten Impulse für die Entwicklung dünnwandiger Konstruktionen kamen aus dem Flugzeugbau, da hier erstmalig ganz neue Anforderungen bezüglich des Verhältnisses von spezifischer Masse zur Steifigkeit und Festigkeit, aber auch bezüglich der Sicherheit und Zuverlässigkeit einer Konstruktion gestellt wurden. Die daraus entwickelten Methoden des Leichtbaus haben heute in allen konstruktiven Ingenieurbereichen Eingang gefunden, ihre Vermittlung ist unverzichtbarer Bestandteil jeder konstruktiven Ingenieurausbildung.

Wichtige Einsatzbereiche für dünnwandige Konstruktionen findet man im Bauwesen. Viele Strukturelemente von Stabtragwerken des Stahlhochbaus sind dünnwandige

Stäbe. Moderne Stahlbrücken werden als dünnwandige, vielfach versteifte Konstruktionen ausgeführt, deren Gesamtquerschnitt sowohl offene als auch geschlossene Teile hat und deren Länge im Vergleich zu den Querschnittsabmessungen oft groß ist.

Im Schiffbau werden nahezu ausschließlich dünnwandige Konstruktionen eingesetzt. Ausgeprägt sind hier Versteifungssysteme durch Querspanten und Bodenwrangen, Unterzüge, Stringer, Decksbalken, Längs- und Querschotte. Typisch sind Schiffssektionen, die in Ladebereichen große Lukenöffnungen haben, aber sonst geschlossen sind. Schiffskörper sind somit sehr komplexe, vielfach versteifte und gegliederte dünnwandige Konstruktionen mit gemischt offen-geschlossenem Querschnitt. Die Abmessungen großer Schiffe ermöglichen für eine globale Analyse des Strukturverhaltens eine Modellierung des Gesamtschiffes durch klassische oder verbesserte Balkenmodelle.

Auch im Maschinen- und Fahrzeugbau haben sich dünnwandige Konstruktionen für viele Einsatzbereiche bewährt. Beispiele dafür sind die dünnwandigen Vollwandkonstruktionen des Kranbaus oder Ringträgerkonstruktionen beachtlicher Abmessungen bei Tagebaugroßgeräten. Aber auch in den traditionellen Gebieten der Kompaktbauweise, wie dem Werkzeugmaschinenbau, haben sich zunehmend dünnwandige Konstruktionsformen durchgesetzt. Bauelemente von Industrierobotern werden wegen der häufigen Ausführung beschleunigter Bewegungen masseoptimal als dünnwandige Konstruktionen ausgeführt. Im Waggonbau haben die Methoden des Leichtbaus zu einer völligen Veränderung der konstruktiven Ausführung geführt. Ein Waggon stellt heute eine dünnwandige Konstruktion dar, bei der es in besonders anschaulicher Weise gelungen ist, die Hüllenfunktion mit der Funktion einer tragenden Konstruktion zu verbinden.

Besondere Anregungen für eine konsequente Anwendung und eine Weiterentwicklung von Leichtbauprinzipien kommen auch heute vor allem aus den Bereichen der Hochtechnologie, wie z.B. der Luft- und Raumfahrt oder der Offshore-Technik. Aus diesen Bereichen sind somit auch weitere Anregungen für den Ausbau der theoretischen Grundlagen zur Modellierung und Berechnung dünnwandiger Konstruktionen zu erwarten und neue Anwendungsbereiche abzuleiten.

1.1 Modelle für die mechanische Strukturanalyse dünnwandiger Konstruktionen

Grundlage für die mechanische Strukturanalyse allgemeiner Konstruktionen ist die Modellierung des mechanischen Verhaltens der Strukturelemente und ihres komplexen Zusammenwirkens im System der Gesamtstruktur.

Für die Strukturelemente ist eine Zuordnung zu einer bestimmten Modellklasse auf der Basis ihrer räumlichen Abmessungen zweckmäßig. Dabei war zunächst eine Einteilung in drei Elementklassen üblich:

- *Dreidimensionale, kompakte Elemente*
  Die drei Raumabmessungen haben die gleiche Größenordnung, und es gibt keine ausgezeichnete Abmessungsrichtung.

- *Zweidimensionale, flächenhafte Elemente*
  Zwei Raumabmessungen haben die gleiche Größenordnung, die dritte Abmessung, die sich auf die Dicke des Strukturelementes bezieht, ist klein im Vergleich zu den beiden anderen Abmessungen. Beispiele flächenhafter Elemente sind Scheiben, Platten und Schalen.

- *Eindimensionale, linienförmige Elemente*
  Von den drei Raumabmessungen haben wieder zwei die gleiche Größenordnung, die dritte Abmessung, die sich auf die Länge bezieht, ist jedoch wesentlich größer als die beiden anderen Abmessungen, die den Querschnitt betreffen. Beispiele für linienförmige Elemente sind Stäbe und Balken.

Die Zuordnung eines Strukturelementes zu einer Modellklasse ist nicht eindeutig, sie wird wesentlich durch die Aufgabenstellung bestimmt. Die Einordnung in eine Modellklasse beeinflußt aber entscheidend die Qualität und die Zuverlässigkeit der Ergebnisse einer Strukturanalyse.

Die Formulierung der Modellgleichungen und der Aufwand zu ihrer Lösung sind insbesondere von den physikalischen Annahmen zum Materialverhalten, das heißt von den konstitutiven Gleichungen und von den kinematischen Annahmen zum Verformungsverhalten abhängig. Die meisten Strukturanalysen für angewandte Aufgaben der Ingenieurpraxis stützen sich trotz der großen Fortschritte auf dem Gebiet der numerischen Lösungsmethoden durch die Verfügbarkeit leistungsfähiger Computer bis heute auf die lineare Elastizitätstheorie kleiner Verformungen. Der numerische Lösungsaufwand steigt mit der Dimension der Modellklasse schnell an, dreidimensionale Modellierungen werden daher in der Berechnungspraxis möglichst vermieden bzw. auf die unvermeidbaren Anwendungsfälle beschränkt. Stabtragwerke bestehen ausschließlich aus eindimensionalen Strukturelementen, Flächentragwerke aus zweidimensionalen Strukturelementen. Für komplexe Konstruktionen und Tragwerke sind häufig Strukturelemente unterschiedlicher Dimension für die Systemmodellierung erforderlich.

Die Modellierung dünnwandiger Konstruktionen hat zu einer Erweiterung der Modellklassen für Strukturelemente geführt. Es wurden neu die Modelle der *dünnwandigen Stäbe* oder *Stabschalen* eingeführt. Diese sind dadurch charakterisiert, daß ihre Abmessungen im Raum in allen drei Richtungen eine signifikant unterschiedliche Größenordnung haben. Die Dicke eines dünnwandigen Stabes bzw. einer Stabschale ist klein im Vergleich zu einer anderen typischen Querschnittsabmessung, und diese ist wiederum klein im Vergleich zur Stablänge. Die Einführung dieser vierten Modellklasse hat sich für viele praktische Ingenieuraufgaben als sehr effektiv erwiesen. Durch Annahmen über die Verformungskinematik einer dünnwandigen Konstruktion kann das reale Strukturverhalten mit eindimensionalen, verallgemeinerten Stabmodellen qualitativ richtig und auch quantitativ zufriedenstellend berechnet werden. Der Aufwand einer solchen Berechnung ist im Vergleich zu einer zweidimensionalen Strukturanalyse im allgemeinen wesentlich geringer.

Bei der Strukturanalyse dünnwandiger Konstruktionen muß beachtet werden, daß das Beanspruchungsverhalten globale und lokale Formen aufweist. Globales Beanspruchungsverhalten bezieht sich immer auf die Gesamtkonstruktion, z.B. auf die Durchbiegung eines Schiffes, das sich auf einzelnen Wellen wie ein Balken auf seinen Lagern abstützt, oder auf den Stabilitätsverlust einer dünnwandigen kastenförmigen Stütze als Knickstab oder auf die Ganzkörperschwingungen einer dünnwandigen Konstruktion. Das lokale Spannungs– und/oder Verformungsverhalten im Lasteintragungsbereich, das Ausbeulen einzelner Blechfelder oder die lokalen Wandschwingungen einer Konstruktion werden bei der globalen Strukturanalyse nicht erfaßt. Ursache für das Auftreten globaler und lokaler Beanspruchungsformen ist die für dünnwandige Konstruktionen typische Gestaltung. Es gibt versteifte Blechfelder, Querschotte, Kombinationen von offenen und geschlossenen Querschnittsformen unterschiedlicher Zelligkeit u.a.m. Die getrennte Betrachtung globaler und lokaler Wirkungen ist in vielen Fällen möglich. Die globale Analyse ist die Grundlage für die Bestimmung des Gesamtverhaltens einer Konstruktion unter ausgewählten Belastungen, sie ist Ausgangspunkt für die Festlegung der Hauptentwurfsparameter einschließlich ihrer Optimierung. Voraussetzung für eine globale Strukturanalyse ist, daß die Abmessungen der Konstruktion die Festlegung eines globalen Koordinatensystems erlauben, in welchem sich das Systemstrukturmodell vereinfacht beschreiben läßt, und daß die Hauptparameter durch die lokalen Wirkungen nicht wesentlich beeinflußt werden. Die Analyse der lokalen Wirkungen erfolgt dann in einem zweiten Berechnungsschritt durch Einführung spezieller lokaler Koordinatensysteme und mit den aus der globalen Analyse folgenden Beanspruchungen. Zwischen globalem und lokalem Strukturverhalten bestehen immer Wechselwirkungen, die aber mehr oder weniger ausgeprägt sein können. Ihre Erfassung führt im allgemeinen auf nichtlineare Beziehungen. Auch aus diesem Grund wird vielfach auf eine zunächst getrennte, entkoppelte Betrachtungsweise orientiert. Durch anschließende Teilstrukturanalysen, bei denen für die herausgelösten Teilstrukturen geeignete, mit der globalen Analyse verträgliche Randbedingungen angenommen werden, kann man die Wechselwirkungen näherungsweise berücksichtigen. Eine solche Vorgehensweise hat sich bei vielen technischen Aufgaben bewährt. Die folgenden Betrachtungen beziehen sich ausschließlich auf eindimensionale Modellgleichungen für Stäbe und Stabschalen.

Das klassische Stabmodell von *J. Bernoulli* stützt sich auf drei grundlegende geometrische Hypothesen

- Der Querschnitt erfährt keine Querschnittskonturdeformationen.

- Der Querschnitt bleibt auch im Beanspruchungszustand eben.

- Der Querschnitt ist im verformten Zustand orthogonal zur verformten Stabachse.

Infolge einer Biegebeanspruchung ohne Torsion gibt es aussschließlich Normalspannungen σ und Dehnungen ε in Stablängsrichtung, Schubverformungseinflüsse werden vernachlässigt, Querkraftschubspannungen werden allein aus Gleichgewichtsbetrachtungen berechnet, sie sind kinematisch nicht verträglich. Unter der Annahme der Gültigkeit der Hypothesen kann das *Bernoulli*–Modell auf Stäbe mit Vollquerschnitt oder mit dünnwandigen offenen und geschlossenen Querschnittsformen angewendet werden. Bei dünnwandigen Querschnitten wird vorausgesetzt, daß die Biegenormalspannungen σ_b und die Querkraftschubspannungen τ_q gleichmäßig über die Dicke t des Querschnittes verteilt sind. Bei dünnwandigen geschlossenen Querschnitten ist der Schubspannungsverteilung, die sich für das aufgeschnittene Profil ergibt, im allgemeinen noch ein Anteil aus den statisch unbestimmten Schubflüssen für jede Zelle hinzuzufügen [75].

Das klassische Stabmodell von *Bernoulli* für die Berechnung der Spannungen und Verformungen infolge der Beanspruchungszustände Längskraft und Biegung wurde von *Saint Venant* durch das Modell für eine reine Torsionsbeanspruchung ergänzt. Das Torsionsschnittmoment wird allein aus einem geschlossenen Schubflußfeld über den Querschnitt gebildet. Es gilt wie beim *Bernoulli*–Modell die Annahme einer nichtdeformierbaren Querschnittskontur. Der Querschnitt kann sich allerdings verwölben, die Verwölbung ist jedoch für jeden Querschnitt gleich. Es gibt somit beim *Saint Venant*–Modell in Stablängsrichtung keine Dehnungen, damit auch keine Längsnormalspannungen oder aus Änderungen der Normalspannungen folgende Schubspannungen. Torsionsschubspannungen τ_t folgen bei reiner Torsionsbeanspruchung allein aus dem umlaufenden Schubfluß. Eine wichtige Ergänzung und Erweiterung des *Saint Venant*–Modells wurde von *Bredt* [55] für dünnwandige geschlossene Querschnitte angegeben. Die nach ihm benannten Formeln findet man in jedem Lehrbuch der Festigkeitslehre.

Eine Erweiterung des *Bernoulli*–Modells durch die näherungsweise Berücksichtigung der Verformungen infolge von Querkraftschubspannungen wurde von *Timoshenko* vorgenommen. Das *Timoshenko*–Modell übernimmt die ersten beiden geometrischen Hypothesen vom *Bernoulli*–Modell. Der ebenbleibende Querschnitt steht allerdings nicht mehr orthogonal zur verformten Stabachse. Das *Timoshenko*–Modell hat besondere Bedeutung für die Berechnung der Biegeschwingungen für Balken [125]. Für reine Torsionsbeanspruchung werden auch beim *Timoshenko*–Balken die Modellvorstellungen von *Saint Venant* übernommen.

Die Entwicklung von Leichtbaukonstruktionen führte zu einem zunehmenden Einsatz dünnwandiger Leichtbauprofile, zunächst im Flugzeugbau, dann aber auch in vielen anderen Bereichen des konstruktiven Ingenieurbaus. Dabei zeigten sich sehr schnell die Grenzen der Modelle von *Bernoulli* und *Timoshenko* für die Strukturanalyse dünnwandiger Stabtragwerke. Typisch für dünnwandige Stäbe mit offenem Profil ist das Auftreten von Querschnittsverwölbungen. Bei einer allgemeinen Torsionsbelastung sind die Verwölbungen nicht mehr für alle Querschnitte gleich, es kommt als Folge unterschiedlicher Verwölbungen zu Dehnungen und damit zu Wölbnormalspannungen. Diese haben nicht den Charakter von Nebenspannungen und müssen somit bei der Strukturanalyse berücksichtigt werden. Als Folge der Wölbnormalspannungen entstehen sekundäre Schubspannungen, so daß das Torsionsschnittmoment nicht allein aus dem *Saint Venant*schen Torsionsanteil, sondern auch aus einem Wölbtorsionsanteil aufgebaut wird. Die Aufteilung des Torsionsschnittmomentes in einen *Saint Venant*– und einen Wölbanteil setzt die Lösung der Differentialgleichungen der gemischten oder Wölbkrafttorsion voraus. Erste Grundlagen für den Aufbau einer allgemeinen Theorie der Wölbkrafttorsion findet man bereits in den Arbeiten von

Wagner [167] und *Kappus* [94]. Eine erste übersichtliche Zusammenfassung und Systematisierung der Begriffe der Wölbkrafttorsion wurde im deutschsprachigen Raum von *Bornscheuer* [52] vorgenommen, eine Darstellung der theoretischen Grundlagen aus der Sicht des Stahlbaus wurde von *Wansleben* [168] verfaßt. Ein Review–Artikel zur Theorie dünnwandiger Stäbe, der die Arbeiten bis 1959 erfaßt, stammt von *Nowinski* [134].

Die bedeutendsten Beiträge zur Theorie dünnwandiger Stäbe stammen von *Vlasov* und seinen Mitarbeitern. Von *Vlasov* wurden bereits Ende der 30er Jahre umfangreiche theoretische und experimentelle Arbeiten zum Ausbau einer allgemeinen Theorie und zur Überprüfung ihrer Anwendungsgrenzen durchgeführt. Diese Arbeiten wurden in russischer Sprache publiziert und blieben im deutschen und im englischen Sprachraum weitgehend unbekannt. 1953 erschien eine deutsche Übersetzung der 1949 in russischer Sprache publizierten Monografie „Eine allgemeine Schalentheorie und ihre Anwendung in der Technik" [173], die ausführliche Beiträge zum Modell der halbmomentenfreien Schale und zur Anwendung dieses Modells auf die Berechnung prismatischer räumlicher Konstruktionen unter Berücksichtigung der Schubdeformationen enthielt. 1964 und 1965 erschienen dann die deutschen Übersetzungen der beiden Bücher von *Vlasov* über dünnwandige, elastische Stäbe [174], die in erster Auflage bereits 1940 in russischer Sprache erschienen waren. Die von *Vlasov* eingeführte Terminologie bestimmt seitdem die internationale Fachliteratur zur Theorie der Wölbkrafttorsion, sie wird auch in diesem Buch konsequent benutzt.

Das Stabmodell von *Vlasov* stützt sich für dünnwandige Stäbe mit offenem Querschnitt wieder auf die geometrische Hypothese einer starren Querschnittskontur, in Erweiterung der Modelle von *Bernoulli* und *Timoshenko* werden jetzt Querschnittsverwölbungen zugelassen. Die grundlegende Annahme der Nichtverformbarkeit der Querschnittskontur führt zusammen mit der Hypothese der Vernachlässigung der Schubdeformationen in der Stabmittelfläche zu einem neuen Verteilungsgesetz für die Dehnungen über die Querschnittsfläche, dem sogenannten Gesetz der Sektorflächen. Dieses Gesetz führt im allgemeinen Fall zu Querschnittsverwölbungen, enthält aber auch den Sonderfall vom Ebenbleiben des Querschnitts.

Für dünnwandige Stäbe mit geschlossenem Querschnitt führt die Hypothese von der Nichtverformbarkeit der Querschnittskontur zu Widersprüchen. Dies wurde bereits von *Vlasov* erkannt. Er wies darauf hin, daß für geschlossene Querschnitte die Konturdeformationen berücksichtigt werden müssen und auch die Schubverformungen in der Stabmittelfläche eine größere Bedeutung haben.

Zum *Vlasov*–Modell gibt es zahlreiche Fachartikel, Lehrbücher und Monografien. In Ergänzung zu den grundlegenden Monografien von *Vlasov* seien die Bücher von *Byčkov* [56], *Kollbrunner/Basler* [118], *Kollbrunner/Hajdin* [120], *Roik/Lindner* [150] und *Murray* [132] besonders hervorgehoben.

Ausgehend von den Arbeiten von *Vlasov* und von *Umanski* [161] hat *Dabrowski* [63] eine Monografie zur Theorie der Wölbkrafttorsion gekrümmter, dünnwandiger Träger mit nichtverformbarem offenen Profil verfaßt, eine Monografie über die Berechnung dünnwandiger eben und/oder räumlich gekrümmter Konstruktionen mit beliebigem verformbaren Querschnitt liegt bis heute nicht vor.

1.2 Aufgabenstellung und Abgrenzungen

Die große Zahl von Monografien, Lehrbüchern und Fachartikeln zum Problemkreis der Modellierung und Berechnung dünnwandiger Konstruktionen unterstreicht die Bedeutung dieses Gebietes für die Strukturmechanik. In fast allen wissenschaftlichen Publikationen wird aber stets nur eine ausgewählte Modellklasse behandelt, z.B.

- dünnwandige offene Querschnitte mit starrer Querschnittskontur

- dünnwandige geschlossene Querschnitte mit deformierbarer Querschnittskontur

- gerade oder gekrümmte Strukturelemente

- allgemeine oder polygonale Querschnittsformen

- u.a.m.

Dabei ist es oft schwierig, die Voraussetzungen und Annahmen zu erkennen, die den Ableitungen der Modellgleichungen zugrunde liegen.

Von *R. Schardt* und seinen Mitarbeitern wurden umfangreiche Forschungsarbeiten mit dem Ziel der Erarbeitung der theoretischen Grundlagen für eine „Verallgemeinerte Technische Biegetheorie" durchgeführt. Ausgangspunkt waren Überlegungen, ein einheitliches Modellkonzept für dünnwandige Stäbe und für Faltwerke auszuarbeiten. Eine Zusammenfassung der Ergebnisse einer verallgemeinerten technischen Biegetheorie erster Ordnung findet man in [153]. Die grundlegende lineare Differentialgleichung der verallgemeinerten technischen Biegetheorie ist von vierter Ordnung. Die Erweiterung der klassischen technischen Biegetheorie erfolgte durch Einführung zusätzlicher Orthogonalisierungsbedingungen, die über die durch die Querschnittsgrößen Schwerpunkt, Hauptachsen und Schubmittelpunkt gegebenen Orthogonalisierungen hinausgehen und die Beanspruchungszustände Längskraft, Biegung und Torsion durch weitere orthogonale Beanspruchungszustände ergänzen. Für jeden Zustand wird eine Produktdarstellung angegeben, bei der der eine Faktor nur von der Stabkoordinate, der andere Faktor nur von den Querschnittskoordinaten abhängt.

Das vorliegende Buch faßt Forschungsergebnisse zur Verallgemeinerung der Modellgleichungen für dünnwandige, stabförmige Konstruktionen zusammen. Ausgangspunkte dieser Forschungsarbeiten waren:

- Ausarbeitung eines einheitlichen theoretischen Konzeptes, das die Einbeziehung offener, geschlossener und gemischt offen–geschlossener Querschnittsformen zuläßt, Schub– und Konturdeformationen erfaßt und Temperaturlastfälle einbezieht.

- Ausarbeitung eines einheitlichen methodischen Konzeptes, nach dem alle theoretisch möglichen und praktisch interessierenden verallgemeinerten und klassischen Modellgleichungen für dünnwandige, stabförmige Konstruktionen abgeleitet werden können.

- Ausarbeitung eines allgemeinen und effektiven numerischen Lösungsverfahrens, das für alle Stabmodelle anwendbar ist sowie Lösungsverfahren für spezielle Problemklassen.

- Enge Verbindung der Forschungsarbeiten mit neuen Aufgabenstellungen der Praxis und der Beachtung der durch nationale Standards gegebenen Erweiterungen der traditionellen Berechnungsmodelle für Konstruktionen.

- Beschränkung der Ableitungen für die Modellgleichungen auf lineare Formulierungen im Rahmen einer Theorie erster Ordnung und auf die Modellierung des globalen Strukturverhaltens.

Im Kapitel 2 werden daher zunächst die theoretischen Grundlagen für isotrope prismatische und schwach nichtprismatische verallgemeinerte Stabmodelle abgeleitet. Kapitel 3 diskutiert die Möglichkeiten analytischer Lösungen, Lösungen mit Hilfe des Übertragungsmatrizenverfahrens und mit der Finite–Elemente–Methode.

Im Kapitel 4, 5 und 6 werden dann ausführlich alle Modelle behandelt, die im Rahmen dieses Buches einen zentralen Platz einnehmen:

- das halbmomentenfreie Schalenmodell

- das Stabschalenmodell

- das Stabmodell

Die Gleichungen für das halbmomentenfreie Schalenmodell erweitern die Modellgleichungen von *Vlasov* durch die Berücksichtigung der Querdehnungen, nichtlinearer Verwölbungen und stationärer Temperaturlastfälle. Das Stabschalenmodell ist das zentrale, übergeordnete Modell, das auch das halbmomentenfreie Schalenmodell enthält. Es ist auf alle Querschnittsformen anwendbar und führt in Verbindung mit der Finite–Elemente–Methode zu einem leistungsfähigen Stabschalenelement, das in bestehende Finite–Element–Programmsysteme integriert werden kann.

Am Beispiel des Stabmodells wird demonstriert, daß auch das klassische *Vlasov*-Modell mit dem hier dargestellten methodischen Konzept abgeleitet werden kann. Dabei wird gleichzeitig auf eine für die Kopplung von Strukturelementen wichtige Erweiterung der *Vlasov*-Gleichungen hingewiesen, und es werden spezielle Probleme der Modellierung von Stabsystemen behandelt. Die Kapitel 4 bis 6 nehmen im Rahmen des Buches den größten Platz ein. Durch eine übersichtliche Zusammenstellung der Modellgleichungen und der Lösungsmethoden sowie durch ausführliche Beispiele soll die Einarbeitung erleichtert werden.

Kapitel 7 behandelt für das halbmomentenfreie Schalenmodell die Erweiterung des theoretischen Konzeptes auf isotrope Stabmodelle mit eben gekrümmter Systemachse. Wegen des erheblichen Umfanges der Modellgleichungen wird der Leser für Vergleiche mit Ergebnissen anderer Autoren auf die Literatur verwiesen. Der begrenzte Umfang des Buches ließ auch nur Hinweise für die Behandlung der beiden anderen Stabmodelle zu.

Faserverbundkonstruktionen haben für den konstruktiven Ingenieurbau eine weiter zunehmende Bedeutung. Das Kapitel 8 soll in kurzer Form diesem Sachverhalt Rechnung tragen. Dabei werden die grundlegenden Gleichungen zur Modellierung der Anisotropieeigenschaften von Strukturelementen bei werkstoffbedingter und konstruktiver Anisotropie angegeben, und es wird gezeigt, daß sich das theoretische und das methodische Konzept für die Aufstellung von Modellgleichungen auch auf dünnwandige anisotrope Konstruktionen übertragen läßt. Kapitel 8 ersetzt nicht eine tiefere Einarbeitung in die speziellen Probleme der Strukturanalyse von Faserverbundkonstruktionen oder vielfach versteifter Leichtbautragwerke mit Hilfe der angegebenen Literatur. Das Kapitel 9 enthält einen Ausblick auf zukünftige Aufgabenstellungen.

2 Theoretische Grundlagen isotroper verallgemeinerter prismatischer Stabmodelle mit gerader Systemachse

Verallgemeinerte Stabmodelle der linearen Elastizitätstheorie, die das globale Strukturverhalten dünnwandiger, stabförmiger Strukturelemente gut erfassen, können aus dem zweidimensionalen Modell eines biegesteifen Faltwerkes abgeleitet werden.

Dünnwandige stabförmige Konstruktionen haben in Abhängigkeit von der Querschnittsform sowie fehlender oder vorhandener konstruktiver Maßnahmen zu ihrer Erhaltung auch im belasteten Zustand ein qualitativ und quantitativ sehr unterschiedliches Verformungsverhalten, und es gibt teilweise auch große Unterschiede in der Größe und der Verteilung der Spannungen.

Verallgemeinerte Stabmodelle sollen dieses sehr unterschiedliche mechanische Antwortverhalten dünnwandiger Konstruktionen in dem Maße richtig wiedergeben, wie es für eine Festlegung bzw. eine Modifikation der Entwurfsparameter erforderlich ist. Gleichzeitig sollen sie so einfach wie möglich sein, um den Berechnungsaufwand zu reduzieren.

Im folgenden wird gezeigt, daß alle praktisch bedeutsamen verallgemeinerten Stabmodelle sich deduktiv aus dem Modell des biegesteifen Faltwerkes herleiten lassen. Im Kapitel 2 erfolgt dabei eine Beschränkung auf isotrope Konstruktionen mit geometrischer und physikalischer Linearität. Es werden zunächst die Grundgleichungen für die statische und danach für die dynamische Strukturanalyse für prismatische Stabmodelle mit gerader Systemachse abgeleitet.

2.1 Grundgleichungen für die statische Strukturanalyse

Ausgangspunkt für die Ableitung der statischen Grundgleichungen ist die Formulierung des elastischen Potentials für ein biegesteifes Faltwerk. Dafür gelten folgende Voraussetzungen:

- Das biegesteife Faltwerk besteht aus i dünnwandigen, ebenen, rechteckigen Streifen der Länge l und der Dicke t_i, die an ihren in Längsrichtung verlaufenden Seitenkanten biegesteif miteinander verbunden sind. Die geometrische Beschreibung erfolgt mit Hilfe der globalen (z, x, y) und der lokalen (z, s_i, n_i) kartesischen Koordinaten. Die lokalen Verschiebungen der Mittelfläche des Streifens i sind $u_i(z, s_i)$, $v_i(z, s_i)$, $w_i(z, s_i)$, die äußeren Flächenlasten sind $p_{z_i}(z, s_i)$, $p_{s_i}(z, s_i)$, $p_{n_i}(z, s_i)$ und die Randlinienlasten werden mit $q_{z_i}(z, s_i)$, $q_{s_i}(z, s_i)$, $q_{n_i}(z, s_i)$ bezeichnet (Bild 2.1).

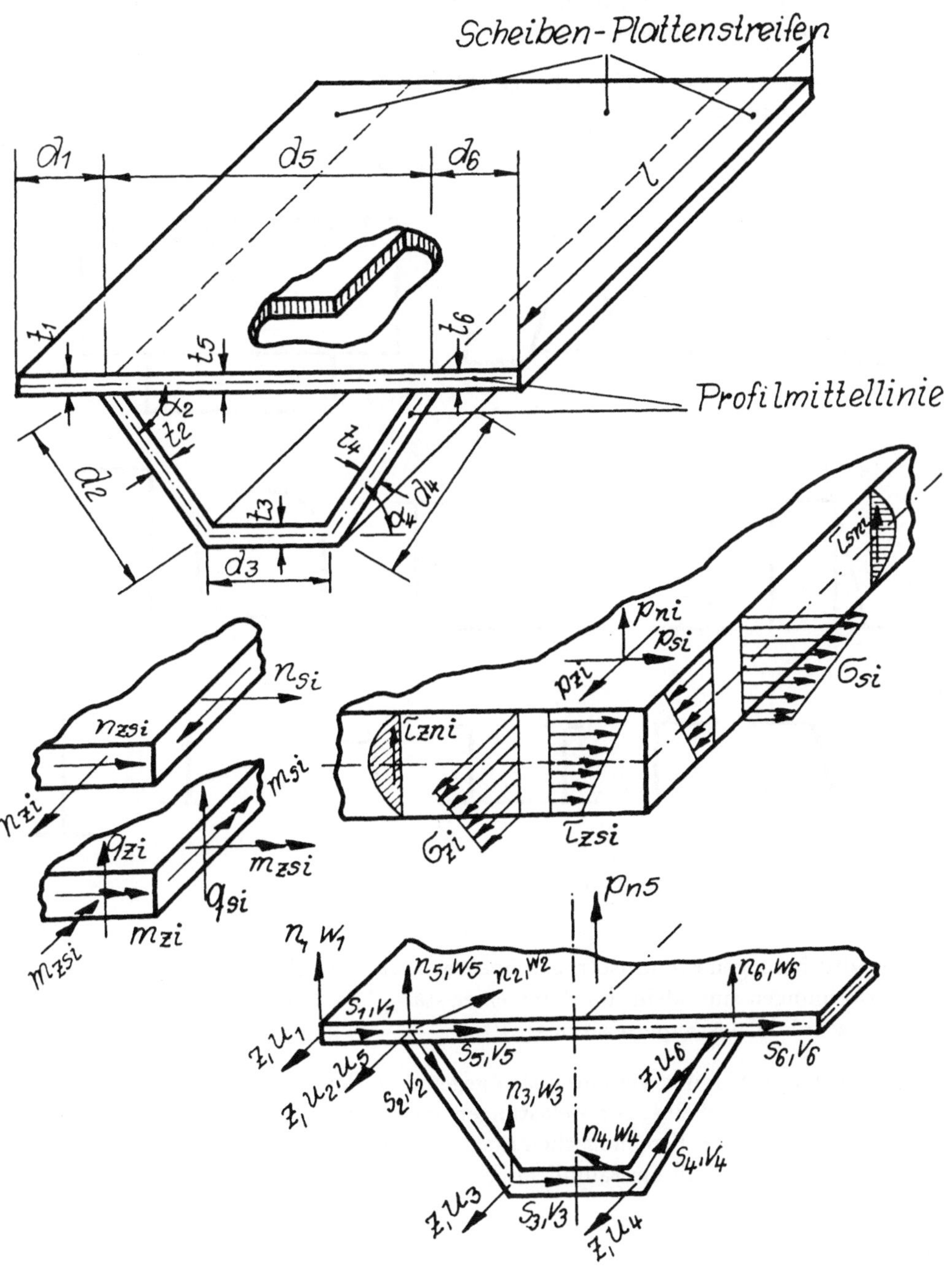

Bild 2.1 Biegesteifes Faltwerk

Die Flächenlasten p können im verallgemeinerten Sinne auch als äußere Linien-
oder Einzellasten definiert werden.

- Der Querschnitt kann offen oder geschlossen, gemischt offen–geschlossen, ein-
  oder mehrzellig sein (Bild 2.2).

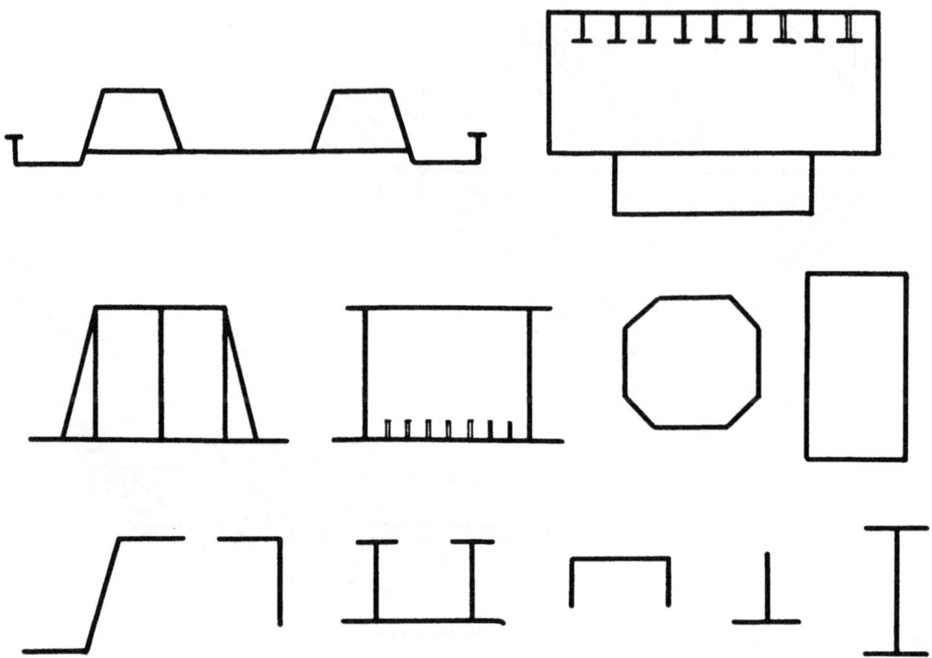

Bild 2.2　Typische Querschnittsformen

- Es wird homogenes und isotropes lineares Materialverhalten vorausgesetzt. Die
  Verformungen sind klein. Im Sinne einer statischen Theorie 1. Ordnung gilt un-
  eingeschränkt das Superpositionsgesetz.

- Die einzelnen Streifen verhalten sich gegenüber Belastungen in ihrer Ebene wie
  eine elastische Scheibe, für Belastungen rechtwinklig zur Mittelfläche wie eine
  Platte im Sinne der Kirchhoffschen Plattentheorie. Ausgangspunkt für die Grundgleichungen ist somit ein räumliches Scheiben–/Plattenmodell (Faltwerk).

2.1.1　Elastisches Potential des biegesteifen Faltwerkes

Die potentielle Energie für einen linear–elastischen Körper kann in folgender Form
angegeben werden

$$\Pi = \int\limits_{(V)} W\,dV - \int\limits_{(V)} \mathbf{f}^T \mathbf{v}\,dV - \int\limits_{(A)} \mathbf{p}^T \mathbf{v}\,dA \tag{2.1}$$

W ist die spezifische Formänderungsenergie oder Energiedichtefunktion, $\mathbf{f}$ der Vektor der Volumenkräfte, $\mathbf{p}$ der Vektor der Oberflächenkräfte, $\mathbf{v}$ der Verschiebungsvektor und das hochgestellte Symbol T bedeutet „transponiert".

In kartesischen Koordinaten x, y, z gilt dann [76]

$$\begin{aligned}
W &= \frac{1}{2}(\sigma_x \varepsilon_x + \sigma_y \varepsilon_y + \sigma_z \varepsilon_z + \tau_{xy}\gamma_{xy} + \tau_{yz}\gamma_{yz} + \tau_{zx}\gamma_{zx}) \\
\mathbf{f}^T &= [f_x \quad f_y \quad f_z] \\
\mathbf{p}^T &= [p_x \quad p_y \quad p_z] \\
\mathbf{v}^T &= [v_x \quad v_y \quad v_z] \\
&= [u \quad v \quad w]
\end{aligned} \tag{2.2}$$

Π heißt auch elastisches Gesamtpotential, und man kann das Prinzip vom Minimum des elastischen Gesamtpotentials formulieren:

> *Von allen geometrisch zulässigen Verschiebungen, die die geometrischen Randbedingungen und die Verschiebungs–Verzerrungsbedingungen (Kompatibilitätsbedingungen) erfüllen, führen die dem Gleichgewichtszustand entsprechenden Verschiebungen zu einem Minimum des elastischen Gesamtpotentials.*

Für die Anwendung des Prinzips muß die Energiedichtefunktion W als Funktion der Verschiebungen ausgedrückt werden.

Mit dem *Hooke*schen Gesetz

$$\begin{aligned}
\boldsymbol{\sigma} &= \mathbf{E}\,\boldsymbol{\varepsilon} \\
\boldsymbol{\sigma}^T &= [\sigma_x \quad \sigma_y \quad \sigma_z \quad \tau_{xy} \quad \tau_{yz} \quad \tau_{zx}] \\
\boldsymbol{\varepsilon}^T &= [\varepsilon_x \quad \varepsilon_y \quad \varepsilon_z \quad \gamma_{xy} \quad \gamma_{yz} \quad \gamma_{zx}]
\end{aligned}$$

$$\mathbf{E} = E' \begin{bmatrix}
(1-\nu) & \nu & \nu & 0 & 0 & 0 \\
\nu & (1-\nu) & \nu & 0 & 0 & 0 \\
\nu & \nu & (1-\nu) & 0 & 0 & 0 \\
0 & 0 & 0 & \dfrac{(1-2\nu)}{2} & 0 & 0 \\
0 & 0 & 0 & 0 & \dfrac{(1-2\nu)}{2} & 0 \\
0 & 0 & 0 & 0 & 0 & \dfrac{(1-2\nu)}{2}
\end{bmatrix}$$

mit

$$E' = \frac{E}{(1+\nu)(1-2\nu)}$$

und den Verzerrungs–Verschiebungsgleichungen

$$\boldsymbol{\varepsilon} = \mathbf{D}\,\mathbf{v}$$

$$\mathbf{D} = \begin{bmatrix} \partial_x & 0 & 0 \\ 0 & \partial_y & 0 \\ 0 & 0 & \partial_z \\ \partial_y & \partial_x & 0 \\ 0 & \partial_z & \partial_y \\ \partial_z & 0 & \partial_x \end{bmatrix} \;;\; \partial_x = \frac{\partial}{\partial x};\; \partial_y = \frac{\partial}{\partial y};\; \partial_z = \frac{\partial}{\partial z}$$

erhält man aus Gl. (2.2)

$$\begin{aligned}
W \;=\;& \frac{E}{2(1+\nu)}\left[(\varepsilon_x^2 + \varepsilon_y^2 + \varepsilon_z^2) + \frac{\nu}{1-2\nu}(\varepsilon_x + \varepsilon_y + \varepsilon_z)^2 + \frac{1}{2}(\gamma_{xy}^2 + \gamma_{yz}^2 + \gamma_{zx}^2)\right] \\[2mm]
=\;& \frac{E}{2(1+\nu)}\left\{\left[\left(\frac{\partial u}{\partial x}\right)^2 + \left(\frac{\partial v}{\partial y}\right)^2 + \left(\frac{\partial w}{\partial z}\right)^2\right]\right. \\[2mm]
& +\; \frac{\nu}{1-2\nu}\left(\frac{\partial u}{\partial x} + \frac{\partial v}{\partial y} + \frac{\partial w}{\partial z}\right)^2 \\[2mm]
& +\; \frac{1}{2}\left.\left[\left(\frac{\partial u}{\partial y} + \frac{\partial v}{\partial x}\right)^2 + \left(\frac{\partial v}{\partial z} + \frac{\partial w}{\partial x}\right)^2 + \left(\frac{\partial w}{\partial x} + \frac{\partial u}{\partial z}\right)^2\right]\right\}
\end{aligned} \qquad (2.3)$$

Das biegesteife Faltwerk ist ein zweidimensionales Flächentragwerk. Die allgemeinen Gleichungen für den dreidimensionalen linear-elastischen Körper können daher unter Beachtung der Hypothesen der technischen Scheiben-/Plattentheorie vereinfacht werden.

Betrachtet wird zunächst ein Scheiben-/Plattenstreifen (Bild 2.1). Unter den Voraussetzungen der Theorie 1. Ordnung können die Wirkungen in der Streifenmittelfläche (Scheibenwirkungen) und rechtwinklig zur Mittelfläche (Plattenwirkungen) überlagert werden

$$\begin{aligned}
\varepsilon_z &= \varepsilon_{z\,Scheibe} + \varepsilon_{z\,Platte} &&= \frac{\partial u}{\partial z} - n\frac{\partial^2 w}{\partial z^2} \\[2mm]
\varepsilon_s &= \varepsilon_{s\,Scheibe} + \varepsilon_{s\,Platte} &&= \frac{\partial v}{\partial s} - n\frac{\partial^2 w}{\partial s^2} \\[2mm]
\gamma_{zs} &= \gamma_{zs\,Scheibe} + \gamma_{zs\,Platte} &&= \frac{\partial u}{\partial s} + \frac{\partial v}{\partial z} - 2n\frac{\partial^2 w}{\partial z\partial s}
\end{aligned}$$

Das elastische Potential für einen Streifen wird damit durch die Gl. (2.4) beschrieben

$$\begin{aligned}
\Pi \;=\;& \frac{1}{2}\int_0^l\int_0^d \left\{\frac{Et}{1-\nu^2}\left[\left(\frac{\partial u}{\partial z} + \nu\frac{\partial v}{\partial s}\right)\frac{\partial u}{\partial z} + \left(\frac{\partial v}{\partial s} + \nu\frac{\partial u}{\partial z}\right)\frac{\partial v}{\partial s}\right]\right. \\[2mm]
& +\, Gt\left(\frac{\partial u}{\partial s} + \frac{\partial v}{\partial z}\right)^2 + \frac{Et^3}{12(1-\nu^2)}\left[\left(\frac{\partial^2 w}{\partial z^2} + \frac{\partial^2 w}{\partial s^2}\right)^2\right. \\[2mm]
& \left.\left.-\,2(1-\nu)\left(\frac{\partial^2 w}{\partial z^2}\frac{\partial^2 w}{\partial s^2} - \left(\frac{\partial^2 w}{\partial z\partial s}\right)^2\right)\right]\right\}\, ds\, dz \\[2mm]
& -\int_0^l\int_0^d \left(p_z u + p_s v + p_n w\right) ds\, dz
\end{aligned} \qquad (2.4)$$

$$-\int\limits_{0}^{d} \left[(q_z u + q_s v + q_n w)_{z=0} + (q_z u + q_s v + q_n w)_{z=l}\right] ds$$

Im allgemeinen Fall ist über alle i Streifen zu summieren.

Das Prinzip vom Minimum des elastischen Gesamtpotentials führt auf die Variationsaufgabe

$$\delta\Pi = 0 \quad \text{mit} \quad \delta^2\Pi > 0$$

und man erhält nach den Regeln der Variationsrechnung die Differentialgleichungen der Scheiben– und der Plattenaufgabe als sogenannte *Euler–Lagrange*sche Differentialgleichungen der Variationsrechnung sowie alle Aussagen über die möglichen Randbedingungen. Entsprechend der Formulierung des Prinzips vom Minimum des elastischen Gesamtpotentials müssen wesentliche Randbedingungen bei der Variation berücksichtigt werden, alle anderen Randbedingungen folgen als natürliche Randbedingungen der Variationsaufgabe.

Das elastische Potential (2.4) bzw. die entsprechenden Differentialgleichungen und Randbedingungen beschreiben das mechanische Modell „biegesteifes Faltwerk". Die Lösung der zweidimensionalen Aufgabe kann für Sonderfälle analytisch mit Hilfe von Reihenansätzen oder allgemein numerisch mit Hilfe der Methode der finiten Elemente, von Matrizenübertragungsmethoden oder anderen numerischen Verfahren erfolgen. Der Aufwand ist für reale Konstruktionen im allgemeinen erheblich, so daß in der Berechnungspraxis häufig vereinfachte Modelle Anwendung finden.

2.1.2 Reduktion der zweidimensionalen Aufgabe durch Reihenentwicklung der Verschiebungen mit Hilfe verallgemeinerter Koordinatenfunktionen

Der Grundgedanke zur Ableitung verallgemeinerter, eindimensionaler Stabmodelle aus den Gleichungen des biegesteifen Faltwerkes besteht in der Anwendung der Reduktionsmethode, wie sie z.B. von *Kantorovich* in [93] ausführlich für Aufgaben der Elastizitätstheorie beschrieben ist und insbesondere von *Vlasov* [173, 174] für Aufgaben der Strukturanalyse dünnwandiger Konstruktionen entwickelt wurde. Im folgenden wird diese Vorgehensweise zunächst am Beispiel der Berechnung eines einzelligen, doppeltsymmetrischen Kastenträgers nach der halbmomentenfreien Schalentheorie von *Vlasov* erläutert. Alle Gleichungen hierfür werden ausführlich angegeben, und es wird zur Erhöhung der Anschaulichkeit zunächst auf eine Matrizenformulierung verzichtet. Danach werden das elastische Potential und die Differentialgleichungen für den allgemeinen Fall in Matrizenformulierung abgeleitet. Die allgemeinen Gleichungen sind Ausgangspunkt für eine deduktive Ableitung und Bewertung unterschiedlicher verallgemeinerter Stabmodelle.

2.1.2.1 Sonderfall: Das halbmomentenfreie Stabschalenmodell nach Vlasov

Von *Vlasov* wurde eine praktisch wichtige Modellklasse verallgemeinerter Stabmodelle untersucht, die von den Annahmen der halbmomentenfreien Schalentheorie ausgeht. Im einzelnen gelten folgende geometrische und statische Hypothesen:

- Es werden ausschließlich dünnwandige Konstruktionen mit geschlossenen Querschnitten betrachtet, die entsprechend Bild 2.3 aus ebenen, in den Kanten biegesteif verbundenen Wandelementen bestehen und die in Längsrichtung eine deutlich größere Abmessung als in den beiden Querrichtungen besitzen. Die Wandelemente können in Längs- und Querrichtung versteift sein.

- Die Biege– und Torsionsspannungen aus den Momenten m_z und m_{zs} sind klein im Vergleich zu den Membranspannungen infolge n_z und n_{zs}. Die Längsbiegesteifigkeit und die Torsionssteifigkeit in den Wandelementen werden daher vernachlässigt, und es gilt $m_z \approx 0$, $m_{zs} \approx 0$. Die Normalspannungen σ_z und die Torsionsspannungen τ_{zs} sind dann wie bei der Membrantheorie konstant über die Wanddicke t verteilt, die Normalspannungen σ_s haben dagegen wie bei der Biegetheorie einen linearen Verlauf über die Wanddicke. Diese Annahmen erscheinen auf den ersten Blick als sehr einschneidend, ihr Einfluß erweist sich jedoch bei dünnwandigen Konstruktionen größerer Länge als recht gering. Wegen des aus den Annahmen folgenden „gemischten" Tragverhaltens, eine volle Schalenwirkung in Umfangsrichtung und eine Membranwirkung in Längsrichtung, findet man in der Literatur die Bezeichnungen „Semi–Membrantheorie" oder auch „Semi–Biegetheorie". Hier wird die Bezeichnung „halbmomentenfreie Schalentheorie" verwendet.

- Neben der Berücksichtigung der Schubverformungen in den Wandmittelflächen sollen in Erweiterung zu den Annahmen von *Vlasov* auch die Querdehnungen ε_s der Wandelemente berücksichtigt werden. Diese Erweiterung erweist sich für viele praktische Anwendungen als sehr geringfügig in ihrem Einfluß auf den Verformungs– und Spannungszustand, so daß die von *Vlasov* gewählte Vereinfachung $\varepsilon_s \approx 0$ meistens gerechtfertigt ist. Für den Aufbau der Theorie und die Abschätzung der von *Vlasov* getroffenen Annahmen ist jedoch die Berücksichtigung der Querdehnung zweckmäßig und notwendig.

- Als äußere Belastungen sollen zunächst nur in den Ebenen der Wandelemente wirkende Flächenlasten $p_z(z,s)$ und $p_s(z,s)$ zugelassen sein, die jedoch im verallgemeinerten Sinne auch in den Ebenen wirkende Linien– und Einzellasten sein können.

Für die Verschiebungen $u(z,s)$ in z–Richtung und $v(z,s)$ in s–Richtung werden nach *Vlasov* folgende Reihenansätze gemacht

$$u(z,s) = \sum_{i=1}^{m} U_i(z)\varphi_i(s); \qquad v(z,s) = \sum_{k=1}^{n} V_k(z)\psi_k(s) \qquad (2.5)$$

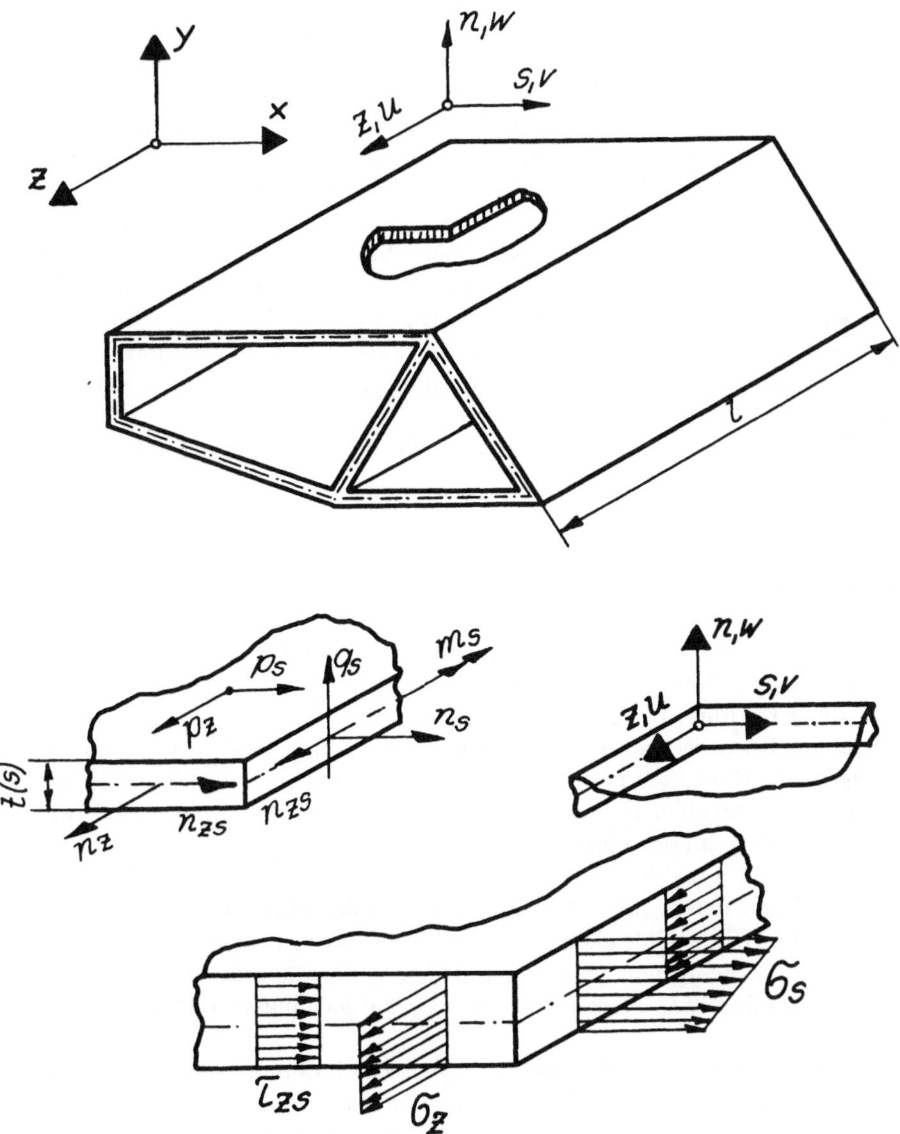

Bild 2.3 Dünnwandiges prismatisches Faltwerk mit geschlossenem Profil — halbmomentenfreies Stabschalenmodell

Vlasov bezeichnet die $U_i(z)$ und die $V_k(z)$ als verallgemeinerte Verschiebungen, die $\varphi_i(s)$ und die $\psi_k(s)$ als die zugehörigen verallgemeinerten Koordinatenfunktionen. Der Ursprung des z,s–Koordinatensystems kann beliebig gewählt werden.

In den Reihenansätzen (2.5) sind die Funktionen $U_i(z)$ und $V_k(z)$ unbekannte Funktionen, die $\varphi_i(s)$ und die $\psi_k(s)$ dagegen vorzugebende Funktionen, mit denen die Form der möglichen Längs– und Querverschiebungszustände festgelegt ist. Jede Funktion $\varphi_i(s)$ und $\psi_k(s)$ definiert einen charakteristischen Zustand der Verformungskinematik des Querschnittes. Die Koordinatenfunktionen müssen daher die Kontinuität des Querschnitts bei Längs– und Querverschiebungen gewährleisten, und sie sollten linear unabhängig sein.

Vlasov setzt für die Längsverschiebungen lineare Verläufe zwischen den Kanten der Wandelemente voraus, d.h. die Anzahl „m" der zu wählenden Koordinatenfunktionen $\varphi_i(s)$ entspricht genau der Anzahl der Kanten. Die Anzahl „n" der Koordinatenfunktionen $\psi_k(s)$ entspricht nach *Vlasov* unter der Voraussetzung $\varepsilon_s \approx 0$ dem Freiheitsgrad des Mechanismus, der durch Einfügung von Kantengelenken in der Querschnittsebene entsteht [173].

Ist „c" die Anzahl der Wandelemente und „m" die Anzahl der Kanten, folgt für den Freiheitsgrad des Mechanismus

$$n = 2m - c \tag{2.6}$$

Die Festlegung der Funktionen $\varphi_i(s)$ und $\psi_k(s)$ kann für einen beliebigen polygonalen Querschnitt formal aus Einheitsverrückungszuständen erfolgen. Bei einfachen Querschnittsformen kann es jedoch anschaulicher sein, durch Linearkombination der Einheitsverrückungszustände mechanisch deutbare Verformungszustände des Gesamtsystems für die $\varphi_i(s)$ und die $\psi_k(s)$ zu wählen.

Für den doppeltsymmetrischen Rechteckquerschnitt sind beide Möglichkeiten in Bild 2.4 dargestellt. Haben die Funktionen $\varphi_i(s)$ und $\psi_k(s)$ auch noch die Eigenschaft der Orthogonalität, ergeben sich wesentliche Vereinfachungen für die Berechnung. Darauf wird im weiteren noch eingegangen.

Läßt man in Erweiterung der Annahmen von *Vlasov* auch nichtlineare Verläufe der Längsverschiebungen zwischen den Kanten zu und verzichtet auf die Annahme $\varepsilon_s \approx 0$, verliert die Gl. (2.6) ihre Gültigkeit, und die Zahlen m und n können unabhängig voneinander entsprechend dem Freiheitsgrad der Verformungskinematik des Querschnittes rechtwinklig zur Querschnittsfläche bzw. in der Querschnittsfläche gewählt werden.

Bei der Formulierung des elastischen Potentials der halbmomentenfreien Schalentheorie ist zu beachten, daß in den Wandelementen neben den Membranspannungen nur Biegespannungen aus den Querbiegemomenten m_s auftreten, d.h. die Spannungen σ_z und τ_{zs} sind konstant über die Wanddicke verteilte Membranspannungen, während sich die Spannung σ_s aus einem Membran- und einem Biegeanteil zusammensetzt

$$\sigma_z \equiv \sigma_{z_m}$$
$$\tau_{zs} \equiv \tau_{zs_m}$$
$$\sigma_s = \sigma_{s_m} + \sigma_{s_b}$$

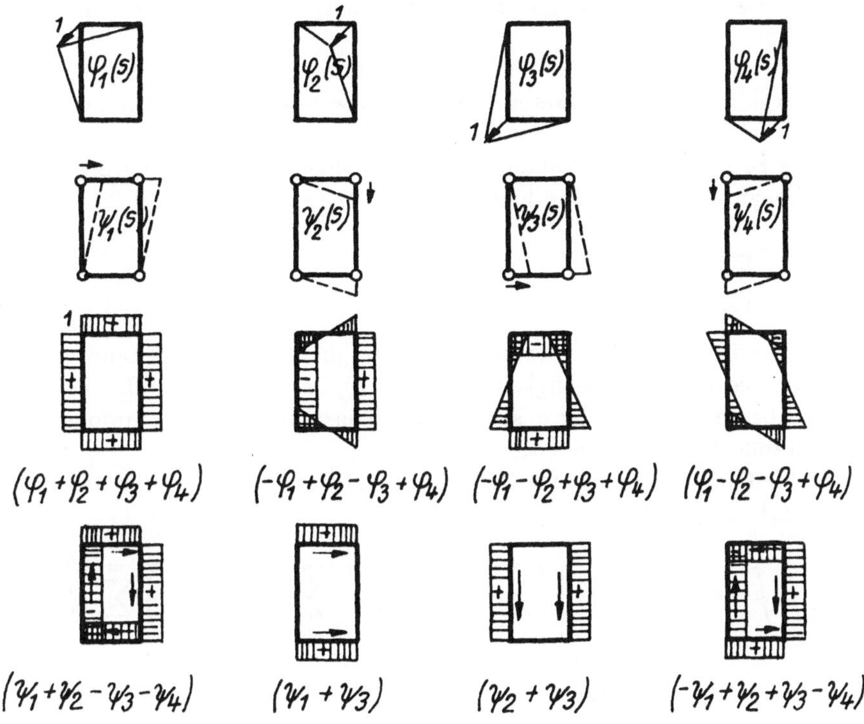

Bild 2.4 Verallgemeinerte Koordinaten $\varphi_i(s)$ und $\psi_k(s)$ für einen doppeltsymmetrischen Rechteckquerschnitt: a) Einheitsverrückungszustände, b) Linearkombination von Einheitsverrückungszuständen

Der Index m steht dabei für Membrananteil, der Index b für Biegeanteil. Die Gl. (2.4) für das elastische Potential eines biegesteifen Faltwerkes kann daher vereinfacht werden

$$\Pi = \frac{1}{2}\int_0^l \oint \left\{ \frac{Et}{1-\nu^2}\left[\left(\frac{\partial u}{\partial z}+\nu\frac{\partial v}{\partial s}\right)\frac{\partial u}{\partial z}+\left(\frac{\partial v}{\partial s}+\nu\frac{\partial u}{\partial z}\right)\frac{\partial v}{\partial s}\right] \right.$$

$$\left. +Gt\left(\frac{\partial u}{\partial s}+\frac{\partial v}{\partial z}\right)^2 + \frac{m_s^2}{EI} - 2(p_z u + p_s v) \right\} ds\, dz \tag{2.7}$$

Man erkennt, daß der Anteil aus der Scheibenwirkung unverändert übernommen wird, der Formänderungsanteil aus der Wirkung der Querbiegemomente dagegen in der Form

$$W_{\sigma_b} = \frac{1}{2}\int_0^l \oint \frac{m_s^2}{EI}\, ds\, dz \tag{2.8}$$

berücksichtigt wird. $m_s(z,s)$ ist das auf die Längeneinheit bezogene Querbiege-moment, und die Querbiegesteifigkeit wird bei unversteiften Konstruktionen durch $I = t^3/12$ erfaßt.

Auf die Berücksichtigung regelmäßig angeordneter Queraussteifungen oder auch einzeln oder regelmäßig angeordneter Längssteifen wird im Kapitel 4 näher eingegangen.

In Analogie zu den Reihenansätzen für die Verschiebungen (2.5) wird ein entsprechender Reihenansatz für die Querbiegemomente $m_s(z,s)$ gewählt

$$m_s(z,s) = \sum_{k=1}^{n} V_k(z) m_k(s) \tag{2.9}$$

In Gl. (2.9) sind die $m_k(s)$ die Querbiegemomente, die in einem sogenannten elementaren Querrahmen der Biegesteifigkeit $I(s) = t^3(s)/12$, der sich durch zwei vertikale Schnitte im Abstand „1" aus der geschlossenen Konstruktion ergibt, infolge der Verformungszustände $V_k = 1$ auftreten.

Das Einsetzen der Reihenansätze (2.5) und (2.9) in die Gl. (2.7) für das elastische Potential liefert

$$
\begin{aligned}
\Pi = \frac{1}{2}\int_0^l \oint \Bigg\{ &\frac{Et(s)}{1-\nu^2}\Bigg[\left(\sum_{i=1}^{m}U_i'(z)\varphi_i(s) + \nu\sum_{k=1}^{n}V_k(z)\psi_k'(s)\right)\sum_{i=1}^{m}U_i'(z)\varphi_i(s) \\
&+ \left(\sum_{k=1}^{n}V_k(z)\psi_k'(s) + \nu\sum_{i=1}^{m}U_i'(z)\varphi_i(s)\right)\sum_{k=1}^{n}V_k(z)\psi_k'(s)\Bigg] \\
&+ Gt\left(\sum_{i=1}^{m}U_i(z)\varphi_i'(s) + \sum_{k=1}^{n}V_k'(z)\psi_k(s)\right)^2 \\
&+ \frac{1}{EI}\left[\sum_{k=1}^{n}V_k(z)m_k(s)\right]^2 \\
&- 2\left[p_z(z,s)\sum_{i=1}^{m}U_i(z)\varphi_i(s) + p_s(z,s)\sum_{k=1}^{n}V_k(z)\psi_k(s)\right]\Bigg\}\ ds\ dz
\end{aligned}
\tag{2.10}
$$

In Gl. (2.10) kennzeichnen die Striche bei den verallgemeinerten Verschiebungen $U_i(z)$ und $V_k(z)$ die Ableitung nach z, die Striche bei den verallgemeinerten Koordinatenfunktionen $\varphi_i(s)$ und $\psi_k(s)$ die Ableitung nach s.

Führt man in Gl. (2.10) die Integration über die Koordinate s aus, erhält man für das elastische Potential Π einen Ausdruck der Form

$$\Pi = \int_{(l)} F\left(z, U_i(z), U_i'(z), V_k(z), V_k'(z)\right)\ dz \tag{2.11}$$

Das Prinzip vom Minimum des elastischen Gesamtpotentials führt somit auf eine Variationsaufgabe für ein Funktional Π, d.h. auf die Forderung

$$\Pi \implies \text{Minimum}$$

Die Grundfunktion F des Funktionals Π hängt von m Funktionen $U_i(z)$ und deren 1. Ableitungen und von n Funktionen $V_k(z)$ und deren 1. Ableitungen ab.

Aus der notwendigen Bedingung für einen Extremalwert für Π

$$\delta \Pi = 0 \tag{2.12}$$

folgt nach den Regeln der Variationsrechnung ein System von $(m + n)$ gewöhnlichen Differentialgleichungen 2. Ordnung [76]

$$\frac{\partial F}{\partial U_j} - \frac{d}{dz}\left(\frac{\partial F}{\partial U_j'}\right) = 0; \ j = 1,\ldots,m$$

$$\frac{\partial F}{\partial V_h} - \frac{d}{dz}\left(\frac{\partial F}{\partial V_h'}\right) = 0; \ h = 1,\ldots,n \tag{2.13}$$

Die Gln. (2.13) bilden das System der *Euler–Lagrange*schen Differentialgleichungen 2. Ordnung der Variationsrechnung für die Funktionen $U_i(z)$ und $V_k(z)$.

Aus der Gl. (2.10) erhält man auf diesem Wege

$$\sum_{i=1}^{m} \left[a_{ji}U_i''(z) - \frac{1-\nu}{2}b_{ji}U_i(z)\right]$$

$$-\sum_{k=1}^{n} \left[\frac{1-\nu}{2}c_{jk} - \nu d_{jk}\right] V_k'(z) + \frac{1-\nu^2}{E}p_{z_j}(z,s) = 0;$$

$$j = 1,\ldots,m \tag{2.14}$$

$$\sum_{i=1}^{m} \left[\frac{1-\nu}{2}e_{hi} - \nu f_{hi}\right] U_i'(z)$$

$$+\sum_{k=1}^{n} \left[\frac{1-\nu}{2}r_{hk}V_k''(z) - \left\{h_{hk} + (1-\nu^2)s_{hk}\right\} V_k(z)\right] + \frac{1-\nu^2}{E}p_{s_h}(z,s) = 0;$$

$$h = 1,\ldots,n$$

Die Koeffizienten der Differentialgleichungen sind durch die Gln. (2.15) definiert

$$a_{ji} = \oint \varphi_j(s)\varphi_i(s)t(s)ds; \quad b_{ji} = \oint \varphi_j'(s)\varphi_i'(s)t(s)ds;$$

$$c_{jk} = \oint \varphi_j'(s)\psi_k(s)t(s)ds; \quad d_{jk} = \oint \varphi_j(s)\psi_k'(s)t(s)ds;$$

$$e_{hi} = \oint \psi_h(s)\varphi_i'(s)t(s)ds; \quad f_{hi} = \oint \psi_h'(s)\varphi_i(s)t(s)ds; \tag{2.15}$$

$$r_{hk} = \oint \psi_h(s)\psi_k(s)t(s)ds; \quad h_{hk} = \oint \psi_h'(s)\psi_k'(s)t(s)ds;$$

$$s_{hk} = \frac{1}{E} \oint \frac{m_h(s)m_k(s)}{EI(s)}ds$$

Sie lassen sich als verallgemeinerte, konstante Querschnittswerte interpretieren. Die Funktionen

$$p_{z_j}(z) = \oint p_z(z,s)\varphi_j(s)\,ds; \quad p_{s_h}(z) = \oint p_s(z,s)\psi_h(s)\,ds \tag{2.16}$$

sind die verallgemeinerten Belastungen.

Die Funktionswerte für die verallgemeinerten Verschiebungen $U_i(z)$ und $V_k(z)$ für $z = 0$ und $z = l$ sind die wesentlichen Randbedingungen der Variationsaufgabe. Sie lassen sich auch als verallgemeinerte geometrische Randbedingungen deuten. Die natürlichen Randbedingungen der Variationsaufgabe, d.h. die Ableitungen $\partial F/\partial U'_j(z)$ und $\partial F/\partial V'_h(z)$ an den Intervallgrenzen $z = 0$ und $z = l$ führen unter Beachtung von

$$\sigma_z(z,s) = \frac{E}{1-\nu^2}\left[\frac{\partial u}{\partial z} + \nu\frac{\partial v}{\partial s}\right] = \frac{E}{1-\nu^2}\left[\sum_{i=1}^{m}U'_i(z)\varphi_i(s) + \nu\sum_{k=1}^{n}V_k(z)\psi'_k(s)\right]$$

und

$$\tau_{zs}(z,s) = G\left[\frac{\partial u}{\partial s} + \frac{\partial v}{\partial z}\right] = G\left[\sum_{i=1}^{m}U_i(z)\varphi'_i(s) + \sum_{k=1}^{n}V'_k(z)\psi_k(s)\right]$$

zur Definition verallgemeinerter Schnittgrößen:
verallgemeinerte Längskräfte

$$\frac{\partial F}{\partial U'_j(z)} \equiv P_j(z) = \oint \sigma_z(z,s)\varphi_j(s)\,t(s)\,ds$$

$$= \frac{E}{1-\nu^2}\left[\sum_{i=1}^{m}a_{ji}U'_i(z) + \nu\sum_{k=1}^{n}d_{jk}V_k(z)\right] \tag{2.17}$$

verallgemeinerte Querkräfte

$$\frac{\partial F}{\partial V'_h(z)} \equiv Q_h(z) = \oint \tau_{zs}(z,s)\psi_h(s)\,t(s)\,ds$$

$$= G\left[\sum_{i=1}^{m}e_{hi}U_i(z) + \sum_{k=1}^{n}r_{hk}V'_k(z)\right] \tag{2.18}$$

Das von *Vlasov* unter der Voraussetzung $\varepsilon_s \approx 0$ angegebene halbmomentenfreie Schalenmodell folgt aus den Gln. (2.14), wenn man $\nu = 0$ setzt und beachtet, daß unter der Voraussetzung $\varepsilon_s \approx 0$ die verallgemeinerte Koordinatenfunktionen $\psi_k(s)$ konstant sind und daher mit $\psi'_k(s) = 0$ die verallgemeinerten Querschnittsgrößen d_{jk}, f_{hi} und h_{hk} verschwinden

$$\sum_{i=1}^{m}\left[a_{ji}U''_i(z) - \tfrac{1}{2}b_{ji}U_i(z)\right] - \sum_{k=1}^{n}\tfrac{1}{2}c_{jk}V'_k(z) + \tfrac{1}{E}p_{z_j}(z,s) = 0;$$
$$j = 1,\ldots,m$$
$$\sum_{i=1}^{m}\tfrac{1}{2}e_{hi}U'_i(z) + \sum_{k=1}^{n}\left[\tfrac{1}{2}r_{hk}V''_k(z) - s_{hk}V_k(z)\right] + \tfrac{1}{E}p_{s_h}(z,s) = 0; \tag{2.19}$$
$$h = 1,\ldots,n$$

Die verallgemeinerten Schnittgrößen erhält man in der vereinfachten Form

$$P_j(z) = E \sum_{i=1}^{m} a_{ji} U_i'(z)$$

$$Q_h(z) = G \left[\sum_{i=1}^{m} e_{hi} U_i(z) + \sum_{k=1}^{n} r_{hk} V_k'(z) \right] \tag{2.20}$$

Die Differentialgleichungssysteme (2.14) bzw. (2.19) können durch teilweise Entkopplung vereinfacht werden, falls orthogonale Koordinatenfunktionen $\varphi_i(s)$ und $\psi_k(s)$ verwendet werden, d.h. falls

$$\oint \varphi_i(s)\varphi_j(s)\, t(s)\, ds = 0 \quad \text{für} \quad i \neq j$$

$$\oint \psi_k(s)\psi_h(s)\, t(s)\, ds = 0 \quad \text{für} \quad k \neq h$$

Aus den Gln. (2.19) folgen dann z.B. die Gln. (2.21)

$$a_{jj} U_j''(z) - \frac{1}{2}\sum_{i=1}^{m} b_{ji} U_i(z) - \frac{1}{2}\sum_{k=1}^{n} c_{jk} V_k'(z) + \frac{1}{E} p_{z_j}(z,s) = 0; j = 1,\dots,m$$

$$\sum_{i=1}^{m} \frac{1}{2} e_{hi} U_i'(z) + \frac{1}{2} r_{hh} V_h''(z) - \sum_{k=1}^{n} s_{hk} V_k(z) + \frac{1}{E} p_{s_h}(z,s) = 0; h = 1,\dots,n \tag{2.21}$$

Für die verallgemeinerten Längskräfte $P_j(z)$ erhält man

$$P_j(z) = E a_{jj} U_j'(z) \tag{2.22}$$

und mit

$$\sigma_z(z,s) = E \sum_{i=1}^{m} U_i'(z)\varphi_i(s) \tag{2.23}$$

folgt für die verallgemeinerte Spannungsgleichung

$$\sigma_z(z,s) = \sum_{i=1}^{m} \frac{P_i(z)}{a_{ii}} \varphi_i(s) \tag{2.24}$$

Die Gl. (2.24) entspricht in ihrem Aufbau der Spannungsgleichung der Balkentheorie. Bei geeigneter Wahl der $\varphi_i(s)$ entsprechen die a_{ii} den bekannten Querschnittswerten, d.h. $a_{11} = A$, $a_{22} = I_{yy}$, $a_{33} = I_{xx}$, $a_{44} = I_{\omega\omega}$, ..., und die $P_1(z)$ bis $P_4(z)$ sind gerade die entsprechenden Schnittgrößen Längskraft, Biegemomente um die $y-$ und die $x-$Achse und Bimoment der Theorie der Wölbkrafttorsion. Mit weiteren Koordinatenfunktionen $\varphi_i(s)$ können dann solche Effekte wie z.B. die mittragende Breite berücksichtigt und die klassische Stabtheorie erweitert werden.

Läßt man in Gl. (2.21) nur lineare Verläufe für die Funktionen $\varphi_i(s)$ zwischen den Kanten zu, gilt für die m und n wiederum die Beziehung (2.6).

Beispiel: Doppeltsymmetrischer Kastenträger Zum besseren Verständnis wird das halbmomentenfreie Schalenmodell nach *Vlasov* für den besonders einfachen Fall eines doppeltsymmetrischen Rechteckquerschnitts beispielhaft erläutert. Anwendungen für allgemeinere Querschnittsformen mit Hinweisen auf baustatische Methoden zur Berechnung der verallgemeinerten Querschnittswerte findet man im Kapitel 4.

Bild 2.5 zeigt die Abmessungen des doppeltsymmetrischen Kastenträgers sowie die Koordinatenfunktionen $\varphi_1(s)$ bis $\varphi_4(s)$ und $\psi_1(s)$ bis $\psi_4(s)$. Diese Koordinatenfunktionen lassen sich einfach mechanisch interpretieren. $\varphi_1(s)$ kennzeichnet die konstante Querschnittsverschiebung in z–Richtung, $\varphi_2(s)$ und $\varphi_3(s)$ sind die Drehungen um die vertikale und die horizontale Querschnittsachse , $\varphi_4(s)$ entspricht der linearen Querschnittsverwölbung. $\psi_1(s)$ kennzeichnet die Verdrehung des starren Querschnitts in seiner Ebene, $\psi_2(s)$ und $\psi_3(s)$ sind die Querschnittsverschiebungen in x– bzw. y–Richtung und $\psi_4(s)$ entspricht einer Deformation des Rechteckquerschnitts (Konturdeformation). Der Querschnitt hat damit den kinematischen Freiheitsgrad 8. Man kann einfach überprüfen, daß die Koordinatenfunktionen $\varphi_i(s)$ orthogonale Funktionen sind, d.h. es gilt

$$\oint \varphi_i(s)\varphi_j(s)\, t(s)\, ds = 0 \quad \text{für} \quad i \neq j;\ i,j = 1,2,3,4$$

Die Koordinatenfunktionen $\psi_k(s)$ sind nur teilweise orthogonal. Eine vollständige Orthogonalisierung auch der $\psi_k(s)$ ist möglich, zugunsten der Anschaulichkeit der Verrückungszustände wird aber darauf verzichtet. Für den Kastenträger gilt somit $m = 4$, $n = 4$ und $c = 4$ und die Gl. (2.6) ist damit erfüllt. Die Gln. (2.15) für die verallgemeinerten Querschnittswerte führen für den Kastenquerschnitt mit den im Bild 2.5 dargestellten Koordinatenfunktionen auf folgende Werte

$$
\begin{aligned}
&a_{ij} = 0, &&i \neq j, &&i,j = 1,\dots,4 \\
&a_{11} = A, &&a_{22} = I_{yy}, &&a_{33} = I_{xx}, &&a_{44} = I_{\omega\omega} = \tfrac{1}{48}Ad_1^2 d_2^2 \\
&b_{11} = 0, &&b_{22} = 2t_2 d_2 = 2A_G, &&a_{33} = 2t_1 d_1 = A_{St}, &&b_{44} = \tfrac{1}{2}d_1 d_2(d_1 t_2 + d_2 t_1) \\
&c_{11} = 0, &&c_{22} = b_{22}, &&c_{33} = b_{33}, &&c_{44} = b_{44} \\
&e_{11} = 0, &&e_{22} = b_{22}, &&e_{33} = b_{33}, &&e_{44} = b_{44} \\
&r_{11} = b_{44}, &&r_{22} = b_{22}, &&r_{33} = b_{33}, &&r_{44} = b_{44}
\end{aligned}
$$

$$c_{41} = e_{14} = r_{14} = \frac{1}{2}d_1 d_2(-d_1 t_2 + d_2 t_1)$$

Alle weiteren Werte sind Null.

Die Koordinatenfunktionen ψ_1, ψ_2 und ψ_3 führen zu keinen Konturdeformationen. Aus Gl. (2.9) gibt es daher keine Querbiegemomente $m_1(s)$, $m_2(s)$ und $m_3(s)$, der Momentenverlauf $m_4(s)$ infolge $V_4(z) = 1$ ist in Bild 2.6 dargestellt.

Die Berechnung des Biegemomentenverlaufs für einen elementaren Querrahmen infolge des Verformungszustandes $V_4(z) = 1$ erfolgt zweckmäßig nach der Kraftgrößenmethode. Von den Werten s_{hk} in Gl. (2.15) ist somit nur $s_{44} \neq 0$. Für den in Bild 2.6 angegebenen Verlauf für $m_4(s)$ berechnet man

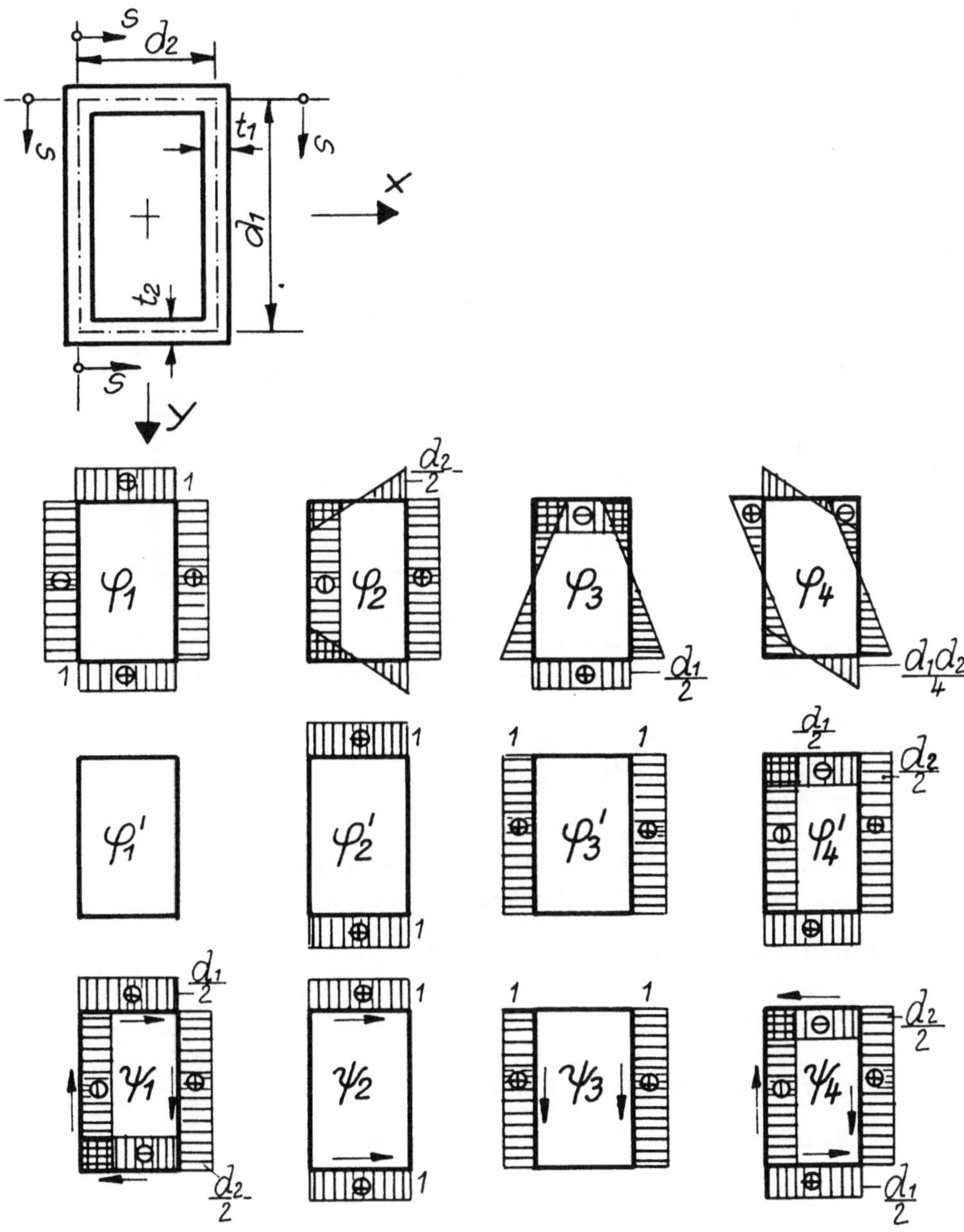

Bild 2.5 Verallgemeinerte Koordinaten $\varphi_i(s)$ und $\psi_k(s)$ für einen definierten Recht-eckquerschnitt (*Vlasov* –Modell)

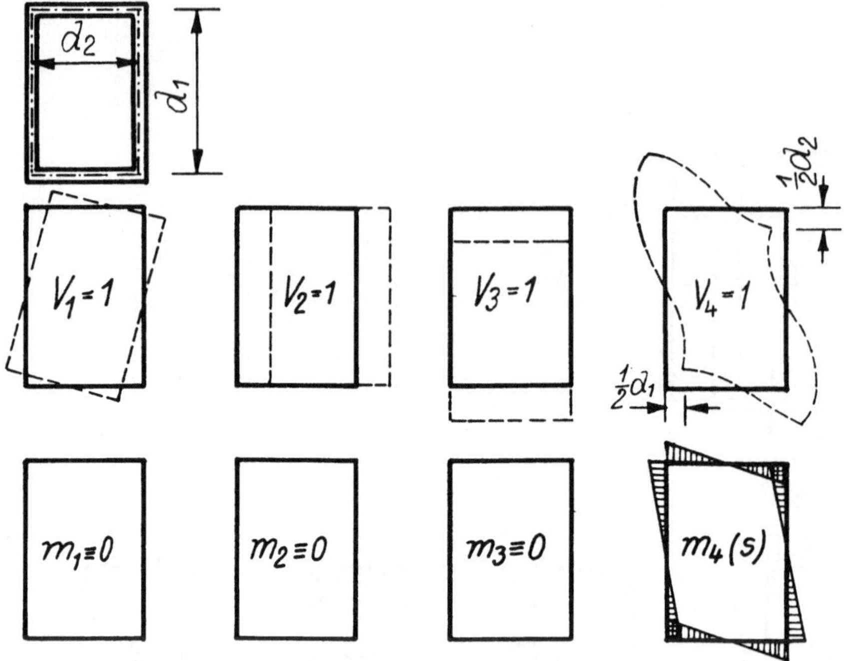

Bild 2.6　Konturdeformationen und zugeordnete Biegemomentenverläufe für Einheitsverrückungszustände $V_k(z) = 1$ eines elementaren Rechteckrahmens

$$s_{44} = \frac{96}{\dfrac{d_1}{I_1} + \dfrac{d_2}{I_2}}; \quad I_1 = \frac{t_1^3}{12}; \quad I_2 = \frac{t_2^3}{12}$$

Das Differentialgleichungssystem (2.19) zerfällt für den doppeltsymmetrischen Kastenträger mit den gewählten Koordinatenfunktionen in 4 Teilsysteme

1. Längskraftbeanspruchung

$$EAU_1''(z) = -p_{z_1}(z)$$

2. Biegungen um die vertikale Hauptachse

$$\begin{aligned}
EI_{yy}U_2''(z) - 2GA_GU_2(z) - 2GA_GV_2'(z) &= -p_{z_2}(z) \\
2GA_GU_2'(z) + 2GA_GV_2''(z) &= -p_{s_2}(z)
\end{aligned}$$

3. Biegungen um die horizontale Hauptachse

$$\begin{aligned}
EI_{xx}U_3''(z) - 2GA_{St}U_3(z) - 2GA_{St}V_3'(z) &= -p_{z_3}(z) \\
2GA_{St}U_3'(z) + 2GA_{St}V_3''(z) &= -p_{s_3}(z)
\end{aligned}$$

4. Torsion, Verwölbung und Konturdeformation

$$\bar{a}_{44}U_4''(z) - \bar{b}_{44}U_4(z) - \bar{c}_{41}V_1'(z) - \bar{b}_{44}V_4'(z) = -p_{z_4}(z)$$
$$\bar{c}_{41}U_4'(z) + \bar{b}_{44}V_1''(z) + \bar{c}_{41}V_4''(z) = -p_{s_1}(z)$$
$$\bar{b}_{44}U_4'(z) + \bar{c}_{41}V_1''(z) + \bar{b}_{44}V_4''(z) - \bar{s}_{44}V_4(z) = -p_{s_4}(z)$$

Dabei wurden folgende Abkürzungen gewählt

$$\bar{a}_{44} = Ea_{44}; \quad \bar{b}_{44} = Gb_{44}; \quad \bar{c}_{41} = Gc_{41}; \quad \bar{s}_{44} = Es_{44}$$

Für die Schnittgrößen $P_j(z)$ und $Q_h(z)$ gelten die Gln. (2.20) bzw. (2.22). Da die Koordinatenfunktionen $\varphi_i(s)$ orthogonal sind, erhält man für die $P_j(z)$ die einfachen Ausdrücke (2.22)

$$P_1(z) = EAU_1'(z); \quad P_3(z) = EI_{xx}U_3'(z)$$
$$P_2(z) = EI_{yy}U_2'(z); \quad P_4(z) = EI_{\omega\omega}U_4'(z)$$

Die Koordinatenfunktionen $\psi_k(s)$ sind nur teilweise orthogonal, es gelten daher für die $Q_h(z)$ die ausführlichen Gln. (2.20)

$$Q_1(z) = \bar{c}_{41}U_4(z) + \bar{b}_{44}V_1'(z) + \bar{c}_{41}V_4'(z);$$
$$Q_2(z) = 2GA_G[U_2(z) + V_2'(z)];$$
$$Q_3(z) = 2GA_{St}[U_3(z) + V_3'(z)];$$
$$Q_4(z) = \bar{b}_{44}U_4(z) + \bar{c}_{41}V_1'(z) + \bar{b}_{44}V_4'(z)$$

Nach Lösung der 4 Teilsysteme für die verallgemeinerten Verschiebungen $U_i(z)$ und $V_k(z)$ unter Beachtung der gegebenen Belastungen und Randbedingungen ist der Spannungs– und Verformungszustand für das halbmomentenfreie Schalenmodell eines Kastenträgers bekannt.

Mit den gewählten Koordinatenfunktionen $\varphi_i(s)$ und $\psi_k(s)$ entsprechen die verallgemeinerten Schnittgrößen den bekannten mechanischen Schnittgrößen der Theorie der Wölbkrafttorsion: $P_1(z)$ ist die Längskraft $F_l(z)$, $P_2(z)$ und $P_3(z)$ sind die Biegemomente $M_{by}(z)$ und $M_{bx}(z)$ um die Hauptachsen y und x, $P_4(z)$ ist das Bimoment $B(z)$ der Wölbkrafttorsion, $Q_1(z)$ ist das Torsionsmoment $M_t(z)$, $Q_2(z)$ und $Q_3(z)$ sind die Querkräfte $F_{qx}(z)$ und $F_{qy}(z)$ in x– und y–Richtung und $Q_4(z)$ entspricht dem Wölbtorsionsmoment $M_\omega(z)$.

Die Gl. (2.24) für die Normalspannungen liefert im vorliegenden Fall die bekannte Spannungsformel der Wölbkrafttorsion [75]

$$\sigma(z,s) = \frac{F_l(z)}{EA} + \frac{M_{by}(z)}{EI_{yy}}x(s) + \frac{M_{bx}(z)}{EI_{xx}}y(s) + \frac{B(z)}{EI_{\omega\omega}}\omega(s)$$

Kapitel 4 enthält numerische Ergebnisse für ausgewählte Beispiele zur halbmomentenfreien Schalentheorie für dünnwandige geschlossene Konstruktionen. Dabei werden nicht nur die Querschnittsformen, sondern auch der Einfluß gegebener Lagerungen und Belastungen auf die Verformungen und Spannungen diskutiert.

2.1.2.2 Allgemeiner Fall: Das biegesteife Faltwerkmodell — deduktive Ableitung verallgemeinerter Stabmodelle

Ausgangspunkt ist jetzt das biegesteife Faltwerk nach Bild 2.1, und es gelten die unter 2.1 formulierten Voraussetzungen. Das elastische Potential für das biegesteife Faltwerk erhält man aus Gl. 2.4 durch Summation über alle i Scheiben-/Plattenstreifen. Dabei wird vorausgesetzt, daß die Werte für E, G und ν für alle Streifen gleich sind. Eine Erweiterung auf streifenweise unterschiedliche elastische Konstante ist einfach möglich. Somit gilt

$$
\begin{aligned}
\Pi = \sum_{(i)} \Bigg[\frac{1}{2} \int_0^l \int_0^{d_i} \Bigg\{ & \frac{Et_i}{1-\nu^2} \left[\left(\frac{\partial u_i}{\partial z} + \nu \frac{\partial v_i}{\partial s_i} \right) \frac{\partial u_i}{\partial z} + \left(\frac{\partial v_i}{\partial s_i} + \nu \frac{\partial u_i}{\partial z} \right) \frac{\partial v_i}{\partial s_i} \right] \\
& + Gt_i \left(\frac{\partial u_i}{\partial s_i} + \frac{\partial v_i}{\partial z} \right)^2 \\
& + \frac{Et_i^3}{12(1-\nu^2)} \left[\left(\frac{\partial^2 w_i}{\partial s_i^2} + \frac{\partial^2 w_i}{\partial z^2} \right)^2 \right. \\
& \left. - 2(1-\nu) \left(\frac{\partial^2 w_i}{\partial s_i^2} \frac{\partial^2 w_i}{\partial z^2} - \left[\frac{\partial^2 w_i}{\partial s_i \partial z} \right]^2 \right) \right] \\
& - 2 \left(p_{z_i} u_i + p_{s_i} v_i + p_{n_i} w_i \right) \Bigg\} \, ds_i \, dz \\
& - \int_0^{d_i} \left[\left(q_{z_i} u_i + q_{s_i} v_i + q_{n_i} w_i \right)_{z=0} \right. \\
& \left. + \left(q_{z_i} u_i + q_{s_i} v_i + q_{n_i} w_i \right)_{z=l} \right] \, ds_i \Bigg]
\end{aligned}
\tag{2.25}
$$

Die Reihenansätze (2.5) sind auf die Verschiebungen u, v und w zu erweitern

$$
\begin{aligned}
u_i(z, s_i) &= \sum_{(j)} U_j(z) \varphi_j(s_i) \\
v_i(z, s_i) &= \sum_{(k)} V_k(z) \psi_k(s_i) \\
w_i(z, s_i) &= \sum_{(k)} V_k(z) \xi_k(s_i)
\end{aligned}
\tag{2.26}
$$

Mit der Einführung der verallgemeinerten Koordinatenfunktionen $\varphi_j(s_i)$, $\psi_k(s_i)$ und $\xi_k(s_i)$ wird die Verformungskinematik im allgemeinen auf eine Linearkombination von endlich vielen, linear unabhängigen Verformungszuständen eingeschränkt. Wie beim halbmomentenfreien Schalenmodell ist auch hier die Wahl der Koordinatenfunktionen von entscheidender Bedeutung für die Qualität des Modells und der Lösung.

Für den allgemeinen Fall werden die Ableitungen für das elastische Potential und die Differentialgleichungen durch Übergang auf eine Matrizenschreibweise wesentlich überschaubarer. Vektoren werden als Spaltenmatrizen, transponierte Vektoren als Zeilenmatrizen definiert.

Mit den Vektoren für die verallgemeinerten Koordinatenfunktionen und die verallgemeinerten Verschiebungen

$$\begin{aligned}
\boldsymbol{\varphi}^T(s_i) &= [\varphi_1(s_i), \varphi_2(s_i), \ldots]; \\
\boldsymbol{\psi}^T(s_i) &= [\psi_1(s_i), \psi_2(s_i), \ldots]; \\
\boldsymbol{\xi}^T(s_i) &= [\xi_1(s_i), \xi_2(s_i), \ldots];
\end{aligned} \tag{2.27}$$

$$\mathbf{U}^T(z) = [U_1(z), U_2(z), \ldots]; \quad \mathbf{V}^T(z) = [V_1(z), V_2(z), \ldots] \tag{2.28}$$

haben die Reihenansätze (2.26) die Form

$$\begin{aligned}
u_i(z, s_i) &= \mathbf{U}^T(z)\boldsymbol{\varphi}(s_i) &\equiv \boldsymbol{\varphi}^T(s_i)\mathbf{U}(z) \\
v_i(z, s_i) &= \mathbf{V}^T(z)\boldsymbol{\psi}(s_i) &\equiv \boldsymbol{\psi}^T(s_i)\mathbf{V}(z) \\
w_i(z, s_i) &= \mathbf{V}^T(z)\boldsymbol{\xi}(s_i) &\equiv \boldsymbol{\xi}^T(s_i)\mathbf{V}(z)
\end{aligned} \tag{2.29}$$

Für die Verschiebungen $u_i(z, s_i)$ rechtwinklig zur Querschnittsebene und $v_i(z, s_i)$ bzw. $w_i(z, s_i)$ in der Querschnittsebene ist die Anzahl der verallgemeinerten Koordinatenfunktionen beliebig und unabhängig voneinander wählbar. Dabei sollten alle für die statische Strukturanalyse signifikanten Verformungszustände des Querschnitts berücksichtigt werden.

Bei den Reihenansätzen nach Gl. (2.26) wurde beachtet, daß bezogen auf den Gesamtquerschnitt die Verschiebungen $v(z, s)$ und $w(z, s)$ miteinander gekoppelt sind und daher die verallgemeinerten Verschiebungen $V_k(z)$ sowohl für die Reihenentwicklung der $v(z, s)$ als auch der $w(z, s)$ gelten. Natürlich gibt es auch Verrückungszustände $\psi_k(s_i)$, für die $\xi_k(s_i) \equiv 0$ ist und umgekehrt. Bild 2.7 erläutert dies für ein einfaches Beispiel.

Definiert man nun die Vektoren der verallgemeinerten Belastungen

$$\begin{aligned}
\mathbf{f}_z(z) &= \sum_{(i)} \int_0^{d_i} p_{z_i}(z, s_i)\boldsymbol{\varphi}(s_i)\, ds_i; &\quad \mathbf{r}_z(z) &= \sum_{(i)} \int_0^{d_i} q_{z_i}(z, s_i)\boldsymbol{\varphi}(s_i)\, ds_i; \\
\mathbf{f}_s(z) &= \sum_{(i)} \int_0^{d_i} p_{s_i}(z, s_i)\boldsymbol{\psi}(s_i)\, ds_i; &\quad \mathbf{r}_s(z) &= \sum_{(i)} \int_0^{d_i} q_{s_i}(z, s_i)\boldsymbol{\psi}(s_i)\, ds_i; \\
\mathbf{f}_n(z) &= \sum_{(i)} \int_0^{d_i} p_{n_i}(z, s_i)\boldsymbol{\xi}(s_i)\, ds_i; &\quad \mathbf{r}_n(z) &= \sum_{(i)} \int_0^{d_i} q_{n_i}(z, s_i)\boldsymbol{\xi}(s_i)\, ds_i;
\end{aligned} \tag{2.30}$$

und die Matrizen der verallgemeinerten Querschnittswerte

$$\mathbf{A} = \sum_{(i)} \int_0^{d_i} \boldsymbol{\varphi}(s_i)\boldsymbol{\varphi}^T(s_i)t_i(s_i)\, ds_i; \quad \mathbf{B} = \sum_{(i)} \int_0^{d_i} \boldsymbol{\varphi}'(s_i)\boldsymbol{\varphi}'^T(s_i)t_i(s_i)\, ds_i;$$

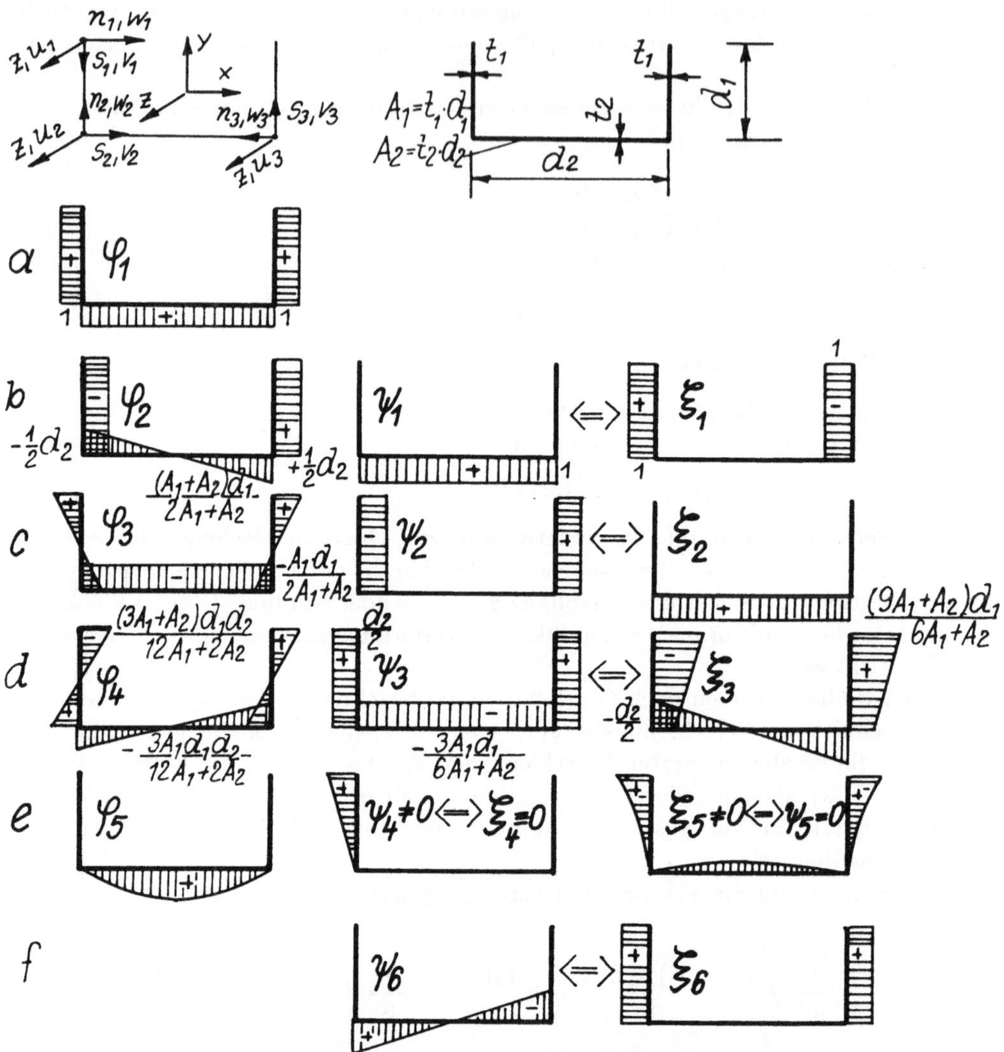

Bild 2.7 Verallgemeinerte Koordinaten $\varphi_i(s)$, $\psi_k(s)$ und $\xi_k(s)$. Abhängigkeiten der $\psi_k(s)$ und $\xi_k(s)$ für einen U–Querschnitt: a) Verschiebung in z–Richtung, b) Biegung um die y–Achse, Verschiebung in x–Richtung, c) Biegung um die x–Achse, Verschiebung in y–Richtung, d) Einheitsverwölbung, Drehung um die z–Achse, e) Effekt der mittragenden Breite im Gurt, konstante Dehnung im linken Steg, Biegung der Querschnittskontur, f) konstante Gurtdehnung, Verschiebung in x–Richtung

$$\mathbf{C} = \sum_{(i)} \int_0^{d_i} \boldsymbol{\varphi}'(s_i)\boldsymbol{\psi}^T(s_i)t_i(s_i)\,ds_i; \quad \mathbf{D} = \sum_{(i)} \int_0^{d_i} \boldsymbol{\varphi}(s_i)\boldsymbol{\psi}'^T(s_i)t_i(s_i)\,ds_i;$$

$$\mathbf{H} = \sum_{(i)} \int_0^{d_i} \boldsymbol{\psi}'(s_i)\boldsymbol{\psi}'^T(s_i)t_i(s_i)\,ds_i; \quad \mathbf{R} = \sum_{(i)} \int_0^{d_i} \boldsymbol{\psi}(s_i)\boldsymbol{\psi}^T(s_i)t_i(s_i)\,ds_i; \qquad (2.31)$$

$$\mathbf{Q} = \sum_{(i)} \int_0^{d_i} \boldsymbol{\xi}''(s_i)\boldsymbol{\xi}^T(s_i)\frac{t_i^3(s_i)}{12}\,ds_i; \quad \mathbf{S} = \sum_{(i)} \int_0^{d_i} \boldsymbol{\xi}''(s_i)\boldsymbol{\xi}''^T(s_i)\frac{t_i^3(s_i)}{12}\,ds_i;$$

$$\mathbf{T} = \sum_{(i)} \int_0^{d_i} \boldsymbol{\xi}'(s_i)\boldsymbol{\xi}'^T(s_i)\frac{t_i^3(s_i)}{12}\,ds_i; \quad \mathbf{N} = \sum_{(i)} \int_0^{d_i} \boldsymbol{\xi}(s_i)\boldsymbol{\xi}^T(s_i)\frac{t_i^3(s_i)}{12}\,ds_i;$$

erhält man unter Beachtung der Gln. (2.27) bis (2.31) aus Gl. (2.25) eine Matrizenformulierung für das elastische Potential

$$
\begin{aligned}
\Pi \;=\; &\frac{1}{2}\int_0^l \Bigg\{ \frac{E}{1-\nu^2}\left[\mathbf{U}'^T(z)\mathbf{A}\mathbf{U}'(z) + \mathbf{V}^T(z)\mathbf{H}\mathbf{V}(z)\right. \\
&+\; \nu\left(\mathbf{U}'^T(z)\mathbf{D}\mathbf{V}(z) + \mathbf{V}^T(z)\mathbf{D}^T\mathbf{U}'(z)\right)\Big] \\
&+\; G\left[\mathbf{U}^T(z)\mathbf{B}\mathbf{U}(z) + \mathbf{V}'^T(z)\mathbf{R}\mathbf{V}'(z) + \mathbf{U}^T(z)\mathbf{C}\mathbf{V}'(z) + \mathbf{V}'^T(z)\mathbf{C}^T\mathbf{U}(z)\right] \\
&+\; \frac{E}{1-\nu^2}\left[\mathbf{V}^T(z)\mathbf{S}\mathbf{V}(z) + \mathbf{V}''^T(z)\mathbf{N}\mathbf{V}''(z)\right. \\
&+\; \nu\left(\mathbf{V}^T(z)\mathbf{Q}\mathbf{V}''(z) + \mathbf{V}''^T(z)\mathbf{Q}^T\mathbf{V}(z)\right)\Big] \\
&+\; 4G\mathbf{V}'^T(z)\mathbf{T}\mathbf{V}'(z) - 2\left[\mathbf{f}_z^T(z)\mathbf{U}(z) + \mathbf{f}_s^T(z)\mathbf{V}(z) + \mathbf{f}_n^T(z)\mathbf{V}(z)\right]\Bigg\}\,dz \\
&-\; \left[\mathbf{r}_z^T(z)\mathbf{U}(z) + \mathbf{r}_s^T(z)\mathbf{V}(z) + \mathbf{r}_n^T(z)\mathbf{V}(z)\right]_{z=0} \\
&-\; \left[\mathbf{r}_z^T(z)\mathbf{U}(z) + \mathbf{r}_s^T(z)\mathbf{V}(z) + \mathbf{r}_n^T(z)\mathbf{V}(z)\right]_{z=l}
\end{aligned}
\qquad (2.32)
$$

Das Prinzip vom Minimum des elastischen Gesamtpotentials führt wieder auf eine Variationsaufgabe für das Funktional

$$\Pi = \int_{(l)} F\left[z, \mathbf{U}(z), \mathbf{U}'(z), \mathbf{V}(z), \mathbf{V}'(z), \mathbf{V}''(z)\right]\,dz$$

Im Unterschied zur Gl. (2.11) für das halbmomentenfreie Schalenmodell enthält die Grundfunktion F des Funktionals jetzt auch 2. Ableitungen für die verallgemeinerten Verschiebungen $V_k(z)$.

Die notwendige Bedingung für einen Extremwert für Π

$$\delta\Pi = 0$$

führt nach den Regeln der Variationsrechnung daher auf die folgenden, erweiterten Matrizendifferentialgleichungssysteme für $\mathbf{U}(z)$ und $\mathbf{V}(z)$ [76]

$$\frac{\partial F}{\partial \mathbf{U}} - \frac{d}{dz}\left(\frac{\partial F}{\partial \mathbf{U'}}\right) = \mathbf{0}; \quad \frac{\partial F}{\partial \mathbf{V}} - \frac{d}{dz}\left(\frac{\partial F}{\partial \mathbf{V'}}\right) + \frac{d^2}{dz^2}\left(\frac{\partial F}{\partial \mathbf{V''}}\right) = \mathbf{0} \tag{2.33}$$

sowie auf die Gleichungen für die Randterme für $z = 0$ und $z = l$

$$\delta \mathbf{U}^T \frac{\partial F}{\partial \mathbf{U'}} = 0; \quad \delta \mathbf{V}^T \left[\frac{\partial F}{\partial \mathbf{V'}} - \frac{d}{dz}\left(\frac{\partial F}{\partial \mathbf{V''}}\right)\right] = 0$$

$$\delta \mathbf{V}'^T \frac{\partial F}{\partial \mathbf{V''}} = 0 \tag{2.34}$$

Wesentliche Randbedingungen sind die vorgegebenen Werte für $\mathbf{U}$, $\mathbf{V}$ und $\mathbf{V'}$ an den Rändern $z = 0$ bzw. $z = l$, die natürlichen Randbedingungen ergeben sich zu

$$\frac{\partial F}{\partial \mathbf{U'}} = \mathbf{0}; \quad \left[\frac{\partial F}{\partial \mathbf{V'}} - \frac{d}{dz}\left(\frac{\partial F}{\partial \mathbf{V''}}\right)\right] = \mathbf{0}; \quad \frac{\partial F}{\partial \mathbf{V''}} = \mathbf{0} \tag{2.35}$$

Die natürlichen Randbedingungen können wieder als verallgemeinerte Schnittgrößen definiert werden.

Nach Ausführung der Differentiation erhält man

$$-\frac{E}{1 - \nu^2}\mathbf{A}\mathbf{U''}(z) + G\mathbf{B}\mathbf{U}(z) + G\mathbf{C}\mathbf{V'}(z) - \nu\frac{E}{1 - \nu^2}\mathbf{D}\mathbf{V'}(z) = \mathbf{f}_z(z)$$

$$\nu\frac{E}{1 - \nu^2}\mathbf{D}^T\mathbf{U'}(z) - G\mathbf{C}^T\mathbf{U'}(z) + \frac{E}{1 - \nu^2}\mathbf{N}\mathbf{V''''}(z)$$

$$+\nu\frac{E}{1 - \nu^2}\mathbf{Q}\mathbf{V''}(z) + \nu\frac{E}{1 - \nu^2}\mathbf{Q}^T\mathbf{V''}(z) - G\mathbf{R}\mathbf{V''}(z)$$

$$-4G\mathbf{T}\mathbf{V''}(z) + \frac{E}{1 - \nu^2}\mathbf{S}\mathbf{V}(z) + E\mathbf{H}\mathbf{V}(z) = \mathbf{f}_s(z) + \mathbf{f}_n(z)$$

$$\delta \mathbf{U}^T(z)\left[\frac{E}{1 - \nu^2}\mathbf{A}\mathbf{U'}(z) + \nu\frac{E}{1 - \nu^2}\mathbf{D}\mathbf{V}(z) \pm \mathbf{r}_z(z)\right]_{z=0;l} = 0 \tag{2.36}$$

$$\delta \mathbf{V}^T(z)\left[G\mathbf{C}^T\mathbf{U}(z) - \frac{E}{1 - \nu^2}\mathbf{N}\mathbf{V'''}(z) - \nu\frac{E}{1 - \nu^2}\mathbf{Q}\mathbf{V'}(z)\right.$$

$$\left.+G\mathbf{R}\mathbf{V'}(z) + 4G\mathbf{T}\mathbf{V'}(z) \pm \left(\mathbf{r}_s(z) + \mathbf{r}_n(z)\right)\right]_{z=0;l} = 0$$

$$\delta \mathbf{V}'^T(z)\left[\frac{E}{1 - \nu^2}\mathbf{N}\mathbf{V''}(z) + \nu\frac{E}{1 - \nu^2}\mathbf{Q}^T\mathbf{V}(z)\right]_{z=0;l} = 0$$

Die positiven Vorzeichen bei den Vektoren $\mathbf{r}_z(z)$, $\mathbf{r}_s(z)$ und $\mathbf{r}_n(z)$ in den Gln. (2.36) gelten für den Rand $z = 0$, die negativen für den Rand $z = l$.

Die Reduktion des zweidimensionalen Berechnungsmodells „biegesteifes Faltwerk" auf ein eindimensionales Berechnungsmodell, wie es durch die Matrizenformulierung des elastischen Potentials (2.32) oder die Matrizendifferentialgleichungssysteme und Randgleichungen (2.36) beschrieben ist, erfolgte ohne zusätzliche statische oder dynamische Hypothesen. Die Gleichungen enthalten somit noch alle Anteile der klassischen linearen Scheiben- und *Kirchhoff*schen Plattentheorie. Mit einem geeigneten Reihenansatz eines vollständigen Systems linear unabhängiger Funktionen konvergiert die

Lösung des reduzierten Problems mit zunehmender Anzahl von Reihengliedern gegen die exakte Lösung der Scheiben–/Plattengleichung. Die Auswahl der verallgemeinerten Koordinatenfunktionen bestimmt somit entscheidend das Konvergenzverhalten und damit die Qualität der Lösung und den Lösungsaufwand.

Wie im Kapitel 3 ausführlich diskutiert wird, ist eine geschlossene Lösung auch für das eindimensionale Berechnungsmodell nur in Ausnahmefällen möglich. Leistungsfähige numerische Lösungsverfahren kann man sowohl ausgehend von der Matrizenformulierung des Variationsproblems, als auch von dem Matrizendifferentialgleichungssystem erhalten. Im ersten Fall ist z.B. die Finite Elemente Methode ein sehr universelles numerisches Lösungsverfahren, im letzteren Fall hat sich die Methode der Übertragungsmatrizen bewährt. Dabei ist es zweckmäßig, die Differentialgleichungssysteme höherer Ordnung in ein System von Gleichungen 1. Ordnung zu überführen und dieses System dann numerisch zu lösen.

Für die globale Strukturananlyse, d.h. insbesondere für die Festlegung der wesentlichen Entwurfsparameter der Konstruktion, ist das Berechnungsmodell „biegesteifes Faltwerk" im allgemeinen zu aufwendig. In der Spezialliteratur sind daher zahlreiche Arbeiten zu finden, in denen mögliche Modellvereinfachungen diskutiert werden. In diesen Arbeiten sind die Voraussetzungen und die Anwendungsgrenzen vereinfachter Modelle oft nur unvollständig beschrieben.

Im folgenden wird gezeigt, daß sich durch Vernachlässigung einzelner Glieder im elastischen Potential vereinfachte Stab– oder Faltwerkmodelle auf deduktivem Wege ableiten lassen. Alle bisher in der Literatur beschriebenen verallgemeinerten Stabmodelle können so systematisch eingeordnet werden, und der mechanische Hintergrund von Vernachlässigungen wird verdeutlicht. Eine systematische Ableitung verallgemeinerter Stabmodelle eröffnet die Möglichkeit, ausgehend von der gegebenen konstruktiven Gestaltung und der Belastung einer dünnwandigen Konstruktion ein „optimales Berechnungsmodell" in dem Sinne zu finden, daß mit einem möglichst geringen Berechnungsaufwand das mechanische Antwortverhalten, die wesentlichen Parameter in ihrem qualitativen und quantitativen Verlauf, richtig erfaßt wird.

Vernachlässigung der Querdehnungen ε_s in der Mittelfläche Die Querdehnungen ε_{s_i} haben meist nur einen geringen Einfluß auf das globale Strukturverhalten. Setzt man näherungsweise $\varepsilon_{s_i} \approx 0$, entfallen im elastischen Potential bzw. in den Differentialgleichungen und den Randbedingungen des biegesteifen Faltwerkes alle mit den Matrizen $\mathbf{D}$ und $\mathbf{H}$ verbundenen Anteile. Vielfach wird für ein solches vereinfachtes Modell auch noch $\nu \approx 0$ gesetzt. Darauf wird hier zunächst verzichtet. Für den Ausdruck $E/(1 - \nu^2)$ vor der Matrix $\mathbf{A}$, der den Querdehnungseffekt für die Spannungen σ_z bei brettförmigen Streifen erfaßt, wird aber konsequent E gesetzt. Für das vereinfachte Modell gelten dann die Gln. ($\bar{E} = E/(1 - \nu^2)$)

$$\Pi = \frac{1}{2} \int_0^l \left\{ E\mathbf{U}'^T(z)\mathbf{A}\mathbf{U}'(z) + G\left[\mathbf{U}^T(z)\mathbf{B}\mathbf{U}(z) \right.\right.$$

$$\left.\left. + \ \mathbf{V}'^T(z)\mathbf{R}\mathbf{V}'(z) + \mathbf{U}^T(z)\mathbf{C}\mathbf{V}'(z) + \mathbf{V}'^T(z)\mathbf{C}^T\mathbf{U}(z)\right]\right.$$

$$
\begin{aligned}
+ \;\; & \bar{E}\Big[\mathbf{V}^T(z)\mathbf{S}\mathbf{V}(z) + \mathbf{V}''^{T}(z)\mathbf{N}\mathbf{V}''(z) + \nu\big(\mathbf{V}^T(z)\mathbf{Q}\mathbf{V}''(z) \\
+ \;\; & \mathbf{V}''^{T}(z)\mathbf{Q}^T\mathbf{V}(z)\big)\Big] + 4G\mathbf{V}'^{T}(z)\mathbf{T}\mathbf{V}'(z) \\
- \;\; & 2\big[\mathbf{f}_z^T(z)\mathbf{U}(z) + \mathbf{f}_s^T(z)\mathbf{V}(z) + \mathbf{f}_n^T(z)\mathbf{V}(z)\big]\Big\}\, dz \\
- \;\; & \Big[\mathbf{r}_z^T(z)\mathbf{U}(z) + \mathbf{r}_s^T(z)\mathbf{V}(z) + \mathbf{r}_n^T(z)\mathbf{V}(z)\Big]_{z=0,l}
\end{aligned}
\tag{2.37}
$$

$$
-EA\mathbf{U}''(z) + GB\mathbf{U}(z) + GC\mathbf{V}'(z) = \mathbf{f}_z(z)
$$

$$
-GC^T\mathbf{U}'(z) + \bar{E}N\mathbf{V}''''(z) + \Big[\nu\bar{E}(\mathbf{Q}+\mathbf{Q}^T)
$$

$$
-(G\mathbf{R}+4G\mathbf{T})\Big]\mathbf{V}''(z) + \bar{E}S\mathbf{V}(z) = \mathbf{f}_s(z) + \mathbf{f}_n(z)
$$

$$
\begin{aligned}
\delta\mathbf{U}^T(z) \quad & \Big[EA\mathbf{U}'(z) \pm \mathbf{r}_z(z)\Big]_{z=0;l} && = 0 \\
\delta\mathbf{V}^T(z) \quad & \Big[GC^T\mathbf{U}(z) - \bar{E}N\mathbf{V}'''(z) \\
& \quad -\nu\bar{E}\mathbf{Q}^T\mathbf{V}'(z) + G\mathbf{R}\mathbf{V}'(z) + 4G\mathbf{T}\mathbf{V}'(z) \\
& \quad \pm\big(\mathbf{r}_s(z)+\mathbf{r}_n(z)\big)\Big]_{z=0;l} && = 0 \\
\delta\mathbf{V}'^{T}(z) \quad & \Big[\bar{E}N\mathbf{V}''(z) + \nu\bar{E}\mathbf{Q}^T\mathbf{V}(z)\Big]_{z=0;l} && = 0
\end{aligned}
$$

Dieses vereinfachte Modell findet man z.B. in den Arbeiten von *Kollbrunner* und *Hajdin* [120] (Kapitel VI), von *Möller* [129] und von *Schardt* [152]. Vergleichsrechnungen bestätigen den geringen Einfluß der Membrandehnungen ε_s auf die zu berechnenden Spannungen (s. auch Kapitel 4). Der Einfluß wird im allgemeinen nur dann bedeutsam, wenn diese Dehnungen konstruktiv verhindert werden.

Vernachlässigt man noch die Schubverzerrungen γ_{sz} in den Mittelflächen der einzelnen Streifen, erhält man eine weitere wesentliche Modellvereinfachung. Gilt für die Streifenmittelfläche die Annahme

$$
\gamma_{sz_i} = \frac{\partial u_i}{\partial s_i} + \frac{\partial v_i}{\partial z} = 0,
$$

werden die verallgemeinerten Verschiebungen $U_j(z)$ von den $V_k(z)$ abhängig. Mit

$$
\varphi_1 = 1; \;\; \frac{d\varphi_k}{ds_i} = \psi_k; \;\; U_k = -V_k'
\tag{2.38}
$$

erhält man die vereinfachten Differentialgleichungen

$$
(EA + \bar{E}N)\mathbf{V}''''(z) + \Big[\nu\bar{E}(\mathbf{Q}+\mathbf{Q}^T) - 4G\mathbf{T}\Big]\mathbf{V}''(z) + \bar{E}S\mathbf{V}(z)
$$
$$
= \mathbf{f}_s(z) + \mathbf{f}_n(z) + \mathbf{f}_z'(z)
\tag{2.39}
$$

$$\delta \mathbf{V}^T(z) \quad \Big[\big(- E\mathbf{A} - \bar{E}\mathbf{N} \big) \mathbf{V}'''(z) + \big(- \nu \bar{E}\mathbf{Q}^T + 4G\mathbf{T} \big) \mathbf{V}'(z) + \mathbf{f}_z(z)$$

$$\pm \Big[\mathbf{r}_s(z) + \mathbf{r}_n(z) \Big]_{z=0;l} \qquad\qquad = 0$$

$$\delta \mathbf{V}'^T(z) \quad \Big[\big(E\mathbf{A} + \bar{E}\mathbf{N} \big) \mathbf{V}''(z) + \nu \bar{E}\mathbf{Q}^T \mathbf{V}(z) \mp \mathbf{r}_z(z) \Big]_{z=0;l} \qquad = 0$$

Das Berechnungsmodell wird durch eine Matrizendifferentialgleichung 4. Ordnung beschrieben. Eine Anwendung dieses vereinfachten Modells ist aber nur für Stäbe mit offenem Querschnitt zulässig, wobei noch einzuschränken ist, daß auch dann die Konstruktion nicht zu kurz sein darf, da sonst der Querkraftschub sich spürbar auf den Verformungszustand auswirken kann. Eine ausführliche Darstellung dieses vereinfachten Modells findet man gleichfalls in [120].

Vernachlässigung der Biegemomente m_z der Plattenstreifen Eine sehr wesentliche Vereinfachung der Modellgleichungen erhält man durch eine Vernachlässigung der Längsbiegemomente $m_{z_i}(z, s_i)$ in den Plattenstreifen. Man vernachlässigt dann auch den Einfluß der Längskrümmungen der einzelnen Streifen auf die Querbiegemomente $m_{s_i}(z, s_i)$. Es entfallen jetzt die Anteile mit den Matrizen $\mathbf{Q}$ und $\mathbf{N}$ und man erhält folgende Gleichungen

$$
\begin{aligned}
\Pi \;=\; & \frac{1}{2} \int_0^l \Big\{ \bar{E}\Big[\mathbf{U}'^T(z)\mathbf{A}\mathbf{U}'(z) + \mathbf{V}^T(z)\mathbf{H}\mathbf{V}(z) \\[4pt]
& +\; \nu\big(\mathbf{U}'^T(z)\mathbf{D}\mathbf{V}(z) + \mathbf{V}^T(z)\mathbf{D}^T\mathbf{U}'(z) \big) \Big] \\[4pt]
& +\; G\Big[\mathbf{U}^T(z)\mathbf{B}\mathbf{U}(z) + \mathbf{V}'^T(z)\mathbf{R}\mathbf{V}'(z) + \mathbf{U}^T(z)\mathbf{C}\mathbf{V}'(z) + \mathbf{V}'^T(z)\mathbf{C}^T\mathbf{U}(z) \Big] \\[4pt]
& +\; \bar{E}\mathbf{V}^T(z)\mathbf{S}\mathbf{V}(z) + 4G\mathbf{V}'^T(z)\mathbf{T}\mathbf{V}'(z) \\[4pt]
& -\; 2\big(\mathbf{f}_z^T(z)\mathbf{U}(z) + \mathbf{f}_s^T(z)\mathbf{V}(z) + \mathbf{f}_n^T(z)\mathbf{V}(z) \big) \Big\}\, dz \\[4pt]
& -\; \Big[\mathbf{r}_z^T(z)\mathbf{U}(z) + \mathbf{r}_s^T(z)\mathbf{V}(z) + \mathbf{r}_n^T(z)\mathbf{V}(z) \Big]_{z=0,l}
\end{aligned}
\tag{2.40}
$$

$$
\begin{aligned}
-\bar{E}\mathbf{A}\mathbf{U}''(z) + G\mathbf{B}\mathbf{U}(z) + (G\mathbf{C} - \nu\bar{E}\mathbf{D})\mathbf{V}'(z) \;&=\; \mathbf{f}_z(z) \\
(\nu\bar{E}\mathbf{D}^T - G\mathbf{C}^T)\mathbf{U}'(z) - (G\mathbf{R} + 4G\mathbf{T})\mathbf{V}''(z) & \\
+(\bar{E}\mathbf{S} + E\mathbf{H})\mathbf{V}(z) \;&=\; \mathbf{f}_s(z) + \mathbf{f}_n(z)
\end{aligned}
$$

$$\delta \mathbf{V}^T(z) \quad \Big[G\mathbf{C}^T\mathbf{U}(z) + (G\mathbf{R} + 4G\mathbf{T})\mathbf{V}'(z)$$

$$\pm \big(\mathbf{r}_s(z) + \mathbf{r}_n(z) \big) \Big]_{z=0,l} \qquad\qquad = 0$$

$$\delta \mathbf{U}^T(z) \quad \Big[\bar{E}\mathbf{A}\mathbf{U}'(z) + \nu\bar{E}\mathbf{D}\mathbf{V}(z) \pm \mathbf{r}_z(z) \Big]_{z=0,l} \qquad = 0$$

Dieses Modell hat sich für viele Anwendungsfälle bewährt. Wesentlich für die Berechnung ist, daß sich die Ordnung der Differentialgleichungssysteme verringert hat und auch im elastischen Potential nur noch höchstens 1. Ableitungen für die verallgemeinerten Verschiebungen auftreten. Dadurch können z.B. bei Anwendung der Finite-Elemente-Methode die wesentlich einfacheren C^0-stetigen statt der C^1-stetigen Elemente eingesetzt werden. Darauf wurde vor allem in den Arbeiten von *J. Altenbach* und *Zwicke* [38] bis [41], [179] hingewiesen.

Vernachlässigt man zusätzlich wiederum die Schubverzerrungen in der Mittelfläche und die Querdehnungen ε_s, gelten die Abhängigkeiten für die U_j und V_k, und es entfallen die Anteile bei den Matrizen **D** und **H**. Man erhält ein vereinfachtes Differentialgleichungssystem 4. Ordnung für die verallgemeinerten Verschiebungen $\mathbf{V}(z)$

$$EA\mathbf{V}''''(z) - 4GT\mathbf{V}''(z) + \bar{E}S\mathbf{V}(z) = \mathbf{f}_z(z) + \mathbf{f}_s(z) + \mathbf{f}_n(z)$$

$$\delta\mathbf{V}^T(z) \quad \left[-EA\mathbf{V}'''(z) + 4GT\mathbf{V}'(z) + \mathbf{f}_z(z) \pm \left(\mathbf{r}_s(z) + \mathbf{r}_n(z)\right)\right]_{z=0;l} \quad = 0$$

$$\delta\mathbf{V}'^T(z) \qquad\qquad [EA\mathbf{V}''(z) \mp \mathbf{r}_z(z)]_{z=0;l} \qquad\qquad = 0$$

Dieses Berechnungsmodell wurde von *Schardt* in [152] verwendet. Ausführliche Hinweise findet man auch in [153].

Vernachlässigung der Biegemomente $m_z(z,s)$ **und der Torsionsmomente** $m_{zs}(z,s)$ **der Plattenstreifen** Die Modellgleichungen folgen aus den allgemeinen Gleichungen des biegesteifen Faltwerkes durch Streichung aller Glieder, die die Matrizen **N**, **Q** und **T** enthalten

$$
\begin{aligned}
\Pi = \frac{1}{2}\int_0^l \Bigg\{ &\bar{E}\Big[\mathbf{U}'^T(z)\mathbf{A}\mathbf{U}'(z) + \mathbf{V}^T(z)\mathbf{H}\mathbf{V}(z) \\
&+ \nu\big(\mathbf{U}'^T(z)\mathbf{D}\mathbf{V}(z) + \mathbf{V}^T(z)\mathbf{D}^T\mathbf{U}(z)\big)\Big] \\
&+ G\Big[\mathbf{U}^T(z)\mathbf{B}\mathbf{U}(z) + \mathbf{V}'^T(z)\mathbf{R}\mathbf{V}'(z) + \mathbf{U}^T(z)\mathbf{C}\mathbf{V}'(z) + \mathbf{V}'^T(z)\mathbf{C}^T\mathbf{U}(z)\Big] \\
&+ \bar{E}\mathbf{V}^T(z)\mathbf{S}\mathbf{V}(z) - 2\big(\mathbf{f}_z^T(z)\mathbf{U}(z) + \mathbf{f}_s^T(z)\mathbf{V}(z) + \mathbf{f}_n^T(z)\mathbf{V}(z)\big) \Bigg\}\, dz \\
&- \Big[\mathbf{r}_z^T(z)\mathbf{U}(z) + \mathbf{r}_s^T(z)\mathbf{V}(z) + \mathbf{r}_n^T(z)\mathbf{V}(z)\Big]_{z=0,l}
\end{aligned}
\qquad (2.41)
$$

$$
\begin{aligned}
-\bar{E}A\mathbf{U}''(z) + GB\mathbf{U}(z) + (G\mathbf{C} - \nu\bar{E}\mathbf{D})\mathbf{V}'(z) &= \mathbf{f}_z(z) \\
(\nu\bar{E}\mathbf{D}^T - GC^T)\mathbf{U}'(z) - GR\mathbf{V}''(z) & \\
+(\bar{E}\mathbf{S} + E\mathbf{H})\mathbf{V}(z) &= \mathbf{f}_s(z) + \mathbf{f}_n(z)
\end{aligned}
$$

$$\delta\mathbf{U}^T(z) \quad \left[\bar{E}A\mathbf{U}'(z) + \nu\bar{E}\mathbf{D}\mathbf{V}(z) \pm \mathbf{r}_z(z)\right]_{z=0;l} \quad = 0$$
$$\delta\mathbf{V}^T(z) \quad \left[GC^T\mathbf{U}(z) + GR\mathbf{V}'(z) \pm \left[\mathbf{r}_s(z) + \mathbf{r}_n(z)\right]\right]_{z=0;l} = 0$$

Diese Gln. entsprechen dem halbmomentenfreien Stabschalenmodell mit Querdehnungen, das bereits im Kapitel 2.1.2.1 abgeleitet wurde. Schreibt man die Gln. (2.14) als Matrizengleichungen und beachtet, daß man die Matrizen der verallgemeinerten Querschnittskennwerte (2.31) statt durch die Summen über alle Streifen auch durch Umlaufintegrale nach Gl. (2.15) einführen kann, d.h. z.B.

$$\mathbf{A} = \oint \varphi(s_i)\varphi^T(s_i)t(s)\,ds; \quad \mathbf{B} = \oint \varphi'(s_i)\varphi'^T(s_i)t(s)\,ds;\,\dots$$

stimmen die Gln. (2.14) und (2.41) überein.

Schreibt man auch noch die Gln. (2.17) und (2.18) für die verallgemeinerten Schnittgrößen in Matrizenform, erhält man die Gln. (2.14), (2.17) und (2.18) in der Form

$$\begin{aligned}
\bar{E}\mathbf{A}\mathbf{U}''(z) - G\mathbf{B}\mathbf{U}(z) - (G\mathbf{C} - \nu\bar{E}\mathbf{D})\mathbf{V}'(z) + \mathbf{f}_z(z) &= \mathbf{0} \\
(G\mathbf{C}^T - \nu\bar{E}\mathbf{D}^T)\mathbf{U}'(z) + G\mathbf{R}\mathbf{V}''(z) - (\bar{E}(\mathbf{S} + E\mathbf{H})\mathbf{V}(z) + \mathbf{f}_s &= \mathbf{0}
\end{aligned} \tag{2.42}$$

$$\begin{aligned}
\mathbf{P}(z) &= \bar{E}\big[\mathbf{A}\mathbf{U}'(z) + \nu\mathbf{D}\mathbf{V}(z)\big] \\
\mathbf{Q}(z) &= G\big[\mathbf{C}^T\mathbf{U}(z) + \mathbf{R}\mathbf{V}'(z)\big]
\end{aligned}$$

Zum besseren Vergleich der Gln. (2.14) und (2.42) wurden in Gl. (2.42) die Belastungsglieder $\mathbf{f}_z(z)$ und $\mathbf{f}_s(z)$ auf die linke Gleichungsseite geschrieben und $\mathbf{f}_n(z)$ vernachlässigt. Aus den Gln. (2.15) erkennt man, daß die Beziehungen

$$\mathbf{E} = \mathbf{C}^T; \quad \mathbf{F} = \mathbf{D}^T \quad \text{und} \quad \mathbf{S} = \frac{1}{E} \oint \frac{\mathbf{m}(s)\mathbf{m}^T(s)}{EI}\,ds$$

gelten.

Unter der zusätzlichen Annahme $\varepsilon_s \approx 0$ und mit $\nu = 0$ folgt aus den Gln. (2.42) das klassische halbmomentenfreie Schalenmodell nach *Vlasov* (vergl. Gl. (2.19), in der $G = 2E$ gesetzt wurde)

$$\begin{aligned}
E\mathbf{A}\mathbf{U}''(z) - G\mathbf{B}\mathbf{U}(z) - G\mathbf{C}\mathbf{V}'(z) + \mathbf{f}_z(z) &= \mathbf{0} \\
G\mathbf{C}^T\mathbf{U}'(z) + G\mathbf{R}\mathbf{V}''(z) - E\mathbf{S}\mathbf{V}(z) + \mathbf{f}_s &= \mathbf{0}
\end{aligned} \tag{2.43}$$

$$\begin{aligned}
\mathbf{P}(z) &= E\mathbf{A}\mathbf{U}'(z) \\
\mathbf{Q}(z) &= G\big[\mathbf{C}^T\mathbf{U}(z) + \mathbf{R}\mathbf{V}'(z)\big]
\end{aligned}$$

Man erhält ein relativ einfaches Berechnungsmodell, das die bei einer Profildeformation wirkende Querbiegesteifigkeit berücksichtigt. Dieses Modell hat sich für die Berechnung von Kastenträgern vielfach bewährt.

Vernachlässigt man zusätzlich noch die Schubverformungen in der Mittelfläche, gelten die Gleichungen

$$\begin{aligned}
E\mathbf{A}\mathbf{V}''''(z) + E\mathbf{S}\mathbf{V}(z) &= \mathbf{f}_z'(z) + \mathbf{f}_s(z) + \mathbf{f}_n(z) \\
\delta\mathbf{V}^T(z)\ \Big[-E\mathbf{A}\mathbf{V}'''(z) + \mathbf{f}_z(z) \pm \big[\mathbf{r}_s(z) + \mathbf{r}_n(z)\big]\Big]_{z=0;l} &= 0 \\
\delta\mathbf{V}'^T(z)\ \Big[E\mathbf{A}\mathbf{V}''(z) \mp \mathbf{r}_z(z)\Big]_{z=0:l} &= 0
\end{aligned} \tag{2.44}$$

Diese Gln. stimmen mit dem von *Gruber* entwickelten Modell steifknotiger Faltwerke bzw. dem halbmomentenfreien Modell von *Vlasov* ohne Berücksichtigung der Schubverformungen [174] überein.

Gelenkfaltwerke Für besonders dünnwandige Konstruktionen bzw. für Konstruktionen ohne eine ausgeprägt biegesteife Verbindung in den Längskanten kann als Strukturmodell das Gelenkfaltwerk verwendet werden. Das Gelenkfaltwerk kann keine Plattenmomente übertragen, und auch die Querdehnungen bleiben im allgemeinen vernachlässigbar klein (es entfallen alle Anteile bei den Matrizen $\mathbf{D}$, $\mathbf{H}$ und $\mathbf{S}$). Für das Modell gelten folgende Gln.

$$
\begin{aligned}
-EA\mathbf{U}''(z) + GB\mathbf{U}(z) + GC\mathbf{V}'(z) &= \mathbf{f}_z(z) \\
-GC^T\mathbf{U}'(z) - GR\mathbf{V}''(z) &= \mathbf{f}_s
\end{aligned}
\tag{2.45}
$$

$$
\begin{aligned}
\delta\mathbf{U}^T(z)\Big[EA\mathbf{U}'(z) \pm \mathbf{r}_z(z)\Big]_{z=0;l} &= 0 \\
\delta\mathbf{V}^T(z)\Big[GC^T\mathbf{U}(z) + GR\mathbf{V}'(z) \pm \mathbf{r}_s(z)\Big]_{z=0;l} &= 0
\end{aligned}
$$

Vernachlässigt man auch noch die Schubverzerrungen in der Mittelfläche, verbleibt das Berechnungsmodell

$$
\begin{aligned}
EA\mathbf{V}''''(z) &= \mathbf{f}_s(z) + \mathbf{f}_z'(z) \\
\delta\mathbf{V}^T(z)\Big[-EA\mathbf{V}'''(z) + \mathbf{f}_z(z) \pm \mathbf{r}_s(z)\Big]_{z=0;l} &= 0 \\
\delta\mathbf{V}'^T(z)\Big[EA\mathbf{V}''(z) \mp \mathbf{r}_z(z)\Big]_{z=0;l} &= 0
\end{aligned}
\tag{2.46}
$$

Die Anwendung des Modells Gelenkfaltwerk setzt voraus, daß die Konturdeformation wenigstens an einer Stelle der Konstruktion verhindert wird.

Weitere Modellvereinfachungen Weitere Modellvereinfachungen können auch durch eine Einschränkung der Auswahl der verallgemeinerten Koordinatenfunktionen erhalten werden. Unterdrückt man z.B. alle verallgemeinerten Koordinatenfunktionen, die eine Konturdeformation beinhalten, ist dies gleichbedeutend mit der Annahme eines in seiner Ebene starren Querschnittes. Dies entspricht der in den klassischen Stabtheorien von *Bernoulli*, *Timoshenko* und *Vlasov* gemachten Voraussetzung, daß die Kontur des Querschnitts auch für den verformten Stab erhalten bleibt. Wird ferner für die verallgemeinerten Koordinaten $\varphi(s)$ der Längsverschiebungen außer den drei Koordinaten des ebenen Querschnitts, d.h. konstante Verschiebung und Drehung um die beiden Hauptachsen, nur eine Koordinate für die Verwölbung, und zwar entsprechend der Einheitsverwölbung $\omega(s)$, zugelassen und wird die Verdrehung des Querschnitts in seiner Ebene um das Drillzentrum angenommen, erhält man ein Stabmodell, das von *Heilig* in [82] und [83] verwendet wurde. Werden zusätzlich die Schubverzerrungen der Streifenmittelflächen vernachlässigt, erhält man die z.B. von *Bornscheuer* [52] und *Vlasov* [174] verwendeten Modelle der Wölbkrafttorsion für dünnwandige Stäbe mit offenem Querschnitt.

2.1.2.3 Zusammenfassende Wertung

Im Kapitel 2.1.2 wurde erläutert, wie durch Reduktion des zweidimensionalen Berechnungsmodells verallgemeinerte Stabmodelle auf deduktivem Wege abgeleitet werden können. Dabei kann eine systematische Zuordnung der einzelnen Stabmodelle zu bestimmten Modellklassen vorgenommen werden. Bild 2.8 erläutert noch einmal die Vorgehensweise der deduktiven Ableitungen und die wesentlichen vereinfachenden Annahmen für die verschiedenen Modelle. Die Auswahl eines „optimalen Berechnungsmodells", das für eine gegebene Geometrie, Lagerung und Belastung das Verformungs- und Spannungsverhalten ausreichend genau beschreibt und den Berechnungsaufwand dafür minimiert, erfordert ausreichende Ingenieurerfahrung. Es lassen sich aber auch einige generelle Wertungen vornehmen, welche mechanischen Größen das Modellverhalten besonders beeinflussen und somit wesentlich die Modellqualität bestimmen.

- Die Berücksichtigung der Membrandehnungen und der Membranspannungen in Stablängsrichtung ist unverzichtbar. Sie erfassen die auf den Gesamtquerschnitt wirkenden Längskräfte, Biege- und Wölbmomente.

- Die Berücksichtigung des Membranschubes ist dann bedeutsam, wenn das Stabmodell auch geschlossene Querschnitte zulassen soll, die mittragende Breite Einfluß auf die Spannungsverteilung hat und Schubverformungen im Sinne des *Timoshenko*–Stabes erfaßt werden sollen.

- Die Berücksichtigung der Plattendrillmomente sollte bei allen Stabmodellen mit einer widerspruchsfreien Anwendung auf offene und geschlossene Querschnitte erfolgen. Wesentlichen Einfluß auf die globalen Beanspruchungsgrößen ergeben sich aber im allgemeinen nur für offene Querschnitte, insbesondere für wölbfreie Querschnitte. Ohne Berücksichtigung der Querbiegemomente ist der Einfluß der Profilkonturdeformation biegesteifer Querschnitte nicht echt zu erfassen. Dieser Einfluß ist bei geschlossenen Querschnitten signifikant und darf nicht vernachlässigt werden.

- Die Plattenbiegung in Stablängsrichtung hat für das globale Strukturverhalten im allgemeinen eine untergeordnete Bedeutung. Die Vernachlässigung der Längsbiegemomente führt durch die Reduktion der Ordnung der Modelldifferentialgleichungen zu einer wesentlichen Modellvereinfachung, die sich besonders für die Anwendung der Finite-Elemente-Methode als vorteilhaft erweist.

- Die Membrandehnungen in Querrichtung haben meist nur einen geringen Einfluß auf die Modellqualität. Sie könnten daher fast immer vernachlässigt werden. Ihre Einbeziehung erlaubt jedoch eine besonders einfache und systematische Definition der Verformungskinematik in der Querschnittsebene. Der mit der Berücksichtigung verbundene erhöhte Aufwand durch die größere Anzahl der Koordinatenfunktionen wird dabei oft in Kauf genommen.

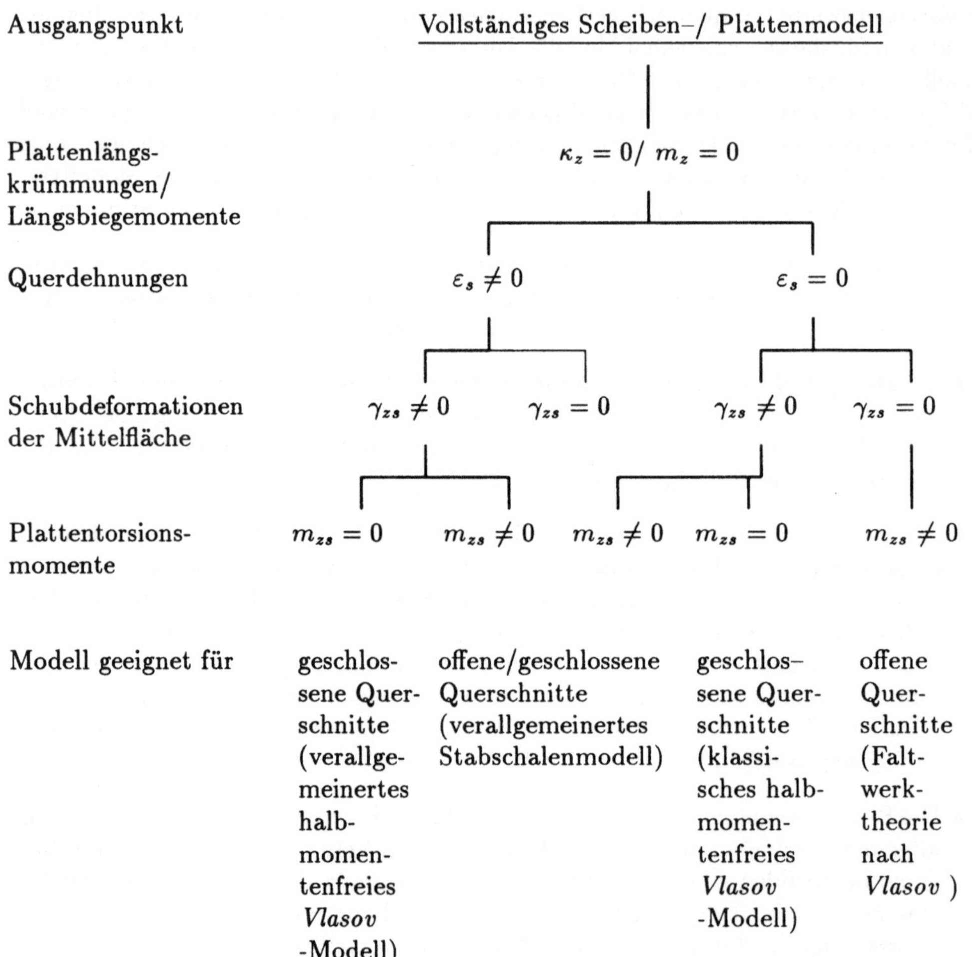

Bild 2.8 Deduktive Ableitung verallgemeinerter Stabmodelle – Systematik der Modellfindung und Modellklassifikation

Die mathematische Formulierung der unterschiedlichen Berechnungsmodelle erfolgte sowohl durch die Angabe des elastischen Potentials, als auch der zugehörigen Differentialgleichungen einschließlich der Randbedingungen. Die Matrizenschreibweise erwies sich dabei als zweckmäßig.

Lösungsmethoden können entweder vom Variationsproblem oder von den Differentialgleichungen ausgehen. Besonders bewährt haben sich als numerische Lösungsmethoden die Methode der Finiten Elemente und das Matrizenübertragungsverfahren. Im letzteren Fall werden die Modelldifferentialgleichungen in ein System von Differentialgleichungen 1. Ordnung überführt. Das soll am Beispiel der Differentialgleichungen des erweiteren halbmomentenfreien Schalenmodells dargestellt werden. Im Kapitel 4 wird die Anwendung des Matrizenübertragungsverfahrens für dieses Modell dann an Beispielen erläutert.

Ausgangspunkt sind die Matrizendifferentialgleichungen und die verallgemeinerten Schnittgrößen des halbmomentenfreien Modells mit Berücksichtigung der Querdehnungen (Gln. (1.42)).

Nach Differentiation und Einsetzen der verallgemeinerten Schnittgrößengleichungen erhält man ein System von $2(m+n)$ DGln. 1. Ordnung

$$\begin{aligned}
\mathbf{U}'(z) &= -\nu\mathbf{A}^{-1}\mathbf{D}\mathbf{V}(z) + (1/\bar{E})\mathbf{A}^{-1}\mathbf{P}(z) \\
\mathbf{V}'(z) &= -\mathbf{R}^{-1}\mathbf{C}^T\mathbf{U}(z) + (1/G)\mathbf{R}^{-1}\mathbf{Q}(z) \\
\mathbf{P}'(z) &= G(\mathbf{B} - \mathbf{C}\mathbf{R}^{-1}\mathbf{C}^T)\mathbf{U}(z) + \mathbf{C}\mathbf{R}^{-1}\mathbf{Q}(z) - \mathbf{f}_z(z) \\
\mathbf{Q}'(z) &= \bar{E}\left[(1-\nu^2)\mathbf{S} + \mathbf{H} - \nu^2\mathbf{D}^T\mathbf{A}^{-1}\mathbf{D}\right]\mathbf{V}(z) + \nu\mathbf{D}^T\mathbf{A}^{-1}\mathbf{P}(z) - \mathbf{f}_s(z)
\end{aligned} \tag{2.47}$$

Mit dem Zustandsvektor $\mathbf{y}(z)$

$$\mathbf{y}^T(z) = [\mathbf{U}^T(z) \quad \mathbf{V}^T(z) \quad \mathbf{P}^T(z) \quad \mathbf{Q}^T(z) \quad 1] \tag{2.48}$$

und der Systemmatrix $\mathcal{B}$

$$\mathcal{B} = \begin{bmatrix}
\mathbf{0} & -\nu\mathbf{A}^{-1}\mathbf{D} & (1/\bar{E})\mathbf{A}^{-1} & \mathbf{0} & \mathbf{o} \\
-\mathbf{R}^{-1}\mathbf{C}^T & \mathbf{0} & \mathbf{0} & (1/G)\mathbf{R}^{-1} & \mathbf{o} \\
G[\mathbf{B} - \mathbf{C}\mathbf{R}^{-1}\mathbf{C}^T] & \mathbf{0} & \mathbf{0} & \mathbf{C}\mathbf{R}^{-1} & -\mathbf{f}_z \\
\mathbf{0} & \tilde{\mathbf{S}} & -\nu\mathbf{D}^T\mathbf{A}^1 & \mathbf{0} & -\mathbf{f}_s \\
\mathbf{o}^T & \mathbf{o}^T & \mathbf{o}^T & \mathbf{o}^T & 1
\end{bmatrix} \tag{2.49}$$

$$\text{mit} \qquad \tilde{\mathbf{S}} = \bar{E}[(1-\nu^2)\mathbf{S} + \mathbf{H} - \nu^2\mathbf{D}^T\mathbf{A}^{-1}\mathbf{D}]$$

hat das Differentialgleichungssystem 1. Ordnung die Form

$$\mathbf{y}'(z) = \mathcal{B}\mathbf{y}(z) \tag{2.50}$$

Vernachlässigt man im Sinne des klassischen *Vlasov*-Modells noch die Querdehnungen ε_s und setzt $\nu = 0$, erhält man eine vereinfachte Systemmatrix

$$\mathcal{B} = \begin{bmatrix}
\mathbf{0} & \mathbf{0} & (1/E)\mathbf{A}^{-1} & \mathbf{0} & \mathbf{o} \\
-\mathbf{R}^{-1}\mathbf{C}^T & \mathbf{0} & \mathbf{0} & (1/G)\mathbf{R}^{-1} & \mathbf{o} \\
G[\mathbf{B} - \mathbf{C}\mathbf{R}^{-1}\mathbf{C}^T] & \mathbf{0} & \mathbf{0} & \mathbf{C}\mathbf{R}^{-1} & -\mathbf{f}_z \\
\mathbf{0} & E\mathbf{S} & \mathbf{0} & \mathbf{0} & -\mathbf{f}_s \\
\mathbf{o}^T & \mathbf{o}^T & \mathbf{o}^T & \mathbf{o}^T & 0
\end{bmatrix} \tag{2.51}$$

Die verallgemeinerten Schnittgrößen sind jetzt durch die Gln. (2.43) gegeben

$$\mathbf{P}(z) = EA\mathbf{U}'(z)$$
$$\mathbf{Q}(z) = G[\mathbf{C}^T\mathbf{U}(z) + \mathbf{R}\mathbf{V}'(z)]$$

Der Matrizenübertragungsalgorithmus wird ausführlich im Kapitel 3 beschrieben.

2.2 Grundgleichungen für die Analyse des Eigenschwingungsverhaltens

Ausgangspunkt einer dynamischen Strukturanalyse ist allgemein die Ermittlung des ungedämpften Eigenschwingungsverhaltens. Hierbei handelt es sich bei Ganzkörperschwingungen um eine typische globale Strukturanalyse, die Anwendung verallgemeinerter Stabmodelle erscheint daher sinnvoll und zweckmäßig. Für die im Kapitel 2.1 vorgestellten verallgemeinerten Stabmodelle wird eine Erweiterung der Grundgleichungen auf die Untersuchung ungedämpfter Eigenschwingungen vorgenommen. Erzwungene Schwingungen oder transiente Vorgänge werden hier nicht betrachtet.

Für die Ableitung der Modellgleichungen des Eigenwertproblems gelten die unter 2.1 angegebenen Voraussetzungen mit folgenden Ergänzungen:

- Die Verschiebungen sind jetzt Funktionen der lokalen Ortskoordinaten z, s_i und der Zeit t

$$u_i = u_i(z, s_i, t), \quad v_i = v_i(z, s_i, t), \quad w_i = w_i(z, s_i, t)$$

- Es gelten weiterhin die Voraussetzungen der linearen Elastizitätstheorie. Für alle Streifen wird homogenes, isotropes Materialverhalten vorausgesetzt. Der Elastizitätsmodul E, die Querkontraktionszahl ν und die Dichte ρ sind konstant und für alle Streifen gleich. Die Erweiterung der Ableitungen auf streifenweise unterschiedliche Werte für E, ν und ρ oder auch auf die Erfassung von Linien– oder Einzelmassen bereitet keine prinzipiellen Schwierigkeiten.

- Wegen der vorausgesetzten Dünnwandigkeit, d.h. $t_i \ll d_i$, l, werden die Rotationsträgheiten der Plattenstreifen vernachlässigt, und es wird nur die Rotationsträgheit des Gesamtquerschnittes berücksichtigt.

2.2.1 Potentielle und kinetische Energie für das biegesteife Faltwerk

Innerhalb der einzelnen Streifen des biegesteifen Faltwerkes Bild 2.1 wird wieder der ebene Scheibenspannungszustand mit dem Biegespannungszustand der *Kirchhoff*schen Plattentheorie überlagert. Die Formulierung des elastischen Potentials entspricht somit unverändert den Gln. (2.4) bzw. (2.25), allerdings ohne die Flächen- und Randlastglieder, da nur Eigenschwingungen betrachtet werden

$$\Pi = \sum_{(i)} \frac{1}{2} \int_0^l \int_0^{d_i} \left\{ \bar{E} t_i \left[\left(\frac{\partial u_i}{\partial z} + \nu \frac{\partial v_i}{\partial s_i} \right) \frac{\partial u_i}{\partial z} + \left(\frac{\partial v_i}{\partial s_i} + \nu \frac{\partial u_i}{\partial z} \right) \frac{\partial v_i}{\partial s_i} \right] \right.$$

$$+ \; Gt_i \left(\frac{\partial u_i}{\partial s_i} + \frac{\partial v_i}{\partial z} \right)^2 + \bar{E} \frac{t_i^3}{12} \left[\left(\frac{\partial^2 w_i}{\partial s_i^2} + \frac{\partial^2 w_i}{\partial z^2} \right)^2 \right. \qquad (2.52)$$

$$\left. \left. - \; 2(1-\nu) \left(\frac{\partial^2 w_i}{\partial s_i^2} \frac{\partial^2 w_i}{\partial z^2} - \left[\frac{\partial^2 w_i}{\partial s_i \partial z} \right]^2 \right) \right] \right\} ds_i \; dz$$

Für die kinetische Energie erhält man mit den Voraussetzungen nach Abschnitt 2.2

$$T = \frac{1}{2} \sum_{(i)} \int_0^l \int_0^{d_i} \rho t_i \left[\left(\frac{\partial u_i}{\partial t} \right)^2 + \left(\frac{\partial v_i}{\partial t} \right)^2 + \left(\frac{\partial w_i}{\partial t} \right)^2 \right] ds_i \; dz \qquad (2.53)$$

Die Variationsformulierung erhält man jetzt mit Hilfe des *Hamilton*schen Prinzips

Von allen geometrisch zulässigen zeitlichen Bewegungsabläufen nimmt das Zeitintegral der Lagrangeschen Funktion $L = T - \Pi$ für die wirkliche, allen Gesetzen der Mechanik entsprechende Bewegung, einen Extremwert an.

Damit gelten die Aussagen

$$\int_{t=t_A}^{t=t_E} L \; dt \implies \text{Extremum}, \; \delta \int_{t=t_A}^{t=t_E} L \; dt = 0 \qquad (2.54)$$

Dabei wird vorausgesetzt, daß zu den Zeitpunkten t_A und t_E keine virtuellen Verrückungen auftreten.

2.2.2 Reduktion auf eindimensionale Modellgleichungen

Für die Reduktion der Eigenwertaufgabe werden wie im Kapitel 2.1.2 verallgemeinerten Koordinaten $\varphi_i(s), \psi_k(s_i)$ und $\xi_k(s_i)$ eingeführt.

Zusätzlich wird für die zeitabhängigen verallgemeinerten Verschiebungen $U_j(z,t)$ und $V_k(z,t)$ ein harmonischer Ansatz gemacht.

Es gelten dann die folgenden Gleichungen

$$
\begin{aligned}
u_i(z, \, s_i, \, t) \; &= \; \sum_{(j)} \tilde{U}_j(z, \, t) \varphi_j(s_i) = \tilde{\mathbf{U}}^T \boldsymbol{\varphi}(s_i) \\[2mm]
v_i(z, \, s_i, \, t) \; &= \; \sum_{(k)} \tilde{V}_k(z, \, t) \psi_k(s_i) = \tilde{\mathbf{V}}^T \boldsymbol{\psi}(s_i) \\[2mm]
w_i(z, \, s_i, \, t) \; &= \; \sum_{(k)} \tilde{V}_k(z, \, t) \xi_k(s_i) = \tilde{\mathbf{V}}^T \boldsymbol{\xi}(s_i) \\[2mm]
\tilde{\mathbf{U}}(z, \, t) \; &= \; \mathbf{U}(z) \sin \omega_0 t \\[1mm]
\tilde{\mathbf{V}}(z, \, t) \; &= \; \mathbf{V}(z) \sin \omega_0 t
\end{aligned}
\qquad (2.55)
$$

Für die kinetische Energie T und die potentielle Energie Π erhält man in Matrixschreibweise

$$T = \frac{1}{2} \int_0^l \rho \left[\tilde{\mathbf{U}}^{\bullet T} \mathbf{A} \tilde{\mathbf{U}}^{\bullet} + \tilde{\mathbf{V}}^{\bullet T} \mathbf{R} \tilde{\mathbf{V}}^{\bullet} + \tilde{\mathbf{V}}^{\bullet T} \mathbf{N} \tilde{\mathbf{V}}^{\bullet} \right] dz$$

$$
\begin{aligned}
\Pi = \frac{1}{2} \int_0^l \Big\{ & \bar{E} \left[\tilde{\mathbf{U}}'^{T} \mathbf{A} \tilde{\mathbf{U}}' + \tilde{\mathbf{V}}^{T} \mathbf{H} \tilde{\mathbf{V}} + \nu \left(\tilde{\mathbf{U}}'^{T} \mathbf{D} \tilde{\mathbf{V}} + \tilde{\mathbf{V}}^{T} \mathbf{D}^{T} \tilde{\mathbf{U}}' \right) \right] \\
+ \ & G \left[\tilde{\mathbf{U}}^{T} \mathbf{B} \tilde{\mathbf{U}} + \tilde{\mathbf{V}}'^{T} \mathbf{R} \tilde{\mathbf{V}}' + \tilde{\mathbf{U}}^{T} \mathbf{C} \tilde{\mathbf{V}}' + \tilde{\mathbf{V}}'^{T} \mathbf{C}^{T} \tilde{\mathbf{U}} \right] \\
+ \ & \bar{E} \left[\tilde{\mathbf{V}}^{T} \mathbf{S} \tilde{\mathbf{V}} + \tilde{\mathbf{V}}''^{T} \mathbf{N} \tilde{\mathbf{V}}'' + \nu \left(\tilde{\mathbf{V}}^{T} \mathbf{Q} \tilde{\mathbf{V}}'' + \tilde{\mathbf{V}}''^{T} \mathbf{Q}^{T} \tilde{\mathbf{V}} \right) \right] \\
+ \ & 4G \tilde{\mathbf{V}}'^{T} \mathbf{T} \tilde{\mathbf{V}}' \Big\} dz
\end{aligned}
\qquad (2.56)
$$

dabei ist

$$(\ )^{\bullet} = \frac{\partial}{\partial t}; \quad (\ )' = \frac{\partial}{\partial z}$$

Für die Matrizen der verallgemeinerten Querschnittswerte gelten unverändert die Gln. (2.31).

Die *Lagrange*sche Funktion $L = T - \Pi$, die auch als kinetisches Potential bezeichnet wird, ist eine Funktion von z und t sowie der verallgemeinerten Verschiebung $\tilde{U}_j(z,\,t)$ und $\tilde{V}_k(z,\,t)$ und deren Ableitungen nach z und t

$$L = L(z,\ t,\ \tilde{\mathbf{U}},\ \tilde{\mathbf{V}},\ \tilde{\mathbf{U}}',\ \tilde{\mathbf{V}}',\ \tilde{\mathbf{U}}^{\bullet},\ \tilde{\mathbf{V}}^{\bullet},\ \tilde{\mathbf{V}}'')$$

Aus der Extremalbedingung

$$\delta \int_{t_A}^{t_E} L \, dt = \int_{t_A}^{t_E} \delta L \, dt = 0$$

erhält man nach den Regeln der Variationsrechnung folgende *Euler–Lagrange*sche Differentialgleichungen

$$
\begin{aligned}
\frac{\partial L}{\partial \tilde{\mathbf{U}}} - \frac{d}{dz}\left(\frac{\partial L}{\partial \tilde{\mathbf{U}}'} \right) - \frac{d}{dt}\left(\frac{\partial L}{\partial \tilde{\mathbf{U}}^{\bullet}} \right) &= \mathbf{0}; \\
\frac{\partial L}{\partial \tilde{\mathbf{V}}} - \frac{d}{dz}\left(\frac{\partial L}{\partial \tilde{\mathbf{V}}'} \right) - \frac{d}{dt}\left(\frac{\partial L}{\partial \tilde{\mathbf{U}}^{\bullet}} \right) + \frac{d^2}{dz^2}\left(\frac{\partial F}{\partial \tilde{\mathbf{V}}''} \right) &= \mathbf{0}
\end{aligned}
\qquad (2.57)
$$

Für die wesentlichen und die natürlichen Randbedingungen gelten wieder die Gln. (2.34) und (2.35). Beachtet man die harmonischen Ansätze für $\tilde{\mathbf{U}}$ und $\tilde{\mathbf{V}}$ nach Gl. (2.55), nehmen die *Euler–Lagrange*schen Differentialgleichungen (2.57) die Form (2.58) an.

$$-\bar{E}\mathbf{A}\mathbf{U}''(z) + (G\mathbf{B} - \omega_0^2\rho\mathbf{A})\mathbf{U}(z) + (G\mathbf{C} - \nu\bar{E}\mathbf{D})\mathbf{V}'(z) \;=\; \mathbf{o}$$

$$(\nu\bar{E}\mathbf{D}^T - G\mathbf{C}^T)\mathbf{U}'(z) + \bar{E}\mathbf{N}\mathbf{V}''''(z)$$

$$+(\nu\bar{E}\mathbf{Q} + \nu\bar{E}\mathbf{Q}^T - G\mathbf{R} - 4G\mathbf{T})\mathbf{V}''(z) \qquad (2.58)$$

$$+[\bar{E}\mathbf{S} + \bar{E}\mathbf{H} - \omega_0^2\rho(\mathbf{R} + \mathbf{N})]\mathbf{V}(z) \;=\; \mathbf{o}$$

$$\delta\mathbf{U}^T(z)\left[\bar{E}\mathbf{A}\mathbf{U}'(z) + \nu\bar{E}\mathbf{D}\mathbf{V}(z)\right]_{z=0;l} \;=\; 0$$

$$\delta\mathbf{V}^T(z)\left[G\mathbf{C}^T\mathbf{U}(z) - \bar{E}\mathbf{N}\mathbf{V}'''(z) - (\nu\bar{E}\mathbf{Q}^T - G\mathbf{R} - 4G\mathbf{T})\mathbf{V}'(z)\right]_{z=0;l} \;=\; 0$$

$$\delta\mathbf{V}'^T(z)\left[\bar{E}\mathbf{N}\mathbf{V}''(z) + \nu\bar{E}\mathbf{Q}^T\mathbf{V}(z)\right]_{z=0;l} \;=\; 0$$

Das Berechnungsmodell Gl. (2.56) bzw. (2.58) entspricht dem biegesteifen Faltwerk. Es enthält alle Steifigkeits– und Festigkeitsterme der technischen Scheiben–/ Plattentheorie. Die Lösungsqualität hängt somit auch für dieses Modell nur von der Wahl der verallgemeinerten Koordinaten ab. Mit wachsender Zahl der Reihenglieder konvergiert die Reihenlösung bei korrekter Wahl der verallgemeinerten Koordinatenfunktionen gegen die exakten Werte der Scheiben–/ Plattenlösung.

Wie bei der statischen Strukturanalyse werden bei Anwendungsrechnungen vielfach vereinfachte Berechnungsmodelle eingesetzt, um den Berechnungsaufwand zu minimieren. Die Ableitung vereinfachter verallgemeinerter Stabmodelle erfolgt wiederum deduktiv aus dem Berechnungsmodell biegesteifes Faltwerk. Die mechanische Begründung für die vereinfachten Modelle ergibt sich aus der Tatsache, daß die einzelnen Terme im Modell (2.58) einen ganz unterschiedlichen Einfluß auf die Ergebnisqualität haben können. So kann prinzipiell gesagt werden, daß für die höheren Eigenfrequenzen und Eigenformen der Einfluß der Plattenverformungen und damit der Plattensteifigkeiten zunimmt. Daraus kann man ableiten, daß insbesondere für die Berechnung der Eigenwerte und Eigenfrequenzen am unteren Ende des Spektrums Modellvereinfachungen zulässig sind. Für die statische Strukturanalyse wurde die Systematik der Ableitung vereinfachter Modellgleichungen im Kapitel 2.1 ausführlich dargestellt. Hier werden daher die für die Eigenschwingungsanalyse häufig verwendeten verallgemeinerten Stabmodelle nur kurz beschrieben. Die Gleichungen für das Potential Π gelten unverändert wie im Kapitel 2.1, wenn man die Zeitabhängigkeit der verallgemeinerten Verschiebungen beachtet, d.h. $\mathbf{U}$ und $\mathbf{V}$ durch $\tilde{\mathbf{U}}$ und $\tilde{\mathbf{V}}$ ersetzt. Der Anteil für die kinetische Energie ist für alle Modelle gleich. Es wird daher im folgenden auf die Angabe der *Lagrange*schen Funktionen L für die unterschiedlichen verallgemeinerten Stabmodelle verzichtet und die Darstellung auf die Angabe der Differentialgleichungen und der Randterme beschränkt.

2.2.2.1 *Deduktive Ableitung verallgemeinerter Stabmodelle*

Ausgangspunkt für die deduktive Ableitung vereinfachter Modellgleichungen sind die Gln. (2.58).

Vernachlässigung der Querdehnungen der Schalenmittelfläche   Auch für die dynamische Strukturanalyse sind die Querdehnungen ε_s im allgemeinen von geringer Bedeutung. Mit den Annahmen

$$\varepsilon_{s_i} \approx 0, \quad \sigma_{z_i} \approx E\frac{\partial u_i}{\partial z}$$

entfallen die Gleichungsterme, die mit den Matrizen $\mathbf{D}$ und $\mathbf{H}$ verbunden sind

$$
\begin{aligned}
-EA\mathbf{U}''(z) + (G\mathbf{B} - \omega_0^2\rho\mathbf{A})\mathbf{U}(z) + G\mathbf{C}\mathbf{V}'(z) &= \mathbf{o} \\
-G\mathbf{C}^T\mathbf{U}'(z) + \bar{E}\mathbf{N}\mathbf{V}''''(z) & \\
+(\nu\bar{E}\mathbf{Q} + \nu\bar{E}\mathbf{Q}^T - G\mathbf{R} - 4G\mathbf{T})\mathbf{V}''(z) & \\
+[\bar{E}\mathbf{S} - \omega_0^2\rho(\mathbf{R} + \mathbf{N})]\mathbf{V}(z) &= \mathbf{o}
\end{aligned}
\tag{2.59}
$$

$$
\begin{aligned}
\delta\mathbf{U}^T(z)\left[EA\mathbf{U}'(z)\right]_{z=0;l} &= 0 \\
\delta\mathbf{V}^T(z)\left[G\mathbf{C}^T\mathbf{U}(z) - \bar{E}\mathbf{N}\mathbf{V}'''(z) - (\nu\bar{E}\mathbf{Q}^T - G\mathbf{R} - 4G\mathbf{T})\mathbf{V}'(z)\right]_{z=0;l} &= 0 \\
\delta\mathbf{V}'^T(z)\left[\bar{E}\mathbf{N}\mathbf{V}''(z) + \nu\bar{E}\mathbf{Q}^T\mathbf{V}(z)\right]_{z=0;l} &= 0
\end{aligned}
$$

Dieses Berechnungsmodell wurde z.B. von *Möller* [129] zur Untersuchung des Eigenschwingungsverhaltens eines dreizelligen Kastenträgers eingesetzt.

Vernachlässigung der Längsbiegemomente m_z Betrachtet man den Einfluß der Biegemomente m_z und der Längskrümmungen $w_i''(z)$ als vernachlässigbar klein, d.h. setzt man

$$m_z \approx 0, \quad w_i'' \approx 0$$

verschwinden die ω_0–freien Terme mit den Matrizen $\mathbf{N}$ und $\mathbf{Q}$, und es erniedrigt sich die Ordnung der Matrizendifferentialgleichungen

$$
\begin{aligned}
-EA\mathbf{U}''(z) + (G\mathbf{B} - \omega_0^2\rho\mathbf{A})\mathbf{U}(z) + G\mathbf{C}\mathbf{V}'(z) &= \mathbf{o} \\
+(\nu\bar{E}\mathbf{D}^T - G\mathbf{C}^T)\mathbf{U}'(z) - (G\mathbf{R} + 4G\mathbf{T})\mathbf{V}''(z) & \\
+[\bar{E}\mathbf{S} + \bar{E}\mathbf{H} - \omega_0^2\rho(\mathbf{R} + \mathbf{N})]\mathbf{V}(z) &= \mathbf{o}
\end{aligned}
\tag{2.60}
$$

$$
\begin{aligned}
\delta\mathbf{U}^T(z)\left[\bar{E}A\mathbf{U}'(z) + \nu\bar{E}\mathbf{D}\mathbf{V}(z)\right]_{z=0;l} &= 0 \\
\delta\mathbf{V}^T(z)\left[G\mathbf{C}^T\mathbf{U}(z) + G\mathbf{R}\mathbf{V}'(z) + 4G\mathbf{T}\mathbf{V}'(z)\right]_{z=0;l} &= 0
\end{aligned}
$$

Wie schon im Fall der statischen Gleichungen festgestellt, hat dieses Modell besondere Vorteile für die numerische Analyse. Die höchsten Ableitungen sind von 2. Ordnung. Dies erleichtert die Entwicklung finiter Stabmodelle. Die Berücksichtigung der Querdehnungen ermöglicht eine einfache automatische Definition verallgemeinerter Koordinaten. Dieses Modell wurde daher in allen Arbeiten von *J. Altenbach* und *Zwicke* bevorzugt und für beliebige Querschnitte eingesetzt (s. z.B. [36], [40], [179] u.a.).

Das halbmomentenfreie Schalenmodell mit Berücksichtigung der Schub-verzerrungen der Mittelfläche Vernachlässigt man die Querdehnungen $\varepsilon_s(s_i)$, die Plattenbiegemomente m_z und setzt noch $\nu = 0$, erhält man das *Vlasov* –Modell ohne Querdehnungen

$$
\begin{aligned}
-E\mathbf{A}\mathbf{U}''(z) + (G\mathbf{B} - \omega_0^2\rho\mathbf{A})\mathbf{U}(z) + G\mathbf{C}\mathbf{V}'(z) &= \mathbf{o} \\
-G\mathbf{C}^T\mathbf{U}'(z) - G\mathbf{R}\mathbf{V}''(z) + [E\mathbf{S} - \omega_0^2\rho(\mathbf{R} + \mathbf{N})]\mathbf{V}(z) &= \mathbf{o}
\end{aligned}
\qquad (2.61)
$$

$$
\begin{aligned}
\delta\mathbf{U}^T(z)\left[E\mathbf{A}\mathbf{U}'(z)\right]_{z=0;l} &= 0 \\
\delta\mathbf{V}^T(z)\left[G\mathbf{C}^T\mathbf{U}(z) + G\mathbf{R}\mathbf{V}'(z)\right]_{z=0;l} &= 0
\end{aligned}
$$

Dieses Berechnungsmodell wurde z.B. von *de Boer* [50] und in Arbeiten von *Kissing* und *Oßwald* [107] bis [110] für die Eigenschwingungsanalyse dünnwandiger Konstruktionen mit geschlossenen Querschnitten eingesetzt. Dabei wurde die Methode der Übertragungsmatrizen verwendet. Die Vorgehensweise sei daher für dieses Modell beispielhaft erläutert.

Mit den verallgemeinerten Schnittgrößen

$$
\begin{aligned}
\mathbf{P}(z) &= E\mathbf{A}\mathbf{U}'(z); & \mathbf{P}'(z) &= E\mathbf{A}\mathbf{U}''(z) \\
\mathbf{Q}(z) &= G\mathbf{C}^T\mathbf{U}(z) + G\mathbf{R}\mathbf{V}'(z); & \mathbf{Q}'(z) &= G\mathbf{C}^T\mathbf{U}'(z) + G\mathbf{R}\mathbf{V}''(z)
\end{aligned}
$$

und den harmonischen Ansätzen

$$
\tilde{\mathbf{U}}(z,\ t) = \mathbf{U}(z)\sin\omega_0 t, \ \tilde{\mathbf{V}}(z,\ t) = \mathbf{V}(z)\sin\omega_0 t
$$

können die Matrizendifferentialgleichungen wieder in ein System 1. Ordnung überführt werden

$$
\mathbf{y}' = \mathcal{B}(\omega_0)\mathbf{y}, \qquad\qquad (2.62)
$$

$$
\mathbf{y}^T = [\mathbf{U}^T\ \mathbf{V}^T\ \mathbf{P}^T\ \mathbf{Q}^T]
$$

$$
\mathcal{B} = \mathcal{B}(\omega_0)
$$

$$
= \begin{bmatrix}
\mathbf{0} & \mathbf{0} & (1/E)\mathbf{A}^{-1} & \mathbf{0} \\
-\mathbf{R}^{-1}\mathbf{C}^T & \mathbf{0} & \mathbf{0} & (1/G)\mathbf{R}^{-1} \\
G[\mathbf{B} - \mathbf{C}\mathbf{R}^{-1}\mathbf{C}^T] - \omega_0^2\rho\mathbf{A} & \mathbf{0} & \mathbf{0} & \mathbf{C}\mathbf{R}^{-1} \\
\mathbf{0} & E\mathbf{S} - \omega_0^2\rho(\mathbf{N} + \mathbf{R}) & \mathbf{0} & \mathbf{0}
\end{bmatrix}
$$

Hierin sind $\mathbf{y}^T$ der Zustandsvektor und $\mathcal{B}(\omega_0)$ die Systemmatrix.

Vernachlässigt man beim halbmomentenfreien *Vlasov* –Modell noch die Schubverzerrungen γ_{zs_i} in der Mittelfläche, erhält man durch die Abhängigkeiten

$$
\frac{d\varphi_k(s_i)}{ds_i} = \psi_k(s_i); \ U_k(z) = -V_k'(z)
$$

eine Matrizendifferentialgleichung 4. Ordnung für $\mathbf{V}(z)$

$$E\mathbf{A}\mathbf{V}''''(z) + E\mathbf{S}\mathbf{V} + \omega_0^2\rho\mathbf{A}\mathbf{V}''(z) - \omega_0^2\rho(\mathbf{R}+\mathbf{N})]\mathbf{V}(z) = \mathbf{o}$$

$$\delta\mathbf{V}^T(z)\left[E\mathbf{A}\mathbf{V}'''(z) + \omega_0\rho\mathbf{A}\mathbf{V}'(z)\right]_{z=0;l} = 0 \qquad (2.63)$$

$$\delta\mathbf{V}'^T(z)\left[E\mathbf{A}\mathbf{V}''(z)\right]_{z=0;l} = 0$$

Diese Gleichungen werden besonders einfach, wenn die Längsträgheiten $\rho\mathbf{A}$ vernachlässigt werden können.

Stabmodelle mit starrer Querschnittskontur Bei allen klassischen Stabmodellen wird der Erhalt der Querschnittsform des verformten Stabes vorausgesetzt. Für die hier betrachtete Systematik der Ableitung von Stabmodellen bedeutet dies, daß nur solche verallgemeinerten Koordinatenfunktionen zugelassen werden, bei denen keine Querdehnungen ε_s und auch keine Querkrümmungen $\partial^2 w_i/\partial s_i^2$ auftreten.

Vernachlässigt man im elastischen Potential die Momente m_z folgt mit $\nu = 0$

$$-E\mathbf{A}\mathbf{U}''(z) + (G\mathbf{B} - \omega_0^2\rho\mathbf{A})\mathbf{U}(z) + G\mathbf{C}\mathbf{V}'(z) = \mathbf{o}$$

$$-G\mathbf{C}^T\mathbf{U}'(z) - (G\mathbf{R} + 4G\mathbf{T})\mathbf{V}''(z) - \omega_0^2\rho(\mathbf{R}+\mathbf{N})\mathbf{V}(z) = \mathbf{o} \qquad (2.64)$$

$$\delta\mathbf{U}^T(z)\left[E\mathbf{A}\mathbf{U}'(z)\right]_{z=0;l} = 0$$

$$\delta\mathbf{V}^T(z)\left[G\mathbf{C}^T\mathbf{U}(z) + (G\mathbf{R} + 4G\mathbf{T})\mathbf{V}'(z)\right]_{z=0;l} = 0$$

Das Berechnungsmodell (2.64) enthält als Spezialfall den *Timoshenko*balken mit Schubverformung und Rotationsträgheit. Da das Modell (2.64) nichtlineare Verwölbungen zuläßt, kann auch der Effekt der mittragenden Breite näherungsweise berücksichtigt werden.

Vernachlässigt man im Modell (2.64) die Schubverzerrungen der Mittelfläche, gilt die Gleichung (2.65). Sie ist von 4. Ordnung und stimmt mit dem *Vlasov*-Stabmodell für dünnwandige offene Querschnitte überein, wenn die verallgemeinerten Koordinatenfunktionen der Querschnittskinematik des *Vlasov*-Stabes entsprechen

$$E\mathbf{A}\mathbf{V}''''(z) - (4G\mathbf{T} - \omega_0^2\rho\mathbf{A})\mathbf{V}''(z) - \omega_0^2\rho(\mathbf{R}+\mathbf{N})\mathbf{V}(z) = \mathbf{o} \qquad (2.65)$$

$$\delta\mathbf{V}^T(z)\left[-E\mathbf{A}\mathbf{V}'''(z) + 4G\mathbf{T}\mathbf{V}'(z) - \omega_0^2\rho\mathbf{A}\mathbf{V}'(z)\right]_{z=0;l} = 0$$

$$\delta\mathbf{V}'^T(z)\left[E\mathbf{A}\mathbf{V}''(z)\right]_{z=0;l} = 0$$

In der Literatur findet man auch klassische Stabmodelle, die die Rotations– und die Wölbträgheiten vernachlässigen. Diese Vereinfachung ist jedoch nicht zu empfehlen, falls gekoppelte Längs– und Biegeschwingungen auftreten können.

2.2.2.2 *Zusammenfassende Wertung*

Bei der Eigenschwingungsanalyse dünnwandiger Strukturelemente oder ganzer Strukturen muß man darauf achten, daß auch am unteren Spektrum der Eigenfrequenzen neben den sogenannten Ganzkörperschwingungen ausgeprägte lokale Wandschwingungen einzelner Felder sowie gemischte Schwingungsformen auftreten können. Durch den Berechnungsingenieur ist daher bei der Modellierung zu unterscheiden, ob solche lokalen Effekte für den Entwurf und die Dimensionierung der Konstruktion von Bedeutung sind. Besonders wichtig ist es jedoch abschätzen zu können, welche Erscheinungen die unterschiedlichen verallgemeinerten Berechnungsmodelle hinreichend genau wiedergeben können bzw. welche Einschränkungen für die Anwendbarkeit der verschiedenen Modelle zu beachten sind.

Zahlreiche Vergleichsrechnungen zeigen, daß die Berücksichtigung der Querschnittskonturdeformationen im Vergleich zu den klassischen Stabmodellen mit starrer Querschnittsform insbesondere bei den dünnwandigen ein- und mehrzelligen Konstruktionen die Ergebnisqualität entscheidend verbessert.

Der Anwendung verallgemeinerter Stabmodelle sind jedoch dort Grenzen gesetzt, wo vielfältige lokale Schwingungseffekte auftreten. Dies trifft in besonderem Maße bei kurzen Stabschalen und bei extrem dünnwandigen Konstruktionen zu. Je nach der Qualität des verwendeten Stabmodells werden die lokalen Effekte überhaupt nicht oder nur unzureichend erfaßt. In solchen Fällen muß das biegesteife Faltwerkmodell Grundlage der dynamischen Strukturanalyse sein.

2.3 Erweiterungen der Modellgleichungen

Im folgenden werden zwei Erweiterungen der bisherigen Gleichungen diskutiert, die für die Anwendung verallgemeinerter Stabmodelle von Interesse sind. Die erste Erweiterung betrifft die Stabgeometrie. Es werden Stabmodelle mit stetig veränderlicher Querschnittsform in die Untersuchung einbezogen. Die zweite Erweiterung betrifft die Stabbelastungen. Es erfolgt eine Erweiterung auf stationäre Temperaturfeldbelastungen.

Für beide Fälle werden die Erweiterungen nur exemplarisch behandelt und auf die systematische Einbeziehung aller Stabmodelle verzichtet. Die in den Kapiteln 4 bis 6 dargestellten Beispiele beschränken sich gleichfalls auf die hier vorgestellten Erweiterungen.

Die Einbeziehung anderer Stabmodelle bereitet keine prinzipiellen Schwierigkeiten. Sie muß hier aus Platzgründen unterdrückt werden.

2.3.1 Schwach nichtprismatische Konstruktionen

In der Literatur werden auch verallgemeinerte Stabmodelle mit veränderlichen Querschnitten diskutiert (s. z.B. [28], [60], [162]). Dabei werden sowohl klassische Stabmodelle mit starrer Querschnittskontur als auch allgemeinere Modelle mit Konturverformungen einbezogen. Im allgemeinen gilt als wichtige Voraussetzung die Annahme einer schwachen Veränderlichkeit. Die Komponente der Normalspannung σ_z rechtwinklig zur Systemachse ist dann vernachlässigbar klein, und die Normalspannung

σ_z wird mit der Komponente in Richtung der z–Achse gleichgesetzt. Man findet aber auch verallgemeinerte Stabmodelle, die den Neigungseinfluß berücksichtigen und daher auch auf Stäbe mit stärkerer Querschnittsveränderung angewendet werden können (z.B. [162]).

Hier werden nur schwach nichtprismatische Konstruktionen betrachtet (Bild 2.9). Die Konstruktion besteht wie im prismatischen Fall aus i Scheiben–/Plattenstreifen,

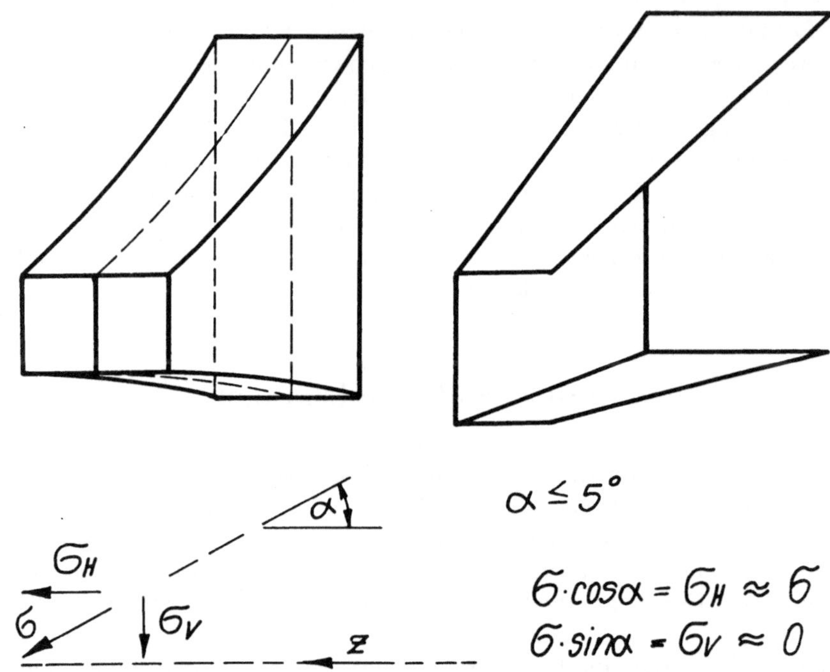

Bild 2.9　Schwach nichtprismatische Konstruktionen

die entlang ihrer Längskanten biegesteif miteinander verbunden sind.

Ausgangspunkt für die Ableitung verallgemeinerter Stabmodelle ist wieder das elastische oder das kinetische Potential bzw. die entsprechenden Systeme *Euler–Langrange*scher Differentialgleichungen für ein biegesteifes Faltwerk. Bei der Reduktion des zweidimensionalen Problems durch Reihenansätze ist jetzt die Querschnittsveränderlichkeit zu berücksichtigen, d.h. die verallgemeinerten Koordinatenfunktionen haben einen von der Koordinate z abhängigen Definitionsbereich

$$\begin{aligned}
u_i(z, s_i) &= \mathbf{U}^T(z)\boldsymbol{\varphi}(s_i(z)) \\
v_i(z, s_i) &= \mathbf{V}^T(z)\boldsymbol{\psi}(s_i(z)) \\
w_i(z, s_i) &= \mathbf{V}^T(z)\boldsymbol{\xi}(s_i(z))
\end{aligned} \qquad (2.66)$$

Man erhält dann natürlich auch von z abhängige Matrizen der verallgemeinerten Querschnittswerte nach Gl. (2.31). Dies ist bei der Formulierung der Potentialfunktionen bzw. der Differentialgleichungen zu beachten.

Im folgenden werden die Modellgleichungen für zwei verallgemeinerte Stabmodelle angegeben, die sich für Anwendungsrechnungen besonders bewährt haben.

1. Das Modell entsprechend den Gln. (2.40) bzw. (2.60), das für Konstruktionen mit beliebigem gemischt offen–geschlossenen Querschnitten anwendbar ist und sich besonders effektiv in ein Finite–Elemente–Programm für C^0–Elemente einsetzen läßt.

2. Das Modell entsprechend Gln. (2.41) bzw. (2.61), das sich für dünnwandige Konstruktionen mit geschlossenem Querschnitt bewährt hat. Für dieses Modell existieren für Sonderfälle analytische Lösungen, für allgemeinere Anwendungsrechnungen wurde neben der Finite–Elemente–Methode besonders auch die Matrizenübertragungsmethode eingesetzt.

Ausgangspunkt für das erste verallgemeinerte Stabmodell sind für die statische Strukturanalyse die Gln. (2.40) für das elastische Potential, wobei alle Matrizen der verallgemeinerten Querschnittswerte Funktionen von z sind. Dies wirkt sich auf die Formulierung der Differentialgleichungen und der Randbedingungen aus, da Gleichungen mit veränderlichen Koeffizienten entstehen. Die Gln. nehmen die folgende Form an

$$
\begin{aligned}
&-\bar{E}\left(\mathbf{A}(z)\mathbf{U}'(z)\right)' + G\mathbf{B}(z)\mathbf{U}(z) \\
&+G\mathbf{C}(z)\mathbf{V}'(z) - \nu\bar{E}(\mathbf{D}(z)\mathbf{V}(z))' \qquad = \mathbf{f}_z(z) \\
&\nu\bar{E}\mathbf{D}^T(z)\mathbf{U}'(z) - G(\mathbf{C}^T(z)\mathbf{U}(z))' \\
&-G\left(\mathbf{R}(z)\mathbf{V}'(z)\right)' - 4G\left(\mathbf{T}(z)\mathbf{V}'(z)\right)' \\
&+\bar{E}(\mathbf{S}(z) + \mathbf{H}(z))\mathbf{V}(z) \qquad\qquad = \mathbf{f}_s(z) + \mathbf{f}_n(z)
\end{aligned}
\tag{2.67}
$$

$$
\begin{aligned}
\delta\mathbf{V}^T(z) \ &\left[G\mathbf{C}(z)^T\mathbf{U}(z) + \left(G\mathbf{R}(z) + 4G\mathbf{T}(z)\right)\mathbf{V}'(z) \right.\\
&\left.\pm\left(\mathbf{r}_s(z) + \mathbf{r}_n(z)\right)\right]_{z=0;l} = 0 \\
\delta\mathbf{U}^T(z) \ &\left[\bar{E}\mathbf{A}(z)\mathbf{U}'(z) + \nu\bar{E}\mathbf{D}(z)\mathbf{V}(z) \pm \mathbf{r}_z(z)\right]_{z=0;l} = 0
\end{aligned}
$$

Für Eigenschwingungsberechnungen ist zusätzlich in der Gl. (2.56) für die kinetische Energie T die Veränderlichkeit der Matrizen $\mathbf{A}(z)$, $\mathbf{R}(z)$ und $\mathbf{N}(z)$ zu beachten, und es sind in der Gl. (2.67) die mit ω_0^2 multiplizierten Trägheitsmatrizen entsprechend Gl. (2.58) zu ergänzen. Die schwache Konizität des Berechnungsmodells ist in Finite–Elemente–Konzepten einfach zu erfassen. So wird z.B. bei *Lagrange*schen Stabelementen mit 3 Knoten die Abhängigkeit der Querschnittswerte von der Stabkoordinate z näherungsweise durch gleiche Ansatzfunktionen wie die Verschiebungen approximiert.

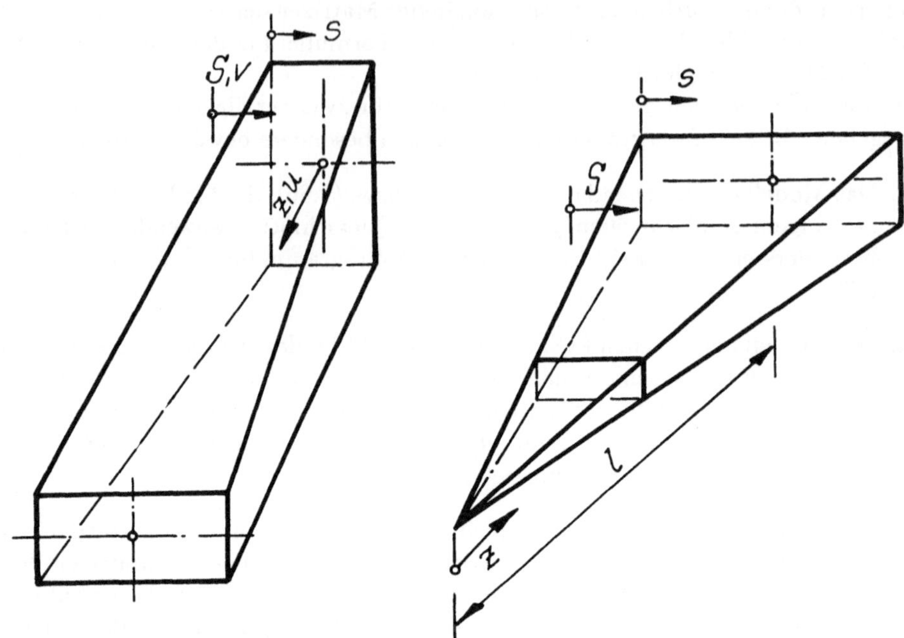

Bild 2.10   Einzelliger konischer Kastenträger: a) allgemeiner Fall, b) Sonderfall

Die Erweiterung der Modellgleichungen (2.41) bzw. (2.61) für das *Vlasov* –Modell der halbmomentenfreien Schale wurde bisher besonders eingehend untersucht. Diese Erweiterung soll auch hier ausführlicher diskutiert werden. Für die statische Strukturanalyse wird wie im Kapitel 2.1.2.1 zunächst auf eine Matrizenformulierung verzichtet. Alle dort formulierten statischen und geometrischen Hypothesen gelten auch hier unverändert. Da ausschließlich geschlossene Querschnitte betrachtet werden, wird bei der Definition der verallgemeinerten Querschnittswerte in Analogie zu den Gln. (2.15) auf die Summierung über die einzelnen Streifen verzichtet und mit Umlaufintegralen gearbeitet.

Zur Erfassung der schwach nichtprismatischen Querschnittsveränderung wird das Koordinatensystem $z - s$ durch die Koordinaten $z - S(z)$ ersetzt. Die Umlaufkoordinate S hat also einen von z abhängigen Definitionsbereich. Der Zusammenhang mit der Umlaufkoordinate s für einen ausgewählten Schalenquerschnitt, z.B. bei $z = 0$ wird mit Hilfe einer Funktion $f(z)$ beschrieben

$$S(z) = s\, f(z) \tag{2.68}$$

Bild 2.10 a) zeigt einen konischen Kastenträger. Die Veränderlichkeit der Höhe und der Breite wird durch zwei lineare Funktionen $f_1(z)$ und $f_2(z)$ erfaßt.

Komplizierte Querschnitte erfordern im allgemeinen mehrere Funktionen $f_i(z)$ zur Erfassung der Querschnittsveränderung. Für konische Konstruktionen sind die $f_i(z)$

lineare Funktionen. Besonderes theoretisches Interesse verdient der Sonderfall konischer Konstruktionen, bei denen alle Längskanten einen gemeinsamen Schnittpunkt haben. Der Zusammenhang zwischen den Koordinaten $S(z)$ und s kann dann durch eine lineare Funktion $f(z)$ beschrieben werden. Bild 2.10 b) zeigt diesen Sonderfall am Beispiel des einzelligen Kastenträgers. Auf die Modellgleichungen für diesen Sonderfall wird noch genauer eingegangen.

Zunächst erfolgt die Reduktion des elastischen Potentials für das schwach nichtprismatische halbmomentenfreie *Vlasov* –Modell mit Berücksichtigung der Querdehnungen

$$\Pi = \frac{1}{2} \int_0^l \oint \left\{ \frac{Et}{1-\nu^2} \left[\left(\frac{\partial u}{\partial z} + \nu \frac{\partial v}{\partial S} \right) \frac{\partial u}{\partial z} + \left(\frac{\partial v}{\partial S} + \nu \frac{\partial u}{\partial z} \right) \frac{\partial v}{\partial S} \right] \right.$$
$$\left. + Gt \left(\frac{\partial u}{\partial S} + \frac{\partial v}{\partial z} \right)^2 + \frac{m_S^2}{EI} - 2(p_z u + p_S v) \right\} \, dS \, dz \tag{2.69}$$

Mit den Reihenansätzen

$$u(z, S) = \sum_{i=1}^m U_i(z) \varphi_i(S);$$
$$v(z, S) = \sum_{k=1}^n V_k(z) \psi_k(S); \tag{2.70}$$
$$m_S(z, S) = \sum_{k=1}^n V_k(z) m_k(S)$$

folgt aus Gl. (2.69)

$$\Pi = \frac{1}{2} \int_0^l \oint \left\{ \frac{Et(S)}{1-\nu^2} \left[\left(\sum_{i=1}^m U_i'(z)\varphi_i(S) + \nu \sum_{k=1}^n V_k(z)\psi_k'(S) \right) \sum_{i=1}^m U_i'(z)\varphi_i(S) \right. \right.$$
$$\left. + \left(\sum_{k=1}^n V_k(z)\psi_k'(S) + \nu \sum_{i=1}^m U_i'(z)\varphi_i(S) \right) \sum_{k=1}^n V_k(z)\psi_k'(S) \right]$$
$$+ Gt(S) \left(\sum_{i=1}^m U_i(z)\varphi_i'(S) + \sum_{k=1}^n V_k'(z)\psi_k(S) \right)^2 \tag{2.71}$$
$$+ \frac{1}{EI} \sum_{k=1}^n [V_k(z)m_k(S)]^2$$
$$\left. - 2 \left[p_z(z, S) \sum_{i=1}^m U_i(z)\varphi_i(S) + p_S(z, S) \sum_{k=1}^n V_k(z)\psi_k(S) \right] \right\} \, dS \, dz$$

Betrachtet man wieder wie im prismatischen Fall die Integrationen über die Umlaufkordinaten als ausgeführt, erhält man ein Funktional entsprechend Gl. (2.11), und die *Euler–Lagrange*schen Differentialgleichungen führen auf ein den Gln. (2.14) entsprechendes gekoppeltes System linearer Differentialgleichungen für die $U_i(z)$ und $V_k(z)$, wobei bei der Ableitung dieser Gleichungen die Querschnittsveränderungen mit z zu beachten sind

$$\sum_{i=1}^{m} \left[\frac{d}{dz}\left(a_{ji}(z)U_i'(z)\right) - \frac{1-\nu}{2} b_{ji}(z)U_i(z) \right]$$

$$-\sum_{k=1}^{n} \left[\frac{1-\nu}{2} c_{jk}(z)V_k'(z) - \nu\frac{d}{dz}\left(d_{jk}(z)V_k(z)\right) \right] + \frac{1-\nu^2}{E} p_{z_j}(z) = 0;$$

$$j = 1,\ldots,m \qquad (2.72)$$

$$\sum_{i=1}^{m} \left[\frac{1-\nu}{2}\frac{d}{dz}\left(e_{hi}(z)U_i(z)\right) - \nu f_{hi}(z)U_i'(z) \right]$$

$$+\sum_{k=1}^{n} \left[\frac{1-\nu}{2}\frac{d}{dz}\left(r_{hk}(z)V_k'(z)\right) - \left(h_{hk}(z) + (1-\nu^2)s_{hk}(z)\right) V_k(z) \right]$$

$$+\frac{1-\nu^2}{E} p_{s_h}(z) = 0;$$

$$h = 1,\ldots,n$$

Die verallgemeinerten Querschnittswerte und die verallgemeinerten Belastungen entsprechen den durch die Gln. (2.15) und (2.16) gegebenen Definitionen, wenn man in diesen Gln. s durch S ersetzt. In gleicher Weise können auch die Gln. (2.17) und (2.18) für die verallgemeinerten Schnittgrößen übernommen werden.

Streicht man in Gl. (2.72) die Terme mit den Koeffizienten d_{jk} und h_{hk} und setzt $\nu = 0$, erhält man das klassische halbmomentenfreie *Vlasov*–Modell ohne Querdehnungen (Gl. (2.73)). Auf die explizite Angabe anderer Sonderfälle wird verzichtet.

$$\sum_{i=1}^{m} \left[\frac{d}{dz}\left(a_{ji}(z)U_i'(z)\right) - \tfrac{1}{2}b_{ji}(z)U_i(z) \right]$$

$$-\sum_{k=1}^{n} \left[\tfrac{1}{2}c_{jk}(z)V_k'(z) \right] + \tfrac{1}{E}p_{z_j}(z) = 0;$$

$$j = 1,\ldots,m$$

$$\sum_{i=1}^{m} \left[\tfrac{1}{2}\frac{d}{dz}\left(e_{hi}(z)U_i(z)\right) \right] \qquad (2.73)$$

$$+\sum_{k=1}^{n} \left[\tfrac{1}{2}\frac{d}{dz}\left(r_{hk}(z)V_k'(z)\right) - s_{hk}(z)V_k(z) \right] + \tfrac{1}{E}p_{s_h}(z) = 0;$$

$$h = 1,\ldots,n$$

Am Beispiel der Gl. (2.73) soll die Überführung der $(m+n)$ gekoppelten Differentialgleichungen 2. Ordnung für die verallgemeinerten Verschiebungen $U_i(z)$ und $V_k(z)$ in ein System von $2(m+n)$ Differentialgleichungen 1. Ordnung erläutert werden.

Mit den verallgemeinerten Schnittgrößen $\mathbf{P}(z)$ und $\mathbf{Q}(z)$

$$\mathbf{P}(z) = \oint \sigma_z(z,\,S)\varphi(S)\,t(S)\,dS$$

$$= E\mathbf{A}(z)\mathbf{U}'(z) \qquad (2.74)$$

$$\mathbf{Q}(z) = \oint \tau_{zS}(z,\,S)\boldsymbol{\psi}(S)\,t(S)\,dS$$

$$= G\left[\mathbf{C}(z)\mathbf{U}(z) + \mathbf{R}(z)\mathbf{V}'(z)\right]$$

und dem Zustandsvektor $\mathbf{y}(z)$

$$\mathbf{y}^T(z) = [\mathbf{U}^T(z)\ \mathbf{V}^T(z)\ \mathbf{P}^T(z)\ \mathbf{Q}^T(z)\ 1]$$

erhält man für Gl. (2.73) das Differentialgleichungssystem

$$\mathbf{y}'(z) = \mathcal{B}(z)\mathbf{y}(z)$$

mit der Systemmatrix

$$\begin{bmatrix} \mathbf{0} & \mathbf{0} & (1/E)\mathbf{A}^{-1}(z) & \mathbf{0} & \mathbf{o} \\ -\mathbf{R}^{-1}(z)\mathbf{C}^T(z) & \mathbf{0} & \mathbf{0} & (1/G)\mathbf{R}^{-1}(z) & \mathbf{o} \\ G[\mathbf{B}(z) - \mathbf{C}(z)\mathbf{R}^{-1}(z)\mathbf{C}^T(z)] & \mathbf{0} & \mathbf{0} & \mathbf{C}(z)\mathbf{R}^{-1}(z) & -\mathbf{p}_z(z) \\ \mathbf{0} & E\mathbf{S}(z) & \mathbf{0} & \mathbf{0} & -\mathbf{p}_S(z) \\ \mathbf{o}^T & \mathbf{o}^T & \mathbf{o}^T & \mathbf{o}^T & 1 \end{bmatrix}$$

Für den Sonderfall der konischen Geometrie, wie diese am Beispiel eines Kastenträgers in Bild 2.10b) dargestellt ist, können die z–Ableitungen der veränderlichenKoeffizienten der Gln. (2.73) explizit angegeben werden.

Der Ursprung der Längskoordinate z wird in den Schnittpunkt aller Längskanten gelegt und die Abhängigkeit der Umlaufkoordinate S von z in der Form

$$S(z) = \frac{z}{l}s \qquad (2.75)$$

angegeben. Für $z = l$ gilt dann gerade $S = s$. Damit können auch die verallgemeinerten Koordinaten $\varphi_i(S)$ und $\psi_k(S)$ durch die entsprechenden Funktionen an der Stelle $z = l$, d.h. durch $\varphi_i(s)$ und $\psi_k(s)$ ausgedrückt werden

$$\varphi_i(S) = \left(\frac{z}{l}\right)^{\alpha_i}\varphi_i(s); \quad \psi_k(S) = \left(\frac{z}{l}\right)^{\beta_k}\psi_k(s) \qquad (2.76)$$

Die Exponenten α_i und β_k erhält man durch den Vergleich der verallgemeinerten Koordinaten $\varphi_i(S)$ und $\psi_k(S)$ mit den entsprechenden Koordinaten im Bezugsquerschnitt $z = l$. Unter Beachtung der Gln.

$$\varphi_i'(S) = \frac{d\varphi_i(S)}{dS} = \frac{d\varphi_i\left(\frac{z}{l}s\right)}{d\left(\frac{z}{l}s\right)} = \left(\frac{z}{l}\right)^{\alpha_i-1}\frac{d\varphi_i(s)}{ds}$$

$$\psi_k'(S) = \frac{d\psi_k(S)}{dS} = \frac{d\psi_k\left(\frac{z}{l}s\right)}{d\left(\frac{z}{l}s\right)} = \left(\frac{z}{l}\right)^{\beta_k-1}\frac{d\psi_k(s)}{ds} \qquad (2.77)$$

$$m_k(S) = \left(\frac{z}{l}\right)^{\beta_k-2}m_k(s)$$

können die verallgemeinerten Querschnittswerte und Belastungen wie folgt ausgedrückt werden

$$
\begin{aligned}
a_{ji} &= \oint \varphi_j(S)\varphi_i(S)t(S)dS &&= \left(\frac{z}{l}\right)^{\alpha_j+\alpha_i+1} \bar{a}_{ji}; \\
b_{ji} &= \oint \varphi_j'(S)\varphi_i'(S)t(S)dS &&= \left(\frac{z}{l}\right)^{\alpha_j+\alpha_i-1} \bar{b}_{ji}; \\
c_{jk} &= \oint \varphi_j'(S)\psi_k(S)t(S)dS &&= \left(\frac{z}{l}\right)^{\alpha_j+\beta_k} \bar{c}_{jk}; \\
d_{jk} &= \oint \varphi_j(S)\psi_k'(S)t(S)dS &&= \left(\frac{z}{l}\right)^{\alpha_j+\beta_k} \bar{d}_{jk}; \\
e_{hi} &= \oint \psi_h(S)\varphi_i'(S)t(S)dS &&= \left(\frac{z}{l}\right)^{\alpha_i+\beta_h} \bar{e}_{hi}; \\
f_{hi} &= \oint \psi_h'(S)\varphi_i(S)t(S)dS &&= \left(\frac{z}{l}\right)^{\alpha_i+\beta_h} \bar{f}_{ji}; \\
r_{hk} &= \oint \psi_h(S)\psi_k(S)t(S)dS &&= \left(\frac{z}{l}\right)^{\beta_h+\beta_k+1} \bar{r}_{hk}; \\
h_{hk} &= \oint \psi_h'(S)\psi_k'(S)t(S)dS &&= \left(\frac{z}{l}\right)^{\beta_h+\beta_k-1} \bar{h}_{hk}; \\
s_{hk} &= \frac{1}{E}\oint \frac{m_h(S)m_k(S)}{EI}dS &&= \left(\frac{z}{l}\right)^{\beta_h+\beta_k-3} \bar{s}_{hk}; \\
p_{z_j}(z) &= \oint p_z(z,S)\varphi_j(S)dS; \\
p_{s_h}(z) &= \oint p_s(z,S)\psi_h(S)dS
\end{aligned}
\tag{2.78}
$$

Die überstrichenen Größen sind die konstanten Querschnittswerte für den Bezugsquerschnitt $z = l$. Das Differentialgleichungssystem Gl. (2.72) kann nun in folgender Form geschrieben werden

$$
\begin{aligned}
&\sum_{i=1}^{m} \left\{ \bar{a}_{ji}\frac{d}{dz}\left[\left(\frac{z}{l}\right)^{\alpha_j+\alpha_i+1} U_i'(z)\right] - \frac{1-\nu}{2}\bar{b}_{ji}\left(\frac{z}{l}\right)^{\alpha_j+\alpha_i-1} U_i(z) \right\} \\
&-\sum_{k=1}^{n} \left\{ \frac{1-\nu}{2}\bar{c}_{jk}\left(\frac{z}{l}\right)^{\alpha_j+\beta_k} V_k'(z) - \nu\frac{d}{dz}\left[\bar{d}_{jk}\left(\frac{z}{l}\right)^{\alpha_j+\beta_k} V_k(z)\right] \right\} \\
&\qquad +\frac{1-\nu^2}{E}p_{z_j}(z) = 0;\ j = 1,\dots,m
\end{aligned}
$$

$$
\tag{2.79}
$$

$$
\begin{aligned}
&\sum_{i=1}^{m} \left\{ \frac{1-\nu}{2}\bar{e}_{hi}\frac{d}{dz}\left[\left(\frac{z}{l}\right)^{\alpha_i+\beta_h} U_i(z)\right] - \nu\bar{f}_{hi}\left(\frac{z}{l}\right)^{\alpha_i+\beta_h} U_i'(z) \right\} \\
&+\sum_{k=1}^{n} \left\{ \frac{1-\nu}{2}\bar{r}_{hk}\frac{d}{dz}\left[\left(\frac{z}{l}\right)^{\beta_h+\beta_k+1} V_k'(z)\right] \right. \\
&\qquad \left. -\left[\bar{h}_{hk}\left(\frac{z}{l}\right)^{\beta_h+\beta_k-1} + (1-\nu^2)\bar{s}_{hk}\left(\frac{z}{l}\right)^{\beta_h+\beta_k-3}\right] V_k(z) \right\} \\
&\qquad +\frac{1-\nu^2}{E}p_{s_h}(z) = 0;\ h = 1,\dots,n
\end{aligned}
$$

Die Gleichungen für die verallgemeinerten Schnittgrößen sind

$$
\begin{aligned}
P_j(z) &= \bar{E}\left[\sum_{i=1}^{m}\bar{a}_{ji}\left(\frac{z}{l}\right)^{\alpha_j+\alpha_i+1}U_i'(z)+\nu\sum_{k=1}^{n}\bar{d}_{jk}\left(\frac{z}{l}\right)^{\alpha_j+\beta_k}V_k(z)\right]\\
Q_h(z) &= G\left[\sum_{i=1}^{m}\bar{e}_{hi}\left(\frac{z}{l}\right)^{\alpha_i+\beta_h}U_i(z)+\sum_{k=1}^{n}\bar{r}_{hk}\left(\frac{z}{l}\right)^{\beta_h+\beta_k+1}V_k'(z)\right]
\end{aligned}
\tag{2.80}
$$

Für $\nu=0$ und Vernachlässigung der Querdehnungen ε_S vereinfachen sich die Gln. zu

$$
\begin{aligned}
&\sum_{i=1}^{m}\left\{\bar{a}_{ji}\frac{d}{dz}\left[\left(\frac{z}{l}\right)^{\alpha_j+\alpha_i+1}U_i'(z)\right]-\frac{1}{2}\bar{b}_{ji}\left(\frac{z}{l}\right)^{\alpha_j+\alpha_i-1}U_i(z)\right\}\\
&-\sum_{k=1}^{n}\left\{\frac{1}{2}\bar{c}_{jk}\left(\frac{z}{l}\right)^{\alpha_j+\beta_k}V_k'(z)\right\}+\frac{1}{E}p_{z_j}(z)=0;\\
&\qquad\qquad j=1,\dots,m
\end{aligned}
\tag{2.81}
$$

$$
\begin{aligned}
&\sum_{i=1}^{m}\left\{\frac{1}{2}\bar{e}_{ki}\frac{d}{dz}\left[\left(\frac{z}{l}\right)^{\alpha_i+\beta_h}U_i(z)\right]\right\}\\
&+\sum_{k=1}^{n}\left\{\frac{1}{2}\bar{r}_{hk}\frac{d}{dz}\left[\left(\frac{z}{l}\right)^{\beta_h+\beta_k+1}V_k'(z)\right]-\left[\bar{s}_{hk}\left(\frac{z}{l}\right)^{\beta_h+\beta_k-3}\right]V_k(z)\right\}\\
&+\frac{1}{E}p_{s_h}(z)=0;\quad h=1,\dots,n
\end{aligned}
$$

$$
\begin{aligned}
P_j(z) &= E\left[\sum_{i=1}^{m}\bar{a}_{ji}\left(\frac{z}{l}\right)^{\alpha_j+\alpha_i+1}U_i'(z)\right]\\
Q_h(z) &= G\left[\sum_{i=1}^{m}\bar{e}_{hi}\left(\frac{z}{l}\right)^{\alpha_i+\beta_h}U_i(z)+\sum_{k=1}^{n}\bar{r}_{hk}\left(\frac{z}{l}\right)^{\beta_h+\beta_k+1}V_k'(z)\right]
\end{aligned}
$$

Sind die gegebenen Flächenlasten p_z und p_S unabhängig von z, kann man für die verallgemeinerten Belastungen auch schreiben

$$
\begin{aligned}
p_{z_j}(z) &= \left(\frac{z}{l}\right)^{\alpha_j+1}\oint p_z\varphi_j(s)\,ds=\left(\frac{z}{l}\right)^{\alpha_j+1}\bar{p}_{z_j}\\
p_{s_h}(z) &= \left(\frac{z}{l}\right)^{\beta_h+1}\oint p_s\psi_h(s)\,ds=\left(\frac{z}{l}\right)^{\beta_h+1}\bar{p}_{s_h}
\end{aligned}
\tag{2.82}
$$

In diesem Fall sind auch die $\bar{p}_{z_j}$ und $\bar{p}_{s_h}$ auf den Bezugsquerschnitt bezogene konstante Größen. Unter diesen Voraussetzungen werden die Gln. (2.81) in [136] mit dem Anwendungsbezug auf den Flugzeugbau angegeben und für Spezialfälle gelöst. Im Kapitel 4 werden allgemeinere Anwendungen für schwach nichtprismatische Kastenträger auf der Grundlage von Beispielen diskutiert.

Ausgangspunkt für die Berechnung der Eigenschwingungen ist auch bei nichtprismatischen Konstruktionen die Ergänzung der potentiellen Energie Π durch die kinetische Energie T und die Formulierung der *Lagrange*schen Funktion L, d.h.

$$T = \frac{1}{2} \int_0^l \oint \rho \, t(S) \left[u^\bullet(z,\,S,\,t)^2 + v^\bullet(z,\,S,\,t)^2 + w^\bullet(z,\,S,\,t)^2 \right] \, dS \, dz$$

$$
\begin{aligned}
u(z,\,S,\,t) &= \sum_{i=1}^m \tilde{U}_i(z,\,t)\varphi_i(S); \quad \tilde{U}_i(z,\,t) = U_i(z)\sin\omega_0 t \\
v(z,\,S,\,t) &= \sum_{k=1}^n \tilde{V}_k(z,\,t)\psi_k(S); \quad \tilde{V}_k(z,\,t) = V_k(z)\sin\omega_0 t \\
w(z,\,S,\,t) &= \sum_{k=1}^n \tilde{V}_k(z,\,t)\xi_k(S);
\end{aligned}
\tag{2.83}
$$

$$
\begin{aligned}
L = \; \frac{1}{2} \int_0^l \oint \rho \, t(S) \; &\left[\left(\sum_{i=1}^m \frac{\partial}{\partial t} \tilde{U}_i \varphi_i \right)^2 + \left(\sum_{k=1}^n \frac{\partial}{\partial t} \tilde{V}_k \psi_k \right)^2 \right. \\
&\left. + \quad \left(\sum_{k=1}^n \frac{\partial}{\partial t} \tilde{V}_i \xi_i \right)^2 \right] \, dS \, dz - \Pi
\end{aligned}
$$

Auf die Ableitung weiterer Gln. wird an dieser Stelle verzichtet.

2.3.2 Stationäre Temperaturfeldbelastungen – thermische Anfangsdehnungen

Für die Strukturanalyse dünnwandiger Konstruktionen gewinnt die Erfassung der Wirkung von Temperaturfeldern eine zunehmende Bedeutung. Thermische und Kraftfelder werden dabei im allgemeinen in ihren Wirkungen überlagert, die Deformationszustände werden dabei unabhängig voneinander als entkoppelte thermomechanische Aufgaben betrachtet. Das Temperaturfeld wird zuerst ermittelt und dann im weiteren als gegebener Temperaturlastfall für die Berechnung des Spannungs– und Verformungszustandes betrachtet.

Hier erfolgt die Erweiterung der statischen Grundgleichungen für den einfachsten Fall. Es wird ein als gegeben betrachtetes stationäres Temperaturfeld in die Strukturanalyse einbezogen. Es gelten weiterhin alle Voraussetzungen der linearen Elastizitätstheorie für homogenes und isotropes Materialverhalten. Die Temperaturen werden als gleichmäßig über die Wanddicke $t(s_i)$ verteilt angenommen, α_{th} ist der konstante und richtungsunabhängige Wärmeausdehnungskoeffizient, $\theta = \theta(z,\,s_i)$ das gegebene stationäre Temperaturfeld als Differenzfeld gegenüber einem spannungslosen Ausgangszustand.

Die thermischen Anfangsdehnungen ergeben sich für das Temperaturfeld $\theta(z,\,s_i)$ zu

$$\varepsilon_{zth} = \varepsilon_{sth} = \alpha_{th}\theta$$

Es gelten dann die Gln. (2.84) für die Verzerrungen und Spannungen in einem Scheibenstreifen (Membranzustand)

$$\varepsilon_{zmges} = \varepsilon_{zmel} + \varepsilon_{zmth} = \frac{1}{E}(\sigma_{zm} - \nu\sigma_{sm}) + \alpha_{th}\theta = \frac{\partial u}{\partial z}$$

$$\varepsilon_{smges} = \varepsilon_{smel} + \varepsilon_{smth} = \frac{1}{E}(\sigma_{sm} - \nu\sigma_{zm}) + \alpha_{th}\theta = \frac{\partial v}{\partial s} \qquad (2.84)$$

$$\gamma_{zsmges} = \gamma_{zsmel} + \gamma_{zsmth} = \frac{1}{G}\tau_{zsm} = \frac{\partial u}{\partial s} + \frac{\partial v}{\partial z}$$

$$(2.85)$$

Die Gln. für das elastische Potential sind daher zu erweitern. Dies soll wiederum für die beiden wichtigsten Berechnungsmodelle, alleinige Vernachlässigung von $m_z(z,\ s)$ und $\kappa_z \approx 0$ sowie halbmomentenfreies Schalenmodell, beispielhaft erläutert werden. Zunächst wird wie im Abschnitt 2.3.1 das Modell betrachtet, bei dem mit $m_z \approx 0, \kappa_z \approx 0$ in Längsrichtung der Plattenbiegungs- und -krümmungseinfluß vernachlässigt wird.

Für das elastische Potential gilt dann die Gl.

$$\Pi = \sum_{(i)} \left[\frac{1}{2} \int_0^l \int_0^{d_i} \left\{ \bar{E}t_i \left[\left(\frac{\partial u_i}{\partial z} + \nu\frac{\partial v_i}{\partial s_i} \right) \frac{\partial u_i}{\partial z} + \left(\frac{\partial v_i}{\partial s_i} + \nu\frac{\partial u_i}{\partial z} \right) \frac{\partial v_i}{\partial s_i} \right] \right.\right.$$

$$- \quad 2\bar{E}t_i(1+\nu)\alpha_{th}\theta \left(\frac{\partial u_i}{\partial z} + \frac{\partial v_i}{\partial s_i} - \underline{\alpha_{th}\theta} \right)$$

$$+ \quad Gt_i \left(\frac{\partial u_i}{\partial s_i} + \frac{\partial v_i}{\partial z} \right)^2$$

$$+ \quad \frac{\bar{E}t_i^3}{12} \left[\left(\frac{\partial^2 w_i}{\partial s_i^2} \right)^2 + 2(1-\nu)\left(\frac{\partial^2 w_i}{\partial z\partial s_i} \right)^2 \right] \qquad (2.86)$$

$$- \quad 2\left(p_{z_i}u_i + p_{s_i}v_i + p_{n_i}w_i \right) \Big\} \, ds_i \, dz$$

$$\left. - \int_0^{d_i} \left(q_{z_i}u_i + q_{s_i}v_i + q_{n_i}w_i \right)_{z=0;l} ds_i \right] \qquad (2.87)$$

Auf die Ermittlung des Spannungs- und Verformungszustandes hat der unterstrichene Term $\alpha_{th}\theta$ im Potential keinen Einfluß. Er kann daher auch gestrichen werden. Die übrigen thermischen Glieder werden bei der Reduktion zum eindimensionalen Modell in die Lastvektoren einbezogen. Die verallgemeinerten Lastvektoren werden in folgender Form erweitert

$$
\mathbf{f}_z^*(z) \quad = \sum_{(i)} \int_0^{d_i} \left(p_{z_i} - \bar{E}t_i(1+\nu)\alpha_{th}\frac{\partial\theta}{\partial z} \right) \varphi(s_i)\, ds_i;
$$

$$
\mathbf{f}_s^*(z) \quad = \sum_{(i)} \int_0^{d_i} \left(p_{s_i}\psi(s_i) + \bar{E}t_i(1+\nu)\alpha_{th}\frac{\partial\theta}{\partial z}\psi'(s_i) \right)\, ds_i;
$$

$$
\mathbf{f}_n^*(z) \quad = \sum_{(i)} \int_0^{d_i} p_{n_i}\boldsymbol{\xi}(s_i)\, ds_i \equiv \mathbf{f}_n;
$$

$$
\mathbf{r}_z^*(z) \quad = \sum_{(i)} \int_0^{d_i} \left(q_{z_i} + \bar{E}t_i(1+\nu)\alpha_{th}\theta \right) \varphi(s_i)\, ds_i;
$$

$$
\mathbf{r}_S^*(z) \quad = \sum_{(i)} \int_0^{d_i} q_{s_i}\psi(s_i)\, ds_i \equiv \mathbf{r}_s;
$$

$$
\mathbf{r}_n^*(z) \quad = \sum_{(i)} \int_0^{d_i} q_{n_i}\boldsymbol{\xi}(s_i)\, ds_i \equiv \mathbf{r}_n
$$

$$(2.88)$$

Dabei gelten die Randlasten an den Rändern $z = 0, l$.

Die Berücksichtigung stationärer Temperaturfelder kann somit allein durch die Veränderung der Lastvektoren erreicht werden. Für das Berechnungsmodell mit Temperaturlastfall gilt somit unverändert die Gl. (2.40), wenn man die Belastungsvektoren $\mathbf{f}$ durch $\mathbf{f}^*$ und die Randvektoren $\mathbf{r}$ durch $\mathbf{r}^*$ ersetzt. Somit können sowohl die Potential– als auch die Differentialgleichungsformulierungen in einfacher Weise für die unterschiedlichen Belastungsmodelle auf den Temperaturlastfall erweitert werden.

Für das halbmomentenfreie *Vlasov* –Modell mit Berücksichtigung der Querdehnungen sei dies noch einmal unter Verzicht auf die Matrixschreibweise ausführlich dargestellt. Dabei wird wieder statt mit der Summe über alle Streifen mit dem Umlaufintegral gearbeitet. Mit den Gln. (2.84) erhält man für das elastische Potential des erweiterten *Vlasov* –Modells die Gl. (2.89)

$$
\Pi = \frac{1}{2}\int_0^l \oint \quad \left\{ \frac{Et}{1-\nu^2}\left[\left(\frac{\partial u}{\partial z} + \nu\frac{\partial v}{\partial s}\right)\frac{\partial u}{\partial z} + \left(\frac{\partial v}{\partial s} + \nu\frac{\partial u}{\partial z}\right)\frac{\partial v}{\partial s} \right] \right.
$$

$$
- \; 2\frac{Et}{1-\nu}\alpha_{th}\theta\left(\frac{\partial u}{\partial z} + \frac{\partial v}{\partial s} - \alpha_{th}\theta \right)
$$

$$
\left. + \; Gt\left(\frac{\partial u}{\partial s} + \frac{\partial v}{\partial z} \right)^2 + \frac{m_s^2}{EI} - 2(p_z u + p_s v) \right\}\, ds\, dz
$$

$$(2.89)$$

Mit den Reihenansätzen für die Verschiebungen $u(z,\,s), v(z,\,s)$ und das Querbiegemoment $m_s(z,\,s)$ entsprechend Gln. (2.5) und (2.9) erhält man

$$
\Pi = \frac{1}{2}\int_0^l \oint \quad \left\{ \frac{Et(s)}{1-\nu^2}\left[\left(\sum_{i=1}^m U_i'(z)\varphi_i(s) + \nu\sum_{k=1}^n V_k(z)\psi_k'(s) \right) \sum_{i=1}^m U_i'(z)\varphi_i(s) \right. \right.
$$

$$+ \left(\sum_{k=1}^{n} V_k(z)\psi_k'(s) + \nu \sum_{i=1}^{m} U_i'(z)\varphi_i(s) \right) \sum_{k=1}^{n} V_k(z)\psi_k'(s) \Bigg]$$

$$- 2\frac{Et}{1-\nu}\alpha_{th}\theta \left[\sum_{i=1}^{m} U_i'(z)\varphi_i(s) + \sum_{k=1}^{n} V_k(z)\psi_k'(s) - \alpha_{th}\theta \right]$$

$$+ Gt\left(\sum_{i=1}^{m} U_i(z)\varphi_i'(s) + \sum_{k=1}^{n} V_k'(z)\psi_k(s) \right)^2 \tag{2.90}$$

$$+ \frac{1}{EI}\left[\sum_{k=1}^{n} V_k(z)m_k(s) \right]^2$$

$$- 2\left[p_z(z,s)\sum_{i=1}^{m} U_i(z)\varphi_i(s) + p_s(z,s)\sum_{k=1}^{n} V_k(z)\psi_k(s) \right] \Bigg\} \; ds \; dz$$

$$= \int_0^l F\left(z, U_i(z), U_i'(z), V_k(z), V_k'(z)\right) \; dz$$

Das Funktional entspricht dem Funktional nach Gl.(2.11). Die *Euler–Lagrange*schen Differentialgleichungen (2.13) führen daher wieder auf die Gln. (2.14), wobei in diesen Gln. nur die Belastungsglieder zu verändern sind

$$p_{z_j}(z) \quad \longrightarrow \quad p_{z_j}^*(z) = p_{z_j}(z) - \frac{E\alpha_{th}}{1-\nu} \oint \frac{\partial \theta(z,s)}{\partial z}\varphi_j(s)\, t(s)\, ds$$

$$p_{s_h}(z) \quad \longrightarrow \quad p_{s_h}^*(z) = p_{s_h}(z) + \frac{E\alpha_{th}}{1-\nu} \oint \theta(z,s)\psi_h'(s)\, t(s)\, ds \tag{2.91}$$

Für die verallgemeinerten Längs- und Querkräfte erhält man

$$\begin{aligned}
P_j^*(z) &= \frac{E}{1-\nu^2}\left[\sum_{i=1}^{m} a_{ji}U_i'(z) + \nu \sum_{k=1}^{n} d_{jk}V_k(z) \right] \\
&\quad - \frac{E\alpha_{th}}{1-\nu} \oint \theta(z,s)\varphi_j(s)\, t(s)\, ds \\
&= P_j(z) - P_{j\,th}(z) \\
Q_h(z) &= G\left[\sum_{i=1}^{m} e_{hi}U_i(z) + \sum_{k=1}^{n} r_{hk}V_k'(z) \right]
\end{aligned} \tag{2.92}$$

Damit gelten alle bisher im Kapitel 2 behandelten verallgemeinerten Stabmodelle auch für den Temperaturfall, wenn die Belastungsglieder und die verallgemeinerte Längskraft durch die Temperaturanteile ergänzt werden. Bei den Modellen mit $\varepsilon_s \approx 0$ sind bei den Lastgliedern nur $p_{z_j}(z)$ bzw. $\mathbf{f}_z(z)$ und bei den Randtermen nur q_z bzw. $\mathbf{r}_z$ zu korrigieren.

Diese Aussagen gelten auch für die im Abschnitt 2.3.1 behandelten schwach nicht-prismatischen Konstruktionen. Für diese gilt

$$
\begin{aligned}
p_{z_j}^*(z) &= \oint p_z(z,\,S)\varphi_j(S)\,dS - \frac{E\alpha_{th}}{1-\nu}\oint \frac{\partial\theta(z,\,S)}{\partial z}\varphi_j(S)\,t(S)\,dS \\
p_{S_h}^*(z) &= \oint p_S(z,\,S)\psi_h(S)\,dS + \frac{E\alpha_{th}}{1-\nu}\oint \theta(z,\,S)\psi_h'(S)\,t(S)\,dS
\end{aligned}
\tag{2.93}
$$

Diese Gln. vereinfachen sich für alle Modelle ohne Querdehnung ε_s und $\nu = 0$ zu

$$
\begin{aligned}
p_{z_j}^*(z) &= \oint p_z(z,\,S)\varphi_j(S)\,dS - E\alpha_{th}\oint \frac{\partial\theta(z,\,S)}{\partial z}\varphi_j(S)\,t(S)\,dS \\
p_{S_h}^*(z) &\equiv p_{S_h}(z) = \oint p_S(z,\,S)\psi_k(S)\,dS
\end{aligned}
\tag{2.94}
$$

2.4 Zusammenfassung der theoretischen Grundlagen isotroper Stabmodelle

Ausgangspunkt für die Ableitung verallgemeinerter Stabmodelle für prismatische oder schwach nichtprismatische dünnwandige Konstruktionen mit beliebigen polygonalen Querschnitten ist das Modell des biegesteifen Faltwerkes. Die mathematische Formulierung erfolgt für Aufgaben der linearen statischen Strukturanalyse durch das elastische Potential oder durch die entsprechenden *Euler–Lagrange*schen Differentialgleichungen. Als Belastungen sind Flächenlasten, Linienlasten und Einzellasten sowie stationäre Temperaturfelder zugelassen. Die Querschnittsform ist für die gesamte Länge oder abschnittsweise konstant oder schwach veränderlich. Bei der Berechnung von Eigenschwingungen für ungedämpfte Strukturelemente oder Struktursysteme wird statt vom „statischen Potential" vom „kinetischen Potential" ausgegangen. Die integrale Formulierung kann auch wieder durch die zugehörigen *Euler–Lagrange*schen Differentialgleichungen ersetzt werden.

Im Rahmen dieses Buches wird den Modellen

- halbmomentenfreie Schalentheorie von *Vlasov* ohne und mit Berücksichtigung der Querdehnungen

- Scheiben–/Plattenmodell mit alleiniger Vernachlässigung der Anteile aus der Plattenkrümmung in Längsrichtung

besondere Bedeutung beigemessen, da diese für zahlreiche Ingenieuranwendungen nützlichen verallgemeinerten Stabmodelle bisher nicht systematisch in der Literatur behandelt wurden. Im Kapitel 7 wird eine Erweiterung dieser Modelle auf Konstruktionen mit eben gekrümmter Systemachse, im Kapitel 8 auf Konstruktionen mit inhomogenem und anisotropem Materialverhalten vorgenommen.

Im folgenden Kapitel 3 werden die für verallgemeinerte Stabmodelle besonders effektiven Lösungsstrategien kurz beschrieben und beispielhaft für das halbmomentenfreie *Vlasov* –Modell erläutert.

Unabhängig vom gewählten Berechnungsverfahren (z.B. analytisch, Matrizenübertragungsmethode, Finite Elemente Methode) erfolgt der Ablauf der Berechnung immer in folgenden Schritten:

1. Festlegung des Berechnungsmodells (z.B. *Vlasov* –Modell der halbmomentenfreien Schalentheorie mit $\varepsilon_s \approx 0$ und $\nu \approx 0$, verallgemeinertes *Vlasov* –Modell mit Berücksichtigung der Querdehnungen ε_s, Scheiben–/Plattenmodell mit $m_z \approx 0$). Beschreibung aller Systemwerte wie Geometrie, Lagerung, Belastung, Werkstoff. Auswahl der verallgemeinerten Koordinatenfunktionen $\varphi(s_i)$ und $\psi(s_i)$ bzw. $\varphi(s_i), \psi(s_i)$ und $\xi(s_i)$. Mit der Festlegung des Berechnungsmodells und der Auswahl der verallgemeinerten Koordinatenfunktionen ist die Qualität des Antwortverhaltens des mechanischen Modells im Rahmen einer statischen oder dynamischen Strukturanalyse festgelegt.

2. Berechnung der verallgemeinerten Verschiebungen $\mathbf{U}(z)$ und $\mathbf{V}(z)$

3. Berechnung der Verschiebungen für das gewählte Stabmodell, z.B. *Vlasov* – Modell für geschlossene Querschnitte

$$u(z,\ s) = \mathbf{U}^T(z)\varphi(s); \quad v(z,\ s) = \mathbf{V}^T(z)\psi(s)$$

Schalen–/Plattenmodell für beliebige Querschnitte

$$u_i(z,\ s_i) = \mathbf{U}^T(z)\varphi(s_i); \quad v(z,\ s_i) = \mathbf{V}^T(z)\psi(s_i); \quad w_i(z,\ s_i) = \mathbf{V}^T(z)\xi(s_i)$$

4. Berechnung der verallgemeinerten Schnittgrößen für das gewählte Stabmodell, z.B. *Vlasov* –Modell mit $\varepsilon_s \approx 0$ und $\nu \approx 0$

$$\mathbf{P}(z) = EA\mathbf{U}'(z); \quad \mathbf{Q}(z) = G\left[\mathbf{C}^T\mathbf{U}(z) + \mathbf{R}\mathbf{V}'(z)\right]$$

Vlasov –Modell mit $\varepsilon_s \not\approx 0$

$$\mathbf{P}(z) = \bar{E}\left[\mathbf{A}\mathbf{U}'(z) + \nu\mathbf{D}\mathbf{V}(z)\right]; \quad \mathbf{Q}(z) = G\left[\mathbf{C}^T\mathbf{U}(z) + \mathbf{R}\mathbf{V}'(z)\right]$$

Scheiben–/Plattenmodell

$$\mathbf{P}(z) = \bar{E}\left[\mathbf{A}\mathbf{U}'(z) + \nu\mathbf{D}\mathbf{V}(z)\right]; \quad \mathbf{Q}(z) = G\left[\mathbf{C}^T\mathbf{U}(z) + (\mathbf{R} + 4\mathbf{T})\mathbf{V}'(z)\right]$$

Bei schwach nichtprismatischen Konstruktionen sind auch die Matrizen der verallgemeinerten Querschnittswerte $\mathbf{A}, \mathbf{C}^T, \mathbf{D}, \mathbf{R}$ und $\mathbf{T}$ Funktionen von z. Für den Lastfall Temperatur sind die $\mathbf{P}(z)$ durch $\mathbf{P}^*(z)$ zu ersetzen.

5. Berechnung der Membranschnittgrößen n_z, n_s, n_{zs} und der Plattenschnittgrößen m_s, m_{zs}
   Vlasov –Modell mit $\varepsilon_s \approx 0, \nu \approx 0$

$$n_z(z,\ s) = Et(s)\mathbf{U}'^T(z)\varphi(s) - Et(s)\alpha_{th}\theta(z,\ s)$$

$$n_{zs}(z,\ s) = Gt(s)\left[\mathbf{U}^T(z)\varphi'(s) + \mathbf{V}'^T(z)\psi(s)\right]$$

$$m_s(z,\ s) = \mathbf{V}^T(z)\mathbf{m}(s);\ \ m_{zs} \approx 0;\ \ m_z \approx 0$$

Wegen $\varepsilon_s = 0$ kann n_s nur näherungsweise durch Gleichgewichtsbetrachtung am elementaren Querrahmen beschrieben werden.
Verallgemeinertes *Vlasov*–Modell

$$n_z(z,\ s) = \bar{E}t(s)\left[\mathbf{U}'^T(z)\boldsymbol{\varphi}(s) + \nu\mathbf{V}^T(z)\boldsymbol{\psi}'(s)\right] - \frac{Et(s)}{1-\nu}\alpha_{th}\theta(z,\ s)$$

$$n_s(z,\ s) = \bar{E}t(s)\left[\mathbf{V}^T(z)\boldsymbol{\psi}'(s) + \nu\mathbf{U}'^T(z)\boldsymbol{\varphi}(s)\right] - \frac{Et(s)}{1-\nu}\alpha_{th}\theta(z,\ s)$$

$$n_{zs}(z,\ s) = Gt(s)\left[\mathbf{U}^T(z)\boldsymbol{\varphi}'(s) + \mathbf{V}'^T(z)\boldsymbol{\psi}(s)\right]$$

$$m_s(z,\ s) = \mathbf{V}^T(z)\mathbf{m}(s);\ \ m_{zs} \approx 0;\ \ m_z \approx 0$$

Scheiben–/Plattenmodell
$n_{z_i}(z,\ s_i);\ n_{s_i}(z,\ s_i);\ n_{zs_i}(z,\ s_i)$ wie beim verallgemeinerten *Vlasov*–Modell mit
$s = s_i$

$$m_{s_i}(z,\ s_i) = -\frac{\bar{E}t_i^3(s_i)}{12}\mathbf{V}^T(z)\boldsymbol{\xi}''(s_i)$$

$$m_{zs_i}(z,\ s_i) = -\frac{Gt_i^3(s_i)}{6}\mathbf{V}'^T(z)\boldsymbol{\xi}'(s_i)$$

6. Berechnung der Spannungen
  Vlasov–Modell mit $\varepsilon_s \approx 0, \nu \approx 0$

$$\sigma_z(z,\ s) = \frac{n_z(z,\ s)}{t(s)};$$

$$\sigma_s(z,\ s) = \frac{n_s(z,\ s)}{t(s)} + \frac{m_s(z,\ s)}{I}n(s);$$

$$\tau_{zs}(z,\ s) = \frac{n_{zs}(z,\ s)}{t(s)}$$

Für orthogonale verallgemeinerte Koordinatenfunktionen $\varphi_i(s)$ gilt für die Normalspannungen σ_z auch die Gl.

$$\sigma_z(z,\ s) = \sum_{i=1}^{m}\frac{P_i(z)}{a_{ii}}\varphi_i(s) - E\alpha_{th}\theta(z,\ s)$$

Verallgemeinertes *Vlasov* –Modell
Es gelten unverändert die Gln. wie für das klassische *Vlasov* –Modell. Die vereinfachte Spannungsformel für orthogonale $\varphi_i(s)$ gilt allerdings nicht mehr.
Scheiben–/Plattenmodell

$$\sigma_{z_i}(z,\ s_i) = \frac{n_{z_i}(z,\ s_i)}{t_i(s_i)};$$

$$\begin{aligned}
\sigma_{s_i}(z,\ s_i) &= \frac{n_{s_i}(z,\ s_i)}{t_i(s_i)} &+& \frac{12}{t_i^3(s_i)}m_{s_i}(z,\ s_i)n_i(s_i) \\
&= \sigma_{sm_i} &+& \sigma_{sb_i}
\end{aligned}$$

$$\begin{aligned}
\tau_{zs_i}(z,\ s_i) &= \frac{n_{zs_i}(z,\ s_i)}{t_i(s_i)} &+& \frac{6}{t_i^3(s_i)}m_{zs_i}(z,\ s_i)n_i(s_i) \\
&= \tau_{zsm_i} &+& \tau_{zst_i}
\end{aligned}$$

Die Formulierung von Rand– und Übergangsbedingungen bereitet keine Schwierigkeiten. Sie sind als „geometrische Randbedingungen" für die verallgemeinerten Verschiebungen bzw. als dynamische Randbedingungen für die verallgemeinerten Kräfte gegeben.
Beispiele für Randbedingungen

1. Starre Einspannung:
   Alle verallgemeinerten Verschiebungen sind Null.

2. Starre Gabel:
   Es gibt keine Verschiebungen in der Ebene, keine Drehungen in der Ebene und keine Konturverformungen. Alle verallgemeinerten Längskräfte sind Null oder nehmen vorgegebene Werte an.

3. Dehnstarres Endschott:
   Es gibt keine Konturdeformationen. Alle verallgemeinerten Längskräfte sind Null oder nehmen vorgegebene Werte an.

4. Freies Ende:
   Alle verallgemeinerten Schnittgrößen sind Null oder nehmen vorgegebene Werte an.

Beispiele für Übergangsbedingungen

1. Starre Zwischengabel:
   Es gibt keine Verschiebungen und Verdrehungen in der Querschnittsebene. Es werden als „Unbekannte" verallgemeinerte Querkräfte eingetragen.

2. Dehnstarres Zwischenschott:
   Die Konturdeformationen sind Null. Als „Unbekannte" treten zugeordnete verallgemeinerte Querkräfte auf.

In den Kapiteln 4 bis 6 werden die Berechnungsmodelle nach Kapitel 2 und die Lösungsmethoden nach Kapitel 3 an ausgewählten Beispielen erläutert und bewertet. Weiterführende Hinweise zur Modellierung und zur Berechnung dünnwandiger Konstruktionen findet man unter anderem in den Arbeiten [10] bis [12], [18], [27], [29], [30], [44], [45], [95] bis [102], [151] und [176].

3 Lösungsstrategien für isotrope Stabmodelle mit gerader Systemachse

In Abhängigkeit von der gewählten Verformungskinematik, also von der Anzahl und der Art der verallgemeinerten Koordinatenfunktionen φ_i und ψ_k, die der Berechnung einer Konstruktion zugrunde gelegt werden, können die entstehenden Dgl.-Systeme sehr umfangreich sein. Deshalb sind im allgemeinen vorrangig numerische Lösungsverfahren einzusetzen. Analytische Lösungen sind nur bis zu einer bestimmten Größenordnung der Systeme möglich und sinnvoll. Es sollte bereits bei der Wahl der Verformungskinematik auf eine weitgehende Entkopplung des entstehenden Dgl.-Systems in unabhängige Teilsysteme, wie dies durch orthogonale φ_i– und ψ_k-Koordinatenfunktionen ermöglicht wird, orientiert werden. Gegebenfalls können die gewählten Koordinatenfunktionen φ_i und ψ_k nachträglich orthogonalisiert werden. Dabei ist jedoch zu beachten, daß durch diese Orthogonalisierungen oft unanschauliche Verformungszustände entstehen und dadurch der Vorteil einer analytischen Lösbarkeit durch den Verlust an Übersicht und eine erhöhte Fehlerwahrscheinlichkeit erkauft wird. In diesen Fällen sollte dann lieber von vornherein auf numerische Lösungsstrategien orientiert werden.

Für die hier betrachteten Aufgaben werden im allgemeinen zwei Arten numerischer Lösungsstrategien eingesetzt: Es sind dies einmal Lösungsstrategien, die auf eine effektive numerische Lösung der Dgl.-Systeme abzielen, und zum anderen vom Variationsproblem ausgehende numerische Lösungsverfahren wie Finite–Elemente– und Finite–Streifen–Methoden. Im weiteren werden für erstere ein Übertragungsmatrizenverfahren und für die zweite eine FEM-Formulierung beschrieben.

3.1 Analytische Lösung

Die analytische Lösung des bei Randwertproblemen vorliegenden inhomogenen Dgl.–Systems kann z.B. durch schrittweise Integrationen erfolgen. Dabei sollte die vorliegende Systemstruktur genutzt werden, die meist durch die Addition integrierter Einzelgleichungen rasch zu Vereinfachungen und damit zu Teillösungen führt. Ebenso ist die Überführung des vorliegenden Dgl.-Systems in eine äquivalente Dgl. höherer Ordnung ein gangbarer Weg, die allgemeine Lösung zu erhalten. Betrachtet man im weiteren das Berechnungsmodell „halbmomentenfreie Schale" von *Vlasov* (2.19) für die m verallgemeinerten Verschiebungen $U_i(z)$ und die n verallgemeinerten Verschiebungen $V_k(z)$, die in den $(m + n)$ gekoppelten Differentialgleichungen höchstens 2.

Ableitungen haben, kann das simultane Differentialgleichungssystem (2.19) prinzipiell in eine Dgl. der Ordnung $2(m+n)$ überführt werden.

Die $2(m+n)$ Freiwerte der Lösung werden aus den Randbedingungen des vorliegenden Problems bestimmt. Zu unterscheiden sind Randbedingungen für Verformungen und für Schnittgrößen. Die ersteren lassen sich durch Bedingungen für die verallgemeinerten Verschiebungen U_i und V_k formulieren, während für die letzteren zweckmäßig die in (2.20) definierten verallgemeinerten Längskräfte P_i und die verallgemeinerten Querkräfte Q_k verwendet werden.

Sehr vorteilhaft zur allgemeinen Lösung der hier vorliegenden Dgl.–Systeme ist auch die Anwendung der Methode der Anfangsparameter, bei der die Freiwerte durch die Anfangswerte der Lösung und deren Ableitungen ausgedrückt werden. Das Grundprinzip dieser Lösungsmethode soll allgemein an einer Dgl. n–ter Ordnung erläutert werden:

Es liege die inhomogene lineare gewöhnliche Dgl. n–ter Ordnung mit konstanten Koeffizienten

$$L[y(z)] = \sum_{\nu=0}^{n} a_\nu y^{(\nu)}(z) = r(z) \tag{3.1}$$

vor, worin außerdem $a_n = 1$ sei (Normalform). Für die homogene Lösung dieser Dgl. gilt

$$L[y_h(z)] = 0; \quad y_h(z) = \sum_{i=1}^{n} C_i y_i(z), \tag{3.2}$$

wobei die $y_i(z)$ ein Fundamentalsystem bilden. Die allgemeine Lösung der inhomogenen Dgl. setzt sich bekannterweise aus der allgemeinen Lösung der homogenen und einer partikulären Lösung der inhomogenen Dgl. (3.1) zusammen

$$y(z) = y_h(z) + y_p(z) \tag{3.3}$$

Man führt dann n Funktionen $K_i(z)$ ein, indem mit

$$K_i(z) = A_{i_1} y_1(z) + A_{i_2} y_2(z) + \ldots + A_{i_n} y_n(z) \tag{3.4}$$

Linearkombinationen aus den $y_i(z)$ gebildet werden. Die $K_i(z)$ sind demzufolge wiederum Lösungen der homogenen Dgl.

$$L[K_i(z)] = 0 \tag{3.5}$$

Die A_{ij} werden so bestimmt, daß für die $K_i(z)$ gilt:

i	$K_i(0)$	$K_i'(0)$	$\ldots$	$K_i^{(n-1)}(0)$	
1	1	0	$\ldots$	0	
2	0	1	$\ldots$	0	(3.6)
$\vdots$					
n	0	0	$\ldots$	1	

Das bedeutet, daß für jedes K_i ein lineares Gleichungssystem für die A_{ij} zu lösen ist

$$\begin{bmatrix} y_1(0) & y_2(0) & \ldots & y_n(0) \\ y_1'(0) & y_2'(0) & \ldots & y_n'(0) \\ \vdots & \vdots & & \vdots \\ y_1^{(i-1)}(0) & y_2^{(i-1)}(0) & \ldots & y_n^{(i-1)}(0) \\ \vdots & \vdots & & \vdots \\ y_1^{(n-1)}(0) & y_2^{(n-1)}(0) & \ldots & y_n^{(n-1)}(0) \end{bmatrix} \begin{bmatrix} A_{i_1} \\ A_{i_2} \\ \vdots \\ A_{i_i} \\ \vdots \\ A_{i_n} \end{bmatrix} = \begin{bmatrix} 0 \\ 0 \\ \vdots \\ 1 \\ \vdots \\ 0 \end{bmatrix}$$

$$i = 1, 2, \ldots, n \qquad (3.7)$$

Die $K_i(z)$ bilden damit wieder ein Fundamentalsystem. Sie sind linear unabhängig, denn es gilt für die *Wronski*-Determinate

$$\begin{aligned} W(0) &= \begin{bmatrix} K_1(0) & K_2(0) & \ldots & K_n(0) \\ K_1'(0) & K_2'(0) & \ldots & K_n'(0) \\ \vdots & \vdots & & \vdots \\ K_1^{(n-1)}(0) & K_2^{(n-1)}(0) & \ldots & K_n^{(n-1)}(0) \end{bmatrix} \\[2mm] &= \begin{bmatrix} 1 & 0 & \ldots & 0 \\ 0 & 1 & \ldots & 0 \\ \vdots & \vdots & & \vdots \\ 0 & 0 & \ldots & 1 \end{bmatrix} = 1 \end{aligned} \qquad (3.8)$$

Man kann damit die allgemeine Lösung der inhomogenen Dgl. auch in der folgenden Form schreiben

$$y(z) = \sum_{i=1}^{n} C_i K_i(z) + y_p(z) \qquad (3.9)$$

Da für die $K_i(z)$ und ihre Ableitungen an der Stelle $z = 0$ Gl. (3.6) gilt, lassen sich die C_i ausdrücken

$$\begin{aligned} y(0) &= C_1 + y_p(0); & C_1 &= y(0) - y_p(0); \\ y'(0) &= C_2 + y_p'(0); & C_2 &= y'(0) - y_p'(0); \\ &\vdots \\ y^{(n-1)}(0) &= C_n + y_p^{(n-1)}(0); & C_n &= y^{(n-1)}(0) - y_p^{(n-1)}(0), \end{aligned}$$

und man erhält für die allgemeine Lösung

$$\begin{aligned} y(z) &= [y(0) - y_p(0)]K_1(z) + [y'(0) - y_p'(0)]K_2(z) + \ldots \\ &+ [y^{(n-1)}(0) - y_p^{(n-1)}(0)]K_n(z) + y_p(z) \end{aligned}$$

Für eine Partikulärlösung wird zunächst als Behauptung

$$y_p(z) = \int_0^z K_n(z-t) r(t) \, dt \qquad (3.10)$$

eingeführt. Mit

$$\frac{d}{dz}\left(\int_0^z f(z,\zeta)\,d\zeta\right) = f(z,z) + \int_0^z \frac{d}{dz}f(z,\zeta)\,d\zeta$$

folgt dann für y_p und dessen Ableitungen

$$y_p(z) = \int_0^z K_n(z-t)r(t)\,dt$$

$$y_p'(z) = K_n(0)r(z) + \int_0^z K_n'(z-t)r(t)\,dt$$

$$y_p''(z) = K_n'(0)r(z) + \int_0^z K_n''(z-t)r(t)\,dt \tag{3.11}$$

$$\vdots$$

$$y_p^{(n)}(z) = K_n^{(n-1)}(0)r(z) + \int_0^z K_n^{(n)}(z-t)r(t)\,dt$$

Aufgrund der Bedingung (3.6) ist

$$K_n(0) = K_n'(0) = \ldots = K_n^{(n-2)}(0) = 0,\, K_n^{(n-1)}(0) = 1 \tag{3.12}$$

Ein Einsetzen von y_p und der Beziehung (3.11) in die linke Seite von (3.1) führt dann zu

$$L[y(z)] = \sum_{\nu=0}^n a_\nu y_p^{(\nu)}(z)$$

$$= a_n r(z) + \int_0^z L[K_n(z-t)]r(t)\,dt, \tag{3.13}$$

und da voraussetzungsgemäß $a_n = 1$ gilt, sowie K_n eine Lösung der homogenen Dgl. ist

$$L[K_n(z-t)] \equiv 0,$$

wird dann aus (3.13)

$$L[y_p(z)] = r(z)$$

Damit ist die obige Behauptung (3.10) bewiesen.
  Wegen (3.12) folgt aus Gl. (3.11) für y_p

$$y_p(0) = y_p'(0) = \ldots = y_p^{(n-1)}(0) = 0, \tag{3.14}$$

und damit kann die allgemeine Lösung der Dgl. (3.1) im Sinne der Anfangsparametermethode endgültig in der folgenden Form erhalten werden

$$y(z) \;=\; y(0)K_1(z) + y'(0)K_2(z) + \ldots$$
$$+\; y^{(n-1)}(0)K_n(z) + \int\limits_0^z K_n(z-t)r(t)\,dt \tag{3.15}$$

Beginnt die Störfunktion $r(z)$ nicht bei $z = 0$, sondern an der Stelle $z = z_0$ bzw. wechselt sie dort ihren Charakter, gilt für die Partikulärlösung für $z > z_0$

$$y_p(z) = \left.\Big\|\right._{z>z_0} \int\limits_{z_0}^z K_n(z-t)r(t)\,dt$$

Dies bietet die Möglichkeit, die allgemeine Lösung für bereichsweise verschiedene Störfunktionen $r_j(z)$ zwischen z_j und z_{j+1} in einer quasi–geschlossenen Form anzugeben

$$y(z) \;=\; y(0)K_1(z) + y'(0)K_2(z) + \ldots + y^{(n-1)}(0)K_n(z)$$
$$+\; \left.\Big\|\right._{z>z_0} \int\limits_{z_0}^z K_n(z-t)r_0(t)\,dt + \left.\Big\|\right._{z>z_1} \int\limits_{z_1}^z K_n(z-t)r_1(t)\,dt \tag{3.16}$$
$$+\; \left.\Big\|\right._{z>z_2} \int\limits_{z_2}^z K_n(z-t)r_2(t)\,dt + \ldots$$

Bei dieser allgemeinen Konstruktion der partikulären Lösung werden alle Übergangsbedingungen an den inneren Bereichsgrenzen $z_0, z_1, z_2, \ldots$ automatisch erfüllt.

Bei der Anwendung der Methode der Anfangsparameter auf die hier vorliegenden Dgl.–Systeme für die verallgemeinerten Verschiebungen U_i und V_k soll zunächst das homogene System ($p_{z_i} = 0; p_{s_k} = 0$) in eine äquivalente Dgl. der Ordnung $2(m + n)$ überführt werden. Die verallgemeinerten Verschiebungen U_i und V_k werden dazu durch eine Hilfsfunktion $f(z)$ ausgedrückt. Hierzu wird das homogene Dgl.–System zweckmäßig unter Verwendung eines Differentialoperators $D = d/dz$ umgeschrieben. Für das dem klassischen *Vlasov*schen halbmomentenfreien Schalenmodell entsprechenden Dgl.–System (2.43) hat dies allgemein die Form

$$\begin{bmatrix} EAD^2 - GB & -GCD \\ GC^TD & GRD^2 - ES \end{bmatrix} \begin{bmatrix} U \\ V \end{bmatrix} = 0 \quad \text{bzw.} \quad [\mathcal{H}]\begin{bmatrix} U \\ V \end{bmatrix} = 0, \tag{3.17}$$

wobei die Systemmatrix $\mathcal{H}$ das Format $[(m + n), (m + n)]$ hat. Mit den verallgemeinerten Koordinatenfunktionen $\varphi_1(s), \ldots, \varphi_4(s)$ und $\psi_1(s), \ldots, \psi_4(s)$ für den doppeltsymmetrischen Kastenquerschnitt nach Bild 2.5 erhält man beispielsweise das folgende Dgl.–System

$$
\begin{aligned}
EAU_1'' &= -p_{z_1} \\
EI_{yy}U_2'' - 2GA_G U_2 - 2GA_G V_2' &= -p_{z_2} \\
2GA_G U_2' + 2GA_G V_2'' &= -p_{s_2} \\
EI_{xx}U_3'' - 2GA_{St} U_3 - 2GA_{St} V_3' &= -p_{z_3} \\
2GA_{St} U_3' + 2GA_{St} V_3'' &= -p_{s_3} \\
\bar{a}_{44}U_4'' - \bar{b}_{44}U_4 - \bar{c}_{41}V_1' - \bar{b}_{44}V_4' &= -p_{z_4} \\
\bar{c}_{41}U_4' + \bar{b}_{44}V_1'' + \bar{c}_{41}V_4'' &= -p_{s_1} \\
\bar{b}_{44}U_4' + \bar{c}_{41}V_1'' + \bar{b}_{44}V_4'' - \bar{s}_{44}V_4 &= -p_{s_4}
\end{aligned}
$$

Dabei bedeuten $\bar{a}_{44} = Ea_{44}$; $\bar{s}_{44} = Es_{44}$; $\bar{b}_{44} = Gb_{44}$; $\bar{c}_{41} = Gc_{41}$. Das Gleichungssystem zeigt eine Entkopplung in 4 unabhängige Teilsysteme, die zum ersten die Längsverformung, zum zweiten und dritten die Biegung um die Hauptachsen beschreiben. Das 4. Teilsystem enthält die Torsion, Querschnittsverwölbung und Konturdeformation (vergl. Beispiel Abschnitt 2.1.2.1). Wird das 4. homogene Teilsystem in der Form (3.17) geschrieben, erhält man hier

$$
\begin{bmatrix}
\bar{a}_{44}D^2 - \bar{b}_{44} & -\bar{c}_{41}D & -\bar{b}_{44}D \\
\bar{c}_{41}D & \bar{b}_{44}D^2 & \bar{c}_{41}D^2 \\
\bar{b}_{44}D & \bar{c}_{41}D^2 & \bar{b}_{44}D^2 - \bar{s}_{44}
\end{bmatrix}
\begin{bmatrix}
U_4 \\
V_1 \\
V_4
\end{bmatrix}
=
\begin{bmatrix}
0 \\
0 \\
0
\end{bmatrix}
$$

Das Ausdrücken der verallgemeinerten Verschiebungen U_i und V_k kann jetzt durch eine Hilfsfunktion $f(z)$ erfolgen, indem die Adjunkten der Verschiebungen einer geeignet ausgewählten Zeile der Systemmatrix $\mathcal{H}$ auf $f(z)$ angewandt werden:

$$
\begin{bmatrix}
\mathbf{U} \\
\mathbf{V}
\end{bmatrix}
=
\begin{bmatrix}
\boldsymbol{\Delta}_j^{(U)} \\
\boldsymbol{\Delta}_j^{(V)}
\end{bmatrix}
f(z)
\tag{3.18}
$$

$\boldsymbol{\Delta}_j^{(U)}$ ist dabei der Vektor aus den ersten m Adjunkten der ausgewählten Zeile j der Systemmatrix $\mathcal{H}$ und $\boldsymbol{\Delta}_j^{(V)}$ der Vektor der letzten n Adjunkten dieser Zeile. Für das bereits betrachtete 4. Teilsystem des Kastenträgerbeispiels nach Bild 2.5 wird hier die 2. Zeile ausgewählt, und man erhält für die Adjunkten

$$
\Delta_2^{(U_4)} = -
\begin{vmatrix}
-\bar{c}_{41}D & -\bar{b}_{44}D \\
\bar{c}_{41}D^2 & \bar{b}_{44}D^2 - \bar{s}_{44}
\end{vmatrix}
= -\bar{c}_{41}\bar{s}_{44}D
$$

$$
\Delta_2^{(V_1)} =
\begin{vmatrix}
\bar{a}_{44}D^2 - \bar{b}_{44} & -\bar{b}_{44}D \\
\bar{b}_{44}D & \bar{b}_{44}D^2 - \bar{s}_{44}
\end{vmatrix}
= \bar{a}_{44}\bar{b}_{44}D^4 - \bar{a}_{44}\bar{s}_{44}D^2 + \bar{b}_{44}\bar{s}_{44}
$$

$$
\Delta_2^{(V_4)} = -
\begin{vmatrix}
\bar{a}_{44}D^2 - \bar{b}_{44} & -\bar{c}_{41}D \\
\bar{b}_{44}D & \bar{c}_{41}D^2
\end{vmatrix}
= -\bar{a}_{44}\bar{c}_{41}D^4
$$

und entsprechend (3.18) die Beziehung

$$
\begin{bmatrix}
U_4 \\
V_1 \\
V_4
\end{bmatrix}
=
\begin{bmatrix}
-\bar{c}_{41}\bar{s}_{44}D \\
\bar{a}_{44}\bar{b}_{44}D^4 - \bar{a}_{44}\bar{s}_{44}D^2 + \bar{b}_{44}\bar{s}_{44} \\
-\bar{a}_{44}\bar{c}_{41}D^4
\end{bmatrix}
f(z),
$$

die dem Ausdrücken von U_4, V_1 und V_4 durch f(z) in der folgenden Form entspricht

$$U_4(z) = -\bar{c}_{41}\bar{s}_{44}f'(z)$$
$$V_1(z) = \bar{a}_{44}\bar{b}_{44}f^{IV}(z) - \bar{a}_{44}\bar{s}_{44}f''(z) + \bar{b}_{44}\bar{s}_{44}f(z)$$
$$V_4(z) = -\bar{a}_{44}\bar{c}_{41}f^{IV}(z)$$

Die lösende Dgl. des Systems wird allgemein aus der Determinante der Systemmatrix $\mathcal{H}$ (3.17), angewandt auf die Hilfsfunktion $f(z)$, erhalten

$$det\ [\mathcal{H}]\ f(z) = 0$$

Beim halbmomentenfreien Schalenmodell nach *Vlasov* ist dies

$$\begin{vmatrix} EAD^2 - GB & -GCD \\ GC^TD & GRD^2 - ES \end{vmatrix} f = 0$$

Die Lösung kann aus einem Exponentialansatz mit den Wurzeln des charakteristischen Polynoms erhalten werden. Bei nichtprismatischen Konstruktionen hat diese Dgl. keine konstanten Koeffizienten. Eine analytische Lösung ist dann nur für Sonderfälle möglich.

Aus der Lösung für $f(z)$ erhält man mit (3.18) die Lösungen für alle verallgemeinerten Verschiebungen U_i und V_k sowie mit diesen und (2.20) die Lösungen für alle verallgemeinerten Längs- und Querkräfte P_i und Q_k. Für das als Beispiel dargestellte Teilsystem des doppeltsymmetrischen Kastenquerschnittes gilt hier

$$\begin{vmatrix} \bar{a}_{44}D^2 - \bar{b}_{44} & -\bar{c}_{41}D & -\bar{b}_{44}D \\ \bar{c}_{41}D & \bar{b}_{44}D^2 & \bar{c}_{41}D^2 \\ \bar{b}_{44}D & \bar{c}_{41}D^2 & \bar{b}_{44}D^2 - \bar{s}_{44} \end{vmatrix} f(z) = 0$$

$$\left[\bar{a}_{44}(\bar{b}_{44}^2 - \bar{c}_{41}^2)D^6 - \bar{b}_{44}\bar{a}_{44}\bar{s}_{44}D^4 + \bar{s}_{44}(\bar{b}_{44}^2 - \bar{c}_{41}^2)D^2\right] f(z) = 0$$

$$f^{VI}(z) - \frac{\bar{b}_{44}\bar{s}_{44}}{\bar{b}_{44}^2 - \bar{c}_{41}^2}f^{IV}(z) + \frac{\bar{s}_{44}}{\bar{a}_{44}}f''(z) = 0$$

Das charakteristische Polynom

$$\lambda^6 - 2r^2\lambda^4 + s^4\lambda^2 = 0$$

mit den Abkürzungen

$$r^2 = \frac{\bar{b}_{44}\bar{s}_{44}}{2(\bar{b}_{44}^2 - \bar{c}_{41}^2)}; \quad s^4 = \frac{\bar{s}_{44}}{\bar{a}_{44}}$$

hat die Wurzeln

$$\lambda_{1/2} = 0; \quad \lambda_{3/4} = \pm(\alpha + i\beta); \quad \lambda_{5/6} = \pm(\alpha - i\beta)$$

$$\alpha = \sqrt{\frac{s^2 + r^2}{2}}; \quad \beta = \sqrt{\frac{s^2 - r^2}{2}},$$

und damit kann die Lösung für $f(z)$ in der Form

$$f(z) = C_1\Phi_1(z) + C_2\Phi_2(z) + C_3\Phi_3(z) + C_4\Phi_4(z) + C_5 z + C_6$$

geschrieben werden. Die Funktionen Φ_1 bis Φ_4 sind dabei

$$\Phi_1(z) = \cosh \alpha z \sin \beta z; \quad \Phi_3(z) = \sinh \alpha z \cos \beta z;$$

$$\Phi_2(z) = \cosh \alpha z \cos \beta z; \quad \Phi_4(z) = \sinh \alpha z \sin \beta z;$$

Damit lassen sich die homogenen Lösungen für U_4, V_1, V_4 und mit (2.20) auch die der zugehörigen verallgemeinerten Schnittkräfte P_4, Q_1, Q_4 ausdrücken.

Allgemein geht man nach der Anfangsparametermethode vor, definiert entsprechend (3.4) die Lösungsfunktionen $K_{FG}(z)$, und drückt so die Freiwerte der homogenen Lösung durch die Anfangswerte aller verallgemeinerten Verschiebungen $U_{i0} = U_i(z = 0)$, $V_{k0} = V_k(z = 0)$ sowie die der verallgemeinerten Längs- und Querkräfte $P_{i0} = P_i(z = 0)$ bzw. $Q_{k0} = Q_k(z = 0)$, $i = 1, \cdots, m$, $k = 1, \cdots, n$ aus. Man erhält damit die allgemeine Lösung des homogenen Systems in Matrizenform

$$
\begin{bmatrix}
U_1(z) \\
\cdots \\
U_m(z) \\
V_1(z) \\
\cdots \\
V_n(z) \\
P_1(z) \\
\cdots \\
P_m(z) \\
Q_1(z) \\
\cdots \\
Q_n(z)
\end{bmatrix}
=
\begin{bmatrix}
K_{U_1 U_1} & \cdots & K_{U_1 V_k} & \cdots & K_{U_1 P_i} & \cdots & K_{U_1 Q_n} \\
& & & \cdots & & & \\
K_{U_m U_1} & \cdots & K_{U_m V_k} & \cdots & K_{U_m P_i} & \cdots & K_{U_m Q_n} \\
K_{V_1 U_1} & \cdots & K_{V_1 V_k} & \cdots & K_{V_1 P_i} & \cdots & K_{V_1 Q_n} \\
& & & \cdots & & & \\
K_{V_n U_1} & \cdots & K_{V_n V_k} & \cdots & K_{V_n P_i} & \cdots & K_{V_n Q_n} \\
K_{P_1 U_1} & \cdots & K_{P_1 V_k} & \cdots & K_{P_1 P_i} & \cdots & K_{P_1 Q_n} \\
& & & \cdots & & & \\
K_{P_m U_1} & \cdots & K_{P_m V_k} & \cdots & K_{P_m P_i} & \cdots & K_{P_m Q_n} \\
K_{Q_1 U_1} & \cdots & K_{Q_1 V_k} & \cdots & K_{Q_1 P_i} & \cdots & K_{Q_1 Q_n} \\
& & & \cdots & & & \\
K_{Q_n U_1} & \cdots & K_{Q_n V_k} & \cdots & K_{Q_n P_i} & \cdots & K_{Q_n Q_n}
\end{bmatrix}
\begin{bmatrix}
U_{10} \\
\cdots \\
U_{m0} \\
V_{10} \\
\cdots \\
V_{n0} \\
P_{10} \\
\cdots \\
P_{m0} \\
Q_{10} \\
\cdots \\
Q_{n0}
\end{bmatrix}
$$

$$(3.19)$$

bzw. mit den Untermatrizen $\mathbf{K}_{UU}$ bis $\mathbf{K}_{QQ}$ in der Form

$$
\begin{array}{c}
m \\
n \\
m \\
n
\end{array}
\begin{bmatrix}
\mathbf{U}(z) \\
\mathbf{V}(z) \\
\mathbf{P}(z) \\
\mathbf{Q}(z)
\end{bmatrix}
=
\begin{array}{cccc}
m & n & m & n
\end{array}
\begin{bmatrix}
\mathbf{K}_{UU} & \mathbf{K}_{UV} & \mathbf{K}_{UP} & \mathbf{K}_{UQ} \\
\mathbf{K}_{VU} & \mathbf{K}_{VV} & \mathbf{K}_{VP} & \mathbf{K}_{VQ} \\
\mathbf{K}_{PU} & \mathbf{K}_{PV} & \mathbf{K}_{PP} & \mathbf{K}_{PQ} \\
\mathbf{K}_{QU} & \mathbf{K}_{QV} & \mathbf{K}_{QP} & \mathbf{K}_{QQ}
\end{bmatrix}
\begin{bmatrix}
\mathbf{U}_0 \\
\mathbf{V}_0 \\
\mathbf{P}_0 \\
\mathbf{Q}_0
\end{bmatrix}
$$

$$(3.20)$$

Die Matrix der $\mathbf{K}_{FG}$ wird als Matrix der Anfangsparameter bezeichnet. Ihre Elemente, die K_{FG}, sind Funktionen der Längskoordinate z, sie stellen Einflußfunktionen der Anfangswerte dar. Der 1. Index der K_{FG} kennzeichnet die betrachtete Lösungsfunktion, der 2. Index dagegen den Anfangsparameter.

Für das als Beispiel dargestellte Teilsystem des doppeltsymmetrischen Kastenquerschnittes erhält man auf diesem Weg nach längerer Zwischenrechnung die folgende Anfangsparametergleichung

$$U_4(z) = \left(\Phi_2 - \frac{r^2}{2\alpha\beta}\Phi_4\right)U_{40} + \frac{s^2}{2\alpha\beta}(\alpha\Phi_1 - \beta\Phi_3)V_{40}$$

$$- \frac{\alpha(\alpha^2 - 3\beta^2)\Phi_1 + \beta(\beta^2 - 3\alpha^2)\Phi_3}{\bar{a}_{44}s^2 2\alpha\beta}P_{40}$$

$$+ \gamma_2\left(-1 + \Phi_2 - \frac{r^2}{2\alpha\beta}\Phi_4\right)Q_{10} + \left(\frac{1}{\bar{a}_{44}2\alpha\beta}\Phi_4\right)Q_{40}$$

$$V_1(z) = \gamma_2\frac{\bar{a}_{44}s^2}{2\alpha\beta}(\alpha\Phi_1 - \beta\Phi_3)U_{40} + V_{10} - \gamma_2\frac{\bar{a}_{44}s^4}{2\alpha\beta}\Phi_4 V_{40}$$

$$+ \gamma_2\left(1 - \Phi_2 + \frac{r^2}{2\alpha\beta}\Phi_4\right)P_{40} + \left[\gamma_2^2\frac{\bar{a}_{44}s^2}{2\alpha\beta}(\alpha\Phi_1 - \beta\Phi_3)\right.$$

$$+ \left.\gamma_1 z\right]Q_{10} - \frac{\gamma_2}{2\alpha\beta}(\alpha\Phi_1 + \beta\Phi_3)Q_{40}$$

$$V_4(z) = - \frac{1}{2\alpha\beta}(\alpha\Phi_1 + \beta\Phi_3)U_{40} + \left[\Phi_2 + \frac{r^2}{2\alpha\beta}\Phi_4\right]V_{40}$$

$$- \frac{1}{\bar{a}_{44}2\alpha\beta}\Phi_4 P_{40} - \frac{\gamma_2}{2\alpha\beta}(\alpha\Phi_1 + \beta\Phi_3)Q_{10}$$

$$+ \frac{\alpha(\alpha^2 - 3\beta^2)\Phi_1 - \beta(\beta^2 - 3\alpha^2)\Phi_3}{\bar{a}_{44}s^4 2\alpha\beta}Q_{40}$$

$$P_4(z) = - \frac{\bar{a}_{44}s^2}{2\alpha\beta}(\alpha\Phi_1 - \beta\Phi_3)U_{40} + \frac{\bar{a}_{44}s^4}{2\alpha\beta}\Phi_4 V_{40}$$

$$+ \left(\Phi_2 - \frac{r^2}{2\alpha\beta}\Phi_4\right)P_{40} - \gamma_2\frac{\bar{a}_{44}s^2}{2\alpha\beta}(\alpha\Phi_1 - \beta\Phi_3)Q_{10}$$

$$+ \frac{1}{2\alpha\beta}(\alpha\Phi_1 + \beta\Phi_3)Q_{40}$$

$$Q_1(z) = Q_{10}$$

$$Q_4(z) = - \frac{\bar{a}_{44}s^4}{2\alpha\beta}\Phi_4 U_{40} + \frac{\bar{a}_{44}s^4}{2\alpha\beta}(\alpha\Phi_1 + \beta\Phi_3)V_{40}$$

$$- \frac{s^2}{2\alpha\beta}(\alpha\Phi_1 - \beta\Phi_3)P_{40} - \gamma_2\frac{\bar{a}_{44}s^4}{2\alpha\beta}\Phi_4 Q_{10} + \left(\Phi_2 + \frac{r^2}{2\alpha\beta}\Phi_4\right)Q_{40}$$

Als Abkürzungen wurden dabei noch eingeführt

$$\gamma_1 = \frac{\bar{b}_{44}}{\bar{b}_{44}^2 - \bar{c}_{41}^2}; \quad \gamma_2 = \frac{\bar{c}_{41}}{\bar{b}_{44}^2 - \bar{c}_{41}^2}$$

Allgemein wird die Konstruktion der partikulären Lösungen des inhomogenen Dgl.–Systems entsprechend dem Ansatz (3.10) vorgenommen. Die dazu zu verwendenden Funktionen sind die den verallgemeinerten Kräften zugeordneten Funktionen $\mathbf{K}_{UP}, \mathbf{K}_{UQ}, \mathbf{K}_{VP}, \mathbf{K}_{VQ}, \mathbf{K}_{PP}, \mathbf{K}_{PQ}, \mathbf{K}_{QP}$ und $\mathbf{K}_{QQ}$.

Für stetige verallgemeinerte Belastungen $p_{z_i}(z)$ und $p_{s_k}(z)$, wenn diese an der Stelle $z = t_1$ beginnen, erhält man allgemein die partikulären Lösungen nach Tab. 3.1. Bei Einzelkraftgrößen P_{i_t} und Q_{k_t}, an der Stelle $z = t$ eingeleitet, gehen diese in entsprechende Produktsummen über.

Partikulärlösung für $z > t_1$	verteilte Belastung	
	$p_{z_i}(z)$	$p_{s_k}(z)$
$U_{jp}(z)$	$-\sum_{i=1}^{m} \int_{t_1}^{z} K_{U_j P_i}(z-t)p_{z_i}(t)dt$	$-\sum_{k=1}^{n} \int_{t_1}^{z} K_{U_j Q_k}(z-t)p_{s_k}(t)dt$
$V_{hp}(z)$	$-\sum_{i=1}^{m} \int_{t_1}^{z} K_{V_h P_i}(z-t)p_{z_i}(t)dt$	$-\sum_{k=1}^{n} \int_{t_1}^{z} K_{V_h Q_k}(z-t)p_{s_k}(t)dt$
$P_{jp}(z)$	$-\sum_{i=1}^{m} \int_{t_1}^{z} K_{P_j P_i}(z-t)p_{z_i}(t)dt$	$-\sum_{k=1}^{n} \int_{t_1}^{z} K_{P_j Q_k}(z-t)p_{s_k}(t)dt$
$Q_{hp}(z)$	$-\sum_{i=1}^{m} \int_{t_1}^{z} K_{Q_h P_i}(z-t)p_{z_i}(t)dt$	$-\sum_{k=1}^{n} \int_{t_1}^{z} K_{Q_h Q_k}(z-t)p_{s_k}(t)dt$

Partikulärlösung für $z > t$	Punktlasten	
	P_{it}	Q_{kt}
$U_{jp}(z)$	$-\sum_{i=1}^{m} K_{U_j P_i}(z-t)P_{it}$	$-\sum_{k=1}^{n} K_{U_j Q_k}(z-t)Q_{kt}$
$V_{hp}(z)$	$-\sum_{i=1}^{m} K_{V_h P_i}(z-t)P_{it}$	$-\sum_{k=1}^{n} K_{V_h Q_k}(z-t)Q_{kt}$
$P_{jp}(z)$	$-\sum_{i=1}^{m} K_{P_j P_i}(z-t)P_{it}$	$-\sum_{k=1}^{n} K_{P_j Q_k}(z-t)Q_{kt}$
$Q_{hp}(z)$	$-\sum_{i=1}^{m} K_{Q_h P_i}(z-t)P_{it}$	$-\sum_{k=1}^{n} K_{Q_h Q_k}(z-t)Q_{kt}$

Tabelle 3.1 Partikulärlösungen für verteilte Belastungen $p_{z_i}(z)$ und $p_{s_k}(z)$ sowie Punktlasten P_{it} und Q_{kt}

In Matritzenschreibweise wird dies

$$\begin{bmatrix} \mathbf{U}_p(z) \\ \mathbf{V}_p(z) \\ \mathbf{P}_p(z) \\ \mathbf{Q}_p(z) \end{bmatrix}_{z>t_1} = -\int_{t_1}^{z} \begin{bmatrix} \mathbf{K}_{UP}(z-t) & \mathbf{K}_{UQ}(z-t) \\ \mathbf{K}_{VP}(z-t) & \mathbf{K}_{VQ}(z-t) \\ \mathbf{K}_{PP}(z-t) & \mathbf{K}_{PQ}(z-t) \\ \mathbf{K}_{QP}(z-t) & \mathbf{K}_{QQ}(z-t) \end{bmatrix} \begin{bmatrix} \mathbf{f}_z(t) \\ \mathbf{f}_s(t) \end{bmatrix} dt \qquad (3.21)$$

$$\begin{bmatrix} \mathbf{U}_p(z) \\ \mathbf{V}_p(z) \\ \mathbf{P}_p(z) \\ \mathbf{Q}_p(z) \end{bmatrix}_{z>t} = -\begin{bmatrix} \mathbf{K}_{UP}(z-t) & \mathbf{K}_{UQ}(z-t) \\ \mathbf{K}_{VP}(z-t) & \mathbf{K}_{VQ}(z-t) \\ \mathbf{K}_{PP}(z-t) & \mathbf{K}_{PQ}(z-t) \\ \mathbf{K}_{QP}(z-t) & \mathbf{K}_{QQ}(z-t) \end{bmatrix} \begin{bmatrix} \mathbf{P}_t \\ \mathbf{Q}_t \end{bmatrix} \qquad (3.22)$$

Mit Gl. (3.19) und Tab. 3.1 bzw. Gl. (3.21) und (3.22) lassen sich die allgemeinen Lösungen des inhomogenen Systems aufbauen. Von den $2(m + n)$ Anfangswerten sind im allgemeinen $m + n$ am Anfangsquerschnitt unmittelbar bekannt, während die verbleibenden Anfangswerte aus $m + n$ Randbedingungsgleichungen für den Endquerschnitt folgen. Übergangsbedingungen an den Intervallgrenzen bei unstetig veränderlicher Belastung werden durch die hier gegebene Konstruktion der Partikulärlösungen automatisch erfüllt.

Starre Zwischenlager für ausgewählte verallgemeinerte Verschiebungen (starre Lagergabel, starres Schott usw.) führen wegen der dort eingeleiteten verallgemeinerten Kräfte zu einer Erhöhung der Anzahl der Unbekannten, liefern jedoch auch die zusätzlich erforderlichen Bestimmungsgleichungen. Eine Auswahl praktisch wichtiger Rand- und Übergangsbedingungen sind in der folgenden Übersicht angegeben (Tab. 3.2). Als Beispiel soll der Lösungsaufbau für den einseitig eingespannten Kastenträger

Randlagerung	Randbedingungen
Völlig starre Einspannung	$U_j = 0; j = 1, \ldots, m$ $V_h = 0; h = 1, \ldots, n$
Völlig freies Ende	$P_j = 0; j = 1, \ldots, m$ $Q_h = 0; h = 1, \ldots, n$
Starre Gabel	$P_j = 0; j = 1, \ldots, m$ Verschwinden aller V_k, die Verdrehung und Konturdeformation beinhalten sowie der Horizontal- und Vertikalverschiebungen
Starres Endschott	$P_j = 0; j = 1, \ldots, m$ Verschwinden aller V_k, die Konturdeformation beinhalten

Zwischenlagerung	Übergangsbedingungen
Starre Zwischengabel	Verschwinden aller V_k, die Verdrehung- und Konturdeformationen beinhalten, Eintragung zugehöriger verallgemeinerter Querkräfte (zusätzliche Partikulärlösungen), Verschwinden der Horizontal- und Vertikalverschiebung
Starres Zwischenschott	Verschwinden aller V_k, die Konturdeformation beinhalten, Eintragung zugehöriger verallgemeinerter Querkräfte (zusätzliche Partikulärlösungen nach Tab. 3.1)

Tabelle 3.2   Auswahl von Rand- und Übergangsbedingungen

nach Bild 3.1 dienen (verallgemeinerte Koordinaten $\varphi_1(s)$ bis $\varphi_4(s)$, $\psi_1(s)$ bis $\psi_4(s)$ und Querschnitt nach Bild 2.5). Durch die dargestellte Belastung wird der Träger nur auf Torsion, Konturverformung und Verwölbung beansprucht. Reine Längsbeanspruchungen und Hauptachsenbiegung entstehen hierdurch nicht, sodaß hier die ersten drei Teilsysteme des Dgl.–Systems nicht betrachtet zu werden brauchen.

Mit den in den beiden Stegebenen eingeleiteten Belastungen q_0 entstehen hier nur

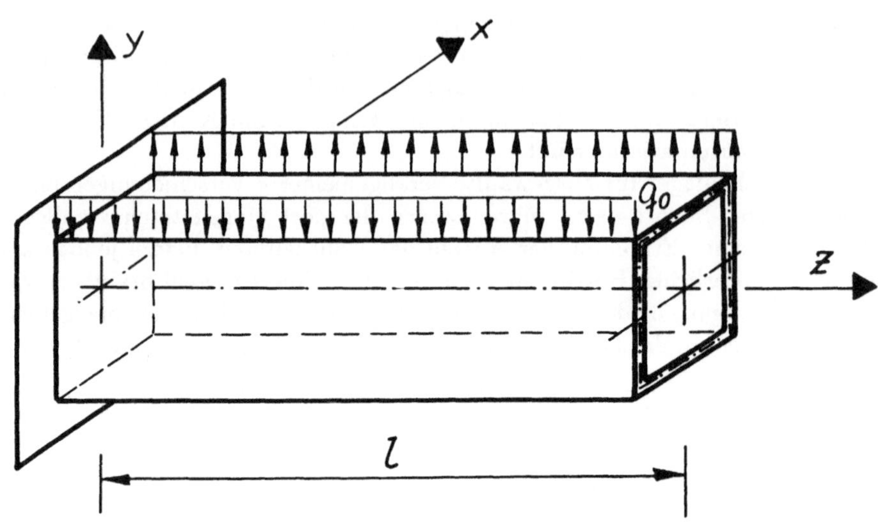

Bild 3.1   Einseitig eingespannter Kastenträger

die verallgemeinerten Querbelastungen p_{s_1} und p_{s_4} (siehe hierzu verallgemeinerte Koordinaten $\psi_1(s)$ und $\psi_4(s)$ nach Bild 2.5)

$$p_{s_1} = q_0 \left(-\frac{d_2}{2} - \frac{d_2}{2} \right) = -q_0 d_2$$

$$p_{s_4} = q_0 \left(-\frac{d_2}{2} - \frac{d_2}{2} \right) = -q_0 d_2$$

Aufgrund der Einspannung bei $z = 0$ und dem freien Ende bei $z = l$ liegen hier die Randbedingungen

1.	$U_4(z = 0)$	$=$	U_{40}	$= 0;$	4.	$P_4(z = l)$	$=$	0
2.	$V_1(z = 0)$	$=$	V_{10}	$= 0;$	5.	$Q_1(z = l)$	$=$	0
3.	$V_4(z = 0)$	$=$	V_{40}	$= 0;$	6.	$Q_4(z = l)$	$=$	0

vor. Zunächst noch unbekannt sind demzufolge die Anfangswerte $P_4(z = 0) = P_{40}$, $Q_1(z = 0) = Q_{10}$ und $Q_4(z = 0) = Q_{40}$. Unter Beachtung der Randbedingungen 1 bis 3 lassen sich nach der oben dargestellten Anfangsparametergleichung die homogenen Lösungen anschreiben. Zunächst wird dies hier nur für die verallgemeinerten Schnittkräfte getan, da für diese Randbedingung am rechten Ende vorliegen

$$P_{4_h}(z) = P_{40} \left[\Phi_2(z) - \frac{r^2}{2\alpha\beta} \Phi_4(z) \right]$$

$$-Q_{10}\gamma_2\frac{\bar{a}_{44}s^2}{2\alpha\beta}\left[\alpha\Phi_1(z)-\beta\Phi_3(z)\right]+Q_{40}\frac{1}{2\alpha\beta}\left[\alpha\Phi_1(z)+\beta\Phi_3(z)\right]$$

$$Q_{1_h}(z) = Q_{10}$$

$$Q_{4_h}(z) = -P_{40}\frac{s^2}{2\alpha\beta}\left[\alpha\Phi_1(z)-\beta\Phi_3(z)\right]$$
$$-Q_{10}\frac{\bar{a}_{44}s^4}{2\alpha\beta}\Phi_4(z)+Q_{40}\left[\Phi_2(z)+\frac{r^2}{2\alpha\beta}\Phi_4(z)\right]$$

Die partikulären Lösungen werden dann nach Tab. 3.1 ermittelt. Da hier die verallgemeinerten Querbelastungen p_{s_1} und p_{s_4} vorliegen, sind dafür die K-Funktionen in den Spalten Q_1 und Q_4 zu verwenden. Es gilt dann

$$P_{4_p}(z) = \int_0^z \gamma_2\frac{\bar{a}_{44}s^2}{2\alpha\beta}\left[\alpha\Phi_1(z-t)-\beta\Phi_3(z-t)\right]p_{s_1}\,dt$$
$$-\int_0^z\frac{1}{2\alpha\beta}\left[\alpha\Phi_1(z-t)+\beta\Phi_3(z-t)\right]p_{s_4}\,dt$$

$$Q_{1_p}(z) = -\int_0^z 1p_{s_1}\,dt$$

$$Q_{4_p}(z) = \int_0^z \gamma_2\frac{\bar{a}_{44}s^4}{2\alpha\beta}\Phi_4(z-t)p_{s_1}\,dt$$
$$-\int_0^z\left[\Phi_2(z-t)+\frac{r^2}{2\alpha\beta}\Phi_4(z-t)\right]p_{s_4}\,dt$$

Da p_{s_1} und p_{s_4} konstant sind, sind die Integrationen nur über die $\Phi_i(z-t)$ zu erstrecken. Man erhält nach Zwischenrechnung die allgemeinen Lösungen

$$P_4(z) = P_{4_h}(z)+P_{4_p}(z)$$
$$= P_{40}\left[\Phi_2(z)-\frac{r^2}{2\alpha\beta}\Phi_4(z)\right]$$
$$-Q_{10}\gamma_2\frac{\bar{a}_{44}s^2}{2\alpha\beta}\left[\alpha\Phi_1(z)-\beta\Phi_3(z)\right]+Q_{40}\frac{1}{2\alpha\beta}\left[\alpha\Phi_1(z)+\beta\Phi_3(z)\right]$$
$$+p_{s_1}\frac{\gamma_2\bar{a}_{44}s^2}{\alpha^2+\beta^2}\left[1-\Phi_2(z)+\Phi_4(z)\frac{\alpha^2-\beta^2}{2\alpha\beta}\right]-p_{s_4}\frac{1}{2\alpha\beta}\Phi_4(z)$$

$$Q_1(z) = Q_{1_h}(z)+Q_{1_p}(z)=Q_{10}-p_{s_1}z$$

$$Q_4(z) = Q_{4_h}(z)+Q_{4_p}(z)$$
$$= -P_{40}\frac{s^2}{2\alpha\beta}\left[\alpha\Phi_1(z)-\beta\Phi_3(z)\right]$$
$$-Q_{10}\frac{\bar{a}_{44}s^4}{2\alpha\beta}\Phi_4(z)+Q_{40}\left[\Phi_2(z)+\frac{r^2}{2\alpha\beta}\Phi_4(z)\right]$$

$$+\frac{p_{s_1}\gamma_2\bar{a}_{44}s^4 - q_{s_4}r^4}{2\alpha\beta(\alpha^2+\beta^2)}\left[\alpha\Phi_1(z) - \beta\Phi_3(z)\right]$$

$$+\frac{1}{\alpha^2+\beta^2}\left[\beta\Phi_1(z) + \alpha\Phi_3(z)\right]p_{s_4}$$

Die Randbedingung 5. ergibt unmittelbar

$$Q_{10} = p_{s_1}l = -q_0 d_2 l$$

und damit führen die Randbedingungen 4. und 6. auf ein Gleichungssystem für die noch unbekannten Anfangswerte P_{40} und Q_{40}, welches nicht allgemein sondern zahlenmäßig zu lösen ist.

Nach dem dann alle Anfangswerte bekannt sind, werden auch noch die zunächst zurückgestellten Lösungsfunktionen für $U_4(z)$, $V_1(z)$ und $V_4(z)$ entwickelt

$$U_4(z) = -P_{40}\frac{\alpha(\alpha^2 - 3\beta^2)\Phi_1(z) + \beta(\beta^2 - 3\alpha^2)\Phi_3(z)}{\bar{a}_{44}s^2\, 2\alpha\beta}$$

$$+Q_{10}\gamma_2\left[-1 + \Phi_2(z) - \frac{r^2}{2\alpha\beta}\Phi_4(z)\right] + Q_{40}\frac{1}{\bar{a}_{44}\, 2\alpha\beta}\Phi_4(z)$$

$$-\gamma_2\int_0^z\left[-1 + \Phi_2(z-t) - \frac{r^2}{2\alpha\beta}\Phi_4(z-t)\right]p_{s_1}\, dt$$

$$-\frac{1}{\bar{a}_{44}2\,\alpha\beta}\int_0^z\Phi_4(z-t)p_{s_4}\, dt$$

$$V_1(z) = P_{40}\gamma_2\left[1 - \Phi_2(z) + \frac{r^2}{2\alpha\beta}\Phi_4(z)\right]$$

$$+Q_{10}\left\{\gamma_2^2\frac{\bar{a}_{44}s^2}{2\alpha\beta}\left[\alpha\Phi_1(z) - \beta\Phi_3(z)\right] + \gamma_1 z\right\}$$

$$-Q_{40}\frac{\gamma_2}{2\,\alpha\beta}\left[\alpha\Phi_1(z) + \beta\Phi_3(z)\right]$$

$$-\int_0^z\left\{\gamma_2^2\frac{\bar{a}_{44}s^2}{2\alpha\beta}\left[\alpha\Phi_1(z-t) - \beta\Phi_3(z-t)\right] + \gamma_1(z-t)\right\}p_{s_1}\, dt$$

$$-\int_0^z\frac{\gamma_2}{2\alpha\beta}\left[\alpha\Phi_1(z-t) + \beta\Phi_3(z-t)\right]p_{s_4}\, dt$$

$$V_4(z) = -P_{40}\frac{1}{\bar{a}_{44}\, 2\alpha\beta}\Phi_4(z) - Q_{10}\frac{\gamma_2}{2\alpha\beta}\left[\alpha\Phi_1(z) + \beta\Phi_3(z)\right]$$

$$+Q_{40}\frac{1}{\bar{a}_{44}s^4 2\,\alpha\beta}\left[\alpha(\alpha^2 - 3\beta^2)\Phi_1(z) + \beta(3\alpha^2 - \beta^2)\Phi_3(z)\right]$$

$$+\frac{\gamma_2}{2\alpha\beta}\int_0^z\left[\alpha\Phi_1(z-t) + \beta\Phi_3(z-t)\right]p_{s_1}\, dt$$

$$-\frac{1}{\bar{a}_{44}s^4 2\alpha\beta} \int\limits_0^z \left[\alpha(\alpha^2 - 3\beta^2)\Phi_1(z-t) + \beta(3\alpha^2 - \beta^2)\Phi_3(z-t)\right] p_{s_4}\, dt$$

Eine Anwendung der analytischen Lösungsstrategie auf Eigenschwingungsanalysen ist, von sehr einfachen Sonderfällen mit einer Entkopplung in Teilsysteme von maximal 2. Ordnung abgesehen, nicht mehr durchführbar.

Zum Aufsuchen der Eigenwerte werden gewöhnlich nur numerische Lösungsstrategien verwendet. Das im Abschnitt 3.2 beschriebene Übertragungsmatrizenverfahren ist sowohl für statische Untersuchungen als auch für Eigenschwingungsanalysen einsetzbar.

3.2 Übertragungsmatrizenverfahren

Ausgangspunkt ist dazu das Dgl.-System in Matrizenform, welches unter Verwendung der verallgemeinerten Längs- und Querkräfte zunächst in ein System von Dgln. 1. Ordnung umgeschrieben wird. Für das halbmomentenfreie Schalenmodell nach *Vlasov* hat dies die Form (s. Gl. (2.51))

$$\begin{bmatrix} \mathbf{U} \\ \mathbf{V} \\ \mathbf{P} \\ \mathbf{Q} \\ 1 \end{bmatrix}' = \begin{bmatrix} \mathbf{0} & \mathbf{0} & (1/E)\mathbf{A}^{-1} & \mathbf{0} & \mathbf{o} \\ -\mathbf{R}^{-1}\mathbf{C}^T & \mathbf{0} & \mathbf{0} & (1/G)\mathbf{R}^{-1} & \mathbf{o} \\ G[\mathbf{B} - \mathbf{CR}^{-1}\mathbf{C}^T] & \mathbf{0} & \mathbf{0} & \mathbf{CR}^{-1} & -\mathbf{f}_z \\ \mathbf{0} & E\mathbf{S} & \mathbf{0} & \mathbf{0} & -\mathbf{f}_s \\ \mathbf{o}^T & \mathbf{o}^T & \mathbf{o}^T & \mathbf{o}^T & 0 \end{bmatrix} \begin{bmatrix} \mathbf{U} \\ \mathbf{V} \\ \mathbf{P} \\ \mathbf{Q} \\ 1 \end{bmatrix}$$

Hierin sind $\mathbf{0}$ Nullmatrizen und $\mathbf{o}$ Nullvektoren. Durch Definition eines Zustandsvektors $\mathbf{y}$, der alle verallgemeinerten Verschiebungen und Kräfte enthält,

$$\mathbf{y}^T = [\mathbf{U}^T\ \mathbf{V}^T\ \mathbf{P}^T\ \mathbf{Q}^T\ 1]$$

läßt sich das Dgl.-System allgemein schreiben

$$\mathbf{y}' = \mathcal{B}\mathbf{y} \tag{3.23}$$

Es wird im weiteren allgemein vorgegangen und zunächst eine diskretisierte Struktur entsprechend Bild 3.2 zugrunde gelegt.

Zwischen den Zustandsvektoren $\mathbf{y}$ an den Stützstellen j und $j+1$ gilt die Beziehung

$$\mathbf{y}_{j+1} = \mathbf{W}_j\mathbf{y}_j, \tag{3.24}$$

in der $\mathbf{W}_j$ die Übertragungsmatrix für den Abschnitt $j - (j+1)$ darstellt. Für eine lineare homogene Dgl. 1. Ordnung

$$y'(z) = b\, y(z),\ b = \text{const}$$

gilt für die Lösung allgemein

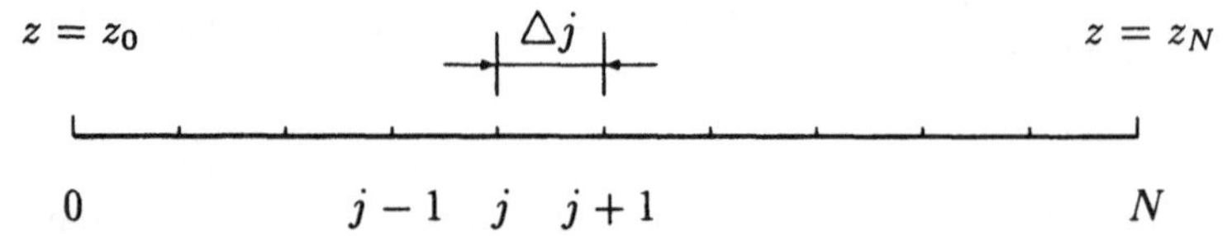

$$z = z_0 \qquad \qquad \overset{\Delta j}{\vert\!-\!\vert} \qquad \qquad z = z_N$$

$$0 \qquad\qquad j-1 \quad j \quad j+1 \qquad\qquad\qquad N$$

Bild 3.2 Diskretisierte Struktur

$$
\begin{aligned}
y(z) &= C e^{bz} \\
y(z_0) &= C e^{bz_0} \rightarrow C = y(z_0) e^{-bz_0} \\
y(z) &= y(z_0) e^{b(z-z_0)}
\end{aligned}
$$

Entsprechend läßt sich für ein Dgl.–System

$$\mathbf{y}'(z) = \mathcal{B}\mathbf{y}(z)$$

die Lösung allgemein schreiben

$$\mathbf{y}(z) = \mathbf{y}(z_0) e^{\mathcal{B}(z-z_0)}$$

Die Matrix $e^{\mathcal{B}(z-z_0)}$ überträgt damit den Zustandsvektor $\mathbf{y}$ von der Stelle z_0 zur Stelle z, entspricht also der Übertragungsmatrix $\mathbf{W}$. Die numerische Ermittlung einer Übertragungsmatrix kann demzufolge durch Reihenentwicklung der Exponentialfunktion

$$\mathbf{W}_j = e^{\mathcal{B}(z_{j+1}-z_j)} = e^{\mathcal{B}\Delta_j} = \mathbf{I} + \Delta_j \mathcal{B} + \frac{\Delta_j^2}{2!}\mathcal{B}^2 + \frac{\Delta_j^3}{3!}\mathcal{B}^3 + \ldots \tag{3.25}$$

erfolgen. Auch die Anwendung eines *Runge-Kutta*-Verfahrens kann sehr zweckmäßig sein.

$$
\begin{aligned}
\mathbf{W}_j &= \mathbf{I} + \frac{\Delta_j}{6}(\mathbf{M}_{1j} + 2\mathbf{M}_{2j} + 2\mathbf{M}_{3j} + \mathbf{M}_{4j}) \\
\mathbf{M}_{1j} &= \mathcal{B}(z_j) \\
\mathbf{M}_{2j} &= \mathcal{B}(z_j + \frac{1}{2}\Delta_j)(\mathbf{I} + \frac{1}{2}\Delta_j\mathbf{M}_{1j}) \\
\mathbf{M}_{3j} &= \mathcal{B}(z_j + \frac{1}{2}\Delta_j)(\mathbf{I} + \frac{1}{2}\Delta_j\mathbf{M}_{2j}) \\
\mathbf{M}_{4j} &= \mathcal{B}(z_j + \Delta_j)(\mathbf{I} + \Delta_j\mathbf{M}_{3j})
\end{aligned}
\tag{3.26}
$$

In den Gln. (3.25) und (3.26) sind $\mathbf{I}$ Einheitsmatrizen vom Format der Systemmatrix. Die Randbedingungen für $z = z_0$ werden durch die Beziehung

$$\mathbf{y}_0 = \mathcal{A}\mathbf{x} \tag{3.27}$$

beschrieben, wobei $\mathcal{A}$ die den jeweils vorliegenden Randbedingungen entsprechende Startmatrix und $\mathbf{x}$ ein Unbekanntenvektor für die an diesem Ende zunächst unbekannten Anfangswerte ist. Mit der Gleichung

$$\mathcal{S}\mathbf{y}_N = \mathbf{0} \tag{3.28}$$

werden die Randbedingungen des rechten Endes angeschrieben. $\mathcal{S}$ ist hier die diesen Randbedingungen entsprechende Schlußmatrix. Hieraus entsteht ein Gleichungssystem für die fehlenden Anfangswerte, den Unbekanntenvektor $\mathbf{x}$.

Bedingt durch die positiven Realteile in den Eigenwerten der Systemmatrix $\mathcal{B}$ führt dieses Vorgehen insbesondere bei langen Konstruktionen auf numerisch instabile Lösungen. Mechanisch bedeutet diese Instabilität, daß der Einfluß der beiden Strukturenden mit ihren Randbedingungen aufeinander wegen abklingender Effekte sehr gering wird und das Gleichungssystem zur Bestimmung der fehlenden Anfangswerte nahezu singulär ist. Zur Beseitigung dieser numerischen Instabilität wird ein Vorgehen mit Zwischenablösung realisiert. An geeigneten Zwischenpunkten wird eine neue Startmatrix $\mathcal{A}$ formuliert. Als neue Unbekannte werden üblicherweise alle Verschiebungen verwendet.

Es ergibt sich das folgende Vorgehensschema:

$$\mathbf{y}_0 = \mathcal{A}_0 \mathbf{x}_0$$
$$\mathbf{y}_1 = \mathbf{W}_0 \mathbf{y}_0 = \mathbf{W}_0 \mathcal{A}_0 \mathbf{x}_0$$
$$\ldots$$
$$\mathbf{y}_i = \mathbf{W}_{i-1} \mathbf{W}_{i-2} \ldots \mathbf{W}_0 \mathcal{A}_0 \mathbf{x}_0 = \mathbf{F}_i \mathbf{x}_0$$

$$\boxed{\mathbf{y}_i = \mathcal{A}_1 \mathbf{x}_1} \quad \text{1. Ablösevorgang}$$

$$\mathbf{y}_{i+1} = \mathbf{W}_i \mathbf{y}_i = \mathbf{W}_i \mathcal{A}_1 \mathbf{x}_1$$
$$\ldots$$
$$\mathbf{y}_j = \mathbf{F}_j \mathbf{x}_{l-1}$$

$$\boxed{\mathbf{y}_j = \mathcal{A}_l \mathbf{x}_l} \quad l. \text{ Ablösevorgang}$$

$$\mathbf{y}_{j+1} = \mathbf{W}_j \mathcal{A}_l \mathbf{x}_l$$
$$\ldots$$
$$\mathbf{y}_k = \mathbf{F}_k \mathbf{x}_{n-1}$$

$$\boxed{\mathbf{y}_k = \mathcal{A}_n \mathbf{x}_n} \quad n\text{-ter Ablösevorgang}$$

$$\mathbf{y}_{k+1} = \mathbf{W}_k \mathcal{A}_n \mathbf{x}_n$$
$$\ldots \tag{3.29}$$
$$\mathbf{y}_N = \mathbf{F}_N \mathbf{x}_n$$

$$\boxed{\mathcal{S}\mathbf{y}_N = \mathbf{0}} \quad \text{Gleichungssystem zur Ermittlung der Unbekannten } \mathbf{x_n}$$

Man beginnt am Strukturende $z = z_0$ mit dem Aufstellen der Startmatrix $\mathcal{A}_0$ so, wie dies auch beim Vorgehen ohne Zwischenablösung zu erfolgen hat. Die Startmatrix hat allgemein das Format $[2(m + n) + 1, (m + n) + 1]$. Ihre letzte Spalte enthält die vorgegebenen Werte der bekannten Komponenten des Zustandsvektors $\mathbf{y}_0$. Ist die betrachtete Komponente jedoch eine unbekannte Randgröße, so ist in der letzten Spalte der entsprechenden Zeile der Startmatrix eine Null und in einer anderen Spalte dieser Zeile eine 1 einzusetzen, so daß diese Komponente einer Komponente des Unbekanntenvektors $\mathbf{x}_0$ zugeordnet wird. Alle übrigen Elemente von $\mathcal{A}_0$ sind Null. Das folgende Matrizenschema zeigt als Beispiel den Aufbau der Startmatrix $\mathcal{A}_0$ für ein freies Ende (alle Verschiebungen unbekannt, alle Kräfte bekannt)

$$
\begin{bmatrix} U_1 \\ \cdots \\ U_m \\ V_1 \\ \cdots \\ V_n \\ P_1 \\ \cdots \\ P_m \\ Q_1 \\ \cdots \\ Q_n \\ 1 \end{bmatrix}_0
=
\begin{bmatrix}
1 & & & & & 0 \\
 & \cdots & & & & 0 \\
 & & 1 & & & 0 \\
 & & & 1 & & 0 \\
 & & & & \cdots & 0 \\
 & & & & 1 & 0 \\
 & & & & & P_{10} \\
 & & & & & \cdots \\
 & & & & & P_{m0} \\
 & & & & & Q_{10} \\
 & & & & & \cdots \\
 & & & & & Q_{n0} \\
 & & & & & 1
\end{bmatrix}
\begin{bmatrix} x_1 \\ \cdots \\ \cdots \\ \cdots \\ \cdots \\ x_{m+n} \\ 1 \end{bmatrix}_0
$$

$$\mathbf{y}_0 = \mathcal{A}_0 \mathbf{x}_0$$

Anschließend erfolgen die Multiplikationen mit den Übertragungsmatrizen bis zur ersten Ablösestelle i. Das Produkt der Übertragungsmatrizen und der Startmatrix wird zur Matrix $\mathbf{F}_i$ zusammengefaßt. Es wird nun ein neuer Unbekanntenvektor $\mathbf{x}_i$ definiert. Üblicherweise legt man fest, daß alle $m + n$ Verschiebungen als neue Unbekannte gelten. Dem entspricht dann eine neue Startmatrix $\mathcal{A}_1$.

Allgemein gilt beim l. Ablösevorgang an der Stützstelle j aufgrund der Gleichsetzung des Zustandsvektors $\mathbf{y}_j$ vor und nach dem Ablösevorgang:

$$\mathbf{F}_j \mathbf{x}_{l-1} = \mathcal{A}_l \mathbf{x}_l \tag{3.30}$$

Zerlegt man den Zustandsvektor $\mathbf{y}_j$ in die Untervektoren $\mathbf{y}_v$ und $\mathbf{y}_k$, die den Verschiebungen und den Kräften entsprechen

$$
\mathbf{y}_j = \begin{bmatrix} \mathbf{U} \\ \mathbf{V} \\ \mathbf{P} \\ \mathbf{V} \\ 1 \end{bmatrix}_j
= \begin{bmatrix} \mathbf{y}_v \\ \mathbf{y}_k \\ 1 \end{bmatrix}_j , \tag{3.31}
$$

so läßt sich auch (3.30) in segmentierter Form schreiben

$$\begin{bmatrix} \mathbf{F}_{1j} & \mathbf{f}_{1j} \\ \mathbf{F}_{2j} & \mathbf{f}_{2j} \\ \mathbf{o}^T & 1 \end{bmatrix} \begin{bmatrix} \tilde{\mathbf{x}}_{l-1} \\ 1 \end{bmatrix} = \begin{bmatrix} \mathbf{A}_{1l} & \mathbf{a}_{1l} \\ \mathbf{A}_{2l} & \mathbf{a}_{2l} \\ \mathbf{o}^T & 1 \end{bmatrix} \begin{bmatrix} \tilde{\mathbf{x}}_l \\ 1 \end{bmatrix} \tag{3.32}$$

$\mathbf{F}_{1j}$, $\mathbf{F}_{2j}$, $\mathbf{A}_{1l}$, $\mathbf{A}_{2l}$ sind quadratische Untermatrizen mit $m + n$ Zeilen und Spalten, $\mathbf{f}_{1j}$, $\mathbf{f}_{2j}$, $\mathbf{a}_{1l}$ und $\mathbf{a}_{2l}$ $(m + n)$ zeilige Vektoren.

Da die neuen Unbekannten stets die $m + n$ Verschiebungen sein sollen, ist $\mathbf{A}_{1l}$ eine Einheitsmatrix, und wenn für die Verschiebungen vorausgesetzt wird, daß sie in der Ablösestelle keine Unstetigkeiten (Sprunggrößen) besitzen, ist $\mathbf{a}_{1l}$ ein Nullvektor

$$\mathbf{A}_{1l} = \mathbf{I}, \ \mathbf{a}_{1l} = \mathbf{o} \tag{3.33}$$

Hiermit kann aus (3.32) die Matrizengleichung

$$\mathbf{F}_{1j}\tilde{\mathbf{x}}_{l-1} + \mathbf{f}_{1j} = \tilde{\mathbf{x}}_l \tag{3.34}$$

bzw.

$$\tilde{\mathbf{x}}_{l-1} = \mathbf{F}_{1j}^{-1}(\tilde{\mathbf{x}}_l - \mathbf{f}_{1j}), \mathbf{x}_{l-1} = \begin{bmatrix} \mathbf{F}_{1j}^{-1}(\tilde{\mathbf{x}}_l - \mathbf{f}_{1j}) \\ 1 \end{bmatrix} \tag{3.35}$$

erhalten werden. Setzt man (3.35) in die zweite Teilgleichung von (3.32) ein, ergeben sich aus

$$\mathbf{F}_{2j}\mathbf{F}_{1j}^{-1}(\tilde{\mathbf{x}}_l - \mathbf{f}_{1j}) + \mathbf{f}_{2j} = \mathbf{A}_{2l}\tilde{\mathbf{x}}_l + \mathbf{a}_{2l}$$

Beziehungen für $\mathbf{A}_{2l}$ und $\mathbf{a}_{2l}$

$$\mathbf{A}_{2l} = \mathbf{F}_{2j}\mathbf{F}_{1j}^{-1}, \ \mathbf{a}_{2l} = \mathbf{f}_{2j} - \mathbf{F}_{2j}\mathbf{F}_{1j}^{-1}\mathbf{f}_{1j} \tag{3.36}$$

Damit liegt der Aufbau der neuen Startmatrix $\mathcal{A}_l$ in allgemeiner Form fest

$$\mathcal{A}_l = \begin{bmatrix} \mathbf{I} & \mathbf{o} \\ \mathbf{F}_{2j}\mathbf{F}_{1j}^{-1} & \mathbf{f}_{2j} - \mathbf{F}_{2j}\mathbf{F}_{1j}^{-1}\mathbf{f}_{1j} \\ \mathbf{o}^T & 1 \end{bmatrix} \tag{3.37}$$

Mechanisch gedeutet entspricht jeder Ablösevorgang einem Ersetzen des gesamten links von der Ablösestelle liegenden Strukturteils durch verallgemeinerte Federn entsprechend Bild 3.3.

Werden an der Ablösestelle z_j Einzelkräfte $P_i^{(j)}$ bzw. $Q_k^{(j)}$ eingeleitet, so ist zu beachten, daß unmittelbar nach dieser Einleitung ein neuer Zustandsvektor $\mathbf{y}_j^*$ existiert, in dem sich die entsprechenden Kraftkomponenten um diese Sprunggrößen von denen im Vektor $\mathbf{y}_j$ unterscheiden. Deshalb ist auch eine modifizierte Startmatrix $\mathcal{A}_l^*$ zu verwenden, in der sich lediglich der Untervektor $\mathbf{a}_{2l}$ gegenüber (3.36) ändert. Es ist dann

$$\mathbf{a}_{2l}^* = \mathbf{f}_{2j} - \mathbf{F}_{2j}\mathbf{F}_{1j}^{-1}\mathbf{f}_{1j} - \mathbf{y}_k^{(j)} \tag{3.38}$$

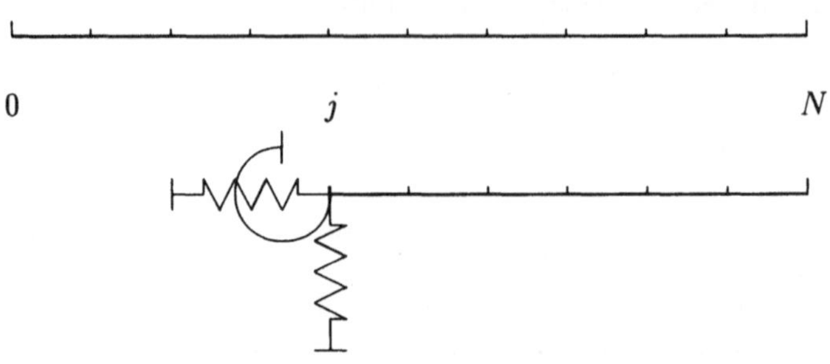

Bild 3.3   Mechanische Deutung der Ablösung

mit $\mathbf{y}_k^{(j)}$ als dem Vektor der an der Stelle z_j eingeleiteten Einzelkraftgrößen.

Wird an der Ablösestelle z_j für eine ausgewählte Komponente des Verschiebungsvektors $\mathbf{y}_v$ ein Wert ($U_i^{(j)}$ bzw. $V_k^{(j)}$) vorgegeben, was dem Einfügen eines entsprechenden verallgemeinerten Auflagers mit vorgegebener Auflagerverschiebung entspricht, dann bedeutet dies, daß in der zugeordneten Kraftgröße (P_i bzw. Q_k) eine sprunghafte Veränderung auftritt. Es existiert unmittelbar nach diesem Auflager wieder ein neuer Zustandsvektor $\mathbf{y}_j^*$, in welchem sich diese Kraftkomponente von der in $\mathbf{y}_j$ unterscheidet. Diese neue Kraftkomponente in $\mathbf{y}_j^*$ wird als neue Unbekannte festgelegt und tritt in dem Unbekanntenvektor $\mathbf{x}_l$ an die Stelle der bekannten vorgegebenen Verschiebung. Damit ist auch hier eine modifizierte Startmatrix $\mathcal{A}_l^*$ zu bilden. Dies geschieht, indem zunächst in der Einheitsmatrix $\mathbf{A}_{1l}$ die entsprechende 1 durch eine Null ersetzt wird und in dem Untervektor $\mathbf{a}_{1l}$ die vorgegebene Verschiebungsgröße eingetragen wird. In der Untermatrix $\mathbf{A}_{2l}$ sind alle Elemente in der Zeile, die der zugeordneten Kraftgröße entspricht, gleich Null zu setzen, außer dem Hauptdiagonalenelement, dem der Wert 1 zugewiesen wird. Ebenfalls sind alle Elemente der Spalte, die diesem Hauptdiagonalenelement entspricht, gleich Null zu setzen. Vorher jedoch sind die Produkte dieser Elemente mit der vorgegebenen Verschiebungsgröße zu den Elementen des Untervektors $\mathbf{a}_{2l}$ zu addieren. Das folgende Matrizenschema zeigt als Beispiel die Modifikation der Startmatrix $\mathcal{A}_l$ für eine an der Stelle z_j vorgegebene Verschiebung $V_k = V_k^{(j)}$

$$
\begin{bmatrix} U_1 \\ \cdots \\ U_m \\ V_1 \\ \cdots \\ V_k^{(j)} \\ \cdots \\ V_n \\ P_1 \\ \cdots \\ P_m \\ Q_1 \\ \cdots \\ Q_k^* \\ \cdots \\ Q_n \\ 1 \end{bmatrix}
=
\begin{bmatrix}
1 & & & & & & & & V_k^{(j)} \\
& \cdots & & & & & & & \\
& & 1 & & & & & & \\
& & & 1 & & & & & \\
& & & & \cdots & & & & \\
& & & & & 0 & & & V_k^{(j)} \\
& & & & & & \cdots & & \\
& & & & & & & 1 & \\
& & & & & & \times & & \begin{bmatrix} \times \\ \cdots \\ \times \end{bmatrix} \\
& & & & & & \times & & \\
& & & & & & \times & & V_k^{(j)} \cdot \begin{bmatrix} \times \\ \times \\ \cdots \\ \times \end{bmatrix} \\
& & & & & & \cdots & & \\
& & & & & & 1 & & \\
& & & & & & \cdots & & \\
& & & & & & \times & & \\
0 & \cdots & 0 & 0 & \cdots & 0 & \cdots & 0 & 1
\end{bmatrix}
\begin{bmatrix} x_1 \\ \cdots \\ x_m \\ x_{m+1} \\ \cdots \\ x_{m+k} \\ \cdots \\ x_{m+n} \\ 1 \end{bmatrix}
$$

$$\mathbf{y}_j^* = \mathcal{A}_l^* \mathbf{x}_l$$

Nach dem letzten Ablösevorgang an der Stützstelle z_k und dem Einführen des letzten Unbekanntenvektors $\mathbf{x}_n$ gelangt man schließlich mit $\mathbf{F}_N$ zum Endzustandsvektor $\mathbf{y}_N$. Aus den Randbedingungen bei $z = z_N$ läßt sich die Schlußmatrix $\mathcal{S}$ aufstellen. Sie hat allgemein das Format $[m + n, 2(m + n) + 1]$. Ihre letzte Spalte enthält die negativen Werte der vorgegebenen Randgrößen. Durch eine 1 in einer der $2(m + n)$ Spalten von $\mathcal{S}$ wird jeder vorgegebene Wert jeweils der entsprechenden Komponente des Zustandsvektors zugeordnet. Alle übrigen Elemente von $\mathcal{S}$ sind Null. Das folgende Matrizenschema zeigt als Beispiel den Aufbau der Schlußmatrix für ein eingespanntes Ende, an dem alle Verschiebungen vorgegeben sind

$$
\begin{bmatrix}
1 & & & & & \cdots & -U_{1N} \\
& \cdots & & & & \cdots & \cdots \\
& & 1 & & & \cdots & -U_{mN} \\
& & & 1 & & \cdots & -V_{1N} \\
& & & & \cdots & \cdots & \cdots \\
& & & & 1 & \cdots & -V_{nN}
\end{bmatrix}
\begin{bmatrix} U_1 \\ \cdots \\ U_m \\ V_1 \\ \cdots \\ V_n \\ P_1 \\ \cdots \\ P_m \\ Q_1 \\ \cdots \\ Q_n \\ 1 \end{bmatrix}_N
=
\begin{bmatrix} 0 \\ \cdots \\ 0 \\ 0 \\ \cdots \\ 0 \end{bmatrix}
$$

$$\mathcal{S}\mathbf{y}_N = \mathbf{0}$$

Durch Einsetzen des Endzustandsvektors $\mathbf{y}_N = \mathbf{F}_N\mathbf{x}_n$ erhält man ein lineares Gleichungssystem für den Unbekanntenvektor $\mathbf{x}_n$ und danach durch wiederholtes Anwenden der Gl.(3.35) alle Unbekanntenvektoren bis $\mathbf{x}_0$. War an der Ablösestelle z_j eine Verschiebungskomponente vorgegeben, ist vor der Anwendung von (3.35) zunächst im Unbekanntenvektor $\tilde{\mathbf{x}}_l$ an der entsprechenden Position die vorgegebene Verschiebungsgröße anstelle der dort vorhandenen Komponente einzutragen. Dieser Komponente war durch die notwendige Modifikation von $\mathcal{A}_l$ die entsprechende Kraftgröße zugeordnet worden. Im Anschluß können dann durch Multiplikation mit den Übertragungsmatrizen die Zustandsvektoren an allen Stützstellen und mit diesen bzw. deren Teilkomponenten die Verformungen und Spannungen berechnet werden. Beispiele zur praktischen Durchführung sind im Kapitel 4 enthalten.

Der dargestellte Übertragungsmatrizenalgorithmus ist gleichermaßen auch zur Eigenschwingungsanalyse geeignet. Das Dgl.–System entspricht auch dann der Form der Gl. (3.33) nur, daß hier eine andere Systemmatrix $\mathcal{B}(\omega_0)$ gilt

$$\mathbf{y}' = \mathcal{B}(\omega_0)\mathbf{y}$$

In der Systemmatrix $\mathcal{B}(\omega_0)$ sind an verallgemeinerte Massenträgheiten gekoppelte frequenzabhängige Anteile enthalten (vergl. (2.62)). Die Ermittlung der Übertragungsmatrizen kann demzufolge numerisch nur mit jeweils angenommenen Werten für die Eigenfrequenzen erfolgen.

In gleicher Weise wie bei der statischen Analyse wird entsprechend den Randbedingungen des linken Strukturendes eine Startmatrix $\mathcal{A}_0$ aufgestellt, und auch die Zwischenablösungen sind gleichermaßen vorzunehmen (eine Modifikation der Startmatrix $\mathcal{A}_l$ wegen eingeleiteter Einzelkraftgrößen entfällt hier allerdings).

Mit der den Randbedingungen des rechten Strukturendes entsprechenden Schlußmatrix $\mathcal{S}$ wird hier ein homogenes lineares Gleichungssystem für den letzten Unbekanntenvektor erhalten. Notwendige Bedingung für nichttriviale Lösungen ist das Verschwinden der Koeffizientendeterminante dieses Gleichungssystems. Der zur numerischen Ermittlung der Übertragungsmatrizen angenommene Wert für die Eigenfrequenz ist so lange zu variieren, bis die genannte Bedingung hinreichend genau erfüllt ist. Nachdem auf diese Weise alle Eigenfrequenzen bekannt sind, kann man die zugehörigen Eigenformen ermitteln, indem man durch Festsetzen eines unbekannten Anfangswertes die übrigen aus dem genannten homogenen Gleichungssystem bestimmt. Der damit vollständig festgelegte Zustandsvektor $\mathbf{y}_0$ kann mit den entsprechenden Übertragungsmatrizen an die inneren Intervallpunkte übertragen werden.

3.3   Finite-Elemente-Methode

Eine sehr universelle Möglichkeit, numerische Berechnungen zu realisieren, besteht in der Anwendung der Finite–Elemente–Methode. Es liegt bei der vorliegenden Problemklasse nahe, eindimensionale Verschiebungselemente einzuführen, deren Knotenverschiebungsfreiheitsgrad dem Freiheitsgrad der gewählten Verformungskinematik, also der Anzahl der gewählten Koordinatenfunktionen $\varphi_i(s)$ und $\psi_k(s)$ entspricht. Dies bedeutet, daß eindimensionale Elemente mit z.T. sehr komplexen Knotenverschiebungsvektoren vorliegen.

Für Konstruktionen mit sehr einfachen geschlossenen Querschnittsformen, z.B. einzellige Rechteck- oder Trapezquerschnitte, die mit dem halbmomentenfreien *Vlasov*-Modell berechnet werden können, bereitet die Konstruktion der verallgemeinerten Koordinaten $\varphi_i(s)$ und $\psi_k(s)$ für den Gesamtquerschnitt keine Schwierigkeiten. Es werden dann nur Koordinatenfunktionen eingesetzt, die mechanisch deutbar sind. Der Knotenfreiheitsgrad kann dadurch vergleichsweise klein gehalten werden.

Im allgemeinen Fall komplexer Konstruktionen ist die Angabe der verallgemeinerten Koordinatenfunktion sehr aufwendig. Sie sollte daher rechnergestützt erfolgen. Dies ist auf einfache Weise aber nur möglich, wenn in dem der FEM zugrunde gelegten Stabmodell die Querdehnungen ε_s berücksichtigt werden. Obwohl der Einfluß von ε_s auf das mechanische Strukturverhalten im allgemeinen vernachlässigbar ist und die Berücksichtigung der Querdehnung den Knotenfreiheitsgrad zum Teil erheblich erhöht, wird dies im Interesse einer automatisierten, rechnergestüzten Strukturanalyse in Kauf genommen.

Entsprechend Bild 3.4 wird ein Schalenabschnitt mit der Länge l als ein eindimensionales finites Verschiebungselement definiert.

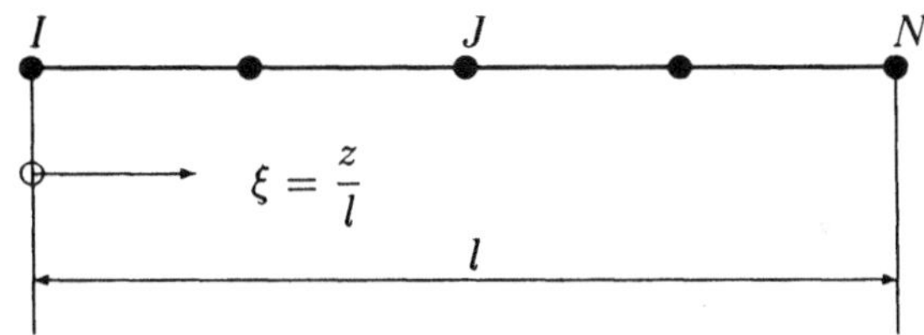

Bild 3.4   Eindimensionales N-Knotenelement

Es soll N Knoten besitzen. ξ ist eine dimensionslose lokale Koordinate. Zur Beschreibung des Verschiebungsfeldes, welches hier die Verschiebungen $\mathbf{U}$ und $\mathbf{V}$ enthält, wird im Element der Interpolationsansatz

$$\mathbf{u}(\xi) = \begin{bmatrix} \mathbf{U}(\xi) \\ \mathbf{V}(\xi) \end{bmatrix} = \mathbf{G}(\xi)\mathbf{v} \tag{3.39}$$

verwendet. Darin sind $\mathbf{v}$ der Vektor der verallgemeinerten Knotenverschiebungen und $\mathbf{G}$ die Matrix der Ansatzfunktionen. Da das vorliegende Variationsproblem für die hier vorrangig betrachteten Modellvarianten nur erste Ableitungen der Verschiebungsfunktionen enthält, ist an den Elementgrenzen nur ein stetiger Übergang für die Verschiebungen selbst erforderlich (C^0-Stetigkeit). Es werden deshalb als Ansatzfunktionen Lagrangesche Interpolationspolynome verwendet

$$\begin{aligned}
\mathbf{G}(\xi) &= [G_I(\xi)\mathbf{I} \ldots G_J(\xi)\mathbf{I} \ldots G_N(\xi)\mathbf{I}] \\
\mathbf{v}^T &= [\mathbf{v}_I^T \ldots \mathbf{v}_J^T \ldots \mathbf{v}_N^T] \\
\mathbf{v}_J^T &= [U_{1J} \ldots U_{mJ}\; V_{1J} \ldots V_{nJ}]
\end{aligned} \tag{3.40}$$

$\mathbf{G}_J(\xi)$ ist ein Lagrangesches Interpolationspolynom $(N-1)$. Grades $(N \geq 2)$. Das Format der Einheitsmatrizen in (3.40) ist $[(m+n)\,,\,(m+n)]$. Im Falle der statischen Analyse läßt sich damit das der Modellgleichung entsprechende elastische Potential anschreiben, und aus der Minimalbedingung für das Potential im Element erhält man die Beziehung

$$\frac{\partial \Pi}{\partial \mathbf{v}} = \mathbf{K}\mathbf{v} - \mathbf{f} = \mathbf{0} \tag{3.41}$$

mit der Elementsteifigkeitsmatrix $\mathbf{K}$ und dem Elementlastvektor $\mathbf{f}$. Das Format der Elementsteifigkeitsmatrix ist allgemein $[N\,(m+n)\,,\,N\,(m+n)]$.

Für ein Dreiknotenelement $(N = 3)$ nach Bild 3.5 wird die Matrix der Ansatzfunktionen

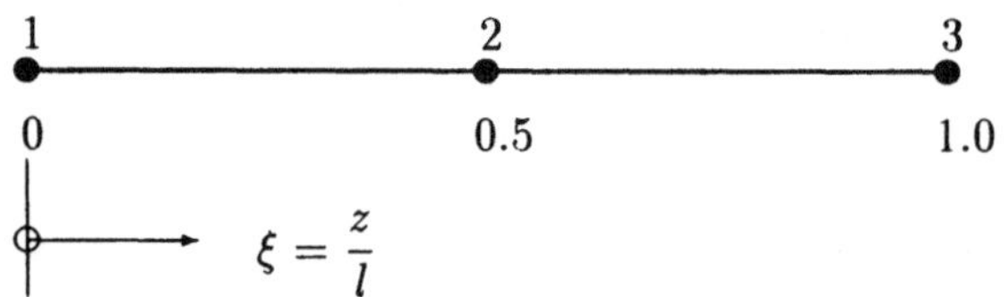

Bild 3.5   Eindimensionales 3–Knotenelement

$$\mathbf{G}(\xi) = [G_1(\xi)\mathbf{I}\; G_2(\xi)\mathbf{I}\; G_3(\xi)\mathbf{I}]$$

mit

$$\begin{aligned}
G_1(\xi) &= 1 - 3\xi + 2\xi^2 \\
G_2(\xi) &= 4\xi - 4\xi^2 \\
G_3(\xi) &= -\xi + 2\xi^2
\end{aligned} \tag{3.42}$$

Damit erhalten die Steifigkeitsmatrix und der Belastungsvektor den Aufbau

$$\mathbf{K} = \begin{bmatrix} \mathbf{K}_{11} & \mathbf{K}_{12} & \mathbf{K}_{13} \\ \mathbf{K}_{12}^T & \mathbf{K}_{22} & \mathbf{K}_{23} \\ \mathbf{K}_{13}^T & \mathbf{K}_{23}^T & \mathbf{K}_{33} \end{bmatrix} ; \quad \mathbf{f} = \begin{bmatrix} \mathbf{f}_1 \\ \mathbf{f}_2 \\ \mathbf{f}_3 \end{bmatrix} \tag{3.43}$$

mit den Untermatrizen und Untervektoren

$$\mathbf{K}_{ik} = \left[\begin{array}{c|c} \dfrac{E}{l(1-\nu^2)}\mathbf{A}\displaystyle\int_0^1 G_i' G_k'\, d\xi & \dfrac{\nu E}{1-\nu^2}\mathbf{D}\displaystyle\int_0^1 G_i' G_k\, d\xi \\[4mm] +Gl\mathbf{B}\displaystyle\int_0^1 G_i G_k\, d\xi & +G\mathbf{C}\displaystyle\int_0^1 G_i G_k'\, d\xi \\[4mm] \hline \dfrac{\nu E}{1-\nu^2}\mathbf{D}^T\displaystyle\int_0^1 G_i G_k'\, d\xi & \dfrac{El}{1-\nu^2}\mathbf{H}\displaystyle\int_0^1 G_i G_k\, d\xi \\[4mm] +G\mathbf{C}^T\displaystyle\int_0^1 G_i' G_k\, d\xi & +El\mathbf{S}\displaystyle\int_0^1 G_i G_k\, d\xi \\[4mm] & +\dfrac{G}{l}\mathbf{R}\displaystyle\int_0^1 G_i' G_k'\, d\xi \end{array} \right] \;;\; i,k = 1,2,3$$

$$\mathbf{f}_i = \left[\begin{array}{c} l\mathbf{f}_z\displaystyle\int_0^1 G_i\, d\xi \\[4mm] l\mathbf{f}_s\displaystyle\int_0^1 G_i\, d\xi \end{array} \right] \;;\; i = 1,2,3 \tag{3.44}$$

Die Gln. (3.44) entsprechen dem verallgemeinerten *Vlasov* –Modell.

Für ein Zweiknotenelement bzw. für Elemente mit anderen Knotenzahlen gilt der allgemeine Aufbau nach Gl.(3.43) in verkürzter oder erweiterter Form ganz entsprechend. Die Untermatrizen und die Untervektoren nach (3.44) gelten unverändert. In [21] bis [25] ist die Entwicklung derartiger Zweiknotenelemente beschrieben und ihre Anwendung auf verschiedene Schalenquerschnitte dargestellt.

Der Aufbau der Gesamtsteifigkeitsmatrix und des Gesamtbelastungsvektors aus den Elementsteifigkeitsmatrizen und –belastungsvektoren ist bei den hier vorliegenden eindimensionalen Elementen und einer Beschränkung auf unverzweigte Strukturen relativ einfach.

Nach dem Vorliegen aller verallgemeinerten Knotenverschiebungen kann die Spannungsberechnung im Einzelelement vorgenommen werden. Man erhält nach dem Ausdrücken der Verschiebungen durch die Knotenverschiebungen die Beziehungen

$$\sigma_z(\xi,s) = \frac{E}{l(1-\nu^2)}\mathbf{v}^T \begin{bmatrix} \mathbf{k}_{z1} \\ \mathbf{k}_{z2} \\ \mathbf{k}_{z3} \end{bmatrix},\; \sigma_{sm}(\xi,s) = \frac{E}{l(1-\nu^2)}\mathbf{v}^T \begin{bmatrix} \mathbf{k}_{s1} \\ \mathbf{k}_{s2} \\ \mathbf{k}_{s3} \end{bmatrix},$$

$$\tag{3.45}$$

$$\tau_{zs}(\xi,s) = G\mathbf{v}^T \begin{bmatrix} \mathbf{k}_{t1} \\ \mathbf{k}_{t2} \\ \mathbf{k}_{t3} \end{bmatrix},\; \sigma_{s\,b\,max} = \pm\frac{6}{t^2}\mathbf{v}^T \begin{bmatrix} \mathbf{k}_{b1} \\ \mathbf{k}_{b2} \\ \mathbf{k}_{b3} \end{bmatrix}$$

$$\mathbf{k}_{zi} = \begin{bmatrix} G'_i\varphi \\ \nu l G_i\psi' \end{bmatrix}, \mathbf{k}_{si} = \begin{bmatrix} \nu G'_i\varphi \\ l G_i\psi' \end{bmatrix}, \mathbf{k}_{ti} = \begin{bmatrix} G_i\varphi' \\ G'_i\psi \end{bmatrix},$$

$$\mathbf{k}_{bi} = \begin{bmatrix} 0 \\ G_i\mathbf{m} \end{bmatrix}, i = 1, 2, 3 \tag{3.46}$$

Die Beziehung für die Querbiegespannungen gilt nur für die Konstruktion ohne Querversteifungen.

Bei anderen Elementknotenzahlen würden sich die Gln. (3.45) sinngemäß verändern, während (3.46) bis auf den Indexbereich unverändert gilt.

Bei der Eigenschwingungsanalyse führt das *Hamilton*prinzip auf die Elementgleichung

$$(\mathbf{K} - \omega_0^2\mathbf{M})\mathbf{v} = \mathbf{o} \tag{3.47}$$

Darin gilt für die Steifigkeitsmatrix $\mathbf{K}$ beim Dreiknotenelement unverändert (3.43) und (3.44), während die Elementmassenmatrix $\mathbf{M}$ den allgemeinen Aufbau

$$\mathbf{M} = \begin{bmatrix} \mathbf{M}_{11} & \mathbf{M}_{12} & \mathbf{M}_{13} \\ \mathbf{M}_{21} & \mathbf{M}_{22} & \mathbf{M}_{23} \\ \mathbf{M}_{31} & \mathbf{M}_{32} & \mathbf{M}_{33} \end{bmatrix} \tag{3.48}$$

hat. Für die Untermatrizen gilt dann hier

$$\mathbf{M}_{ik} = \begin{bmatrix} \rho\mathbf{A}l\int_0^1 G_i G_k \, d\xi & 0 \\ 0 & \rho(\mathbf{R} + \mathbf{N}\int_0^1 G_i G_k \, d\xi) \end{bmatrix} ; \; i, k = 1, 2, 3 \tag{3.49}$$

Sofern Konstruktionen mit offenen oder kombiniert offen–geschlossenen Querschnitten vorliegen, bei denen die Vernachläsigung der Plattentorsionsmomente nicht gerechtfertigt ist, müssen die Modellgleichungen (2.40) zu Grunde gelegt werden. Überall, wo in den bisher verwendeten Modellgleichungen die Matrix $\mathbf{R}$ erscheint, ist dann bei Berücksichtigung der Plattentorsionsmomente der Ausdruck $\mathbf{R} + 4\mathbf{T}$ zu setzen. Darin ist $\mathbf{T}$ eine Matrix entsprechender verallgemeinerter Steifigkeiten (s. Gl. (2.31)). Auf weitere Einzelheiten wird im Kapitel 6 eingegangen.

3.4 Zusammenfassung der Lösungsstrategien

Die verallgemeinerten prismatischen oder schwach nichtprismatischen Stabmodelle werden durch Systeme linearer Dgln. höherer Ordnung mit konstanten oder veränderlichen Koeffizienten beschrieben. Eine analytische Lösung gelingt auch im Falle konstanter Koeffizienten nur für sehr einfache Geometrie und Belastung einer dünnwandigen Konstruktion, z.B. für einzellige Kastenträger mit nicht zu komplexer Verformungskinematik.

Für die möglichen Fälle einer analytischen Lösung hat sich der in Abschnitt 3.1 dargestellte Weg als zweckmäßig erwiesen, d.h. die Reduktion des Dgl.-Systems auf eine äquivalente Dgl. höherer Ordnung und die Lösung der Dgl. mit der Methode der Anfangsparameter. Dieser Lösungsweg wurde insbesondere von *Vlasov* für die Lösung dünnwandiger Stäbe mit offenem Querschnitt vielfach erprobt. Er wird daher in der Spezialliteratur über dünnwandige elastische Stäbe als besonders effektives Verfahren empfohlen. Dies gilt auch für Eigenwertaufgaben, wobei die analytische Ableitung der Frequenzdeterminante nur für einfachste Fälle möglich ist. Zusammenfassend kann man zur analytischen Lösung der linearen Rand- und Eigenwertaufgaben für verallgemeinerte Stabmodelle sagen, daß es theoretisch keine Schwierigkeiten bereitet, den Lösungsweg anzugeben, die praktische Ableitung analytischer Lösungen aber sehr schnell auf Grenzen stößt.

Entscheidet man sich für eine numerische Lösung der Modelldifferentialgleichungen, empfiehlt es sich, das gegebene Differentialgleichungssystem in ein System von Dgln. erster Ordnung zu überführen, da für lineare Systeme von Dgln. erster Ordnung leistungsfähige numerische Lösungsverfahren vorhanden sind, die in mathematischen Softwarebibliotheken zur Nachnutzung angegeben werden. Auf eine allgemeine Darstellung dieser numerischen Lösungsverfahren für Dgln. erster Ordnung wurde daher hier verzichtet und es wird gegebenenfalls auf die Literatur verwiesen [157]. Genauer wurde im Abschnitt 3.2 nur ein Matrizenübertragungsverfahren mit Zwischenablösungen erläutert, da dieses Verfahren sich für die hier betrachtete Aufgabenklasse des klassischen und des erweiterten Modells der halbmomentenfreien Schale nach *Vlasov* bewährt hat. Dabei wird allerdings vorausgesetzt, daß die verallgemeinerten Koordinatenfunktionen mit vertretbarem Aufwand bestimmt werden können. Das Matrizenübertragungsverfahren ist für unverzweigte Strukturen einfach anwendbar und zeichnet sich bei Einsatz der Ablösetechnik durch eine hohe numerische Stabilität aus. Als Beispiel für ein sehr universelles numerisches Lösungsverfahren wurde in Abschnitt 3.3 die Finite-Element-Methode angegeben. Die Finite-Element-Methode wird heute für numerische Lösungen in nahezu allen Ingenieurbereichen eingesetzt, und es gibt eine umfangreiche Spezialliteratur (z.B. [14], [35], [49], [91], [177]). Auf eine allgemeine Einführung in die Finite-Elemente-Methode wurde daher verzichtet, und es wurden nur die für die verallgemeinerten Stabmodelle notwendigen Gleichungen angegeben. Sowohl zur analytischen Lösung mit der Methode der Anfangsparameter als auch zu den numerischen Lösungsverfahren des Übertragungsmatrizenalgorithmus als auch der FEM werden in den Kapiteln 4 bis 8 auch weitere Hinweise gegeben.

Natürlich stehen auch andere als die hier behandelten Lösungsverfahren zur Verfügung. Genannt sei insbesondere das Finite-Differenzen-Verfahren, das sich für die Lösung der eindimensionalen Modellgleichungen dünnwandiger Konstruktionen bewährt hat.

Sollen als Referenzlösungen die Gleichungen des zweidimensionalen biegesteifen Faltwerkes gelöst werden, bieten sich sowohl die FEM als auch die FDM als universelle Verfahren an. Für die bei der hier betrachteten Modellklasse typischen Scheiben-/Plattenstreifengeometrie sind natürlich auch die Finite-Streifen-Methode bzw. das semianalytische Differenzenverfahren effektiv einsetzbar [58], [153].

Die in den Kapiteln 4 bis 6 dargestellten Anwendungen der theoretischen Grundlagen und der Lösungsstrategien haben die Zielstellung,

- an einfachen Beispielen, wie dem einzelligen Kastenträger, den Einfluß der Modellqualität zu erläutern und den Lösungsweg möglichst nachvollziehbar darzustellen,

- durch komplexere Beispiele die Leistungsfähigkeit der Modellgleichungen und der Lösungsstrategien zu demonstrieren, ohne jedoch die Lösungsschritte detailliert zu diskutieren,

- an Hand ausgewählter Aufgaben die theoretischen Grundlagen und die Lösungsmethoden zu ergänzen.

Wie im Kapitel 2 werden zunächst die Anwendungen für das halbmomentenfreie Schalenmodell (Kapitel 4) beschrieben, dann komplexere Modelle mit kombiniert offen-geschlossenen Querschnitten (Kapitel 5) behandelt und abschließend spezielle Probleme der Strukturanalyse für Stabkonstruktionen mit dünnwandigen, offenen Profilen (Kapitel 6) dargestellt. Die Arbeiten [15], [19], [31], [33], [37], [46], [69], [122], [142] und [143] behandeln ausgewählte Grundlagen und Anwendungen der Finite-Elemente-Methode. Sie sind auch als Ergänzungen zu den Beispielen in den Kapiteln 4, 5 und 6 zu verstehen.

4 Anwendungen für verallgemeinerte Stabmodelle mit geschlossenem Querschnitt – Das halbmomentenfreie Schalenmodell

Für dünnwandige Konstruktionen mit geschlossenen, ein- oder mehrzelligen Querschnitten, deren Länge groß ist im Vergleich zu den Querschnittsabmessungen, erweisen sich das klassische und das erweiterte halbmomentenfreie *Vlasov*-Modell als geeignete Ausgangspunkte für eine globale statische Strukturanalyse und für die Berechnung der globalen Eigenschwingformen. Vor der Behandlung von Beispielen werden die wichtigsten Modellgleichungen und Lösungsmethoden noch einmal übersichtlich zusammengestellt und eine Auswahl praktisch bedeutsamer Koordinatenfunktionen angegeben.

4.1 Modellgleichungen und Lösungsmethoden

Die Wandfelder in dünnwandigen Konstruktionen werden häufig durch regelmäßig angeordnete Rippen versteift. Für die näherungsweise Erfassung der mechanischen Wirkung dieser Steifen im Rahmen der globalen Strukturanalyse können folgende Empfehlungen gegeben werden:

- Regelmäßig angeordnete Längssteifen entsprechend Bild 4.1 a) werden auf eine fiktive Blechdicke umgerechnet

$$\bar{t} = t + \left(\sum_{r=1}^{n} A_r \right) / l$$

Die Berechnung der verallgemeinerten Querschnittswerte (2.15) erfolgt dann mit dieser fiktiven Blechdicke, z.B.

$$a_{ji} = a_{ij} = \oint \varphi_j(s)\varphi_i(s)\bar{t}(s) \, ds$$

Einzelne Längssteifen entsprechend Bild 4.1 b) werden bei der Berechnung der Querschnittswerte als diskrete Anteile erfaßt

$$a_{ji} = a_{ij} = \oint \varphi_j(s)\varphi_i(s)t(s) \, ds + \varphi_j(s_r)\varphi_i(s_r)A_r$$

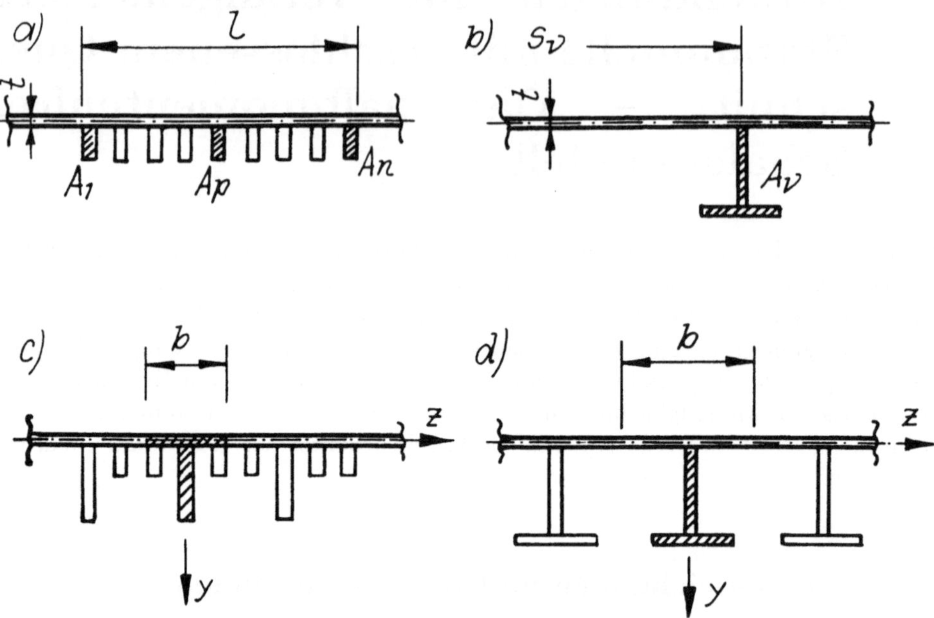

Bild 4.1   Aussteifung dünnwandiger Konstruktionen: a) regelmäßige Längssteifen, b) diskrete Längssteifen, c) regelmäßige Quersteifen ($I_y \approx 0$), d) biegesteife Quersteifen

- Regelmäßig angeordnete Quersteifen nach Bild 4.1 c) erhöhen die Querbiegesteifigkeit $EI(s)$. Das Trägheitsmoment $I = t^3/12$ ist dann durch $I = \bar{I}/b$ zu ersetzen, wenn die verallgemeinerten Querschnittswerte

$$ s_{hk} = \frac{1}{E} \oint \frac{m_h(s)\, m_k(s)}{EI}\, ds $$

berechnet werden. $\bar{I}$ ist dabei das auf die Streifenmittelfläche bezogene Trägheitsmoment des im Bild 4.1 c) schraffierten Querschnitts. Die Querversteifungen werden dadurch gleichmäßig auf die Längeneinheit verteilt. Haben die Quersteifen entsprechend Bild 4.1 d) auch eine nicht zu vernachlässigende Biegesteifigkeit und werden auch nichtlineare Verläufe für die $\varphi(s)$–Funktionen zugelassen, muß der Anteil (2.8) im elastischen Potential (2.7) durch einen weiteren Energieanteil ergänzt werden, der diesem Biegespannungszustand entspricht. Ist I_y das auf die Breite b verteilte Trägheitsmoment $\bar{I}_y$ einer Quersteife bezüglich der y–Achse, d.h. $I_y = \bar{I}_y/b$, erhält man für den zusätzlichen Energieanteil

$$ W_{b_y} = \frac{1}{2} \int\limits_0^l \oint \frac{m_y^2}{EI_y}\, ds\, dz $$

$$m_y = EI_y \frac{\partial^2 u}{\partial s^2} = EI_y \sum_{i=1}^{m} U_i(s)\varphi_i''(s)$$

Berücksichtigt man W_{b_y} in Gl. (2.7) und beachtet die Reihenansätze nach Gl. (2.5), erhält man in Gl. (2.10) das zusätzliche Glied

$$\frac{EI_y}{2} \left[\sum_{i=1}^{m} U_i(z)\varphi_i''(s) \right]^2$$

und es gibt eine weitere verallgemeinerte Querschnittsgröße

$$\bar{s}_{ij} = \oint I_y \varphi_j''(s)\varphi_i''(s) \, ds,$$

falls die Koordinatenfunktionen $\varphi_i(s)$ nichtlinear sind.

Man sollte bei der Anwendung der Empfehlungen zur Erfassung der globalen Wirkung von Versteifungen jedoch stets beachten:

Die näherungsweise Berechnung fiktiver Wanddicken t_i in $z-$ und in $s-$ Richtung und fiktiver Schub-, Biege- und Torsionssteifigkeiten hängt sehr von der konstruktiven Gestaltung der Aussteifungen ab. Es ist daher schwierig, allgemein gültige Vorschriften für die Berechnung der fiktiven Größen anzugeben. Um eine möglichst realistische Näherung für das globale Strukturverhalten zu erreichen, sind gegebenenfalls die rechnerischen Näherungen experimentell zu überprüfen.

Die Zusammenstellung der Modellgleichungen für die im Kapitel 2 behandelte Modellklasse erfolgt hier in allgemeinster Form, d.h.

- Berücksichtigung der Querdehnungen ε_s,

- Einbeziehung nichtlinearer Verwölbungen,

- Erfassung schwach nichtprismatischer Querschnittsveränderungen,

- Einbeziehung des Lastfalls stationäres Temperaturfeld

Halbmomentenfreie Schalentheorie
Modellgleichungen für die statische Strukturanalyse:
Elastisches Potential

$$\Pi = \int_0^l \oint \left(\left\{ \frac{E}{2(1-\nu^2)} \left[\left(\sum_{i=1}^{m} U_i'(z)\varphi_i(S) \right. \right. \right. \right.$$
$$\left. + \nu \sum_{k=1}^{n} V_k(z)\psi_k'(S) \right) \sum_{i=1}^{m} U_i'(z)\varphi_i(S)$$

$$+ \quad \left(\sum_{k=1}^{n} V_k(z)\psi_k'(S) + \nu \sum_{i=1}^{m} U_i'(z)\varphi_i(S)\right) \sum_{k=1}^{n} V_k(z)\psi_k'(S)\Bigg]$$

$$- \quad \frac{E}{1-\nu}\alpha_{th}\theta \left[\sum_{i=1}^{m} U_i'(z)\varphi_i(S) + \sum_{k=1}^{n} V_k'(z)\psi_k(S) - \alpha_{th}\theta\right]$$

$$+ \quad G\left(\sum_{i=1}^{m} U_i(z)\varphi_i'(S) + \sum_{k=1}^{n} V_k'(z)\psi_k(S)\right)^2 \Bigg\} t(S)$$

$$+ \quad \frac{1}{2EI}\left[\sum_{k=1}^{n} V_k(z)m_k(S)\right]^2 + \frac{EI_y}{2}\left[\sum_{i=1}^{m} U_i(z)\varphi_i''(S)\right]^2$$

$$- \quad p_z(z,\,S)\sum_{i=1}^{m} U_i(z)\varphi_i(S) + p_S(z,\,S)\sum_{k=1}^{n} V_k(z)\psi_k(S)\Bigg) \; dS \; dz$$

Differentialgleichungssystem

$$\sum_{i=1}^{m} \left[\frac{d}{dz}\left(a_{ji}(z)U_i'(z)\right) - \left(\frac{1-\nu}{2}b_{ji}(z) + (1-\nu^2)\bar{s}_{ji}(z)\right) U_i(z)\right]$$

$$- \sum_{k=1}^{n} \left[\frac{1-\nu}{2}c_{jk}(z)V_k'(z) - \nu\frac{d}{dz}\left(d_{jk}(z)V_k(z)\right)\right] + \frac{1-\nu^2}{E}p_{z_j}^*(z) = 0;$$

$$j = 1,\ldots,m$$

$$\sum_{i=1}^{m} \left[\frac{1-\nu}{2}\frac{d}{dz}\left(e_{hi}(z)U_i(z)\right) - \nu f_{hi}(z)U_i'(z)\right]$$

$$+ \sum_{k=1}^{n} \left[\frac{1-\nu}{2}\frac{d}{dz}\left(r_{hk}(z)V_k'(z)\right) - \left(h_{hk}(z) + (1-\nu^2)s_{hk}(z)\right) V_k(z)\right]$$

$$+\frac{1-\nu^2}{E}p_{s_h}^*(z) = 0;$$

$$h = 1,\ldots,n$$

Verallgemeinerte Querschnittswerte

$$a_{ji} = \oint \varphi_j(S)\varphi_i(S)t(S)dS; \quad b_{ji} = \oint \varphi_j'(S)\varphi_i'(S)t(S)dS;$$

$$c_{jk} = \oint \varphi_j'(S)\psi_k(S)t(S)dS; \quad d_{jk} = \oint \varphi_j(S)\psi_k'(S)t(S)dS;$$

$$e_{hi} = \oint \psi_h(S)\varphi_i'(S)t(S)dS; \quad f_{hi} = \oint \psi_h'(S)\varphi_i(S)t(S)dS;$$

$$r_{hk} = \oint \psi_h(S)\psi_k(S)t(S)dS; \quad h_{hk} = \oint \psi_h'(S)\psi_k'(S)t(S)dS;$$

$$s_{hk} = \frac{1}{E}\oint \frac{m_h(S)m_k(S)}{EI}dS; \quad \bar{s}_{ji}(z) = \oint I_y\varphi_j''(S)\varphi_i''(S)dS;$$

Die Berechnung der verallgemeinerten Querschnittswerte erfolgt zweckmäßig durch eine Unterteilung des Integrationsbereiches in r Teilbereiche der Länge l_r und nach Übergang auf dimensionslose Koordinaten $\bar{s}_r = s_r/l_r$. Für die Teilbereiche gilt im allgemeinen $t_r = $ konst., und es können die aus der Baustatik bekannten Integrale $\int_0^1 f_i(\xi)f_j(\xi)\,d\xi$ verwendet werden. Für $a_{ji} = a_{ij}$ gilt z.B.

$$a_{ji} = a_{ij} = \sum_{(r)} l_r t_r \int\limits_0^1 \varphi_j(\bar{s}_r)\varphi_i(\bar{s}_r)\,d\bar{s}_r$$

Tabelle 4.1 zeigt die Werte der Integrale $\int_0^1 f_1(\xi)f_2(\xi)\,d\xi$ für einfache Funktionsverläufe von $f_1(\xi)$ und $f_2(\xi)$. In allen angegebenen Gleichungen sind die Dicken t

$f_2(\xi)$ \\ $f_1(\xi)$	a (Rechteck)	a (Dreieck)	(Dreieck) b	a (Trapez) b	(Parabel) f
c (Rechteck)	ac	ac/2	bc/2	(a+b)c/2	2fc/3
c (Dreieck)	ac/2	ac/3	bc/6	(2a+b)c/6	fc/3
(Dreieck) d	ad/2	ad/6	bd/3	(a+2b)d/6	fd/3
c (Trapez) d	a(c+d)/2	a(2c+d)/6	b(c+2d)/6	[a(2c+d) + b(c+2d)]/6	f(c+d)/3
(Parabel) g	2ag/3	ag/3	bg/3	(a+b)g/3	16fg/30

Tabelle 4.1   Werte der Integrale $\int\limits_0^1 f_1(\xi)f_2(\xi)\,d\xi$

gegebenenfalls durch die fiktiven Werte $\bar{t}$ zu ersetzen.

Verallgemeinerte Schnittgrößen

$$\begin{aligned}
P_j^*(z) &= \frac{E}{1-\nu^2}\left[\sum_{i=1}^m a_{ji}(z)U_i'(z) + \nu\sum_{k=1}^n d_{jk}(z)V_k(z)\right] \\
&\quad -\frac{E\alpha_{th}}{1-\nu}\oint \theta(z,\,S)\varphi_j(S)\,t(S)\,dS \\
&= P_j(z) - P_{j\,th}(z) \\
Q_h(z) &= G\left[\sum_{i=1}^m e_{hi}(z)U_i(z) + \sum_{k=1}^n r_{hk}(z)V_k'(z)\right]
\end{aligned}$$

Spannungen

$$\begin{aligned}
\sigma_z(z,\,S) &= \frac{E}{1-\nu^2}\left[\sum_{i=1}^m U_i'(z)\varphi_i(S) + \nu\sum_{k=1}^n V_k(z)\psi_k'(S)\right] \\
&\quad -\frac{E\alpha_{th}}{1-\nu}\theta(z,\,S)
\end{aligned}$$

$$\sigma_S(z,\,S) \;=\; \frac{E}{1-\nu^2}\left[\nu\sum_{i=1}^{m}U_i'(z)\varphi_i(S)+\sum_{k=1}^{n}V_k(z)\psi_k'(S)\right]$$

$$-\frac{E\alpha_{th}}{1-\nu}\theta(z,\,S)$$

$$+\frac{\displaystyle\sum_{k=1}^{n}V_k(z)m_k(S)}{I}n(S)$$

$$\tau_{zS}(z,\,S) \;=\; G\left[\sum_{i=1}^{m}U_i(z)\varphi_i'(S)+\sum_{k=1}^{n}V_k'(z)\psi_k(S)\right]$$

Die Spannungsformeln gelten in der angegebenen Form nur für Querschnitte ohne Quersteifen. Sind Steifen vorhanden, müssen die Spannungen unter Beachtung des realen Querschnittes berechnet werden.

Verallgemeinerte Belastungen

$$p_{z_j}^*(z) \;=\; \oint p_z(z,\,S)\varphi_j(S)\,dS - \frac{E\alpha_{th}}{1-\nu}\oint \frac{\partial\theta(z,\,S)}{\partial z}\varphi_j(S)\,t(S)\,dS$$

$$p_{S_h}^*(z) \;=\; \oint p_s(z,\,S)\psi_h(S)\,dS + \frac{E\alpha_{th}}{1-\nu}\oint \theta(z,\,S)\psi_h'(S)\,t(S)\,dS$$

Modellgleichungen für die Eigenschwingungsanalyse
Lagrangesche Funktion (kinetisches Potential)

$$L \;=\; T - \Pi$$

$$=\; \int\limits_{(l)}\oint \frac{1}{2}\rho(S)\,t(S)\left[\left(\sum_{i=1}^{m}\tilde{U}_i^{\bullet}(z,t)\varphi_i(S)\right)^2 +\right.$$

$$\left.\left(\sum_{k=1}^{n}\tilde{V}_k^{\bullet}(z,t)\psi_k(S)\right)^2 + \left(\sum_{k=1}^{n}\tilde{V}_k^{\bullet}(z,t)\xi_k(S)\right)^2\right]\,dS\,dz - \Pi$$

Differentialgleichungssystem

$$\sum_{i=1}^{m}\left[\frac{d}{dz}\left(a_{ji}(z)U_i'(z)\right) - \left(\frac{1-\nu}{2}b_{ji}(z)+(1-\nu^2)\bar{s}_{ji}(z)\right)\right.$$

$$\left.+\frac{\omega_0^2}{\bar{E}}\rho(z)a_{ji}(z)U_i(z)\right]$$

$$-\sum_{k=1}^{n}\left[\frac{1-\nu}{2}c_{jk}(z)V_k'(z) - \nu\frac{d}{dz}\left(d_{jk}(z)V_k(z)\right)\right] = 0$$

$$\sum_{i=1}^{m}\left[\frac{1-\nu}{2}\frac{d}{dz}\left(e_{hi}(z)U_i(z)\right) - \nu f_{hi}(z)U_i'(z)\right]$$

$$+\sum_{k=1}^{n}\left[\frac{1-\nu}{2}\frac{d}{dz}\left(r_{hk}(z)V_k'(z)\right)\right.$$

$$-\left(h_{hk}(z) + (1 - \nu^2)s_{hk}(z) - \frac{\omega_0^2}{\bar{E}}\rho(z)\,(r_{hk}(z) + n_{hk}(z))\right)V_k(z)\Bigg]$$

Dabei gilt wieder $\tilde{U}_i(z,t) = U_i(z)\sin\omega_0 t$, $\tilde{V}_k(z,t) = U_k(z)\sin\omega_0 t$.

Die Berücksichtigung von Versteifungen erfolgt wie im statischen Fall, indem t durch $\bar{t}$ ersetzt wird. Auch die Gleichungen für die verallgemeinerten Schnittgrößen können übernommen werden.

Ferner gelten für alle Modellgleichungen folgende Aussagen:
Für prismatische Konstruktionen wird $S \equiv s$, tritt kein Temperaturlastfall auf gilt $\theta \equiv 0$, d.h. auch $P_j^*(z) \equiv P_j(z)$; $p_{z_j}^*(z) = p_{z_j}(z)$ und $p_{s_h}^*(z) = p_{s_h}$.
Die Sonderfälle der Berechnungsmodelle erhält man aus den allgemeinen Gleichungen wie im Kapitel 2, d.h. z.B.

- klassische *Vlasov* – Schale

$$\varepsilon_s \approx 0, \nu \approx 0 \Longrightarrow d_{jk} = f_{hk} = h_{hk} = 0$$

- Gelenkfaltwerk

$$\varepsilon_s \approx 0, m_s \approx 0, \nu = 0 \Longrightarrow d_{jk} = f_{hk} = h_{hk} = s_{hk} = 0$$

Alle Gleichungen können auch als Matrizengleichungen geschrieben werden (s. Kapitel 2). Besondere Bedeutung für die vorliegende Modellklasse haben die Matrizendifferentialgleichungssysteme 1. Ordnung.

Für das halbmomentenfreie Schalenmodell können alle im Kapitel 3 behandelten Lösungsstrategien eingesetzt werden. Wenn man auf eine rechnergestützte automatisierte Aufstellung der Koordinatenfunktionen φ_j und ψ_k verzichtet, können allerdings nur relativ einfache geschlossene Querschnitte bei den Beispielaufgaben behandelt werden. Im Abschnitt 4.3 wird daher zunächst der doppeltsymmetrische Kastenträger sowohl analytisch mit der Methode der Anfangsparameter, als auch numerisch mit dem Übertragungsmatrizenverfahren und der Finite–Elemente–Methode behandelt, um einen Vergleich der unterschiedlichen Lösungswege zu ermöglichen. Die weiteren Beispiele werden so ausgewählt, daß wichtige Lösungsschritte dargestellt und neue qualitative Aussagen zum Strukturverhalten gewonnen werden können.

4.2 Verallgemeinerte Koordinatenfunktionen

Die Reduktion des zweidimensionalen Modells der halbmomentenfreien Schale auf eine eindimensionale Modellgleichung gelingt nach Kapitel 2 durch Reihenentwicklung der Verschiebungsfunktionen $u(z,s)$ und $v(z,s)$ nach verallgemeinerten Koordinatenfunktionen $\varphi_i(s)$ und $\psi_k(s)$. Die Koordinatenfunktionen sind mögliche, linear unabhängige Längs– und Querverschiebungszustände des Schalenquerschnittes, d.h. sie müssen die Kontinuität des Querschnittes gewährleisten. Sie müssen ferner so gewählt werden, daß im allgemeinen Fall alle Starrkörperbewegungen des unverformten Querschnittes, d.h. die Verschiebungen in Richtung der Achsen x, y und z des globalen Koordinatensystems, und die Drehungen um diese drei Achsen durch die Reihenansätze darstellbar sind.

Für das klassische halbmomentenfreie Schalenmodell ging *Vlasov* bei der Auswahl geeigneter Koordinatenfunktionen von folgender Überlegung aus:

Betrachtet wird eine ein– oder mehrzellige prismatische Konstruktion, die aus biegesteif verbundenen schmalen Rechteckelementen besteht (Bild 4.2). Durch

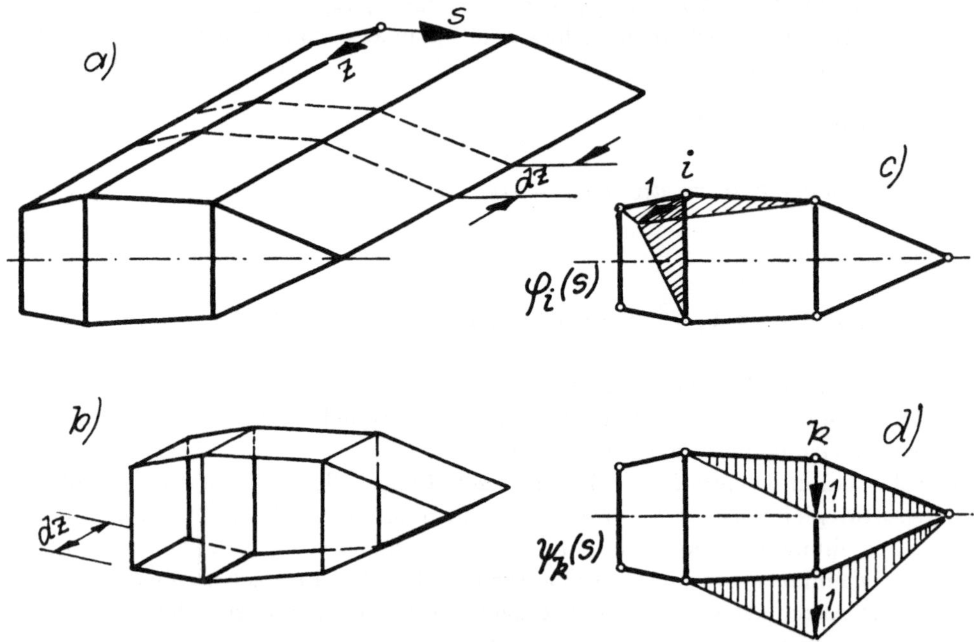

Bild 4.2 Mehrzelliges prismatisches Faltwerk: a) allgemeine Konstruktion, b) elementarer Querrahmen, c) Verlauf der verallgemeinerten Koordinatenfunktion $\varphi_i(s)$, d) Verlauf der verallgemeinerten Koordinatenfunktion $\psi_k(s)$

zwei benachbarte Schnitte bei z und $(z + dz)$ wird ein „elementarer Querrahmen"herausgeschnitten, der als ebenes Stabsystem betrachtet wird. Geht man von den Reihenansätzen Gl. (2.5) für die Verschiebungen $u(z, s)$ in z–Richtung und $v(z, s)$ in s–Richtung aus, d.h.

$$u(z, s) = \sum_{i=1}^{m} U_i(z)\varphi_i(s); \; v(z, s) = \sum_{k=1}^{n} V_k(z)\psi_k(s),$$

und setzt zunächst für die Verschiebungen $u(z, s)$ voraus, daß diese zwischen den Knoten des Querrahmens bzw. den Verbindungskanten der Stabschale einen linearen Verlauf aus der Querschnittsebene $z = $ konst heraus haben, können die Funktionen $U_i(z)$, $i = 1, \ldots, m$, als Längsverschiebungen der Knotenpunkte angesehen werden. Die zugehörigen Koordinatenfunktionen $\varphi_i(s)$ bestimmen dann die Längsverschiebungen $u(z, s)$ zwischen den Knotenpunkten. Sie haben bei der vereinbarten Definition für die verallgemeinerten Verschiebungen $U_i(z)$ einen sehr einfachen Verlauf. Jede Funktion $\varphi_i(s)$, $i = 1, 2, \ldots, m$, ist nur in den geraden Abschnitten des Querschnittes von Null verschieden, die im Knoten i zusammenfallen. Sie ändert sich linear vom Wert eins im Knoten i auf den Wert Null in allen Nachbarknoten. In den übrigen Querschnittsteilen ist $\varphi_i \equiv 0$ (Bild 4.2). Alle so konstruierten $\varphi_i(s)$ sind linear unabhängig und erfüllen die Stetigkeitsanforderung für den Gesamtquerschnitt. Die Funktionen $\psi_k(s)$ können in analoger Weise aus den Verschiebungen des Querrahmen in seiner Ebene ermittelt werden. Unter der Voraussetzung $\varepsilon_s = 0$ sind die Stäbe des Querrahmens dehnstarr, und die Verschiebungen $v(z, s)$ können durch die Verschiebungszustände $V_k(z)$, $k = 1, \ldots, n$, des ebenen kinematischen Modells in der Querschnittsebene ausgedrückt werden, d.h. die $V_k(z)$ sind linear unabhängige Verschiebungszustände, die den Verschiebungszustand des gelenkigen Stabwerkes in seiner Ebene bestimmen. Die Zahl der $V_k(z)$ ist gleich dem Freiheitsgrad des kinematischen Systems in der Querschnittsebene und es gilt nach Abschnitt 2.1.2 die Beziehung

$$n = 2m - c$$

m Anzahl der Knoten, c Anzahl der Stäbe
Die Funktionen $\psi_k(s)$ erhält man, in dem man n unabhängige Zustände $V_k(z)$ für die Verschiebungen des Stabsystems in der Ebene $z = \text{konst}$ wählt und nacheinander jede Größe $V_k(z)$ gleich eins und alle übrigen $V_h(z), h \neq k$ gleich Null setzt. Jede Funktion $\psi_k(s)$ kennzeichnet dann eine Querschnittsverschiebung der Punkte s für den Zustand $V_k = 1$, $V_h = 0, h \neq k$. Die Funktionen $\psi_k(s)$ sind für jeden geradlinigen Querschnittsabschnitt konstant, sie entsprechen den Verschiebungen des jeweiligen Gelenkpunktes.

Die gesuchten Funktionen $\varphi_i(s)$ und $\psi_k(s)$ können natürlich auch in anderer Form als der angegebenen gewählt werden, es müssen aber stets m linear unabhängige $\varphi_i(s)$ und n linear unabhängige $\psi_k(s)$ sein. Die Gesamtheit der linear unabhängigen verallgemeinerten Verschiebungen $U_i(z)$ bzw. $V_k(z)$ entspricht dann gerade der Gesamtheit von linear unabhängigen Koordinatenfunktionen $\varphi_i(s)$ bzw. $\psi_k(s)$. So empfiehlt *Vlasov* z.B., nach Möglichkeit von den Längsverschiebungen diejenigen drei Zustände gesondert zu betrachten, die ein Ebenbleiben des Querschnitts gewährleisten. Alle übrigen $(m - 3)$ Verschiebungszustände entsprechen dann im Sinne der Terminologie von *Vlasov* einer Verwölbung des Querschnittes, d.h. Verschiebungszuständen bei denen der Querschnitt nicht eben bleibt. Ebenso empfielt *Vlasov*, nach Möglichkeit die ersten drei Verschiebungszustände V_k so zu wählen, daß sie den Verschiebungen bzw. der Verdrehung des unverformten, starren Querschnittes in seiner Ebene entsprechen. Alle weiteren $(n - 3)$ Verschiebungszustände in der Querschnittsebene führen dann zu einer Querschnitts- oder Konturverformung.

In den folgenden Bildern werden beispielhaft verallgemeinerte Koordinaten für häufig vorkommende Querschnitte angegeben. Bild 4.3 zeigt einen n-zelligen Kastenträger, dessen Zellen nebeneinander angeordnet sind. Die Zellen müssen nicht

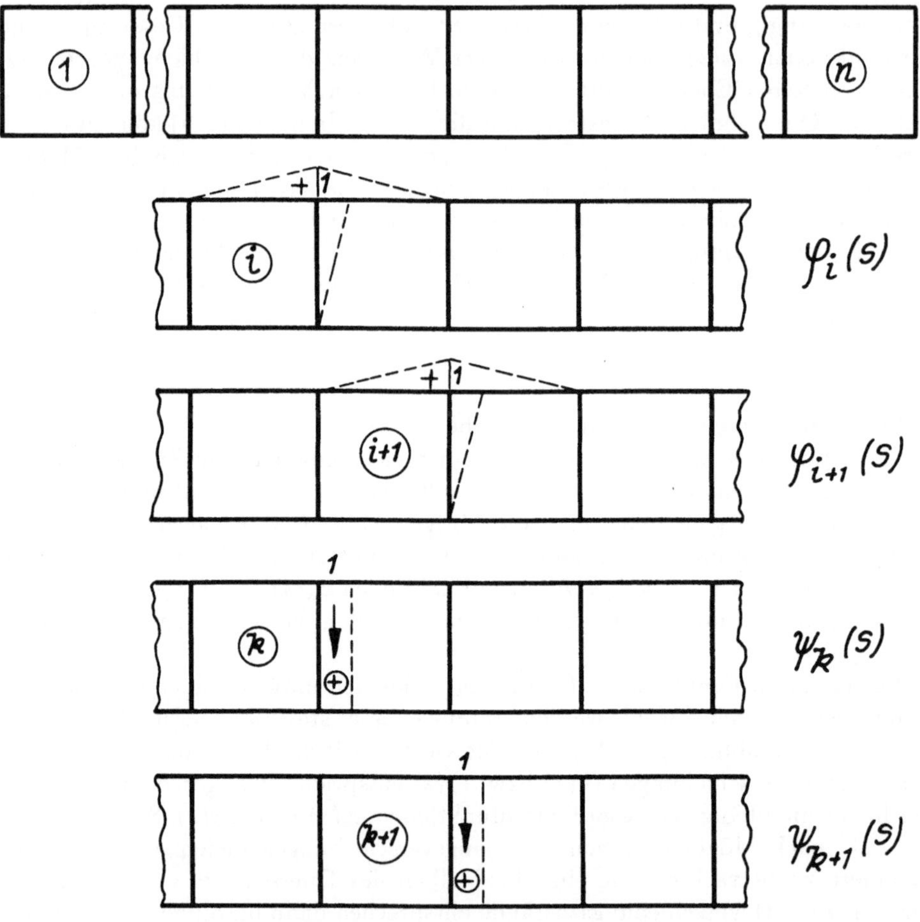

Bild 4.3 n–zelliger Kastenträger. Allgemeine Aufstellung der Verläufe von Koordinatenfunktionen $\varphi_i(s)$ und $\psi_k(s)$

alle die gleiche Breite b_i haben, und auch die Wanddicken $t(s)$ können abschnittsweise unterschiedlich sein. Dieser Kastenträger hat $(2n + 1)$ Wandstreifen und $(2n + 1)$ Verbindungskanten, d.h. der herausgeschnittene elementare Querrahmen hat $(2n + 1)$ Stäbe und $(2n+1)$ Knoten. Der Freiheitsgrad des zugeordneten kinematischen Systems ist somit auch $(2n + 1)$. Wählt man für die verallgemeinerten Verschiebungen $U_i(z)$ die jeweiligen Knotenverschiebungen in Längsrichtung und für die $V_k(z)$ die möglichen Elementarverschiebungen des Querschnittes in seiner Ebene, für die V_k gleich eins ist und alle $V_h, h \neq k$ Null gesetzt werden, erhält man die beispielhaft im Bild 4.3 dargestellten Verläufe der verallgemeinerten Koordinaten. Auf die Abspaltung von drei φ- und drei ψ-Funktionen, die der Verformungskinematik der technischen Balkentheorie entsprechen, wurde verzichtet.

Vielfach kann man bei der Entwicklung der verallgemeinerten Koordinatenfunktionen auch Symmetriebedingungen des Systems und der Belastung ausnutzen. Bild 4.4 zeigt einen doppeltsymmetrischen, vierzelligen Kastenträger. Es sei eine zur vertikalen Achse symmetrische Beanspruchung angenommen. Die verallgemeinerten Koordinaten $\varphi_i(s)$ sind dann zur vertikalen Systemachse symmetrisch, zur horizontalen Systemachse antisymmetrisch. Es reichen daher drei Koordinatenfunktionen φ_i zur Beschreibung der Längsverschiebungen des Systems aus:

$$u(z, s) = U_1(z)\varphi_1(s) + U_2(z)\varphi_2(s) + U_3(z)\varphi_3(s)$$

Der Deformationszustand in der Ebene ist im symmetrischen Fall durch die drei Querverschiebungen $V_1(z), V_2(z)$ und $V_3(z)$ bestimmt und man kann schreiben

$$v(z, s) = V_1(z)\psi_1(s) + V_2(z)\psi_2(s) + V_3(z)\psi_3(s)$$

Die den Einheitswirkungen der gesuchten Querschiebungen V_k entsprechenden ψ_k-Funktionen sind gleichfalls in Bild 4.4 angegeben. Wegen der Voraussetzung der Dehnstarrheit in Umfangsrichtung und einer symmetrischen Belastung gibt es keine horizontalen Verschiebungen in der Querschnittsebene. Mit den dargestellten verallgemeinerten Koordinatenfunktionen können alle benötigten verallgemeinerten Querschnittswerte $a_{ji}, b_{ji}, c_{jk}, e_{hi}$ und r_{hk} berechnet werden. Die Berechnung der Werte s_{hk} setzt voraus, daß die Querbiegemomentenverläufe $m_k(z)$ im elementaren Querrahmen infolge $V_k = 1, V_h = 0, k \neq h; h, k = 1, 2, 3$ bekannt sind. Sie können z.B. nach den Regeln der Baustatik für den 3-fach statisch unbestimmten Rahmen berechnet werden und es folgt dann

$$s_{hk} = \frac{1}{E} \oint \frac{m_h(s)m_k(s)}{EI} ds$$

Nach *Vlasov* [173], [174] können die s_{hk} auch als Reaktionskräfte am elementaren Querrahmen gedeutet werden. So entspricht s_{hk} im vorliegenden Fall der $1/E$-fachen Stützkraft in einem Stützenstab s_h infolge $V_k = 1$. Die Momentenverläufe $m_k(s)$ und die Stützenreaktionen infolge der vertikalen Einheitsverschiebungen sind in Bild 4.5 angegeben. Die Rahmenverformungen und die Momentenverläufe sind nur qualitativ dargestellt.

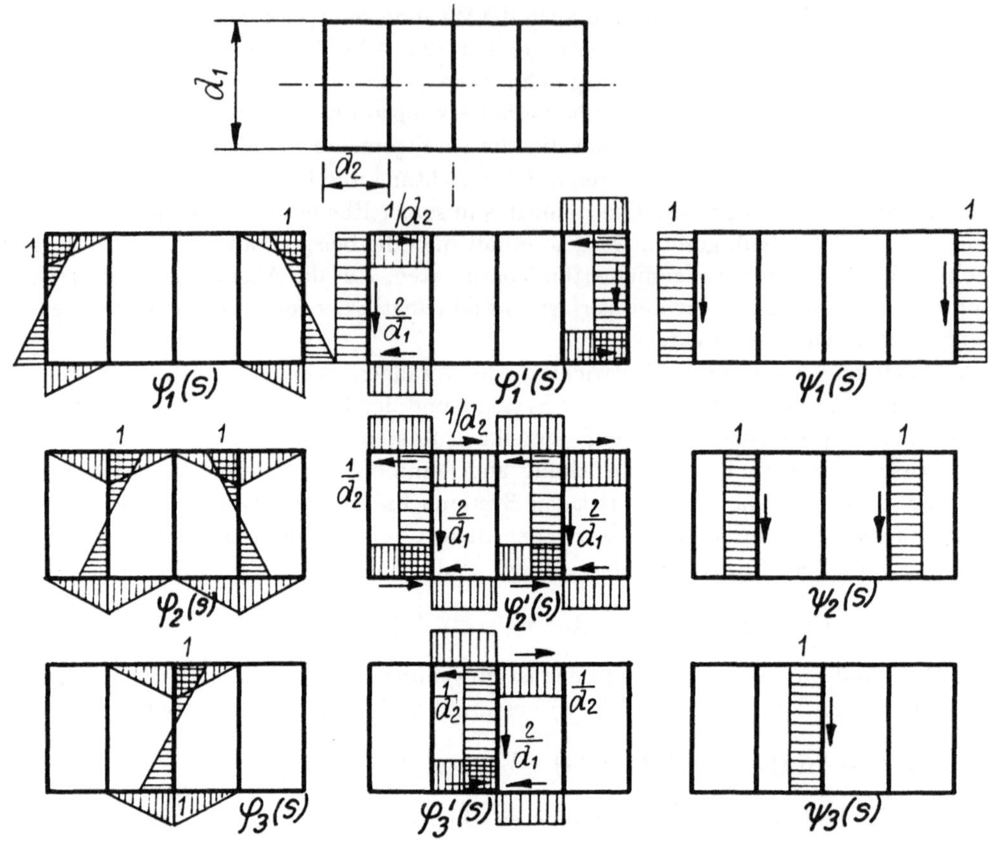

Bild 4.4 Doppeltsymmetrischer vierzelliger Kastenträger. Verläufe der verallgemeinerten Koordinatenfunktionen $\varphi_i(s), \varphi_i'(s)$ und $\psi_k(s)$, $i, k = 1, 2, 3$ für Symmetrie zur
vertikalen und Antimetrie zur horizontalen Systemachse

Bild 4.6 veranschaulicht die *Vlasov*sche Vorgehensweise noch einmal für einen polygonalen zweizelligen Querschnitt. Der elementare Querrahmen hat 8 Knoten und
9 Stäbe, d.h. der kinematische Freiheitsgrad ist bei vorausgesetzter Dehnstarrheit in
Umfangsrichtung gleich sieben. Es sind somit acht Längsverschiebungs- und sieben
Querverschiebungszustände auszuwählen. Bild 4.6 zeigt die acht verallgemeinerten
Koordinatenfunktionen $\varphi_i(s), i = 1, \ldots, 8$ und die sieben verallgemeinerten Koordinatenfunktionen $\psi_k(s), k = 1, \ldots, 7$. Auf die Festlegung von jeweils drei φ–Koordinaten
und drei ψ–Koordinaten für die Verformungskinematik des starren Querschnitts, die
den Zusammenhang mit der technischen Biegelehre verdeutlichen, wurde auch hier
verzichtet, um die besonders einfache formale Konstruktion verallgemeinerter Koordinaten zu demonstrieren. Zur Berechnung aller verallgemeinerter Querschnittswerte
sind noch für den 6–fach statisch unbestimmten Querrahmen die Biegemomente für die
Einheitsverrückungszustände $V_k = 1, V_h = 0, h \neq k; h, k = 1, \ldots, 7$ zu berechnen. Der

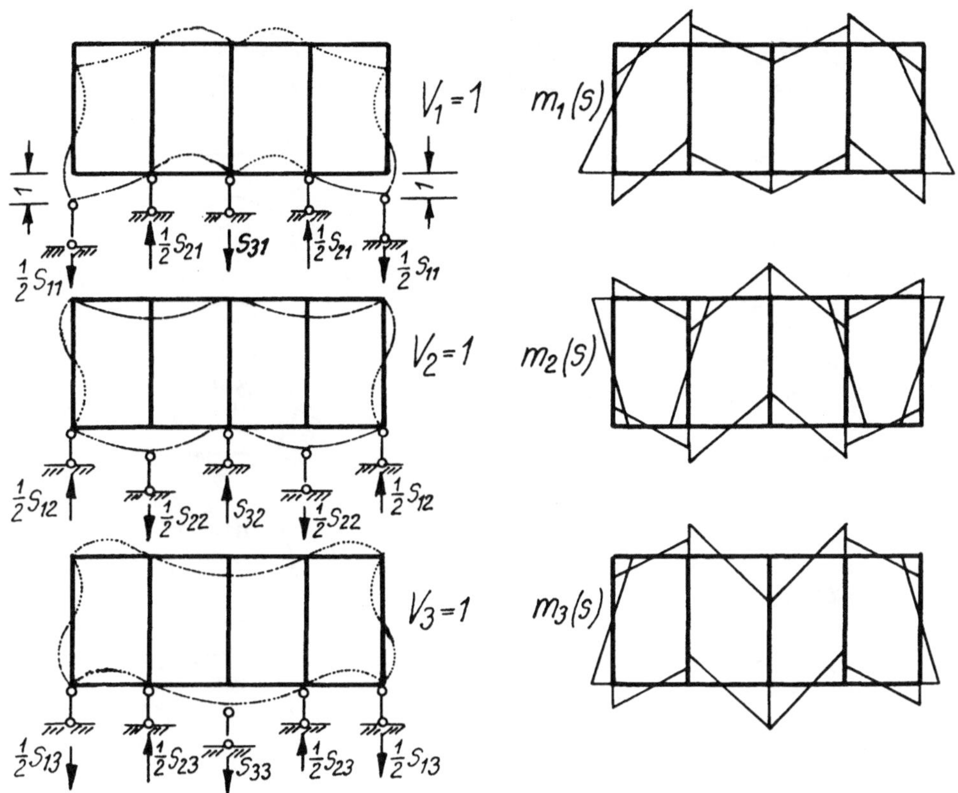

Bild 4.5 Einheitsverschiebungszustände $V_1 = 1, V_2 = 1, V_3 = 1$. Qualitativer Verlauf der Biegemomentenfunktionen

Verschiebungszustand in der entsprechenden polygonalen prismatischen Stabschale ist dann durch die Gln.

$$u(z,s) = \sum_{i=1}^{8} U_i(z)\varphi_i(s); \quad v(z,s) = \sum_{k=1}^{7} V_k(z)\psi_k(s)$$

bestimmt.

Die beiden folgenden Beispiele zeigen die Abspaltung der Verformungskinematik des starren ebenen Querschnitts durch die Koordinaten $\varphi_1, \ldots, \varphi_3$ und $\psi_1, \ldots, \psi_3$. Der einfach symmetrische zweizellige Dreieckquerschnitt (Bild 4.7) hat 5 Knoten und 6 Stäbe. Es sind somit fünf Koordinatenfunktionen $\varphi_i(s)$ und vier $\psi_k(s)$ als unabhängige, im Querschnitt stetige, Funktionen festzulegen. Der im Bild 4.8 dargestellte Querschnitt hat 8 Knoten und 9 Stäbe. Benötigt werden somit für das klassische *Vlasov*–Modell acht Knotenfunktionen $\varphi_i(s)$ und sieben $\psi_k(s)$. $\varphi_1(s)$ bis $\varphi_3(s)$ und $\psi_1(s)$ bis $\psi_3(s)$ entsprechen der Verformungskinematik des ebenen, nichtdeformierten Querschnitts.

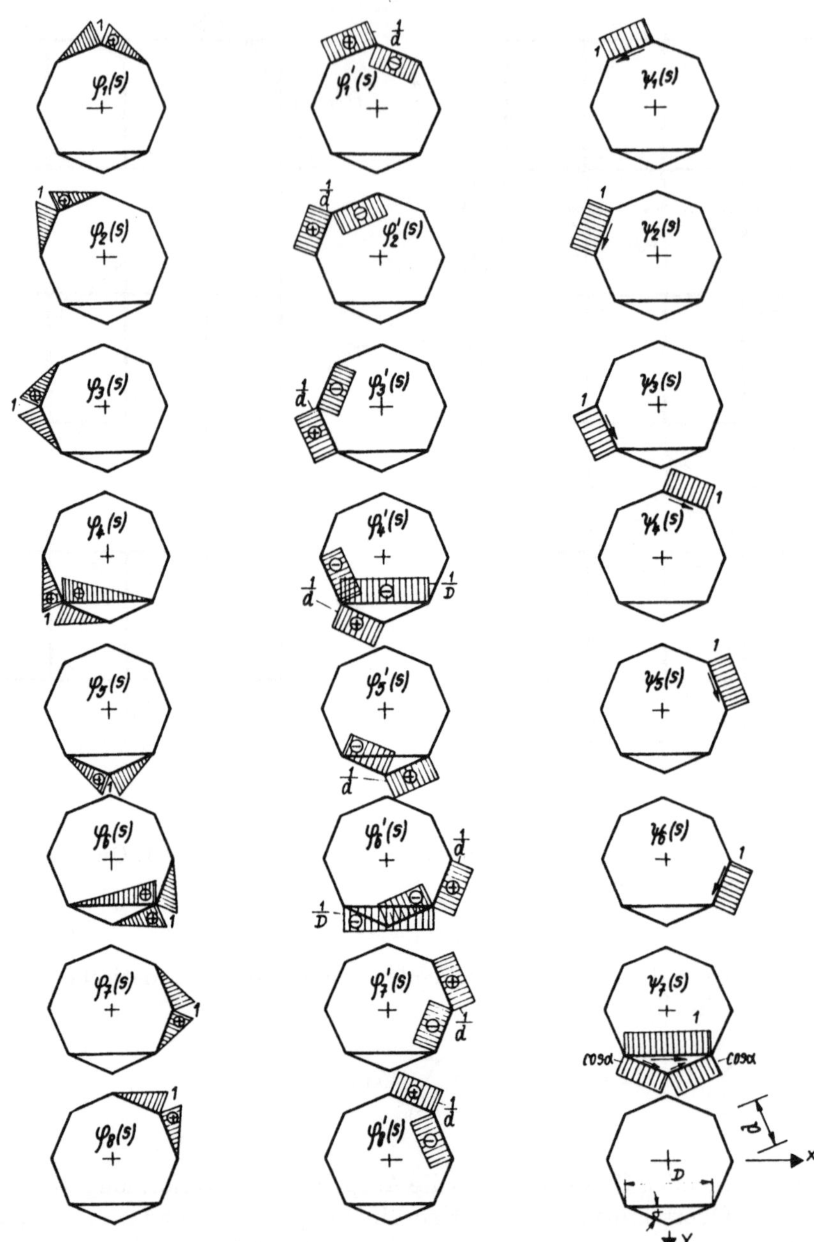

Bild 4.6 Zweizelliger polygonaler Querschnitt: Verlauf der verallgemeinerten Koordinatenfunktionen $\varphi_i(s), \varphi_i'(s), \psi_k(s)$, die den Knotenverschiebungen $U_i(z)$ und $V_k(z)$ zugeordnet sind

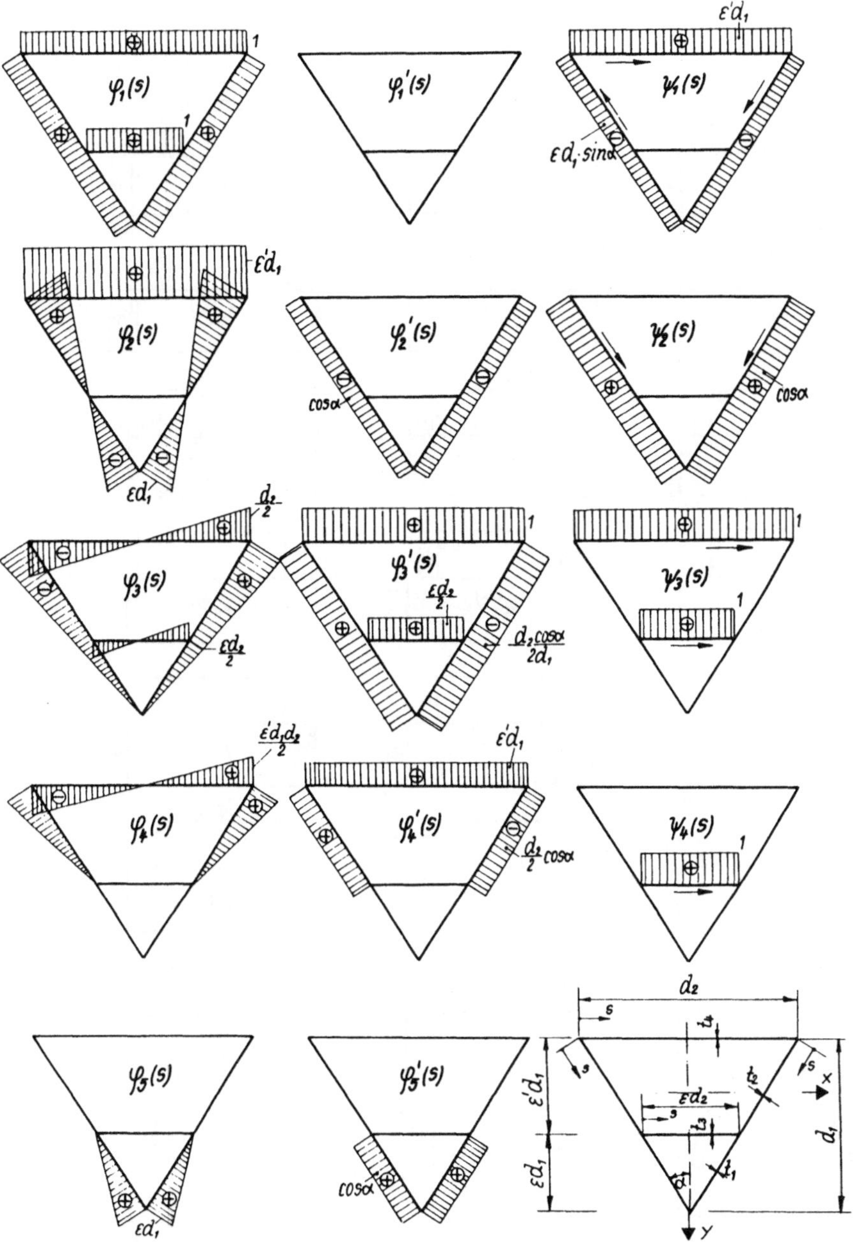

Bild 4.7 Koordinatenfunktionen $\varphi_i(s), \varphi_i'(s)$ und $\psi_k(s)$ für einen einfach symmetrischen dehnstarren Dreieckquerschnitt

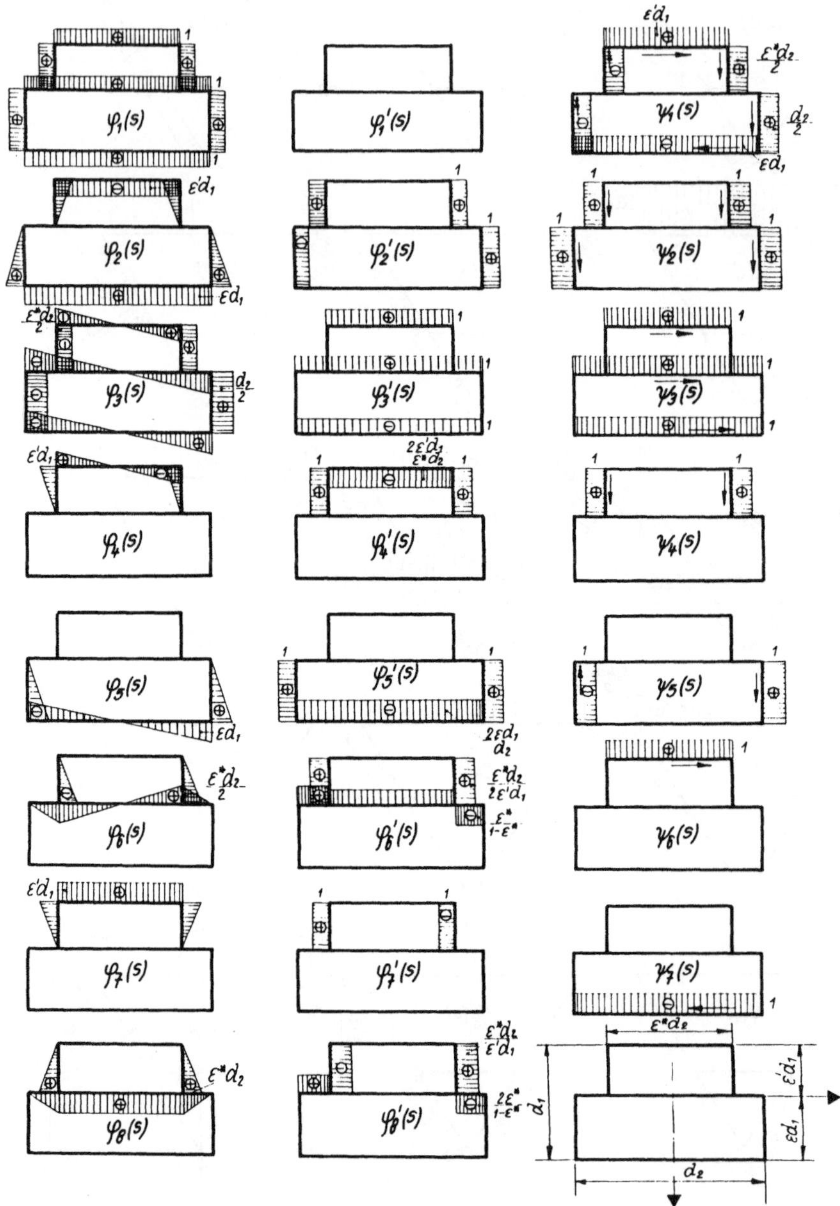

Bild 4.8   Koordinatenfunktionen $\varphi_i(s)$, $\varphi_i'(s)$ und $\psi_k(s)$ für einen einfach symmetrischen, abgesetzten, zweizelligen Querschnitt

Für den zweizelligen Rechteckquerschnitt nach Bild 4.9 wird beispielhaft eine Orthogonalisierung der Koordinatenfunktionen erläutert. Ausgangspunkt für eine Orthogonalisierung seien die im Bild 4.9 dargestellten Funktionenverläufe für die $\varphi_i(s)$ und $\psi_k(s)$. $\varphi_1(s)$ und $\varphi_2(s)$ sind zur y-Achse symmetrische, $\varphi_3(s)$ antimetrische Längsverschiebungen des eben bleibenden Querschnitts. $\varphi_4(s)$ bis $\varphi_6(s)$ führen zu linearen Querschnittsverwölbungen. Hinsichtlich der Verschiebungen in der Querschnittsebene ohne Konturverformungen kennzeichnen $\psi_1(s)$ die Verdrehung um einen in der Ebene liegenden Punkt, $\psi_2(s)$ und $\psi_3(s)$ sind die Verschiebungen des starren Querschnittes in Richtung der Querschnittsachsen, $\psi_4(s)$ und $\psi_5(s)$ berücksichtigen die im Berechnungsmodell enthaltene Konturdeformation. Zur Vereinfachung der Darstellung sollen im weiteren der zur y-Achse symmetrische Beanspruchungsfall, zu dem die Koordinatenfunktionen $\varphi_1(s), \varphi_2(s), \varphi_6(s)$ und $\psi_2(s)$ gehören, und der antimetrische Beanspruchungsfall mit den Koordinatenfunktionen $\varphi_3(s), \varphi_4(s), \varphi_5(s)$ und $\psi_1(s), \psi_3(s), \psi_4(s), \psi_5(s)$ getrennt betrachtet werden. Nach der Berechnung aller verallgemeinerten Querschnittswerte erkennt man für den antimetrischen Beanspruchungsfall eine wesentlich stärkere Kopplung der verallgemeinerten Verschiebungsgrößen im Differentialgleichungssystem als im symmetrischen Fall. Eine Orthogonalisierung der verallgemeinerten antimetrischen Koordinatenfunktionen ist daher im Interesse der Vereinfachung der Modellgleichungen besonders wichtig und soll für diesen Fall hier erläutert werden.

Aus Bild 4.9 erkennt man die Gleichheit der Funktionen $\varphi_2'(s)$ und $\psi_3(s)$, was zu einer wesentlichen Vereinfachung der Kopplungen im DGl.-System führt und daher bei der Orthogonalisierung beibehalten werden sollte. Als Basisfunktionen für die Orthogonalisierung werden daher die Funktionen $\varphi_3(s)$ und $\psi_3(s)$ gewählt. Mit den Ansätzen

$$
\begin{aligned}
\hat{\varphi}_3(s) &= \varphi_3(s) \\
\hat{\varphi}_4(s) &= \varphi_4(s) + a_1\hat{\varphi}_3(s) \\
\hat{\varphi}_5(s) &= \varphi_5(s) + a_2\hat{\varphi}_3(s) + a_3\hat{\varphi}_4(s) \\
\hat{\psi}_3(s) &= \psi_3(s) \\
\hat{\psi}_1(s) &= \psi_1(s) + a_4\hat{\psi}_3(s) \\
\hat{\psi}_4(s) &= \psi_4(s) + a_5\hat{\psi}_3(s) + a_6\hat{\psi}_1(s) \\
\hat{\psi}_5(s) &= \psi_5(s) + a_7\hat{\psi}_3(s) + a_8\hat{\psi}_1(s) + a_9\hat{\psi}_4(s)
\end{aligned}
$$

kann man die neun unbekannten Faktoren a_i so bestimmen, daß die Orthogonalitätsbedingungen

$$
\oint \hat{\varphi}_i(s)\hat{\varphi}_j(s)\, t\, ds = 0, i \neq j; \quad \oint \hat{\psi}_k(s)\hat{\psi}_h(s)\, t\, ds = 0, k \neq h
$$

erfüllt werden. Die orthogonalisierten Koordinatenverläufe sind im Bild 4.10 angegeben. Man sieht, daß die vorher vorhandene, anschauliche mechanische Deutung der Verformungszustände bei der Orthogonalisierung weitgehend verloren geht. Im einzelnen erhält man folgende Werte für die a_i:

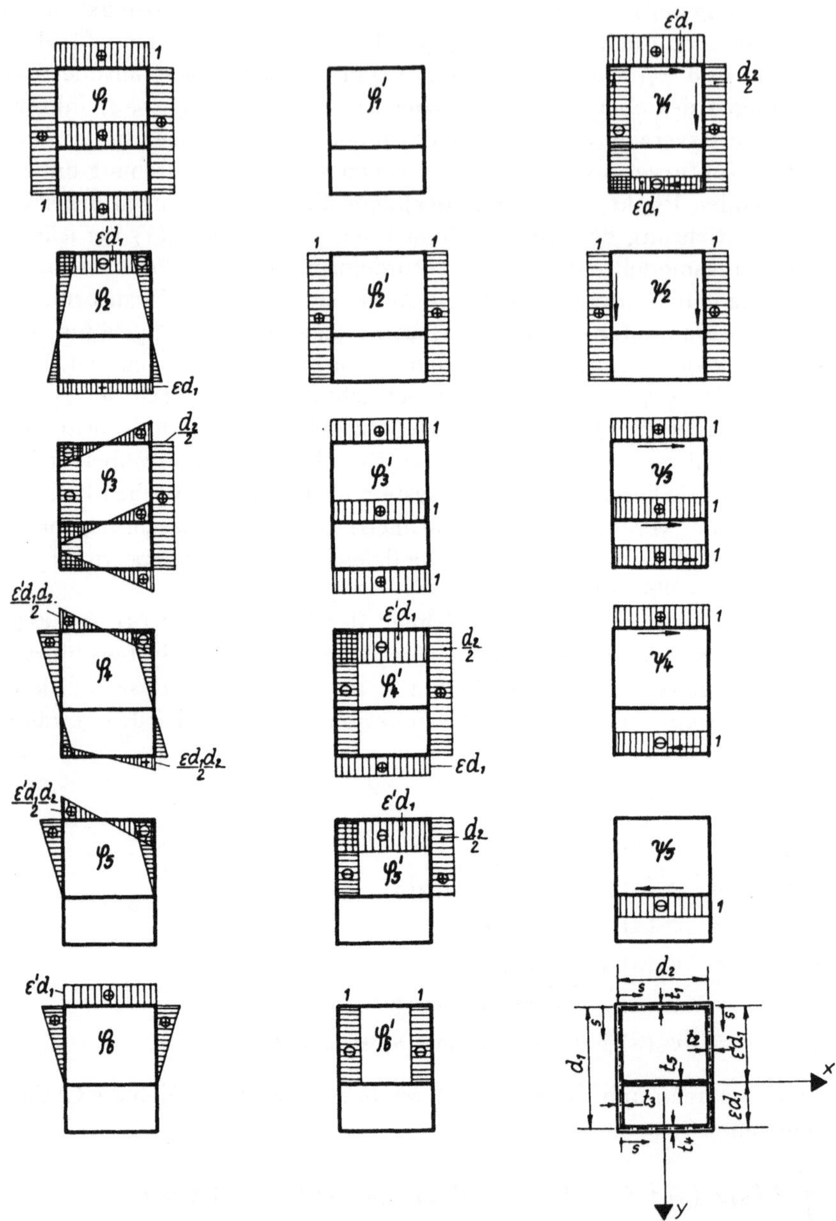

Bild 4.9 Koordinatenfunktionen $\varphi_i(s), \varphi_i'(s)$ und $\psi_k(s)$ für den einfach symmetrischen, dehnstarren, zweizelligen Rechteckquerschnitt

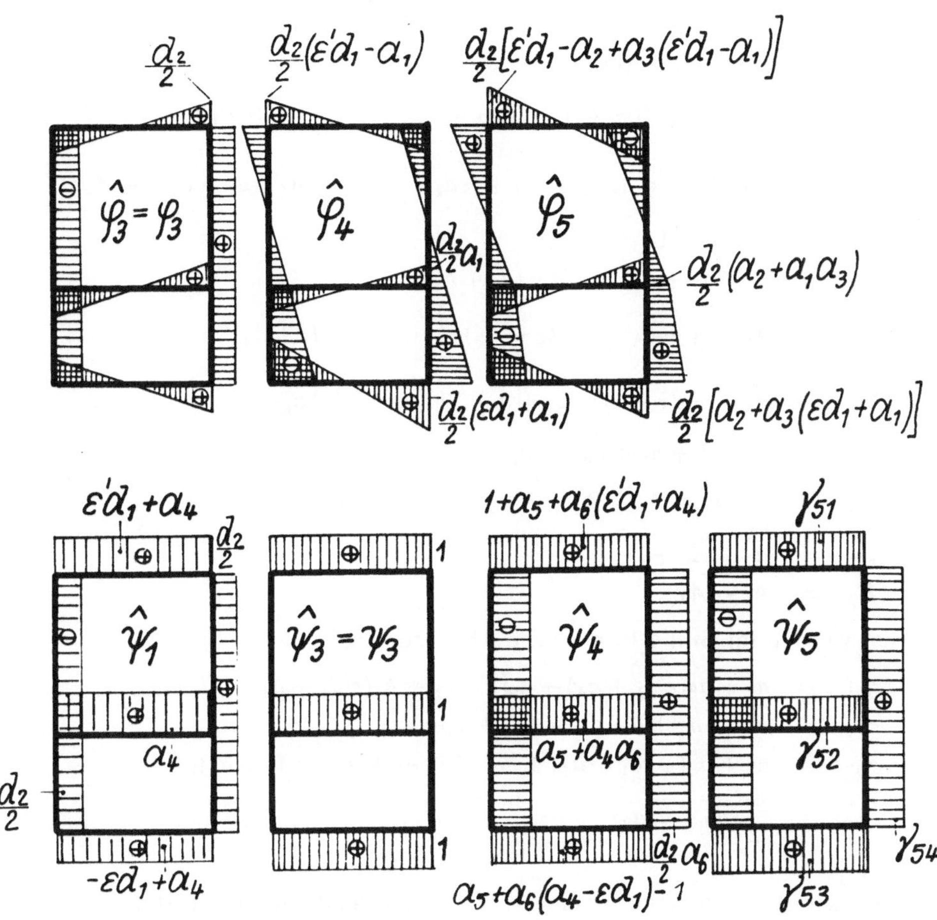

Bild 4.10 Orthogonalisierte Koordinatenfunktionen $\hat{\varphi}_i$ und $\hat{\psi}_k$ für antimetrische Verformungszustände des zweizelligen Rechteckquerschnittes

$$a_1 = -\beta_0/B_0; \quad a_2 = \beta_1/B_0; \quad a_3 = -\beta_3/\beta_4;$$
$$a_4 = -d_1\beta_5/B_2; \quad a_5 = -B_3/B_2; \quad a_6 = -\beta_7/\beta_8;$$
$$a_7 = A_5/B_2; \quad a_8 = a_4(A_5/\beta_8); \quad a_9 = A_5(a_5 + a_4a_6)/\beta_9$$

Dabei gelten die Abkürzungen

$$\beta_0 = -\varepsilon'(A_1 + 3A_2) + \varepsilon(A_3 + 3A_4); \quad \beta_1 = \varepsilon'(A_1 + 3A_2);$$

$$\beta_3 = \varepsilon'A_1(\varepsilon'd_1 - a_1) + \varepsilon'A_2(2\varepsilon'd_1 - 3a_1);$$

$$\beta_4 = \frac{1}{d_1}\left\{ A_1\left(\varepsilon'd_1 - a_1\right)^2 + 2A_2\left[(\varepsilon'd_1 - a_1)^2 - a_1\left(\varepsilon'd_1 - a_1\right) + a_1^2\right] \right.$$
$$\left. + 2A_3\left[a_1^2 + a_1\left(\varepsilon d_1 + a_1\right) + \left(\varepsilon d_1 + a_1\right)^2\right] + A_4\left(\varepsilon d_1 + a_1\right)^2 + A_5a_1^2\right\}$$

$$\beta_5 = \varepsilon'A_1 - \varepsilon A_4$$

$$\beta_7 = A_1(\varepsilon'd_1 + a_4) - A_4(-\varepsilon d_1 + a_4)$$

$$\beta_8 = A_1(\varepsilon'd_1 + a_4)^2 + (A_2 + A_3)\frac{d_2^2}{2} + A_4(-\varepsilon d_1 + a_4)^2 + A_5a_4^2$$

$$\beta_9 = A_1\left[1 + a_5 + a_6\left(\varepsilon'd_1 + a_4\right)\right]^2 + (A_2 + A_3)\,a_6^2\frac{d_2^2}{2}$$
$$+ A_4\left[-1 + a_5 + a_6\left(-\varepsilon d_1 + a_4\right)\right]^2 + A_5\left(a_5 + a_4a_6\right)^2$$

$$B_0 = \frac{1}{d_1}\left[A_1 + A_4 + A_5 + 6(A_2 + A_3)\right]$$

$$B_2 = A_1 + A_4 + A_5$$

$$B_3 = A_1 - A_4$$

Ferner wurden im Bild 4.10 noch die Abkürzungen

$$\gamma_{51} = a_7 + a_8(\varepsilon'd_1 + a_4) + a_9[1 + a_5 + a_6(\varepsilon'd_1 + a_4)]$$

$$\gamma_{52} = -1 + a_7 + a_4a_8 + a_9(a_5 + a_4a_6)$$

$$\gamma_{53} = a_7 + a_8(-\varepsilon d_1 + a_4) + a_9[-1 + a_5 + a_6(-\varepsilon d_1 + a_4)]$$

$$\gamma_{54} = \frac{d_2}{2}(a_8 + a_6a_9)$$

verwendet.

Für viele Anwendungen ist eine Erweiterung der Längsverschiebungszustände auf nichtlineare Funktionsverläufe notwendig, um z.B. den Effekt der mittragenden Breite in die Modellgleichungen einbeziehen zu können. Auch die Berücksichtigung der Umfangsdehnungen kann für bestimmte Aufgabenklassen erforderlich werden. Grundlage der Modellierung ist dann die erweiterte halbmomentenfreie Schalentheorie und die Koordinatenfunktionen $\varphi_i(s)$ und $\psi_k(s)$ können unabhängig voneinander für $i = 1, \ldots, m, k = 1, \ldots, n$, mit m und n beliebig, gewählt werden. Die aus der Gl. $n = 2m - c$ folgenden Vorgaben für m und n im Rahmen der klassischen Theorie dürfen jedoch nicht unterschritten werden. Damit behalten alle bisher angegebenen Beispiele für verallgemeinerte Koordinatenfunktionen ausgewählter Querschnitte volle Gültigkeit, die Anzahl der Funktionen $\varphi_i(s)$ und $\psi_k(s)$ ist aber gegebenenfalls zu erweitern.

Für den in Bild 4.11 dargestellten doppeltsymmetrischen Rechteckquerschnitt entsprechen die Funktionen $\varphi_1(s)$ bis $\varphi_4(s)$ und $\psi_1(s)$ bis $\psi_4(s)$ den Forderungen der klassischen halbmomentenfreien Schalentheorie. Die φ–Funktionen erfassen die Verformungszustände Längskraftdehnung, Biegung um zwei Achsen und lineare Verwölbung, die ψ–Funktionen die Drehung in der Querschnittsebene, die Verschiebungen in Richtung der beiden Querschnittsachsen und die Konturverformung. Die Bedingung $n = 2m - c$ ist erfüllt. Erweiterungen sind nur im Rahmen der erweiterten halbmomentenfreien Schalentheorie möglich.

Die Berücksichtigung des Effektes der mittragenden Breite im oberen und im unteren Gurt kann mit Hilfe der Funktionen $\varphi_5(s)$ und $\varphi_6(s)$ erfolgen. Liegt eine reine Biegebeanspruchung um die horizontale Achse vor, kann der Effekt der mittragenden Breite auch durch nur eine antimetrische Funktion $\varphi_5^*(s)$ erfolgen. Man erkennt, daß die Voraussetzung eines linearen Verlaufs von Knoten zu Knoten für die Funktionen $\varphi_5(s)$ und $\varphi_6(s)$ bzw. $\varphi_5^*(s)$ nicht mehr gilt. Eine konstante Dehnung in Umfangsrichtung wird durch die Koordinatenfunktionen $\psi_5(s)$ bis $\psi_8(s)$ erfaßt. Die Kombination der Funktionen zu symmetrischen (ψ_5, ψ_7) und zu antimetrischen (ψ_6, ψ_8) Verformungszuständen erfolgt ausschließlich unter dem Gesichtspunkt der Orthogonalisierung der Koordinaten.

Die näherungsweise Einbeziehung der Wirkung der mittragenden Breite durch parabolische Verläufe der entsprechenden φ–Koordinatenfunktionen ist nicht zwingend. Bild 4.12 zeigt einen Trapezquerschnitt, bei dem die mittragende Breite durch stückweise lineare Funktionen $\varphi_5(s)$ und $\varphi_6(s)$ erfaßt wird. Die Ableitungen $\varphi_5'(s)$ und $\varphi_6'(s)$ sind dann stückweise konstant, was die Berechnung der verallgemeinerten Querschnittswerte erleichtert. Auf eine Einbeziehung der Wanddehnungen in Umfangsrichtung wird bei diesem Beispiel verzichtet.

Die hier beispielhaft dargestellten verallgemeinerten Koordinatenfunktionen für ein- und mehrzellige Querschnitte stellen jeweils nur eine Möglichkeit der Koordinatenwahl dar. Bei Anwendungsrechnungen sollte aber stets darauf geachtet werden, möglichst mechanisch deutbare Verformungszustände der Auswahl der Koordinatenfunktionen zugrunde zu legen. Auch eine einfache Wahl orthogonaler Koordinatenfunktionen sollte genutzt werden.

Um den Berechnungsaufwand zu minimieren, kann bei einer wiederholten Anwendung typischer Querschnittsformen ein nach Problemklassen geordnetes Menü für die Auswahl der Koordinatenfunktionen erarbeitet werden. Für den im Bild 4.12 dargestellten einfachsymmetrischen Trapezquerschnitt zeigt Tabelle 4.2 ein mögliches Auswahlmenü für die verallgemeinerten Koordinaten.

Der minimale Freiheitsgrad der Querschnittskinematik ist drei, der maximale zehn, d.h. die Aussonderung der nicht erforderlichen Koordinatenfunktionen vor Beginn der rechnerischen Strukturanalyse kann den Berechnungsaufwand wesentlich reduzieren.

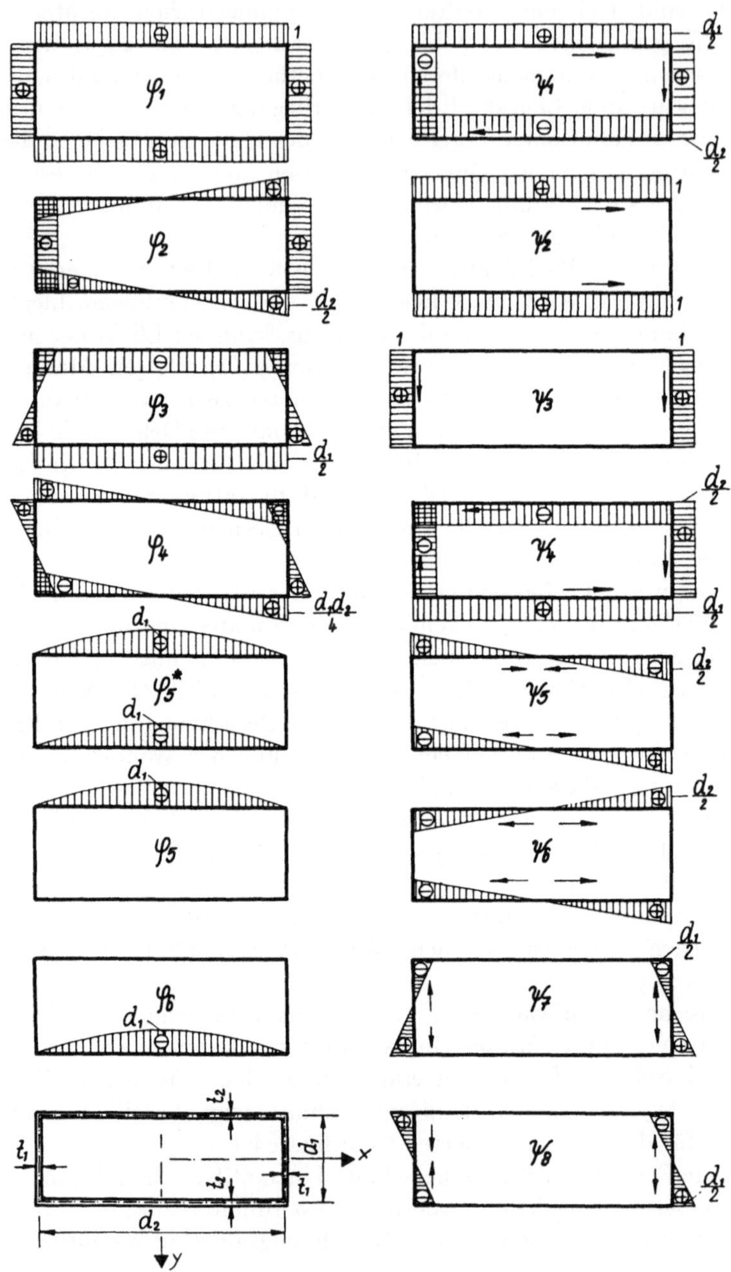

Bild 4.11 Koordinatenfunktionen für den doppeltsymmetrischen einzelligen Rechteckquerschnitt. Berücksichtigung des Effektes der mittragenden Breite und der Wanddehnungen ε_s

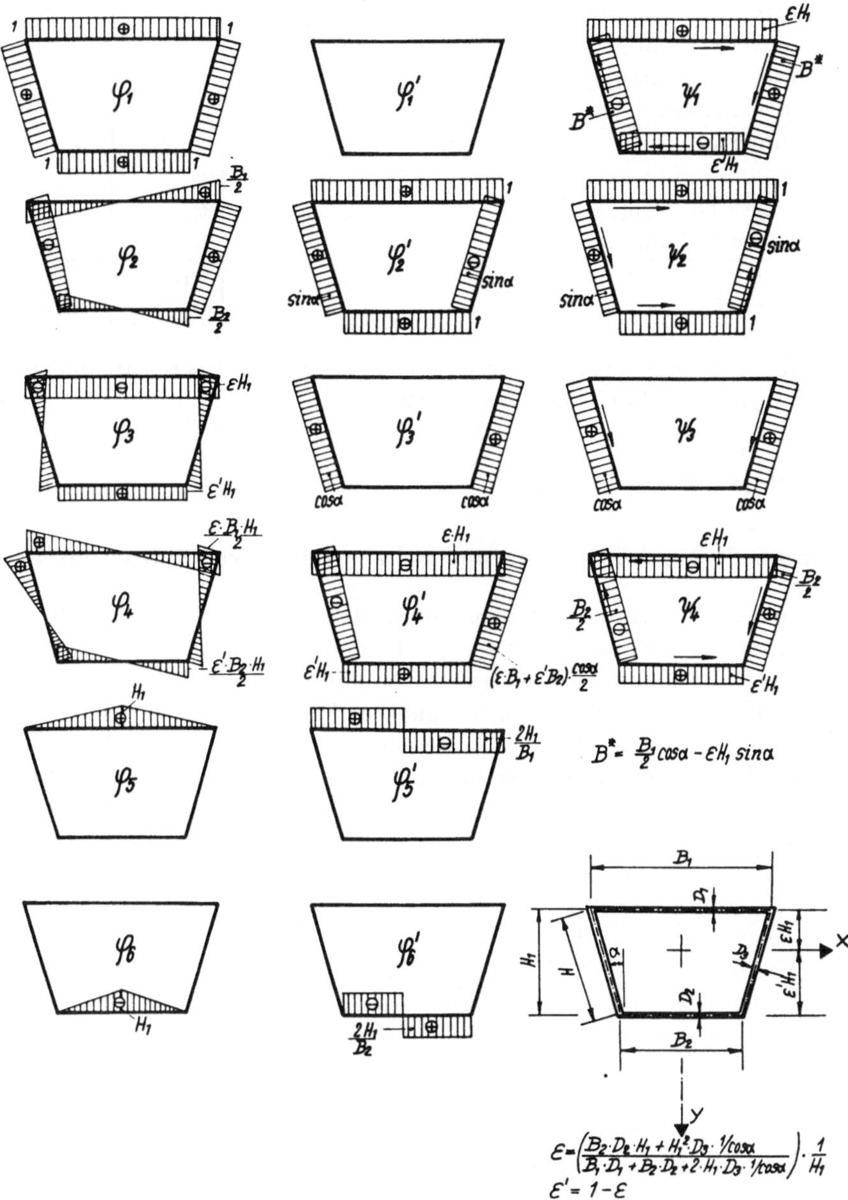

Bild 4.12 Koordinatenfunktionen für einen Trapezquerschnitt. Berücksichtigung des Effektes der mittragenden Breite

verallgemeinerte Koordinaten Problemklasse	$\varphi(s_i)$	$\psi(s_i)$	Freiheitsgrad
1. symmetrische Belastung ohne Schubverwölbung	φ_1, φ_3	ψ_3	3
2. symmetrische Belastung mit Schubverwölbung	φ_1, φ_3 φ_5, φ_6	ψ_3	5
3. antisymmetrische Belastung	φ_2, φ_4	$\psi_1, \psi_2,$ ψ_4	5
4. allgemeine Belastung ohne Schubverwölbung	$\varphi_1, \ldots, \varphi_4$	$\psi_1, \ldots,$ ψ_4	8
5. allgemeine Belastung mit Schubverwölbung	$\varphi_1, \ldots, \varphi_6$	$\psi_1, \ldots,$ ψ_4	10

Tabelle 4.2 Auswahlmenü für die verallgemeinerten Koordinatenfunktionen des einfach–symmetrischen Trapezquerschnittes

4.3 Beispiele

4.3.1 Einzelliger, doppeltsymmetrischer prismatischer Kastenträger

Im Abschnitt 2.1.2.1 wurden die allgemeinen Modellgleichungen für die halbmomentenfreie Schalentheorie beispielhaft für den besonders einfachen Fall des doppeltsymmetrischen Rechteckquerschnittes ausführlich erläutert. Auch im Abschnitt 3.1 wurde die analytische Lösungsmethode für den gleichen Fall dargestellt. Da für den doppeltsymmetrischen Kastenträger alle Lösungsschritte mit vertretbarem Aufwand weitgehend nachvollziehbar dargestellt werden können, werden auch hier zunächst für ausgewählte Beanspruchungen und Lagerungen sowohl Lösungen mit der Methode der Anfangsparameter, als auch numerische Lösungen mit der Matrizenübertragungsmethode und mit der Methode der Finiten Elemente angegeben.

Freiträger unter exzentrischer Einzellast, analytische Lösung

Bild 4.13 zeigt einen einseitig eingespannten Kastenträger, der mit einer Einzelkraft am freien Ende belastet ist. Unterdrückt man hier den Einfluß der mittragenden Breite und der Dehnungen ε_s in Umfangsrichtung, gelten für den doppeltsymmetrischen Rechteckquerschnitt die im Bild 4.11 dargestellten verallgemeinerten Koordinaten $\varphi_1(s)$ bis $\varphi_4(s)$ und $\psi_1(s)$ bis $\psi_4(s)$. Wie in den Abschnitten 2.1.2.1 und 3.1 erläutert, zerfällt das allgemeine Dgl.–System der halbmomentenfreien Schalentheorie für den angegebenen Querschnitt und die gewählten verallgemeinerten Koordinaten in 4 nicht gekoppelte Teilsysteme.

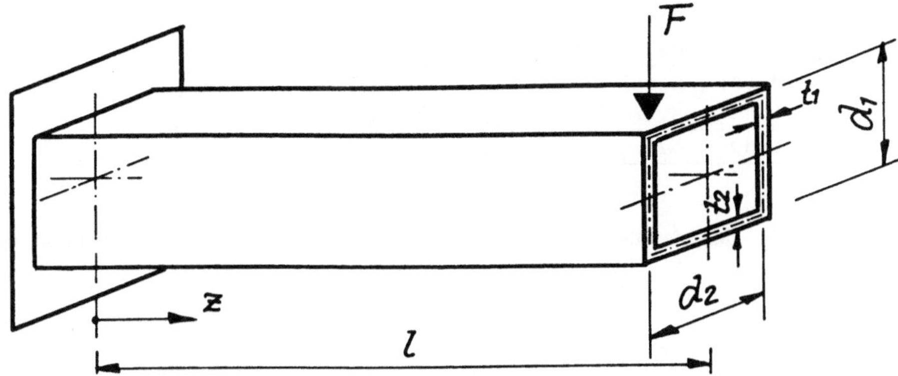

Bild 4.13   Einseitig eingespannter einzelliger Kastenträger mit exzentrischer Einzelkraft

$$
\begin{aligned}
1.\quad & EAU_1'' && = && -p_{z_1} \\
2.\quad & EI_{yy}U_2'' - 2GA_G U_2 - 2GA_G V_2' && = && -p_{z_2} \\
& 2GA_G U_2' + 2GA_G V_2'' && = && -p_{s_2} \\
3.\quad & EI_{xx}U_3'' - 2GA_{St}U_3 - 2GA_{St}V_3' && = && -p_{z_3} \\
& 2GA_{St}U_3' + 2GA_{St}V_3'' && = && -p_{s_3} \\
4.\quad & \bar{a}_{44}U_4'' - \bar{b}_{44}U_4 - \bar{c}_{41}V_1' - \bar{b}_{44}V_4' && = && -p_{z_4} \\
& \bar{c}_{41}U_4' + \bar{b}_{44}V_1'' + \bar{c}_{41}V_4'' && = && -p_{s_1} \\
& \bar{b}_{44}U_4' + \bar{c}_{41}V_1'' + \bar{b}_{44}V_4'' - \bar{s}_{44}V_4 && = && -p_{s_4}
\end{aligned}
$$

Für das 4. Teilsystem wurden im Abschnitt 3.1 die Überführung in eine Dgl. 6. Ordnung erläutert, die Dgl. in allgemeiner Form gelöst, die Anfangsparametermatrix
berechnet und die Lösungen für die unbekannten Verschiebungs– und Kraftgrößen
$U_4(z), V_1(z), V_4(z), P_4(z), Q_1(z)$ und $Q_4(z)$ mit den Anfangsparametern angegeben.
Die Matrix der Anfangsparameter für das 4. Teilsystem ist noch einmal symbolisch
in Tabelle 4.3 dargestellt worden:

Die Einflußfunktionen $K_{FG}(z)$ der Anfangsparameter können der im Abschnitt 3.1
angegebenen Lösung entnommen werden.

	U_{40}	V_{10}	V_{40}	P_{40}	Q_{10}	Q_{40}
$U_4(z)$	$K_{U_4 U_4}$	0	$K_{U_4 V_4}$	$K_{U_4 P_4}$	$K_{U_4 Q_1}$	$K_{U_4 Q_4}$
$V_1(z)$	$K_{V_1 U_4}$	1	$K_{V_1 V_4}$	$K_{V_1 P_4}$	$K_{V_1 Q_1}$	$K_{V_1 Q_4}$
$V_4(z)$	$K_{V_4 U_4}$	0	$K_{V_4 V_4}$	$K_{V_4 P_4}$	$K_{V_4 Q_1}$	$K_{V_4 Q_4}$
$P_4(z)$	$K_{P_4 U_4}$	0	$K_{P_4 V_4}$	$K_{P_4 P_4}$	$K_{P_4 Q_1}$	$K_{P_4 Q_4}$
$Q_1(z)$	$K_{Q_1 U_4}$	0	$K_{Q_1 V_4}$	$K_{Q_1 P_4}$	$K_{Q_1 Q_1}$	$K_{Q_1 Q_4}$
$Q_4(z)$	$K_{Q_4 U_4}$	0	$K_{Q_4 V_4}$	$K_{Q_4 P_4}$	$K_{Q_4 Q_1}$	$K_{Q_4 Q_4}$

Tabelle 4.3 Matrix der Anfangsparameter für das Teilsystem 4, Torsion und Verwölbung

$$K_{U_4 U_4} = \Phi_2 - \frac{r^2}{2\alpha\beta}\Phi_4; \qquad K_{U_4 V_4} = \frac{s^2}{2\alpha\beta}(\alpha\Phi_1 - \beta\Phi_3);$$

$$K_{V_1 U_4} = \gamma_2 \frac{\bar{a}_{44} s^2}{2\alpha\beta}(\alpha\Phi_1 - \beta\Phi_3); \qquad K_{V_1 V_4} = -\gamma_2 \frac{\bar{a}_{44} s^4}{2\alpha\beta}\Phi_4;$$

$$K_{V_4 U_4} = -\frac{1}{2\alpha\beta}(\alpha\Phi_1 + \beta\Phi_3); \qquad K_{V_4 V_4} = \Phi_2 + \frac{r^2}{2\alpha\beta}\Phi_4;$$

$$K_{P_4 U_4} = -\frac{\bar{a}_{44} s^2}{2\alpha\beta}(\alpha\Phi_1 - \beta\Phi_3); \qquad K_{P_4 V_4} = \frac{\bar{a}_{44} s^4}{2\alpha\beta}\Phi_4;$$

$$K_{Q_1 U_4} = 0; \qquad K_{Q_1 V_4} = 0;$$

$$K_{Q_4 U_4} = -\frac{\bar{a}_{44} s^4}{2\alpha\beta}\Phi_4; \qquad K_{Q_4 V_4} = \frac{\bar{a}_{44} s^4}{2\alpha\beta}(\alpha\Phi_1 + \beta\Phi_3);$$

$$K_{U_4 P_4} = -\frac{\alpha(\alpha^2 - 3\beta^2)\Phi_1 + \beta(\beta^2 - 3\alpha^2)\Phi_3}{\bar{a}_{44} s^2 2\alpha\beta};$$

$$K_{V_1 P_4} = \gamma_2 \left(1 - \Phi_2 + \frac{r^2}{2\alpha\beta}\Phi_4\right);$$

$$K_{V_4 P_4} = -\frac{1}{\bar{a}_{44} 2\alpha\beta}\Phi_4;$$

$$K_{P_4 P_4} = \Phi_2 - \frac{r^2}{2\alpha\beta}\Phi_4;$$

$$K_{Q_1 P_4} = 0;$$

$$K_{Q_4 P_4} = -\frac{s^2}{2\alpha\beta}(\alpha\Phi_1 - \beta\Phi_3);$$

$$K_{U_4 Q_1} = \gamma_2 \left(-1 + \Phi_2 - \frac{r^2}{2\alpha\beta}\Phi_4 \right);$$

$$K_{V_1 Q_1} = \gamma_2^2 \frac{\bar{a}_{44}s^2}{2\alpha\beta}(\alpha\Phi_1 - \beta\Phi_3) + \gamma_1 z;$$

$$K_{V_4 Q_1} = -\frac{\gamma_2}{2\alpha\beta}(\alpha\Phi_1 + \beta\Phi_3);$$

$$K_{P_4 Q_1} = -\gamma_2 \frac{\bar{a}_{44}s^2}{2\alpha\beta}(\alpha\Phi_1 - \beta\Phi_3);$$

$$K_{Q_1 Q_1} = 1;$$

$$K_{Q_4 Q_1} = -\gamma_2 \frac{\bar{a}_{44}s^4}{2\alpha\beta}\Phi_4;$$

$$K_{U_4 Q_4} = \frac{1}{\bar{a}_{44}2\alpha\beta}\Phi_4;$$

$$K_{V_1 Q_4} = -\frac{\gamma_2}{2\alpha\beta}(\alpha\Phi_1 + \beta\Phi_3);$$

$$K_{V_4 Q_4} = \frac{\alpha(\alpha^2 - 3\beta^2)\Phi_1 + \beta(3\alpha^2 - \beta^2)\Phi_3}{\bar{a}_{44}s^4 2\alpha\beta};$$

$$K_{P_4 Q_4} = \frac{1}{2\alpha\beta}(\alpha\Phi_1 + \beta\Phi_3);$$

$$K_{Q_1 Q_4} = 0;$$

$$K_{Q_4 Q_4} = \Phi_2 + \frac{r^2}{2\alpha\beta}\Phi_4$$

Für die ersten drei Teilsysteme ist die Berechnung der Matrix der Anfangsparameter einfacher. Die Ergebnisse sind in der Tabelle 4.4 angegeben, auf eine ausführliche Ableitung wird hier verzichtet. Damit können alle einzelligen doppeltsymmetrischen Kastenträger erfaßt werden, deren Beanspruchungsverhalten durch die angegebenen acht verallgemeinerten Verschiebungen und acht verallgemeinerten Schnittgrößen ausreichend beschrieben werden kann. Die Partikulärlösungen für alle 16 unbekannten Verschiebungs- und Schnittgrößen werden entsprechend der jeweiligen Belastung nach Tabelle 3.1 ermittelt.

Zur Einschätzung der Modellqualität auf das Lösungsverhalten sollen noch die Gleichungen für zwei Sonderfälle angegeben werden. Für den Sonderfall des Gelenkfaltwerkes nach Gl. (2.45) bleiben die ersten drei Teilsysteme unverändert, da lediglich der Koeffizient $\bar{s}_{44} = Es_{44} = 0$ ist. Das 4. Teilsystem hat dann die Form

$$\bar{a}_{44}U_4'' - \bar{b}_{44}U_4 - \bar{c}_{41}V_1' - \bar{b}_{44}V_4' = -p_{z_4}$$
$$\bar{c}_{41}U_4' + \bar{b}_{44}V_1'' + \bar{c}_{41}V_4'' = -p_{s_1}$$
$$\bar{b}_{44}U_4' + \bar{c}_{41}V_1'' + \bar{b}_{44}V_4'' = -p_{z_4}$$

Die Anfangsparametermatrix für das veränderte Teilsystem 4 zeigt Tabelle 4.5.

Interessant ist für Vergleichszwecke eine Abschätzung des Einflusses der Konturdeformation auf den Deformations- und Spannungszustand eines Kastenträgers. Der Übergang auf die Gleichungen für den Sonderfall der starren Querschnittskontur erfolgt im vorliegenden Fall durch Nullsetzen der verallgemeinerten Koordinate $\psi_4(s)$. Die ersten drei Teilsysteme bleiben davon wieder unbeeinflußt, im 4. Teilsystem

	U_{10}	P_{10}
$U_1(z)$	1	z/EA
$P_1(z)$	0	1

	U_{20}	V_{20}	P_{20}	Q_{20}
$U_2(z)$	1	0	z/EI_{yy}	$z^2/2EI_{yy}$
$V_2(z)$	$-z$	1	$-z^2/2EI_{yy}$	$z/2GA_G - z^3/6EI_{yy}$
$P_2(z)$	0	0	1	z
$Q_2(z)$	0	0	0	1

	U_{30}	V_{30}	P_{30}	Q_{30}
$U_3(z)$	1	0	z/EI_{xx}	$z^2/2EI_{xx}$
$V_3(z)$	$-z$	1	$-z^2/2EI_{xx}$	$z/2GA_{St} - z^3/6EI_{xx}$
$P_3(z)$	0	0	1	z
$Q_3(z)$	0	0	0	1

Tabelle 4.4 Anfangsparametermatrizen für gleichmäßige Längsdeformation und Biegung um beide Hauptachsen (Teilsysteme 1 – 3)

	U_{40}	V_{10}	V_{40}	P_{40}	Q_{10}	Q_{40}
$U_4(z)$	1	0	0	$z/\bar{a}_{44}$	0	$z^2/2\bar{a}_{44}$
$V_1(z)$	0	1	0	0	$\gamma_1 z$	$-\gamma_2 z$
$V_4(z)$	$-z$	0	1	$-z^2/2\bar{a}_{44}$	$-\gamma_2 z$	$\gamma_1 z - z^3/6\bar{a}_{44}$
$P_4(z)$	0	0	0	1	0	z
$Q_1(z)$	0	0	0	0	1	0
$Q_4(z)$	0	0	0	0	0	1

Tabelle 4.5 Matrix der Anfangsparameter für Teilsystem 4, Sonderfall Gelenkfaltwerk

entfällt die verallgemeinerte Verschiebung $V_4(z)$, und die letzte Zeile der Systemdifferentialgleichungen ist zu streichen. Die Anfangsparametermatrix für diesen Fall zeigt Tabelle 4.6. Dabei wurde die Abkürzung $\epsilon^2 = 1/(\bar{a}_{44}\gamma_1)$ verwendet.

Die im allgemeinen Fall 16 unbekannten Anfangsparameter ergeben sich aus den Gln. für die Randbedingungen. Die Hälfte der Anfangsparameter ist dabei von vornherein bekannt.

Zahlenbeispiel:

Der im Bild 4.13 dargestellte Kragträger ist einseitig eingespannt, der freie Rand ist durch eine Einzelkraft $F = 260\ kN$ belastet. Für die Abmessungen $l = 5,00\ m$, $t_2 = 30\ mm$, $t_1 = 16\ mm$, $d_2 = 400\ mm$, $d_1 = 800\ mm$ und $E = 2,1\ 10^4\ kN/cm^2$ berechnet man die folgenden Querschnittswerte:

	U_{40}	V_{10}	P_{40}	Q_{10}
$U_4(z)$	$\cosh \epsilon z$	0	$\sinh \epsilon z / \bar{a}_{44}\epsilon$	$\gamma_2(\sinh \epsilon z - 1)$
$V_1(z)$	$-b_2 \sinh \epsilon z / b_1\epsilon$	1	$-\gamma_2(\cosh \epsilon z - 1)$	$\gamma_1 z - b_2\gamma_2 \sinh \epsilon z / b_1\epsilon$
$P_4(z)$	$\bar{a}_{44}\epsilon \sinh \epsilon z$	0	$\cosh \epsilon z$	$\gamma_2 \bar{a}_{44}\epsilon \sinh \epsilon z$
$Q_1(z)$	0	0	0	1

Tabelle 4.6   Matrix der Anfangsparameter für Teilsystem 4, Sonderfall starre Querschnittskontur

$$A = 496 \ cm^2; \qquad I_{xx} = 520533 \ cm^4; \qquad\qquad I_1 = \frac{t_1^3}{12} = 0,341333 \ cm^3$$

$$A_G = 120 \ cm^2; \qquad I_{yy} = 134400 \ cm^4; \qquad\qquad I_2 = \frac{t_2^3}{12} = 2,25 \ cm^3$$
$$A_{St} = 128 \ cm^2; \qquad I_{\omega\omega} \equiv a_{44} = 1,058133 \ 10^8 \ cm^6;$$

Damit erhält man die Beiwerte und Kennzahlen

$$
\begin{aligned}
\bar{a}_{44} &= 2,22208 \ 10^{12} \ kNcm^4; & \gamma_1 &= 3,81798 \ 10^{-10} \ (kN)^{-1}cm^{-2}; \\
\bar{b}_{44} &= 3,9398 \ 10^9 \ kNcm^2; & \gamma_2 &= -2,21047 \ 10^{-10} \ (kN)^{-1}cm^{-2}; \\
\bar{c}_{41} &= -2,28096 \ 10^9 \ kNcm^2; & r^2 &\doteq 1,52627 \ 10^{-6} \ cm^{-2}; \\
\bar{s}_{44} &= 79995,15 \ kN; & s^2 &= 5,99840 \ 10^{-5} \ cm^{-2}; \\
\alpha &= 5,54577 \ 10^{-3} \ cm^{-1}; & \beta &= 5,40637 \ 10^{-3} \ cm^{-1};
\end{aligned}
$$

Die Randbelastungen sind

$$
\begin{array}{llll}
1. & U_{10} = 0; & 2. & P_1(z = l) = 0; \\
3. & U_{20} = 0; & 4. & P_2(z = l) = 0; \\
5. & U_{30} = 0; & 6. & P_3(z = l) = 0; \\
7. & U_{40} = 0; & 8. & P_4(z = l) = 0; \\
9. & V_{10} = 0; & 10. & Q_1(z = l) = -F\dfrac{d_2}{2}; \\
11. & V_{20} = 0; & 12. & Q_2(z = l) = 0; \\
13. & V_{30} = 0; & 14. & Q_3(z = l) = F; \\
15. & V_{40} = 0; & 16. & Q_4(z = l) = -F\dfrac{d_2}{2};
\end{array}
$$

Die Berechnung der Partikulärlösung entfällt, da keine verteilten Belastungen und auch keine Einzellasten im Feld auftreten.

Für die 4 Teilsysteme ergeben sich mit Hilfe der Randbedingungen die folgenden Lösungen:

Aus den Randbedingungen 1. und 2. folgt sofort $U_1(z) = 0$ und $P_1(z) = 0$. Die Randbedingungen 3., 4., 11. und 12. liefern $U_2(z) = 0, V_2(z) = 0, P_2(z) = 0, Q_2(z) = 0$. Mit den Randbedingungen 14. und 6. erhält man $Q_3(z) = Q_{30} = F, P_3(z) = P_{30} + Q_{30}z = -Fl + Fz$ und unter Beachtung der Bedingungen 5. und 13. gelten für $U_3(z)$ und $V_3(z)$ die Gleichungen

$$U_3(z) = -\frac{Fl}{EI_{xx}}z + \frac{F}{EI_{xx}}\frac{z^2}{2}$$

$$= -2,9731\ 10^{-3}\left[2\frac{z}{l} - \left(\frac{z}{l}\right)^2\right]$$

$$V_3(z) = \frac{Fl}{EI_{xx}}\frac{z^2}{2} + \frac{F}{2GA_{St}}z - \frac{F}{EI_{xx}}\frac{z^3}{6}$$

$$= 0,495524\ cm\left[3\left(\frac{z}{l}\right)^2 - \left(\frac{z}{l}\right)^3 + 0,13534\frac{z}{l}\right]$$

Die Lösungen für das 4. Teilsystem werden mit Hilfe der Tabelle 4.3 aufgebaut. Die Randbedingung 10. liefert zunächst $Q_1(z) = Q_{10} = -Fd_2/2$ und mit den Bedingungen 7., 9. und 15. erhält man

$$P_4(z) = P_{40}\left[\Phi_2(z) - \frac{r^2}{2\alpha\beta}\Phi_4(z)\right] + \frac{Fd_2}{2}\gamma_2\frac{\bar{a}_{44}s^2}{2\alpha\beta}\left[\alpha\Phi_1(z) - \beta\Phi_3(z)\right]$$

$$+ \ Q_{40}\frac{1}{2\alpha\beta}\left[\alpha\Phi_1(z) + \beta\Phi_3(z)\right]$$

$$Q_4(z) = -P_{40}\frac{s^2}{2\alpha\beta}\left[\alpha\Phi_1(z) - \beta\Phi_3(z)\right] + \frac{Fd_2}{2}\gamma_2\frac{\bar{a}_{44}s^4}{2\alpha\beta}\Phi_4(z)$$

$$+ \ Q_{40}\left[\Phi_2(z) + \frac{r^2}{2\alpha\beta}\Phi_4(z)\right]$$

Die Randbedingungen 8. und 14. liefern die noch ausstehenden Gleichungen für P_{40} und Q_{40}

$$P_{40} = -78686,2\ kNcm^2;\ Q_{40} = 1284,77\ kNcm$$

Damit können auch die Lösungen des 4. Teilsystems zahlenmäßig angegeben werden

$$\begin{aligned}
U_4(z) = & - & 3,10829\ 10^{-6}\ cm^{-1}\Phi_1(z) + 1,14940\ 10^{-6}\ cm^{-1}\left[\Phi_2(z) - 1\right]\\
& - & 3,35513\ 10^{-6}\ cm^{-1}\Phi_3(z) + 9,62030\ 10^{-6}\ cm^{-1}\Phi_4(z)\\
V_1(z) = & & 2,31517\ 10^{-5}\Phi_1(z) + 1,73927\ 10^{-5}\left[1 - \Phi_2(z)\right]\\
& + & 2,86759\ 10^{-5}\Phi_3(z) + 4,42679\ 10^{-7}\Phi_4(z)\\
& - & 1,98531\ 10^{-6}\ cm^{-1}z\\
V_4(z) = & - & 7,40447\ 10^{-4}\Phi_1(z) + 1,017613\ 10^{-3}\Phi_3(z)\\
& + & 5,90532\ 10^{-4}\Phi_4(z)\\
P_4(z) = & & 104740,45\ kNcm^2\Phi_1(z) - 78686,197\ kNcm^2\Phi_2(z)\\
& + & 129732,55\ kNcm^2\Phi_3(z) + 2002,721\ kNcm^2\Phi_4(z)\\
Q_1(z) = & - & 5200\ kNcm\\
Q_4(z) = & & 436,5382\ kNcm\Phi_1(z) + 1285,7677\ kNcm\Phi_2(z)\\
& - & 425,5683\ kNcm\Phi_3(z) - 120,5245\ kNcm\Phi_4(z)
\end{aligned}$$

Für die Berechnung der Verschiebungen und der Spannungen gelten dann die Gleichungen

$$u(z,s) \;=\; \sum_{i=1}^{4} U_i(z)\varphi_i(s)$$

$$v(z,s) \;=\; \sum_{k=1}^{4} V_k(z)\psi_k(s)$$

$$\sigma_z(z,s) \;=\; E \sum_{i=1}^{4} U_i'(z)\varphi_i(s)$$

$$\sigma_{sb}(z,s) \;=\; \pm\frac{t}{2I} V_4(z)m_4(s)$$

$$\tau_{zs}(z,s) \;=\; G\left[\sum_{i=1}^{4} U_i(z)\varphi_i'(z) + \sum_{k=1}^{4} V_k'(z)\psi_k(s)\right]$$

Da hier die $\varphi_i(s)$ orthogonale Funktionen sind, können die Normalspannungen σ_z auch mit Hilfe der verallgemeinerten Längskräfte berechnet werden

$$\sigma_z(z,s) = \sum_{i=1}^{4} \frac{P_i(z)}{a_{ii}}\varphi_i(s)$$

Beschränkt man die numerischen Auswertungen auf die Berechnung der Längsnormalspannungen an der Einspannstelle und die vertikale Absenkung v_{St} der belasteten Stegblechebene, erhält man

$$
\begin{aligned}
v_{St}(z = l) &\;=\; \sum_{k=1}^{4} V_k(z = l)\psi_k(Steg)\\[4pt]
&\;=\; V_1(l)\left(-\frac{d_2}{2}\right) + V_2(l)(0) + V_3(l)(+1) + V_4(l)\left(-\frac{d_2}{2}\right)\\[4pt]
&\;=\; -V_1(l)\,20\ cm + V_3(l) - V_4(l)\,20\ cm\\[4pt]
&\;=\; 1,231\ cm\\[4pt]
\sigma_z(z = 0, s) &\;=\; \sum_{i=1}^{4} \frac{P_i(z = 0)}{a_{ii}}\varphi_i(s)\\[4pt]
&\;=\; \frac{P_{30}}{I_{xx}}\varphi_3(s) + \frac{P_{40}}{I_{\omega\omega}}\varphi_4(s)
\end{aligned}
$$

Interessant ist die Änderung der Verformungen und der Spannungen des Freiträgers, wenn an der Lasteintragungsstelle $z = l$ ein starres Schott angeordnet wird. Es ändert sich dann nur die 16. Randbedingung, statt $Q_4(z = l) = -Fd_2/2$ gilt nun

16. $V_4(z = l) = 0$

Die Lösungen der ersten Teilsysteme bleiben somit unverändert und für die Lösungen des 4. Teisystems erhält man

$$U_4(z) = \quad -\quad 1{,}05364\ 10^{-6}\ cm^{-1}\Phi_1(z) + 1{,}14940\ 10^{-6}\ cm^{-1}\left[\Phi_2(z) - 1\right]$$
$$\quad -\quad 1{,}13732\ 10^{-6}\ cm^{-1}\Phi_3(z) + 1{,}05203\ 10^{-6}\ cm^{-1}\Phi_4(z)$$
$$V_1(z) = \quad -\quad 1{,}86508\ 10^{-7}\Phi_1(z) - 5{,}89575\ 10^{-6}\left[\Phi_2(z) - 1\right]$$
$$\quad +\quad 5{,}92419\ 10^{-6}\Phi_3(z) + 1{,}50059\ 10^{-7}\Phi_4(z)$$
$$\quad -\quad 1{,}98531\ 10^{-6}\ cm^{-1}z$$
$$V_4(z) = \quad -\quad 2{,}01180\ 10^{-4}\Phi_1(z) - 1{,}20921\ 10^{-6}\Phi_3(z)$$
$$\quad +\quad 2{,}00178\ 10^{-4}\Phi_4(z)$$
$$P_4(z) = \quad -\quad 843{,}7770\ kNcm^2\Phi_1(z) - 26672{,}91\ kNcm^2\Phi_2(z)$$
$$\quad +\quad 26801{,}58\ kNcm^2\Phi_3(z) + 678{,}8789\ kNcm^2\Phi_4(z)$$
$$Q_1(z) = \quad -\quad 5200\ kNcm$$
$$Q_4(z) = \quad\quad 147{,}9769\ kNcm\Phi_1(z) + 144{,}0771\ kNcm\Phi_2(z)$$
$$\quad -\quad 144{,}2584\ kNcm\Phi_3(z) - 149{,}5828\ kNcm\Phi_4(z)$$

und mit

$$v_{St}(z = l) \;=\; V_1(l)\left(-\frac{d_2}{2}\right) + V_3(l) = 1{,}074\ cm$$

$$\sigma_z(z = 0, s) \;=\; \frac{P_{30}}{I_{xx}}\varphi_3(s) + \frac{P_{40}}{I_{\omega\omega}}\varphi_4(s)$$

Für P_{30} gilt wieder $P_{30} = -Fl$ und für P_{40} der veränderte Wert $P_{40} = -26672{,}9\ kNcm^2$.

Zur Beurteilung des Einflusses der Modellqualität auf die berechneten Spannungs- und Durchbiegungswerte wurden Vergleichsrechnungen für die folgenden vereinfachten Modellgleichungen durchgeführt:

1. *Bernoulli*balken, Berechnung der Torsionsbeanspruchungen mit Hilfe der *Bredt*schen Formeln

2. *Timoshenko*balken, Berechnung der Torsionsbeanspruchungen mit Hilfe der *Bredt*schen Formeln. Die Gleichungen des *Timoshenko*modells entsprechen den Gleichungen der drei ersten Teilsysteme.

3. Klassischer *Vlasov* stab mit starrer Querschnittskontur

4. Gelenkfaltwerk ohne und mit Anordnung eines starren Schottes an der Lasteintragungsstelle

Alle Ergebnisse sind in der Tabelle 4.7 übersichtlich zusammengefaßt. Die Werte für das halbmomentenfreie Schalenmodell ohne starres Schott werden als Referenzwerte betrachtet.

Tabelle 4.8 enthält die entsprechenden Angaben für alle 6 Modellvarianten, wenn der Kastenquerschnitt um 90^0 gedreht ist, um den Einfluß der Querschnittsgeometrie abschätzen zu können. Es sei allerdings darauf hingewiesen, daß für den dann im Vergleich zur Steghöhe breiten Obergurt der Effekt der mittragenden Breite Einfluß gewinnt und die Ergebniswerte stärker verändern kann. Das wird hier nicht berücksichtigt.

Berechnungsmodell	Absenkung $v_{St}(l)$	Spannungen $\dfrac{\sigma_z(z=0)}{kN\,cm^{-2}}$
*Bernoulli*stab (Querschnitt eben, starr, ohne Schubverformung)	82,1 % 1,011 *cm*	links: 106,3 % / 9,990 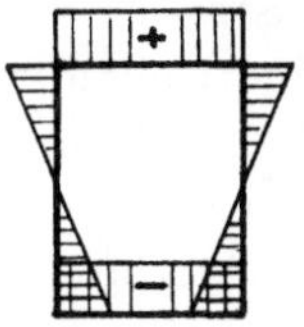 — rechts: 106,3 % / 9,990
*Timoshenko*stab (Querschnitt eben, starr, mit Schubverformung)	87,2 % 1,074 *cm*	
*Vlasov*stab (Querschnitt verwölbbar, Kontur starr, mit Schubverformung)	87,2 % 1,073 *cm*	links: 99,3 % / 9,327 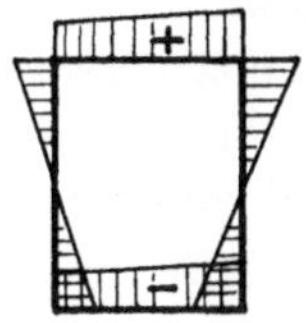 — rechts: 113,4 % / 10,653
Halbmomentenfreie Schale nach *Vlasov* (Querschnitt verwölbbar, Kontur verformbar, mit Schubverformung) – ohne Endschott –	100% 1,231 *cm*	links: 100 % / 9,395 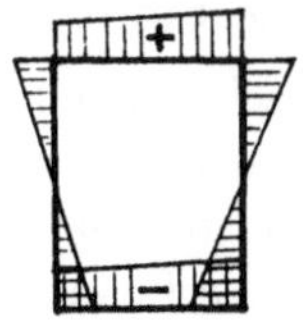 — rechts: 112,7 % / 10,585
Halbmomentenfreie Schale nach *Vlasov* (Querschnitt verwölbbar, Kontur verformbar, mit Schubverformung) – mit Endschott –	87,2% 1,074 *cm*	links: 104,2 % / 9,788 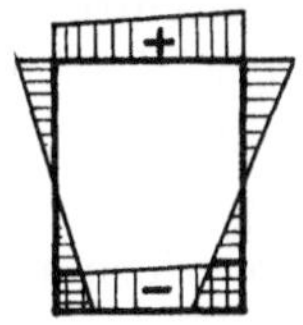 — rechts: 108,5 % / 10,192
Gelenkfaltwerk (Querschnitt verwölbbar, Kontur verformbar ohne Steifigkeit, mit Schubverformung) – ohne Endschott –	249,1% 3,067 *cm*	links: 315,6 % / 29,647  — rechts: -102,9 % / 9,667
Gelenkfaltwerk (Querschnitt verwölbbar, Kontur verformbar ohne Steifigkeit, mit Schubverformung) – mit Endschott –	87,2% 1,074 *cm*	links: 105,1 % / 9,875 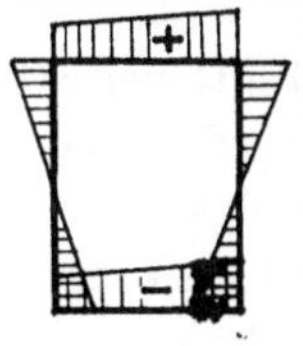 — rechts: 107,6 % / 10,105

Tabelle 4.7   Ergebnisse Freiträger mit Einzellast, Querschnitt stehend

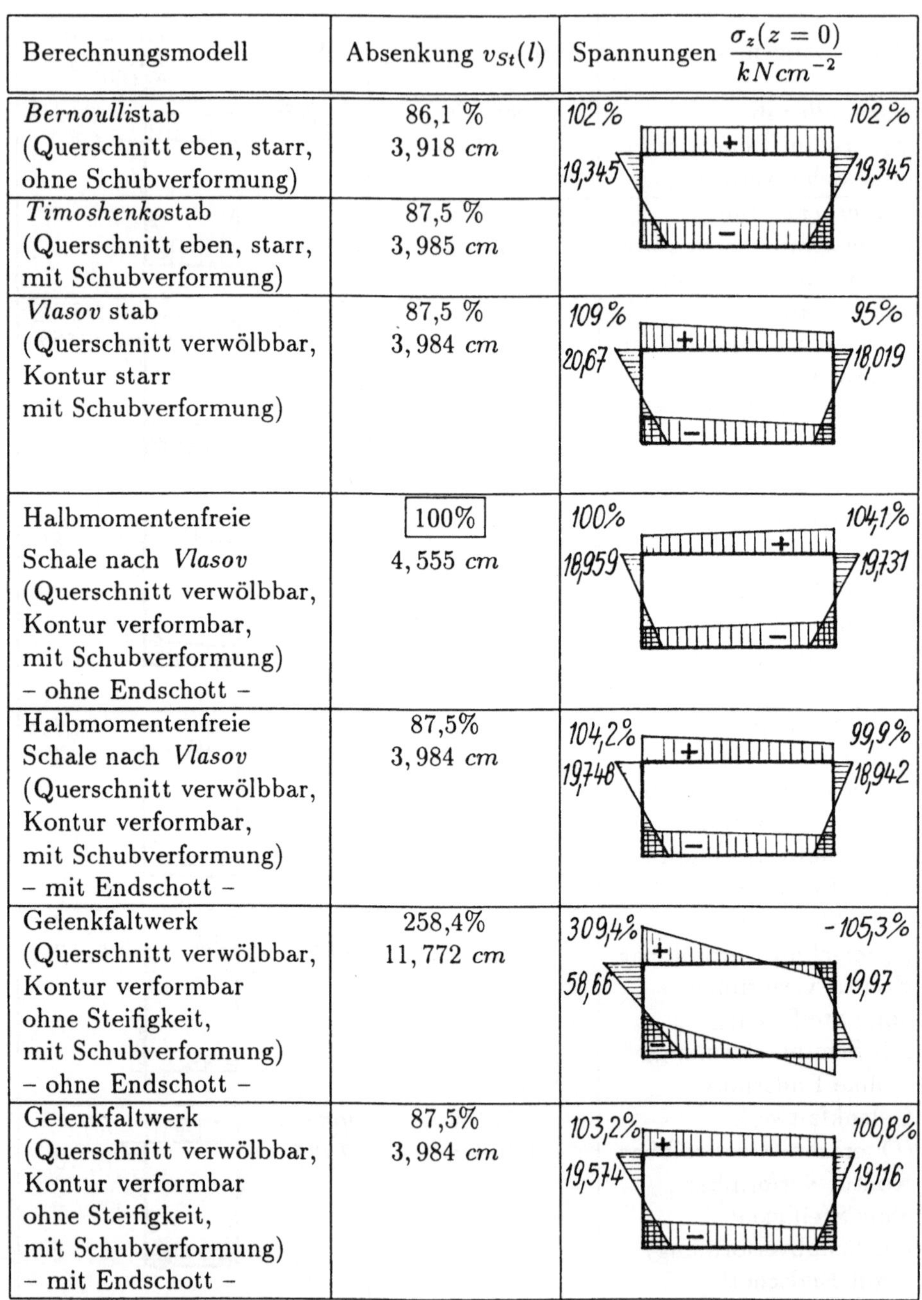

Berechnungsmodell	Absenkung $v_{St}(l)$	Spannungen $\dfrac{\sigma_z(z=0)}{kN\,cm^{-2}}$
*Bernoulli*stab (Querschnitt eben, starr, ohne Schubverformung)	86,1 % 3,918 cm	
*Timoshenko*stab (Querschnitt eben, starr, mit Schubverformung)	87,5 % 3,985 cm	
Vlasov stab (Querschnitt verwölbbar, Kontur starr mit Schubverformung)	87,5 % 3,984 cm	
Halbmomentenfreie Schale nach *Vlasov* (Querschnitt verwölbbar, Kontur verformbar, mit Schubverformung) – ohne Endschott –	100% 4,555 cm	
Halbmomentenfreie Schale nach *Vlasov* (Querschnitt verwölbbar, Kontur verformbar, mit Schubverformung) – mit Endschott –	87,5% 3,984 cm	
Gelenkfaltwerk (Querschnitt verwölbbar, Kontur verformbar ohne Steifigkeit, mit Schubverformung) – ohne Endschott –	258,4% 11,772 cm	
Gelenkfaltwerk (Querschnitt verwölbbar, Kontur verformbar ohne Steifigkeit, mit Schubverformung) – mit Endschott –	87,5% 3,984 cm	

Tabelle 4.8 Ergebnisse Freiträger mit Einzellast, Querschnitt liegend

Freiträger unter thermischer Belastung, analytische Lösung

Für einen Kragträger mit den gleichen Querschnitts- und Längenabmessungen wie im Fall der exzentrischen Einzelkraftbelastung wird die Wirkung eines Temperaturlastfalles untersucht. Betrachtet wird ein in Längsrichtung konstantes stationäres Temperaturfeld entsprechend Bild 4.14. Alle Querschnittswerte, Beiwerte und Kennzahlen

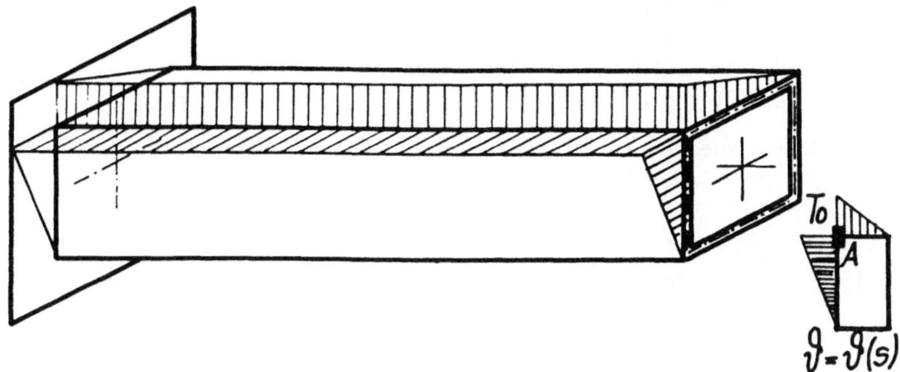

Bild 4.14   Thermisch beanspruchter Freiträger

können unverändert übernommen werden. Für das Temperaturfeld gilt $\theta = \theta(s)$ mit $T_0 = 50\,K$ und einem Wärmeausdehnungskoeffizient $\alpha_{th} = 1,2\ 10^{-5}\,K^{-1}$. Die Randbedingungen für den Rand $z = 0$ bleiben unverändert. Die thermische Belastung führt jedoch zu einem Zusatzterm $P_{jth}(z)$ in den verallgemeinerten Längskräften

$$P_j^*(z) = P_j(z) - P_{jth}(z); \quad P_{jth}(z) = E\alpha_{th} \oint \theta(s)\varphi_j(s)t(s)\,ds$$

d.h.

$$
\begin{aligned}
P_{1th}(z) &= E\alpha_{th} \oint \theta(s)\varphi_1(s)t(s)\,ds \\[2mm]
&= E\alpha_{th}T_0\frac{A}{4} = 1562,4\ kN \\[2mm]
P_{2th}(z) &= E\alpha_{th} \oint \theta(s)\varphi_2(s)t(s)\,ds \\[2mm]
&= -\frac{E\alpha_{th}T_0}{12}d_2(3A_{St} + A_G) = -211168\ kNcm \\[2mm]
P_{3th}(z) &= E\alpha_{th} \oint \theta(s)\varphi_3(s)t(s)\,ds \\[2mm]
&= -\frac{E\alpha_{th}T_0}{12}d_1(A_{St} + 3A_G) = -40992\ kNcm \\[2mm]
P_{4th}(z) &= E\alpha_{th} \oint \theta(s)\varphi_4(s)t(s)\,ds \\[2mm]
&= \frac{E\alpha_{th}T_0}{48}d_1d_2A = 416640\ kNcm^2
\end{aligned}
$$

Wegen $\partial\theta/\partial z = 0$ sind alle $p^*_{zj} \equiv 0$, und $p^*_{sh} \equiv 0$ und es entfällt zunächst wiederum die Berechnung von Partikulärlösungen. Die 16 Randbedingungen lauten jetzt:

$$
\begin{array}{llll}
1. & U_{10} = 0; & 2. & P^*_1(z = l) = P_1(l) - P_{1th}(l) = 0 \\
3. & U_{20} = 0; & 4. & P^*_2(z = l) = P_2(l) - P_{2th}(l) = 0 \\
5. & U_{30} = 0; & 6. & P^*_3(z = l) = P_3(l) - P_{3th}(l) = 0 \\
7. & U_{40} = 0; & 8. & P^*_4(z = l) = P_4(l) - P_{4th}(l) = 0 \\
9. & V_{10} = 0; & 10. & Q_1(z = l) = 0; \\
11. & V_{20} = 0; & 12. & Q_2(z = l) = 0; \\
13. & V_{30} = 0; & 14. & Q_3(z = l) = 0; \\
15. & V_{40} = 0; & 16. & Q_4(z = l) = 0
\end{array}
$$

Die Lösungen folgen wieder aus den Tabellen 4.3 und 4.4 und man erhält nach Berechnung und Einsetzen aller Anfangsparameter

$$
\begin{aligned}
U_1(z) &= \frac{P_{1th}}{EA}z = 1,5\ 10^{-4}z; \\
P_1(z) &= P_{1th} = 1562,4\ kN; \\
U_2(z) &= \frac{P_{2th}}{EI_{yy}}z = -7,5\ 10^{-6}z\ cm^{-1}; \\
V_2(z) &= -\frac{P_{2th}}{EI_{yy}}\frac{z^2}{2} = 3,75\ 10^{-6}z^2 cm^{-1}; \\
P_2(z) &= P_{2th} = -21168\ kNcm; \\
Q_2(z) &= 0; \\
U_3(z) &= \frac{P_{3th}}{EI_{xx}}z = -3,75\ 10^{-6}z\ cm^{-1}; \\
V_3(z) &= -\frac{P_{3th}}{EI_{xx}}\frac{z^2}{2} = 1,875\ 10^{-6}z^2 cm^{-1}; \\
P_3(z) &= P_{3th} = -40992\ kNcm; \\
Q_3(z) &= 0;
\end{aligned}
$$

$$
\begin{aligned}
U_4(z) =\ & -\ 3,53457\ 10^{-6}\ cm^{-1}\Phi_1(z) - 3,81534\ 10^{-6}\ cm^{-1}\Phi_3(z) \\
& +\ 5,41387\ 10^{-6}\ cm^{-1}\Phi_4(z) \\
V_1(z) =\ & \ 1,47473\ 10^{-5}\Phi_1(z) + 1,97779\ 10^{-5}\ [1 - \Phi_2(z)] \\
& +\ 1,43766\ 10^{-5}\Phi_3(z) + 5,03407\ 10^{-7}\Phi_4(z) \\
V_4(z) =\ & -\ 4,75083\ 10^{-4}\Phi_1(z) + 5,12822\ 10^{-4}\Phi_3(z) \\
& +\ 6,71459\ 10^{-4}\Phi_4(z) \\
P_4(z) =\ & \ 66715,864\ kNcm^2\Phi_1(z) - 89473,841\ kNcm^2\Phi_2(z) \\
& +\ 65038,875\ kNcm^2\Phi_3(z) + 2277,378\ kNcm^2\Phi_4(z) \\
Q_1(z) =\ & \ 0 \\
Q_4(z) =\ & \ 496,3586\ kNcm\ \Phi_1(z) + 721,3813\ kNcm\ \Phi_2(z) \\
& -\ 483,8820\ kNcm\ \Phi_3(z) + 18,3614\ kNcm\ \Phi_4(z)
\end{aligned}
$$

Mit diesen Lösungen können alle Formänderungen und alle Spannungen berechnet werden. Hier werden zahlenmäßig die Werte für die vertikale Verschiebung des vorderen Stegbleches am freien Ende und die Längsnormalspannungen in der erwärmten oberen Kante (Punkt A) berechnet

$$v_{St}(z = l) = \sum_{k=1}^{4} V_k(z = l)\psi_k(Steg)$$

$$= V_1(l)\left(-\frac{d_2}{2}\right) + V_3(l) + V_4(l)\left(-\frac{d_2}{2}\right)$$

$$= 0,528 \; cm$$

$$\sigma_{zA}(z) = \sum_{i=1}^{4} \frac{P_i(z)}{a_{ii}}\varphi_i(A) - E\alpha_{th}\theta_A(z)$$

$$= \frac{P_1(z)}{A} - \frac{P_2(z)}{I_{yy}}\frac{d_2}{2} - \frac{P_3(z)}{I_{xx}}\frac{d_1}{2} + \frac{P_4(z)}{I_{\omega\omega}}\frac{d_1 d_2}{4} - E\alpha_{th}T_0$$

Fügt man am Ende des Freiträgers ein starres Endschott ein, ändert sich nur die Randbedingung 16., die wieder die Form $V_4(z = l) = 0$ annimmt. Dies hat nur Einfluß auf das 4. Teilsystem. Die Auswertung der Lösung für die Vertikalverschiebung des Stegbleches am freien Ende führt mit einer veränderten Funktion $V_1(z)$ auf

$$v_{St}(z = l) = V_1(l)\left(-\frac{d_2}{2}\right) + V_3(l) = 0,467 \; cm$$

Die Gleichung für $\sigma_{zA}(z)$ ändert sich formal nicht, es gilt jetzt allerdings eine andere Lösungsfunktion für $P_4(z)$

$$P_4(z) = \quad 21376,9 \; kNcm^2\Phi_1(z) - 67139,3 \; kNcm^2\Phi_2(z)$$
$$+ \quad 20839,6 \; kNcm^2\Phi_3(z) + 1708,9 \; kNcm^2\Phi_4(z)$$

Für den Temperaturlastfall wurde auch noch der Einfluß eines starren Querschottes in Trägermitte ($z = l/2$) untersucht. Durch ein solches Schott wird für $z = l/2$ die Konturdeformation verhindert und damit an der Stelle eine unbekannte verallgemeinerte Querkraft $Q_{4l/2}$ eingeleitet. Es müssen daher für $z > l/2$ zusätzliche Partikulärlösungen berechnet werden. Nach Tabelle 3.1 und mit den Einflußfunktionen $K_{FG}(z)$ aus Tabelle 4.3 erhält man

$$U_{4P}\bigg\|_{z>\frac{l}{2}} = -K_{U_4Q_4}\left(z - \frac{l}{2}\right)Q_{4l/2}$$

$$V_{1P}\bigg\|_{z>\frac{l}{2}} = -K_{V_1Q_4}\left(z - \frac{l}{2}\right)Q_{4l/2}$$

$$V_{4P}\bigg\|_{z>\frac{l}{2}} = -K_{V_4Q_4}\left(z - \frac{l}{2}\right)Q_{4l/2}$$

$$P_{4P}\bigg\|_{z>\frac{l}{2}} = -K_{P_4Q_4}\left(z - \frac{l}{2}\right)Q_{4l/2}$$

$$Q_{1P}\bigg\|_{z>\frac{l}{2}} = 0$$

$$Q_{4P}\bigg\|_{z>\frac{l}{2}} = -K_{Q_4Q_4}\left(z - \frac{l}{2}\right)Q_{4l/2}$$

Da zu den 16 Anfangsparametern als weitere Unbekannte $Q_{4l/2}$ auftritt, benötigt man noch eine 17. Bestimmungsgleichung

17. $V_4(z = l/2) = 0$

Für die Funktionen $U_4(z)$, $V_1(z)$, $V_4(z)$, $P_4(z), Q_1(z)$ und $Q_4(z)$ des 4. Teilsystems erhält man dann die Lösungen

$$
\begin{aligned}
U_4(z) &= -9,01005\ 10^{-7}\ cm^{-1}\Phi_1(z) - 9,72577\ 10^{-7}\ cm^{-1}\Phi_3(z) \\
&+ 2,18501\ 10^{-6}\ cm^{-1}\Phi_4(z)\Big\|_{z>\frac{l}{2}} + 1,13718\ 10^{-5}\ cm^{-1}\Phi_4(z - \frac{l}{2}) \\
V_1(z) &= 5,95174\ 10^{-6}\ \Phi_1(z) + 5,04164\ 10^{-6}\ [1 - \Phi_2(z)] \\
&+ 5,80213\ 10^{-6}\Phi_3(z) + 1,28325\ 10^{-7}\ \Phi_4(z)\Big\|_{z>\frac{l}{2}} \\
&+ 3,09755\ 10^{-5}\ \Phi_1(z - \frac{l}{2}) + 3,01969\ 10^{-5}\ \Phi_3(z - \frac{l}{2}) \\
V_4(z) &= -1,91731\ 10^{-4}\ \Phi_1(z) + 2,06961\ 10^{-4}\ \Phi_3(z) \\
&+ 1,71180\ 10^{-4}\Phi_4(z)\Big\|_{z>\frac{l}{2}} - 9,97855\ 10^{-4}\ \Phi_1(z - \frac{l}{2}) \\
&+ 1,07712\ 10^{-3}\ \Phi_3(z - \frac{l}{2}) \\
P_4(z) &= 26924,767\ kNcm^2\ \Phi_1(z) - 22807,981\ kNcm^2\ \Phi_2(z) \\
&+ 26247,978\ kNcm^2\ \Phi_3(z) + 580,534\ kNcm^2\ \Phi_4(z)\Big\|_{z>\frac{l}{2}} \\
&+ 140128,56\ kNcm^2\ \Phi_1(z - \frac{l}{2}) + 136606,25\ kNcm^2\ \Phi_3(z - \frac{l}{2}) \\
Q_1(z) &= 0 \\
Q_4(z) &= 126,530\ kNcm\ \Phi_1(z) + 291,131\ kNcm\ \Phi_2(z) \\
&- 123,350\ kNcm\ \Phi_3(z) - 7,4102\ kNcm\ \Phi_4(z)\Big\|_{z>\frac{l}{2}} \\
&+ 1515,174\ kNcm\ \Phi_2(z - \frac{l}{2}) + 38,566\ kNcm\ \Phi_4(z - \frac{l}{2})
\end{aligned}
$$

Die Vertikalverschiebung des vorderen Stegbleches am freien Ende hat jetzt den Wert

$$
v_{St}(z = l) = -\frac{d_2}{2}V_1(l) + V_3(l) - \frac{d_2}{2}V_4(l) = 0,531\ cm
$$

Ferner wurde wieder der Spannungsverlauf $\sigma_{zA}(z)$ berechnet. Als weitere konstruktive Variante wurde der Freiträger mit starrem End– und Mittelschott berechnet. In gleicher Weise wurden auch die Varianten Träger ohne Schotte, Träger mit Endschott, Träger mit Mittenschott und Träger mit Mitten– und Endschott für das Gelenkfaltwerkmodell berechnet. In Tabelle 4.9 sind die berechneten Vertikalverschiebungen für die verschiedenen Modellvarianten noch einmal zum Vergleich zusammengestellt. Dabei wurden auch die Varianten „starrer Querschnitt"und *Bernoulli–/ Timoshenko*stab

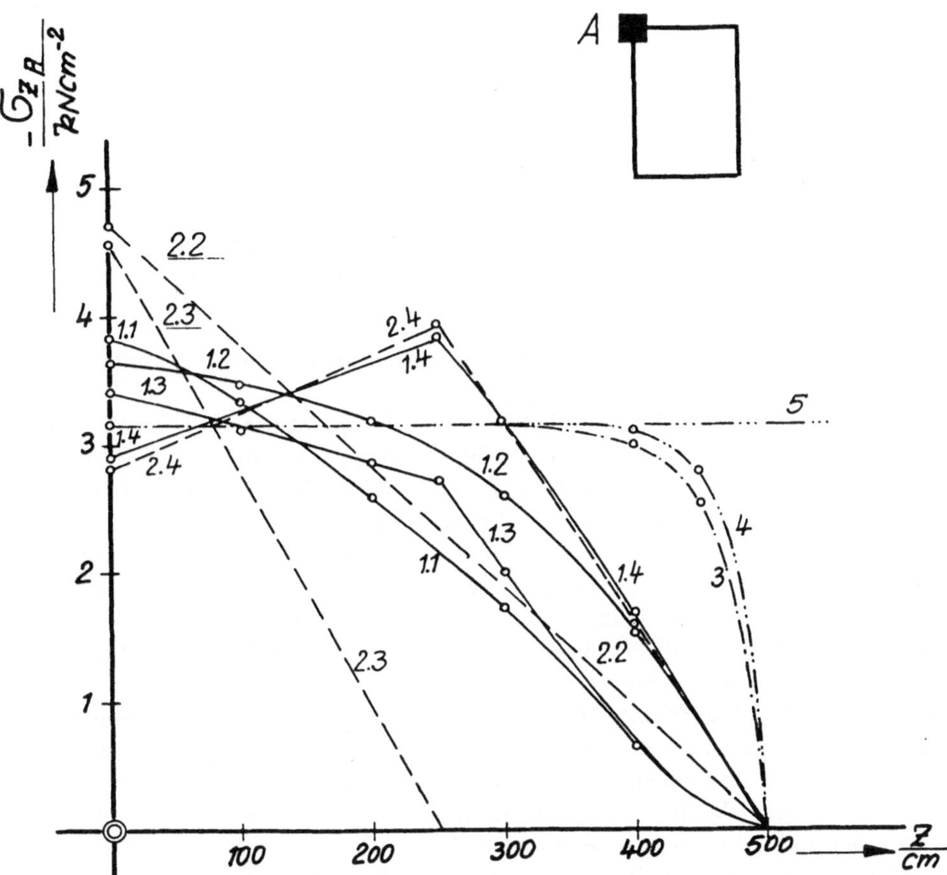

Bild 4.15 Verlauf der Längsnormalspannung $\sigma_{zA}(z)$ für die erwärmte Kante – 1. Halbmomentenfreie Schale: 1.1 ohne Schotte, 1.2 mit Endschott, 1.3 mit Mittenschott, 1.4 mit Mitten– und Endschott; 2. Gelenkfaltwerk, 2.1 ohne Schotte ($\sigma_z \equiv 0$), 2.2 mit Endschott, 2.3 mit Mittenschott, 2.4 mit Mitten– und Endschott; 3. Starrer Querschnitt; 4. *Vlasov* –Stab, 5. *Bernoulli*–Stab

Berechnungsmodell	Variante	$v_{St}(z = l)/cm$
Halbmomentenfreie Schale	ohne Schotte	0,528
	mit Endschott	0,467
	mit Mittenschott	0,531
	mit Mitten– und Endschott	0,467
Gelenkfaltwerk	ohne Schotte	0,938
	mit Endschott	0,466
	mit Mittenschott	0,649
	mit Mitten– und Endschott	0,467
Starrer Querschnitt		0,467
*Bernoulli/Timoshenko*stab		0,467

Tabelle 4.9 Vertikale Absenkung $v_{St}(z = l)$ für unterschiedliche Modellvarianten eines Freiträgers mit Rechteckquerschnitt und Temperaturbelastung

aufgenommen Die Funktionen $\sigma_{zA}(z)$ für die unterschiedlichen Berechnungsmodelle zeigt Bild 4.15.

Die Ergebnisse für den Kraftlastfall und den Temperaturlastfall lassen folgende Wertungen zu: Die einfachen klassischen Stabmodelle nach *Bernoulli, Timoshenko* und *Vlasov* liefern für nicht durch Schotte ausgesteifte Kastenträger unreale Werte sowohl für die Verschiebungen als auch für die Spannungen. Dies gilt in verstärktem Maße auch für das Berechnungsmodell Gelenkfaltwerk. Bereits die Anordnung eines starren Endschottes für die Krafteinleitung führt zu einer guten Übereinstimmung der Verformungs– und der Spannungswerte für das halbmomentenfreie Schalenmodell und für das Gelenkfaltwerk. Diese Aussage gilt für beide Querschnittslagen, die für den Kraftlastfall betrachtet wurden. Für den Temperaturlastfall liefert das Gelenkfaltwerkmodell ohne Schotte keine Längsnormalspannungen. Die Anordnung eines Endschottes führt für die Verformungen bereits zu einer guten Übereinstimmung für alle Modelle. Das halbmomentenfreie Schalenmodell und das Gelenkfaltwerk ergeben bei Anordnung eines Mitten– und eines Endschottes auch hinreichende Übereinstimmung in den Spannungswerten. Wie andere Vergleichsrechnungen gezeigt haben, erreicht man die dem starren Querschnitt entsprechenden Spannungswerte erst bei der Anordnung von mindestens 10 Querschotten.

Einachsige Biegung mit Berücksichtigung des Effektes der mittragenden Breite, analytische Lösung

Betrachtet wird jetzt der zweiseitig gelagerte Kastenträger nach Bild 4.16. Für den Querschnitt gelten die Koordinatenfunktionen nach Bild 4.11. Vernachlässigt man den Einfluß der Querdehnungen ε_s, werden bei einachsiger Biegung um die x–Achse ohne Schubverwölbung nur die Koordinatenfunktionen $\varphi_3(s)$ und $\psi_3(s)$ benötigt, der Effekt der mittragenden Breite (Schubverwölbungseinfluß) soll durch die Funktion $\varphi_5^*(s)$ erfaßt werden. Die beiden φ–Koordinatenfunktionen sollen orthogonalisiert werden. Man wählt dazu $\varphi_5^*(s)$ als Basisfunktion und erhält mit

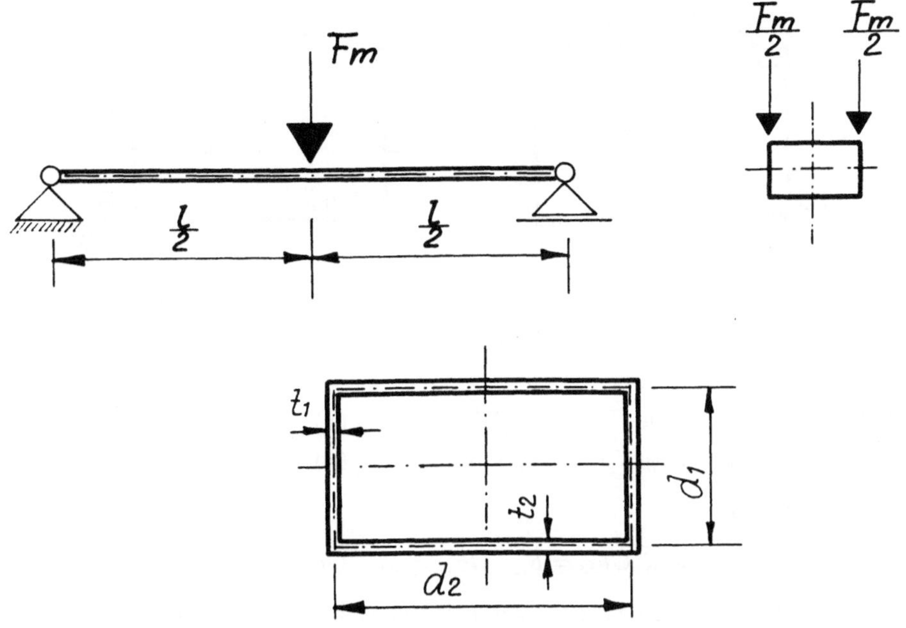

Bild 4.16   Auf einachsige Biegung beanspruchter Kastenträger

$$\hat{\varphi}_5^*(s) = \varphi_5^*(s) + \alpha\varphi_3(s)$$

$$\oint \varphi_3(s)\hat{\varphi}_5^*(s)\, t(s)\, ds = \oint \varphi_3(s)\left(\varphi_5^*(s) + \alpha\varphi_3(s)\right)\, t(s)\, ds = 0$$

$$\alpha = \frac{4A_G}{3A_G + A_{St}}$$

Die orthogonalisierte Koordinatenfunktion $\hat{\varphi}_5^*(s)$ ist im Bild 4.17 dargestellt. Berechnet man nun die verallgemeinerten Querschnittswerte

$$
\begin{aligned}
a_{33} &= I_{xx} = \frac{d_1^2}{6}(3A_G + A_{St})\\[4pt]
a_{55} &= \frac{16}{15}d_1^2 A_G - \alpha^2 a_{33}\\[4pt]
b_{33} &= c_{33} = e_{33} = r_{33} = 2A_{St}\\[4pt]
b_{35} &= c_{53} = 2\alpha A_{St}\\[4pt]
b_{55} &= 2\alpha^2 A_{St} + \frac{32}{3}\left(\frac{d_1}{d_2}\right)^2 A_G
\end{aligned}
$$

erhält man für das vorliegende Problem das Dgl.–System der halbmomentenfreien Schale in der Form

$$\bar{a}_{33}U_3''(z) - \bar{b}_{33}U_3(z) - \bar{b}_{35}U_5(z) - \bar{b}_{33}V_3'(z) = -p_{z_3}(z)$$

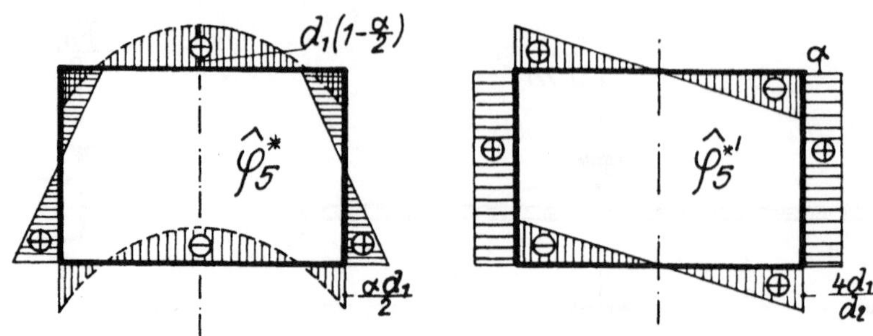

Bild 4.17　Orthogonalisierte verallgemeinerte Koordinatenfunktionen $\hat{\varphi}_5^*$ und $\hat{\varphi}_5^{\prime*}(s)$

$$\bar{b}_{35}U_3(z) + \bar{a}_{55}U_5''(z) - \bar{b}_{55}U_5(z) - \bar{b}_{35}V_3'(z) = -p_{z_5}(z)$$
$$\bar{b}_{33}U_3'(z) + \bar{b}_{35}U_5'(z) + \bar{b}_{33}V_3''(z) = -p_{s_3}(z)$$

mit den Abkürzungen

$$Ea_{33} = \bar{a}_{33}, \; Ea_{55} = \bar{a}_{55}, \; Gb_{33} = \bar{b}_{33}, \; Gb_{35} = \bar{b}_{35}, \; Gb_{55} = \bar{b}_{55}$$

Die Lösung der Dgl.–Systems bereitet keine Schwierigkeiten. Für das homogene System gilt: Integriert man die 3. Gleichung und addiert diese dann zur 1. Gleichung folgt nach Integration die Lösung für $U_3(z)$

$$U_3(z) = C_1\frac{1}{\bar{a}_{33}}\frac{z^2}{2} + C_2 z + C_3$$

Einsetzen dieser Lösung in die integrierte 3. Gl. des Systems, Auflösung nach $V_3'(z)$ und Einsetzen in die 2. Gl. führt auf eine Dgl. für $U_5(z)$

$$U_5''(z) - k^2 U_2(z) = C_1\frac{\bar{b}_{35}}{\bar{a}_{55}\bar{b}_{33}}$$

mit der Lösung

$$U_5(z) = C_4 \sinh kz + C_5 \cosh kz - C_1\frac{\bar{b}_{35}}{\bar{a}_{55}\bar{b}_{33}k^2}; \; k^2 = \frac{\bar{b}_{33}\bar{b}_{55} - \bar{b}_{35}^2}{\bar{a}_{55}\bar{b}_{33}}$$

Schließlich folgt durch Einsetzen und Integration noch die Lösung für $V_3(z)$

$$V_3(z) \;=\; -\frac{\bar{b}_{35}}{\bar{b}_{33}k}(C_4\cosh kz + C_5\sinh kz)$$
$$+\; \frac{\bar{b}_{55}}{\bar{a}_{55}\bar{b}_{33}k^2}C_1 z - C_1\frac{1}{\bar{a}_{33}}\frac{z^3}{6} - C_2\frac{z^2}{2} - C_3 z + C_6$$

Beachtet man nun die Gln. für die verallgemeinerten Schnittgrößen, erhält man

$$P_3(z) \;=\; \bar{a}_{33}U_3'(z); \; P_5(z) = \bar{a}_{55}U_5'(z);$$
$$Q_3(z) \;=\; \bar{b}_{33}U_3(z) + \bar{b}_{35}U_5(z) + \bar{b}_{33}V_3'(z)$$

Man kann in diese Gln. die Lösungen für $U_3(z)$, $U_5(z)$ und $V_3(z)$ einsetzen, die Konstanten C_1 bis C_6 durch die Anfangsparameter ausdrücken und erhält nach Zwischenrechnung die gesuchte Anfangsparametermatrix für die hier betrachtete Aufgabenklasse entsprechend Tabelle 4.10. Für die Berechnung aller Verschiebungen und

	U_{30}	U_{50}	V_{30}	P_{30}	P_{50}	Q_{30}
$U_3(z)$	1	0	0	$\dfrac{1}{\bar{a}_{33}}z$	0	$\dfrac{1}{\bar{a}_{33}}\dfrac{z^2}{2}$
$U_5(z)$	0	$\cosh kz$	0	0	$\dfrac{1}{\bar{a}_{55}k}\sinh kz$	$\dfrac{\alpha}{\bar{a}_{55}k^2}(\cosh kz - 1)$
$V_3(z)$	$-z$	$\dfrac{\alpha}{k}\sinh kz$	1	$-\dfrac{1}{\bar{a}_{33}}\dfrac{z^2}{2}$	$-\dfrac{\alpha}{\bar{a}_{55}k^2}(\cosh kz - 1)$	$-\dfrac{\alpha^2}{\bar{a}_{55}k^3}\sinh kz$ $-\dfrac{1}{\bar{a}_{33}}\dfrac{z^3}{6}$ $+\dfrac{b_{55}}{\bar{a}_{55}\bar{b}_{33}k^2}z$
$P_3(z)$	0	0	0	1	0	z
$P_5(z)$	0	$\bar{a}_{55}k\sinh kz$	0	0	$\cosh kz$	$\dfrac{\alpha}{k}\sinh kz$
$Q_3(z)$	0	0	0	0	0	1

Tabelle 4.10 Anfangsparametermatrix für den doppeltsymmetrischen Kastenträger unter einachsiger Biegung und Berücksichtigung der Schubverwölbung

Spannungen gelten dann die Gln.

$$
\begin{aligned}
u(z,s) &= U_3(z)\varphi_3(s) + U_5(z)\hat{\varphi}_5^*(s); \\
v(z,s) &= V_3(z)\psi_3(s); \\
\sigma_z(z,s) &= \frac{P_3(z)}{a_{33}}\varphi_3(s) + \frac{P_5(z)}{a_{55}}\hat{\varphi}_5^*(s) \\
\tau_{zs}(z,s) &= G\left[U_3(z)\varphi_3'(s) + U_5(z)\hat{\varphi}_5'^{*}(s) + V_3'(z)\psi_3(s)\right]
\end{aligned}
$$

Zahlenbeispiel:

Für den im Bild 4.16 dargestellten Balken gelten die folgenden Werte:

$$
\begin{aligned}
&F_m = 1500\ kN, & &l = 5,00\ m, & &t_2 = 15\ mm, \\
&t_1 = 10\ mm, & &d_1 = 1\ m, & &d_2 = 3\ m, \\
&E = 2,1\ 10^4\ kN/cm^2, & &G = 0,81\ 10^4\ kN/cm^2
\end{aligned}
$$

$$
\begin{aligned}
&A_G = 450\ cm^2, & &A_{St} = 100\ cm^2, \\
&I_{xx} \equiv a_{33} = 2,41667\ 10^6 cm^4 & &a_{55} = 1,075748\ 10^6\ cm^4, \\
&b_{55} = 841,548\ cm^2, & &\alpha = 1,2414, \\
&k = 1,38286\ 10^{-2}\ cm^{-1} & &\bar{a}_{33} = 5,0750\ 10^{10}\ kNcm^2; \\
&\bar{a}_{55} = 2,25905\ 10^{10}\ kNcm^2, & &\bar{b}_{33} = 1,620\ 10^6\ kN, \\
&\bar{b}_{35} = 2,01107\ 10^6\ kN, & &\bar{b}_{55} = 6,81654\ 10^6\ kN
\end{aligned}
$$

Die Randbedingungen sind

1. $V_3(z = 0) = 0;$ 4. $V_3(z = l) = 0;$
2. $P_3(z = 0) = 0;$ 5. $P_3(z = l) = 0;$
3. $P_5(z = 0) = 0;$ 6. $P_5(z = l) = 0;$

Die homogene Lösung folgt sofort aus Tabelle 4.10, die der Einzelkraft $Q_{3t} = F_m$ an der Stelle $z = l/2$ entsprechende Partikulärlösung kann Tabelle 3.1 entnommen werden und man erhält

$$U_3(z) = U_{30} + Q_{30}\frac{1}{\bar{a}_{33}}\frac{z^2}{2}\bigg\|_{z>\frac{l}{2}} - F_m\frac{1}{\bar{a}_{33}}\frac{1}{2}\left(z - \frac{l}{2}\right)^2$$

$$U_5(z) = U_{50}\cosh kz + Q_{30}\frac{\alpha}{\bar{a}_{55}k^2}(\cosh kz - 1)\bigg\|_{z>\frac{l}{2}}$$

$$- F_m\left[\cosh k\left(z - \frac{l}{2}\right) - 1\right]\frac{\alpha}{\bar{a}_{55}k^2}$$

$$V_3(z) = -U_{30}z - U_{50}\frac{\alpha}{k}\sinh kz$$

$$- Q_{30}\left[\frac{\alpha^2}{\bar{a}_{55}k^3}\sinh kz + \frac{1}{\bar{a}_{33}}\frac{z^3}{6} - \frac{\bar{b}_{55}}{\bar{a}_{55}\bar{b}_{33}k^2}z\right]\bigg\|_{z>\frac{l}{2}}$$

$$- F_m\left[\frac{\alpha^2}{\bar{a}_{55}k^3}\sinh k\left(z - \frac{l}{2}\right) + \frac{1}{\bar{a}_{33}}\frac{1}{6}\left(z - \frac{l}{2}\right)^3 - \frac{\bar{b}_{55}}{\bar{a}_{55}\bar{b}_{33}k^2}\left(z - \frac{l}{2}\right)\right]$$

$$P_3(z) = Q_{30}z\bigg\|_{z>\frac{l}{2}} - F_m\left(z - \frac{l}{2}\right)$$

$$P_5(z) = U_{50}\bar{a}_{55}k\sinh kz + Q_{30}\frac{\alpha}{k}\sinh kz\bigg\|_{z>\frac{l}{2}} - F_m\frac{\alpha}{k}\sinh k\left(z - \frac{l}{2}\right)$$

$$Q_3(z) = Q_{30}\bigg\|_{z>\frac{l}{2}} - F_m$$

Die noch unbekannten Anfangsparameter folgen aus den Randbedingungen 4., 5. und 6. zu

$$U_{30} = -F_m\frac{l^2}{16\bar{a}_{33}};\quad Q_{30} = \frac{1}{2}F_m;$$

$$U_{50} = F_m\frac{\alpha}{2\bar{a}_{55}k^2}\frac{2\sinh k\frac{l}{2} - \sinh kl}{\sinh kl}$$

Damit ist die Lösung auch zahlenmäßig gefunden

$$U_3(z) = -1{,}84729\ 10^{-3} + 7{,}38916\ 10^{-9}\ cm^{-2}z^2\bigg\|_{z>500\ cm}$$

$$- \quad 1,47783 \ 10^{-8} \ cm^{-2}(z - 500 \ cm)^2$$

$$U_5(z) \quad = \quad -2,15521 \ 10^{-4} + 4,282 \ 10^{-7} \cosh kz \Big\|_{z>500 \ cm}$$

$$- \quad 4,31042 \ 10^{-4} \left[\cosh k(z - 500 \ cm) - 1\right]$$

$$V_3(z) \quad = \quad -3,84422 \ 10^{-5} \ cm \sinh kz - 2,46305 \ 10^{-9} \ cm^{-2}z^3$$

$$+ \quad 2,57780 \ 10^{-3}z \Big\|_{z>500 \ cm} + 3,86949 \ 10^{-2} \sinh k(z - 500 \ cm)$$

$$+ \quad 4,92611 \ 10^{-9} \ cm^{-2}(z - 500 \ cm)^3 - 1,46102 \ 10^{-3}(z - 500 \ cm)$$

$$P_3(z) \quad = \quad 750 \ kN z \Big\|_{z>500 \ cm} - 1500 \ kN(z - 500 \ cm)$$

$$P_5(z) \quad = \quad 133,944 \ kNcm \sinh kz \Big\|_{z>500 \ cm}$$

$$- \quad 134655,7 \ kNcm \sinh k(z - 500 \ cm)$$

$$Q_3(z) \quad = \quad 750 \ kN \Big\|_{z>500 \ cm} - 1500 \ kN$$

Die Lösung wurde unter verschiedenen Aspekten ausgewertet, und die Ergebnisse sind im Bild 4.18 zusammengefaßt. Man erkennt den erheblichen Einfluß der Schubverwölbungen auf die Verteilung der Normalspannungen im Gurt. σ_r ist die Gurtrandspannung, σ_m ist die Gurtmittenspannung bei Berücksichtigung der Schubverwölbung, σ_{P_3} entspricht der Spannung der technischen Biegetheorie, sie ist konstant über den Gurt verteilt. Für die vertikale Absenkung in Trägermitte werden zum Vergleich auch die Werte angegeben, die dem *Bernoulli*–Modell (v_M) bzw. dem *Timoshenko*–Modell (v_{M+Q}) entsprechen. Die Unterschiede zur genaueren Lösung ($v = V_3$) mit Schubverwölbung betragen 36 % bzw. 12 %.

Freiträger mit Einzelkräften und konstanter einseitiger Linienlast, Übertragungsmatrizenverfahren

Am Beispiel des im Bild 4.19 dargestellten Freiträgers sollen nun die Lösungsschritte des Übertragungsmatrizenverfahrens ausführlich erläutert werden.

Als Koordinatenfunktionen werden $\varphi_1(s)$, $\varphi_2(s)$, $\varphi_3(s)$, $\varphi_4(s)$, $\varphi_5(s)$, $\varphi_6(s)$, und $\psi_1(s)$, $\psi_2(s)$, $\psi_3(s)$, $\psi_4(s)$ gewählt, d.h. in Erweiterung des klassischen *Vlasov*modells werden die Schubverwölbungen in den Gurten berücksichtigt, der Einfluß der Querdehnungen dagegen vernachlässigt. Der Kasten ist durch regelmäßig angeordnete Querversteifungen verstärkt. Das daraus folgende Trägheitsmoment $\bar{I}$ wird mit $\bar{I}/b = I$ gleichmäßig verteilt und ist für die gesamte Konstruktion konstant. Wegen der gekrümmten Verläufe von $\varphi_5(s)$ und $\varphi_6(s)$ ist hier auch die Biegesteifigkeit I_y der Aussteifungen einzubeziehen und dies durch die Berechnung der verallgemeinerten Querschnittswerte $\bar{s}_{ji}$ zu berücksichtigen. Im vorliegenden Beispiel müssen die folgenden verallgemeinerten Querschnittswerte berechnet werden:

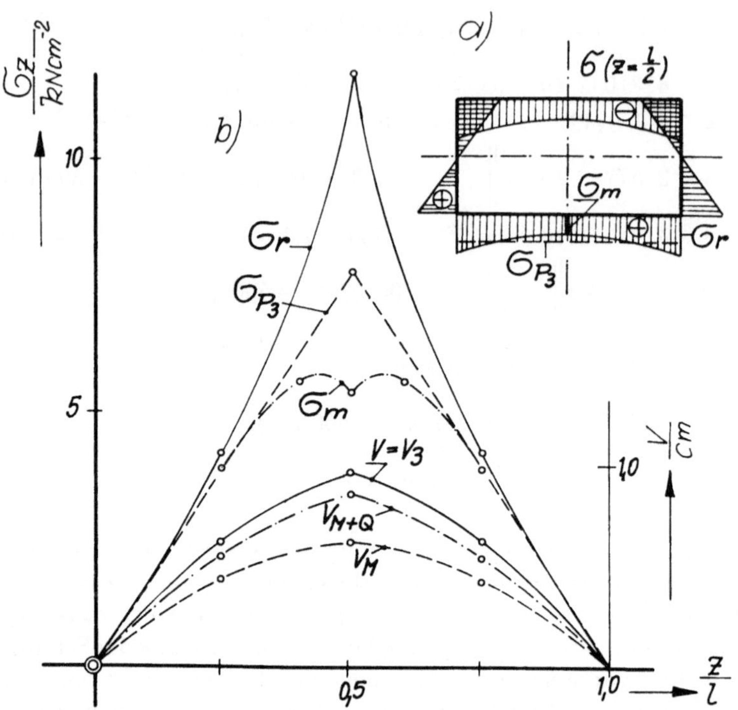

Bild 4.18 Verlauf der Normalspannungen σ_z für den biegebeanspruchten Kastenträger: a) Verlauf im Querschnitt $z = l/2$, b) Verlauf von σ_z für den Randpunkt r und den Mittenpunkt m so wie der Spannung σ_{P_3}, Verlauf der vertikalen Durchbiegungen v_M, v_{M+Q} und $v = V_3$

$$a_{11} = 2(A_G + A_{St}) = A \qquad a_{15} = -a_{16} = \frac{2}{3}d_1 A_G$$

$$a_{22} = \frac{d_2^2}{6}(A_G + 3A_{St}) = I_{yy} \qquad a_{35} = a_{36} = -\frac{d_1^2}{3}A_G = -\frac{5}{8}a_{55}$$

$$a_{33} = \frac{d_1^2}{6}(3A_G + A_{St}) = I_{xx} \qquad c_{41} = r_{14} = \frac{1}{2}(d_2^2 A_{St} - d_1^2 A_G)$$

$$a_{44} = \frac{1}{48}d_1^2 d_2^2 A \qquad a_{55} = a_{66} = \frac{16}{30}d_1^2 A_G$$

$$\bar{s}_{55} = \bar{s}_{66} = 64 I_y \frac{d_1^2}{d_2^2}$$

$$b_{22} = c_{22} = r_{22} = 2A_G \qquad b_{44} = c_{44} = r_{11} = r_{44} = \frac{1}{2}(d_1^2 A_G + d_2^2 A_{St})$$

$$b_{33} = c_{33} = r_{33} = 2A_{St} \qquad b_{55} = b_{66} = \frac{16}{3}\left(\frac{d_1}{d_2}\right)^2 A_G$$

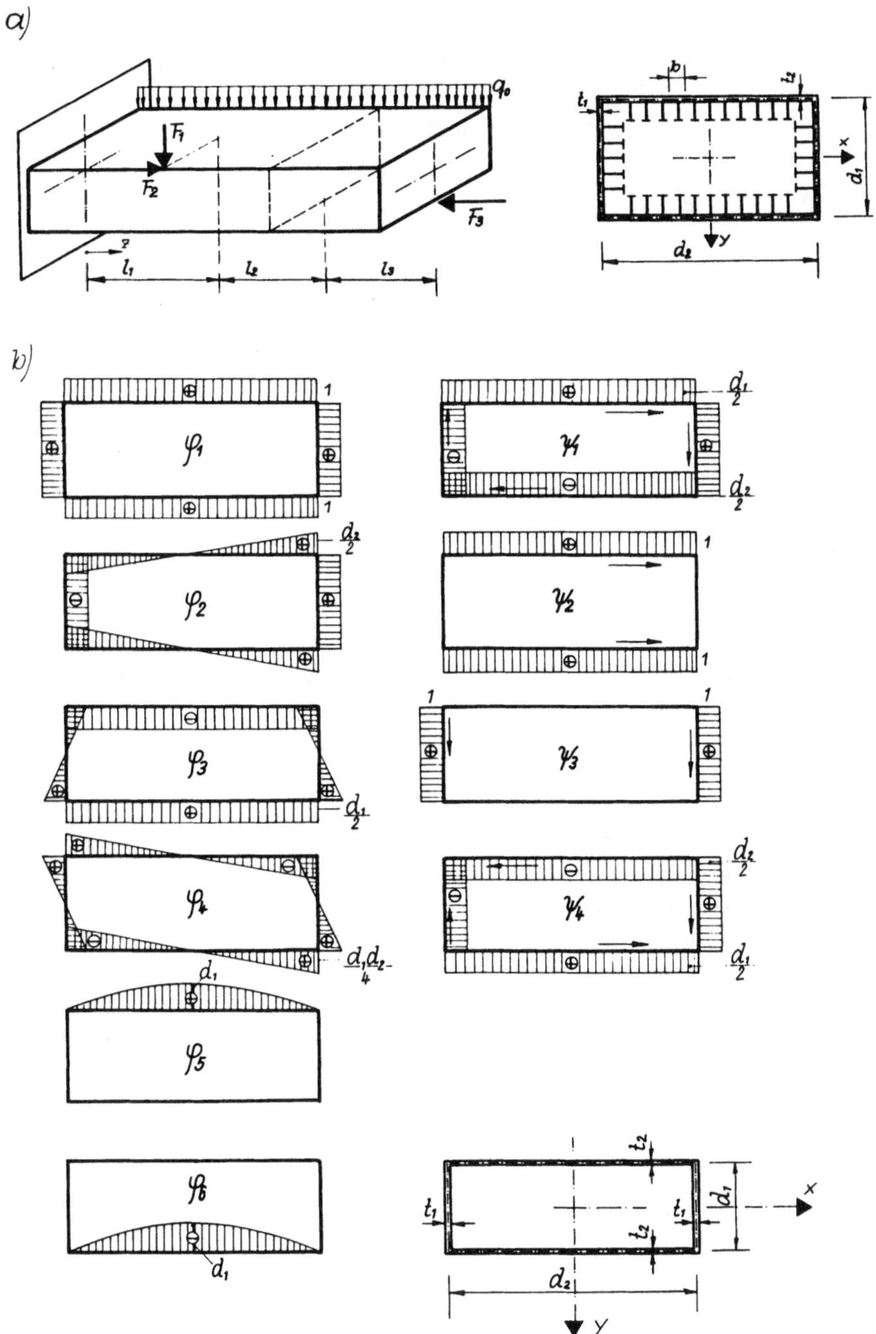

Bild 4.19 Einseitig starr eingespannter einzelliger versteifter Kastenträger mit Einzel- und Linienlasten: a) Geometrie und Belastung, dehnstarre Schotte bei $z = (l_1 + l_2)$ und $z = (l_1 + l_2 + l_3) \equiv l$, b)Verallgemeinerte Koordiantenfunktionen

Die verallgemeinerten Koordinatenfunktionen $\psi_1(s)$, $\psi_2(s)$ und $\psi_3(s)$ führen nicht zu Konturdeformationen, somit sind die Querbiegemomente $m_1(s) = m_2(s) = m_3(s) = 0$. Nur zu $\psi_4(s)$ gehört eine Konturdeformation und somit ein Querbiegemoment $m_4(s)$ (s. Bild 2.6), so daß der Wert s_{44} berechnet werden muß

$$s_{44} = \frac{96}{\dfrac{d_1}{I_1} + \dfrac{d_2}{I_2}}$$

Bei der Berechnung von I_1 und I_2 sind die regelmäßigen Querversteifungen zu berücksichtigen. Alle übrigen verallgemeinerten Querschnittswerte b_{ij}, c_{jk}, r_{hk}, d_{jk}, h_{hk}, s_{hk} und $\bar{s}_{ij}$ verschwinden für die hier gewählten verallgemeinerten Koordinaten und man erhält die Matrizen der verallgemeinerten Querschnittswerte $\mathbf{A}$, $\mathbf{B}$, $\mathbf{C}$, $\mathbf{R}$, $\mathbf{S}$ und $\bar{\mathbf{S}}$ in der folgenden Form

$$\mathbf{A} = \begin{bmatrix} A & 0 & 0 & 0 & a_{15} & -a_{15} \\ 0 & I_{yy} & 0 & 0 & 0 & 0 \\ 0 & 0 & I_{xx} & 0 & -\dfrac{5}{8}a_{55} & -\dfrac{5}{8}a_{55} \\ 0 & 0 & 0 & a_{44} & 0 & 0 \\ a_{15} & 0 & -\dfrac{5}{8}a_{55} & 0 & a_{55} & 0 \\ -a_{15} & 0 & -\dfrac{5}{8}a_{55} & 0 & 0 & a_{55} \end{bmatrix}$$

$$\mathbf{B} = \begin{bmatrix} 0 & 0 & 0 & 0 & 0 & 0 \\ 0 & 2A_G & 0 & 0 & 0 & 0 \\ 0 & 0 & 2A_{St} & 0 & 0 & 0 \\ 0 & 0 & 0 & b_{44} & 0 & 0 \\ 0 & 0 & 0 & 0 & b_{55} & 0 \\ 0 & 0 & 0 & 0 & 0 & b_{55} \end{bmatrix}$$

$$\mathbf{C} = \begin{bmatrix} 0 & 0 & 0 & 0 \\ 0 & 2A_G & 0 & 0 \\ 0 & 0 & 2A_{St} & 0 \\ c_{41} & 0 & 0 & b_{44} \\ 0 & 0 & 0 & 0 \\ 0 & 0 & 0 & 0 \end{bmatrix}$$

$$\mathbf{R} = \begin{bmatrix} b_{44} & 0 & 0 & c_{41} \\ 0 & 2A_G & 0 & 0 \\ 0 & 0 & 2A_{St} & 0 \\ c_{41} & 0 & 0 & b_{44} \end{bmatrix}$$

$$\mathbf{S} = \begin{bmatrix} 0 & 0 & 0 & 0 \\ 0 & 0 & 0 & 0 \\ 0 & 0 & 0 & 0 \\ 0 & 0 & 0 & s_{44} \end{bmatrix}$$

$$\bar{\mathbf{S}} = \begin{bmatrix} 0 & 0 & 0 & 0 & 0 & 0 \\ 0 & 0 & 0 & 0 & 0 & 0 \\ 0 & 0 & 0 & 0 & 0 & 0 \\ 0 & 0 & 0 & 0 & 0 & 0 \\ 0 & 0 & 0 & 0 & \bar{s}_{55} & 0 \\ 0 & 0 & 0 & 0 & 0 & \bar{s}_{55} \end{bmatrix}$$

Für die Matrizendifferentialgleichung 1. Ordnung

$$\mathbf{y}' = \mathcal{B}\mathbf{y}$$

hat der Zustandsvektor 21 Komponenten

$$\mathbf{y}^T = [U_1\ U_2\ U_3\ U_4\ U_5\ U_6\ V_1\ V_2\ V_3\ V_4\ P_1\ P_2\ P_3\ P_4\ P_5\ P_6\ Q_1\ Q_2\ Q_3\ Q_4\ 1]$$

und für die Systemmatrix $\mathcal{B}$ erhält man

$$\mathcal{B} = [\mathcal{B}_{ij}]$$

mit den Untermatrizen $\mathcal{B}_{ij}$, $i = 1,\ldots,4$; $j = 1,\ldots,5$

$$\mathcal{B}_{11} = \mathbf{0}; \qquad \mathcal{B}_{12} = \mathbf{0};$$

$$\mathcal{B}_{13} = \begin{bmatrix} \dfrac{\alpha_{11}}{E} & 0 & 0 & 0 & \dfrac{\alpha_{15}}{E} & -\dfrac{\alpha_{15}}{E} \\[2mm] 0 & \dfrac{1}{EI_{yy}} & 0 & 0 & 0 & 0 \\[2mm] 0 & 0 & \dfrac{\alpha_{33}}{E} & 0 & \dfrac{\alpha_{35}}{E} & \dfrac{\alpha_{35}}{E} \\[2mm] 0 & 0 & 0 & \dfrac{1}{Ea_{44}} & 0 & 0 \\[2mm] \dfrac{\alpha_{15}}{E} & 0 & \dfrac{\alpha_{35}}{E} & 0 & -\dfrac{\alpha_{55}}{E} & \dfrac{\alpha_{56}}{E} \\[2mm] -\dfrac{\alpha_{15}}{E} & 0 & \dfrac{\alpha_{35}}{E} & 0 & -\dfrac{\alpha_{56}}{E} & \dfrac{\alpha_{55}}{E} \end{bmatrix};$$

$$\mathcal{B}_{14} = \mathbf{0}; \qquad \mathcal{B}_{15} = \mathbf{0};$$

$$\mathcal{B}_{21} = \begin{bmatrix} 0 & 0 & 0 & 0 & 0 & 0 \\ 0 & -1 & 0 & 0 & 0 & 0 \\ 0 & 0 & -1 & 0 & 0 & 0 \\ 0 & 0 & 0 & -1 & 0 & 0 \end{bmatrix};$$

$$\mathcal{B}_{22} = \mathbf{0}; \qquad \mathcal{B}_{23} = \mathbf{0};$$

$$\mathcal{B}_{24} = \begin{bmatrix} \dfrac{\beta_{11}}{G} & 0 & 0 & \dfrac{\beta_{14}}{G} \\[2mm] 0 & \dfrac{1}{2GA_G} & 0 & 0 \\[2mm] 0 & 0 & \dfrac{1}{2GA_{St}} & 0 \\[2mm] \dfrac{\beta_{14}}{G} & 0 & 0 & \dfrac{\beta_{11}}{G} \end{bmatrix};$$

$$\mathcal{B}_{25} = \mathbf{0};$$

$$\mathcal{B}_{31} = \begin{bmatrix} 0 & 0 & 0 & 0 & 0 & 0 \\ 0 & 0 & 0 & 0 & 0 & 0 \\ 0 & 0 & 0 & 0 & 0 & 0 \\ 0 & 0 & 0 & 0 & 0 & 0 \\ 0 & 0 & 0 & 0 & Es_{55}^* + Gb_{55} & 0 \\ 0 & 0 & 0 & 0 & 0 & Es_{55}^* + Gb_{55} \end{bmatrix};$$

$$\mathcal{B}_{32} = \mathbf{0}; \qquad \mathcal{B}_{33} = \mathbf{0};$$

$$\mathcal{B}_{34} = \begin{bmatrix} 0 & 0 & 0 & 0 \\ 0 & 1 & 0 & 0 \\ 0 & 0 & 1 & 0 \\ 0 & 0 & 0 & 1 \end{bmatrix};$$

$$\mathcal{B}_{35} = [-p_{z1} \quad -p_{z2} \quad -p_{z3} \quad -p_{z4} \quad -p_{z5} \quad -p_{z6}]^T; \qquad \mathcal{B}_{41} = \mathbf{0};$$

$$\mathcal{B}_{42} = \begin{bmatrix} 0 & 0 & 0 & 0 \\ 0 & 0 & 0 & 0 \\ 0 & 0 & 0 & 0 \\ 0 & 0 & 0 & Es_{44} \end{bmatrix};$$

$$\mathcal{B}_{43} = \mathbf{0}; \qquad \mathcal{B}_{44} = \mathbf{0}; \qquad \mathcal{B}_{45} = [-p_{s1} \quad -p_{s2} \quad -p_{s3} \quad -p_{s4}]^T$$

$$\mathcal{B}_{51} = \mathbf{0}; \qquad \mathcal{B}_{52} = \mathbf{0}; \qquad \mathcal{B}_{53} = \mathbf{0}; \qquad \mathcal{B}_{54} = \mathbf{0}; \qquad \mathcal{B}_{55} = \mathbf{0}$$

Für die Bildung der Kehrmatrizen $\mathbf{A}^{-1}$ und $\mathbf{R}^{-1}$ werden folgende Abkürzungen eingeführt

$$\alpha_{11} = \frac{a_{55}}{Aa_{55} - 2a_{15}^2}; \quad \alpha_{33} = \frac{1}{I_{xx} - 2\left(\frac{5}{8}\right)^2 a_{55}};$$

$$\alpha_{55} = \frac{I_{xx}(Aa_{55} - a_{15}^2) - \left(\frac{5}{8}\right)^2 Aa_{55}^2}{a_{55}\left[I_{xx} - 2\left(\frac{5}{8}\right)^2 a_{55}\right](Aa_{55} - 2a_{15}^2)};$$

$$\alpha_{15} = -\frac{a_{15}}{Aa_{55} - 2a_{15}^2}; \quad \alpha_{35} = \frac{5}{8}\alpha_{33};$$

$$\alpha_{56} = \frac{\left(\frac{5}{8}\right)^2 Aa_{55}^2 - I_{xx}a_{15}^2}{a_{55}\left[I_{xx} - 2\left(\frac{5}{8}\right)^2 a_{55}\right](Aa_{55} - 2a_{15}^2)};$$

$$\beta_{11} = \frac{b_{44}}{b_{44}^2 - c_{41}^2}; \quad \beta_{14} = -\frac{c_{41}}{b_{44}^2 - c_{41}^2}$$

Bei allgemeineren Querschnittsformen und/oder einer Erhöhung der Anzahl der verallgemeinerten Koordinatenfunktionen ist eine analytische Aufstellung der $\mathcal{B}$–Matrix wie hier vorgeführt, nicht mehr möglich. Alle Matrizen werden im Regelfall nur numerisch berechnet, und auch die $\mathcal{B}$-Matrix liegt dann nur numerisch vor.

Für den Freiträger nach Bild 4.19 gibt es keine Linienlängsbelastung, d.h. $p_{zj} = 0$ für $j = 1, \ldots, 6$. Mit der konstanten Linienlast q_0 erhält man für die verallgemeinerten Querbelastungen p_{s_h}:

$$p_{s_1} = \frac{d_2}{2} q_0; \quad p_{s_2} = 0; \quad p_{s_3} = q_0; \quad p_{s_4} = \frac{d_2}{2} q_0$$

Nach Eintragung der Belastungen in die Systemmatrix $\mathcal{B}$ und Unterteilung des Kastenträgers in diskrete Abschnitte $\Delta_j = z_{j+1} - z_j$ können die Übertragungsmatrizen W_j mit Hilfe der Gl.

$$W_j = e^{\mathcal{B} \Delta_j} = \mathbf{I} + \Delta_j \mathcal{B} + \frac{\Delta_j}{2!} \mathcal{B}^2 + \ldots$$

berechnet werden . Man erkennt, daß es günstig ist, alle Abschnitte Δ_j gleich lang zu wählen, da dann nur eine Übertragungsmatrix berechnet werden muß. Es muß darauf geachtet werden, daß der Angriffspunkt von F_1 und F_2 und auch das Querschott jeweils auf einem Teilungspunkt liegen. Der Rand $z = 0$ ist starr eingespannt, somit sind für $z = 0$ alle verallgemeinerten Verschiebungen U_j und V_k Null; die 10 verallgemeinerten Kraftgrößen $P_j (j = 1, \ldots, 6)$ und $Q_k (k = 1, \ldots, 4)$ sind unbekannte Randgrößen. Die zugehörige Startmatrix $\mathcal{A}_0$ hat das auf der nächsten Seite angegebene Aussehen.

An der Stelle $z = l$ greift die Einzelkraft F_3 an, und es ist ein dehnstarres Schott angeordnet. Für den Endrand gelten somit die Bedingungen

$$P_1 = -F_3; \quad P_3 = -F_3 \frac{d_1}{2}; \quad P_6 = F_3 d_1$$

$$P_2 = P_4 = P_5 = Q_1 = Q_2 = Q_3 = 0; \quad V_4 = 0$$

Die entsprechende Schlußmatrix ist gleichfalls auf der folgenden Seite angegeben.

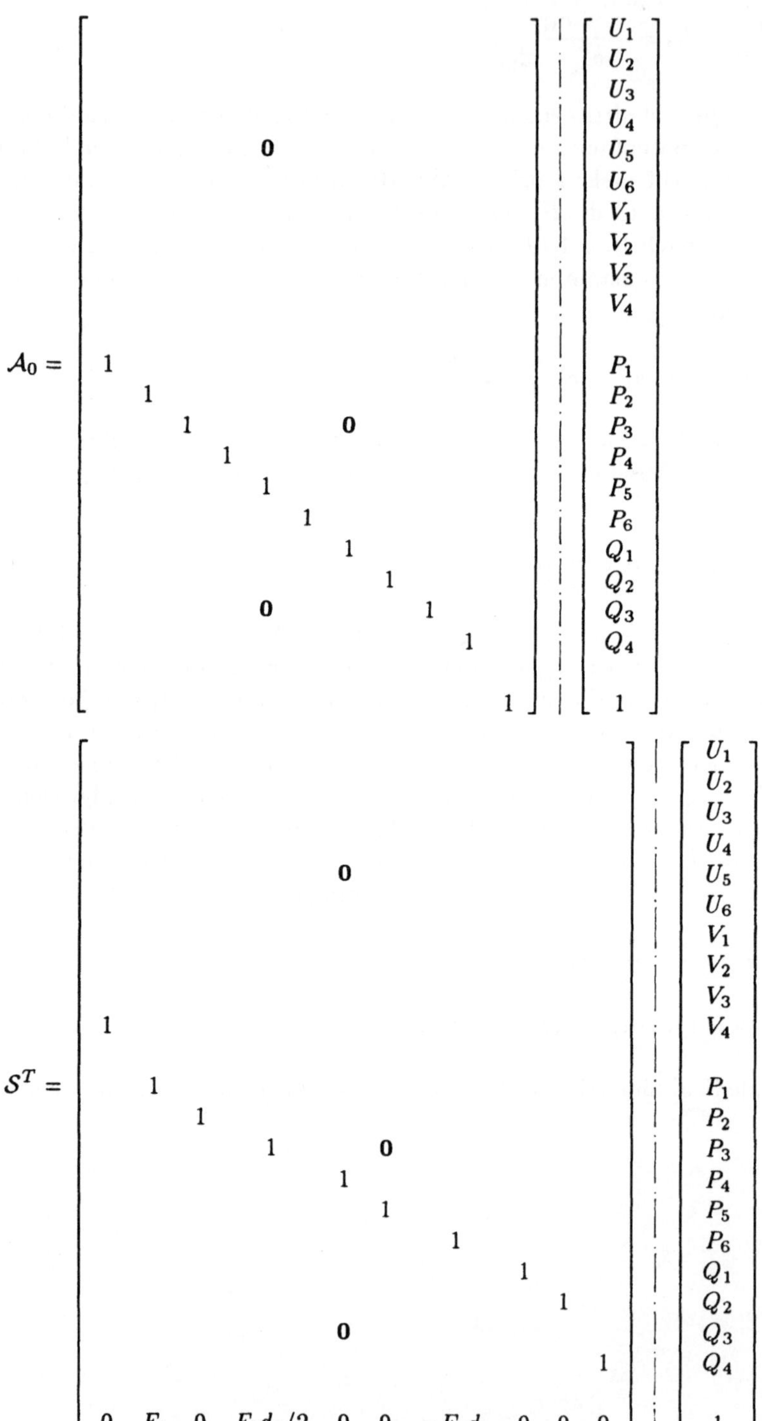

$$
\mathcal{A}_0 =
\begin{bmatrix}
 & & & & \mathbf{0} & & & & & & \\
1 & & & & & & & & & & \\
 & 1 & & & & & & & & & \\
 & & 1 & & & \mathbf{0} & & & & & \\
 & & & 1 & & & & & & & \\
 & & & & 1 & & & & & & \\
 & & & & & 1 & & & & & \\
 & & & & & & 1 & & & & \\
 & & & & & & & 1 & & & \\
 & \mathbf{0} & & & & & & & 1 & & \\
 & & & & & & & & & 1 & \\
 & & & & & & & & & & 1
\end{bmatrix}
\begin{bmatrix}
U_1 \\ U_2 \\ U_3 \\ U_4 \\ U_5 \\ U_6 \\ V_1 \\ V_2 \\ V_3 \\ V_4 \\ P_1 \\ P_2 \\ P_3 \\ P_4 \\ P_5 \\ P_6 \\ Q_1 \\ Q_2 \\ Q_3 \\ Q_4 \\ 1
\end{bmatrix}
$$

$$
\mathcal{S}^T =
\begin{bmatrix}
 & & & & \mathbf{0} & & & & & & \\
1 & & & & & & & & & & \\
 & 1 & & & & & & & & & \\
 & & 1 & & & & & & & & \\
 & & & 1 & & \mathbf{0} & & & & & \\
 & & & & 1 & & & & & & \\
 & & & & & 1 & & & & & \\
 & & & & & & 1 & & & & \\
 & & & & & & & 1 & & & \\
 & & & & \mathbf{0} & & & & & 1 & \\
0 & F_3 & 0 & F_3 d_1/2 & 0 & 0 & -F_3 d_1 & 0 & 0 & 0 &
\end{bmatrix}
\begin{bmatrix}
U_1 \\ U_2 \\ U_3 \\ U_4 \\ U_5 \\ U_6 \\ V_1 \\ V_2 \\ V_3 \\ V_4 \\ P_1 \\ P_2 \\ P_3 \\ P_4 \\ P_5 \\ P_6 \\ Q_1 \\ Q_2 \\ Q_3 \\ Q_4 \\ 1
\end{bmatrix}
$$

Für $z = l_1$ werden die Einzelkräfte F_1 und F_2 eingetragen. Die nach Gl. (3.37) berechnete neue Startmatrix $\mathcal{A}_r$ muß zur Erfassung der konzentrierten Lasteintragungen modifiziert werden, und es sind die verallgemeinerten Einzelkräfte einzuarbeiten

$$P_1^{(j)} = F_2; \quad P_2^{(j)} = -F_2\frac{d_2}{2}; \quad P_3^{(j)} = -F_2\frac{d_1}{2}; \quad P_4^{(j)} = F_2\frac{d_1 d_2}{4};$$

$$Q_1^{(j)} = -F_1\frac{d_2}{2}; \quad Q_3^{(j)} = F_1; \quad Q_4^{(j)} = -F_1\frac{d_2}{2};$$

(j) kennzeichnet den Teilungspunkt. Die negativen Werte dieser Größen werden in den Untervektor $\mathbf{a}_{2l}$ eingetragen. Das Ergebnis der Modifikation lautet dann

$$
\mathcal{A}_l^* =
\left[
\begin{array}{cccccccccc|c}
1 & & & & & & & & & & 0 \\
 & 1 & & & & & & & & & 0 \\
 & & 1 & & & & & & & & 0 \\
 & & & 1 & & & & & & & 0 \\
 & & & & 1 & & & & & & 0 \\
 & & & & & 1 & & & & & 0 \\
 & & & & & & 1 & & & & 0 \\
 & & & & & & & 1 & & & 0 \\
 & & & & & & & & 1 & & 0 \\
 & & & & & & & & & 1 & 0 \\
 & & & & \mathbf{F}_{2j}\mathbf{F}_{1j}^{-1} & & & & & \mathbf{a}_{2l}+ & \begin{array}{c} -F_2 \\ F_2 d_2/2 \\ F_2 d_1/2 \\ -F_2 d_1 d_2/4 \\ 0 \\ 0 \\ F_1 d_2/2 \\ 0 \\ -F_1 \\ F_1 d_2/2 \end{array} \\
0 \ 0 \ 0 \ 0 & & 0 & & 0 \ 0 \ 0 \ 0 & & & 1
\end{array}
\right]
\left[
\begin{array}{c}
U_1 \\ U_2 \\ U_3 \\ U_4 \\ U_5 \\ U_6 \\ V_1 \\ V_2 \\ V_3 \\ V_4 \\ P_1 \\ P_2 \\ P_3 \\ P_4 \\ P_5 \\ P_6 \\ Q_1 \\ Q_2 \\ Q_3 \\ Q_4 \\ 1
\end{array}
\right]
$$

An der Stelle $z = l_1 + l_2$ muß die Zwischenablösung die Wirkung des dehnstarren Schotts berücksichtigen. Die zunächst formal nach Gl. (3.37) berechnete neue Startmatrix $\mathcal{A}_r$ wird daher modifiziert. Wegen des dehnstarren Schotts gilt an dieser Stelle $V_4 = 0$, und es wird eine unbekannte Querkraft Q_{4r} eingeleitet. Im Unbekanntenvektor $\mathbf{x}_r$ erscheint somit eine neue Unbekannte Q_4^*. Da hier die vorgegebene Verschiebungsgröße den Betrag Null hat, entfällt die Multiplikation der Spaltenelemente von von A_{2r} und ihre anschließende Addition zum Vektor $\mathbf{a}_{2r}$. Man erhält damit die modifizierte Startmatrix in der Form

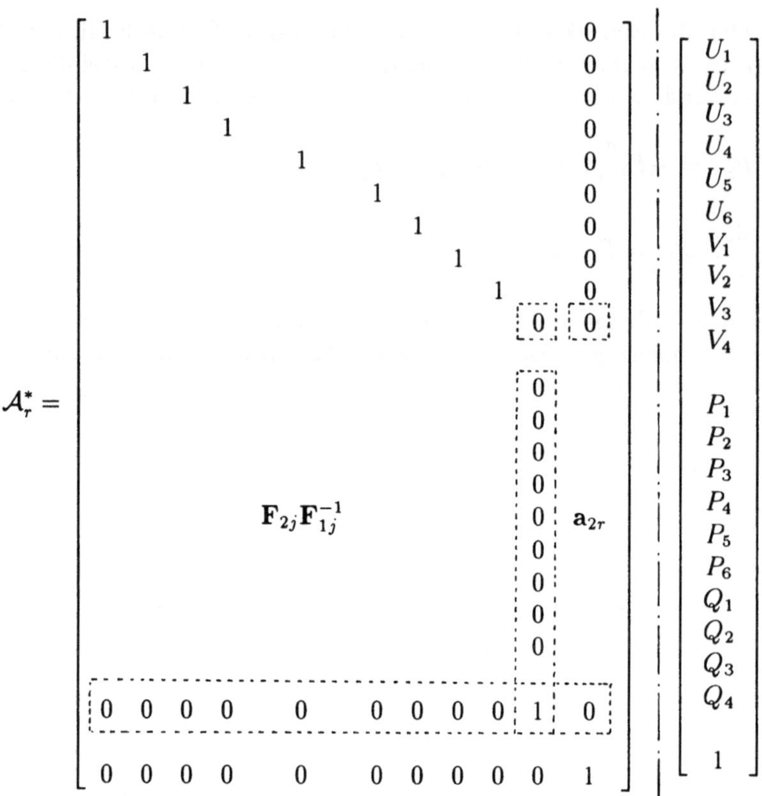

Der Vektor $\mathbf{x}_r$ enthält durch die dargestellte Modifikation der neuen Startmatrix an der Position V_4 nun den Wert Q_4^*

$$\mathbf{x}_r^T = [U_1 \ U_2 U_3 \ U_4 \ U_5 \ U_6 \ V_1 \ V_2 \ V_3 \ Q_4^* \ 1]$$

Vor der Berechnung von $\mathbf{x}_{r-1}$ nach Gl. (3.37) muß daher erst noch der Wert von Q_4^* durch den vorgegebenen Wert $V_4 = 0$ ersetzt werden

$$\mathbf{x}_r^T = [U_1 \ U_2 U_3 \ U_4 \ U_5 \ U_6 \ V_1 \ V_2 \ V_3 \ 0 \ 1]$$

Eine solche Vorgehensweise ist immer erforderlich, wenn der Unbekanntenvektor nicht nur Verschiebungs–, sondern auch Kraftgrößen enthält. Zum besseren Verständnis der Vorgehensweise wurde jeweils neben den Matrizen $\mathcal{A}$ und $\mathcal{S}$ der Aufbau des Zustandsvektors $\mathbf{y}^T$ mit angegeben.

Sind alle Unbekanntenvektoren $\mathbf{x}_n$ bis $\mathbf{x}_0$ berechnet, können die Zustandsvektoren $\mathbf{y}$ an allen Stützstellen durch Multiplikation mit der Übertragungsmatrix ermittelt werden. Danach ist die Berechnung aller Verschiebungen und Spannungen unter Beachtung von $\nu = 0$ und $\boldsymbol{\psi}'(s_i) = \mathbf{o}$ möglich

$$u(z, s_i) = \boldsymbol{\varphi}^T(s_i)\mathbf{U}(z); \ \sigma_z(z, s_i) = \boldsymbol{\varphi}^T(s_i)\mathbf{A}^{-1}\mathbf{P}(z);$$

$$\tau_{zs}(z, s_i) = G[\boldsymbol{\varphi}'^T(s_i) - \boldsymbol{\psi}^T(s_i)\mathbf{R}^{-1}\mathbf{C}^T]\mathbf{U}(z) + \boldsymbol{\psi}^T(s_i)\mathbf{R}^{-1}\mathbf{Q}(z)$$

$$v(z, s_i) = \boldsymbol{\psi}^T(s_i)\mathbf{V}(z); \quad \sigma_{sm}(z, s_i) = 0; \quad \sigma_{sbmax}(z, s_i) = \pm\frac{y_{max}}{I}\mathbf{m}^T(s_i)\mathbf{V}(z)$$

Setzt man in die Gln. die entsprechenden Vektoren und Matrizen ein, folgt

$$u = [\varphi_1\ \varphi_2\ \varphi_3\ \varphi_4\ \varphi_5\ \varphi_6][U_1\ U_2\ U_3\ U_4\ U_5\ U_6]^T$$

$$v = [\psi_1\ \psi_2\ \psi_3\ \psi_4][V_1\ V_2\ V_3\ V_4]^T$$

$$\sigma_z = \begin{bmatrix}\varphi_1 \\ \varphi_2 \\ \varphi_3 \\ \varphi_4 \\ \varphi_5 \\ \varphi_6\end{bmatrix}^T \begin{bmatrix} \alpha_{11} & 0 & 0 & 0 & \alpha_{15} & -\alpha_{15} \\ 0 & 1/I_{yy} & 0 & 0 & 0 & 0 \\ 0 & 0 & \alpha_{33} & 0 & \alpha_{35} & \alpha_{35} \\ 0 & 0 & 0 & 1/a_{44} & 0 & 0 \\ \alpha_{15} & 0 & \alpha_{35} & 0 & \alpha_{55} & \alpha_{56} \\ -\alpha_{15} & 0 & \alpha_{35} & 0 & \alpha_{56} & \alpha_{55} \end{bmatrix} \begin{bmatrix} P_1 \\ P_2 \\ P_3 \\ P_4 \\ P_5 \\ P_6 \end{bmatrix}$$

$$\sigma_{sbmax} = \pm\frac{y_{max}}{I}[0\ 0\ 0\ m_4][V_1\ V_2\ V_3\ V_4]^T = \pm\frac{y_{max}}{I}m_4 V_4$$

$$\tau_{zs} = G[\varphi_1'\ (\varphi_2' - \psi_2)\ (\varphi_3' - \psi_3)\ (\varphi_4' - \psi_4)\ \varphi_5'\ \varphi_6'][U_1\ U_2\ U_3\ U_4\ U_5\ U_6]^T$$

$$+ \begin{bmatrix} \psi_1 \\ \psi_2 \\ \psi_3 \\ \psi_4 \end{bmatrix}^T \begin{bmatrix} \beta_{11} & 0 & 0 & \beta_{14} \\ 0 & 1/2A_G & 0 & 0 \\ 0 & 0 & 1/2A_{St} & 0 \\ \beta_{14} & 0 & 0 & \beta_{11} \end{bmatrix} \begin{bmatrix} Q_1 \\ Q_2 \\ Q_3 \\ Q_4 \end{bmatrix}$$

Da im vorliegenden Fall $\varphi_1' = 0$ und $\varphi_i' = \psi_i$, $i = 2, 3, 4$ gilt, vereinfacht sich die Gl.
für τ_{zs}.

Damit ist die allgemeine Lösung mit Hilfe des Übertragungsmatrizenverfahrens gefunden. Auf die Auswertung für ein Zahlenbeispiel wird verzichtet. Es sei nochmal
darauf hingewiesen, daß zur Veranschaulichung aller Schritte hier allgemeine analytische Lösungen angegeben wurden, obwohl die Vorzüge des Verfahrens sich erst
aus dem numerischen Gesamtablauf der Berechnung ergeben. Generell kann empfohlen werden, zunächst die Gesamtkonstruktion durch Festlegung der Ablösestellen in
Teilabschnitte zu zerlegen und die Teilabschnitte danach möglichst gleichmäßig zu
diskretisieren.

Einzelliger, doppeltsymmetrischer Kastenträger mit Berücksichtigung des Effekts
der mittragenden Breite, finite Elementlösung
Obwohl die Finite–Elemente– Methode eine numerische Lösungsmethode ist, werden
am vorliegenden Beispiel die wesentlichen Lösungsschritte allgemein dargestellt.

Wie bei der Lösung mit der Übertragungsmatrizenmethode, werden auch hier die
verallgemeinerten Koordinaten $\varphi_1(s), \ldots, \varphi_6(s)$ und $\psi_1(s), \ldots, \psi_4(s)$ gewählt, d.h. der
kinematische Freiheitsgrad des elementaren Querrahmens ist zehn. Damit können alle
verallgemeinerten Querschnittswerte und auch die entsprechenden Matrizen aus dem
vorhergehenden Beispiel übernommen werden. Für die Finite–Elemente–Lösung wird
ein Dreiknotenelement nach Bild 3.5 gewählt. Der Knotenfreiheitsgrad ist zehn, der

$\int_0^1 G_i G_k \, d\xi$			
k i	1	2	3
1	2/15	1/15	-1/30
2		8/15	1/15
3	symm.		2/15

$\int_0^1 G_i' G_k' \, d\xi$			
k i	1	2	3
1	7/3	-8/3	1/3
2		16/3	-8/3
3	symm.		7/3

$\int_0^1 G_i G_k' \, d\xi$			
k i	1	2	3
1	-1/2	-2/3	1/6
2	2/3	0	-2/3
3	-1/6	2/3	1/2

i	$\int_0^1 G_i \, d\xi$	$\int_0^1 G_i' \, d\xi$
1	1/6	-1
2	2/3	0
3	1/6	1

Tabelle 4.11   Integrale der Ansatzfunktionen für das finite Dreiknotenelement

Elementfreiheitsgrad dreißig. Die Elementsteifigkeitsmatrix wird entsprechend den Gln. (3.43) und (3.44) aufgebaut, sie hat das Format (30, 30). Mit den Ansatzfunktionen nach Gl. (3.42) berechnet man unter Nutzung der Integrationstabellen 4.11 die Untermatrizen $\mathbf{K}_{ij}; i, j = 1, 2, 3$ der symmetrischen Elementsteifigkeitsmatrix $\mathbf{K} \equiv [\mathbf{K}_{ij}]$, die auf den folgenden Seiten dargestellt sind.

$$\underline{K}_{11} = \frac{G}{120 \cdot l} \cdot
\begin{bmatrix}
280\gamma A & & & & 280\gamma a_{15} & -280\gamma a_{15} & & & & \\[4pt]
& 280\gamma I_{yy}+32l^{2}A_{G} & & & & & & -120l\cdot A_{G} & & \\[4pt]
& & 280\gamma I_{xx}+32l^{2}A_{St} & & -175\gamma a_{55} & -175\gamma a_{55} & & & -120l\cdot A_{St} & \\[4pt]
& & & 280\cdot\gamma\cdot a_{44}+16\cdot l^{2}\cdot b_{44} & & & -60\cdot l\cdot C_{41} & & & -60\cdot l\cdot b_{44} \\[4pt]
280\cdot\gamma\cdot a_{15} & & -175\cdot\gamma\cdot a_{55} & & 280\cdot\gamma\cdot a_{55}+16l^{2}(b_{55}+\gamma\cdot s_{55}^{*}) & & & & & \\[4pt]
-280\cdot\gamma\cdot a_{15} & & -175\cdot\gamma\cdot a_{55} & & & 280\cdot\gamma\cdot a_{55}+16l^{2}(b_{55}+\gamma\cdot s_{55}^{*}) & & & & \\[4pt]
& & & -60\cdot l\cdot C_{41} & & & 280\cdot b_{44} & & & 280\cdot C_{41} \\[4pt]
& -120\cdot l\cdot A_{G} & & & & & & 560\cdot A_{G} & & \\[4pt]
& & -120\cdot l\cdot A_{St} & & & & & & 560\cdot A_{St} & \\[4pt]
& & & -60\cdot l\cdot b_{44} & & & 280\cdot C_{41} & & & 280\cdot b_{44}+16\cdot l^{2}\cdot\gamma\cdot s_{44}
\end{bmatrix}$$

$$\underline{K}_{12} =$$
$$\underline{K}_{23} = \frac{G}{120\cdot l}$$

$-320\cdot\gamma\cdot A$				$-320\cdot\gamma\cdot a_{15}$	$+320\cdot\gamma\cdot a_{15}$				
	$-320\cdot\gamma\cdot I_{yy}+16\cdot l^2\cdot A_G$						$160\cdot l\cdot A_G$		
		$-320\cdot\gamma\cdot I_{xx}+16\cdot l^2\cdot A_{St}$		$200\cdot\gamma\cdot a_{55}$	$200\cdot\gamma\cdot a_{55}$			$160\cdot l\cdot A_{St}$	
			$-320\cdot\gamma\cdot a_{44}+8\cdot l^2\cdot b_{44}$						$80\cdot l\cdot b_{44}$
$-320\cdot\gamma\cdot a_{15}$		$200\cdot\gamma\cdot a_{55}$		$-320\cdot\gamma\cdot a_{55}+8\cdot l^2(b_{55}+\gamma\cdot S_{55}^{*})$					
$+320\cdot\gamma\cdot a_{15}$		$200\cdot\gamma\cdot a_{55}$			$-320\cdot\gamma\cdot a_{55}+8\cdot l^2(b_{55}+\gamma\cdot S_{55}^{*})$				
						$-320\cdot b_{44}$			$-320\cdot c_{41}$
	$-160\cdot l\cdot A_G$						$-640\cdot A_G$		
		$-160\cdot l\cdot A_{St}$						$-640\cdot A_{St}$	
			$-80\cdot l\cdot b_{44}$			$-320\cdot c_{41}$			$-320\cdot b_{44}+8\cdot l^2\cdot\gamma\cdot S_{44}$

$$K_{13} = \frac{G}{120\cdot l}\cdot
\begin{bmatrix}
40\cdot\gamma\cdot A & & & & 40\cdot\gamma\cdot a_{15} & -40\cdot\gamma\cdot a_{15} & & & & \\[4pt]
& 40\cdot\gamma\cdot I_{yy}-8\cdot l^2\cdot A_G & & & & & & -40\cdot l\cdot A_G & & \\[4pt]
& & 40\cdot\gamma\cdot I_{xx}-8\cdot l^2\cdot A_{St} & & -25\cdot\gamma\cdot a_{55} & -25\cdot\gamma\cdot a_{55} & & & -40\cdot l\cdot A_{St} & \\[4pt]
& & & 40\cdot\gamma\cdot a_{44}-4\cdot l^2\cdot b_{44} & & & -20\cdot l\cdot C_{41} & & & -20\cdot l\cdot b_{44} \\[4pt]
40\cdot\gamma\cdot a_{15} & & -25\gamma\cdot a_{55} & & 40\cdot\gamma\cdot a_{55}-4\,l^2(b_{55}+\gamma\cdot S_{55}^{*}) & & & & & \\[4pt]
-40\cdot\gamma\cdot a_{15} & & -25\cdot\gamma\cdot a_{55} & & & 40\cdot\gamma\cdot a_{55}-4\,l^2(b_{55}+\gamma\cdot S_{55}^{*}) & & & & \\[4pt]
& & & 20\cdot l\cdot C_{41} & & & 40\cdot b_{44} & & & 40\cdot C_{41} \\[4pt]
& 40\cdot l\cdot A_G & & & & & & 80\cdot A_G & & \\[4pt]
& & 40\cdot l\cdot A_{St} & & & & & & 80\cdot A_{St} & \\[4pt]
& & & 20\cdot l\cdot b_{44} & & & 40\cdot C_{41} & & & 40\cdot b_{44}-4\,l^2\cdot\gamma\cdot S_{44}
\end{bmatrix}$$

$$\underline{K}_{22} = \frac{G}{120 \cdot l} \cdot$$

$$
\begin{bmatrix}
640\cdot\gamma\cdot A & & & & 640\cdot\gamma\cdot a_{15} & -640\cdot\gamma\cdot a_{15} & & & & \\[4pt]
 & \begin{matrix}640\cdot\gamma\cdot I_{yy}\\+128\cdot l^2\cdot A_G\end{matrix} & & & & & & & & \\[8pt]
 & & \begin{matrix}640\cdot\gamma\cdot I_{xx}\\+128\cdot l^2\cdot A_{St}\end{matrix} & & -400\cdot\gamma\cdot a_{55} & -400\cdot\gamma\cdot a_{55} & & & & \\[8pt]
 & & & \begin{matrix}640\cdot\gamma\cdot a_{44}\\+64\cdot l^2\cdot b_{44}\end{matrix} & & & & & & \\[8pt]
640\cdot\gamma\cdot a_{15} & & -400\cdot\gamma\cdot a_{55} & & \begin{matrix}640\cdot\gamma\cdot a_{55}\\+64\cdot l^2(b_{55}+\gamma\cdot s^{*}_{55})\end{matrix} & & & & & \\[8pt]
-640\cdot\gamma\cdot a_{15} & & -400\cdot\gamma\cdot a_{55} & & & \begin{matrix}640\cdot\gamma\cdot a_{55}\\+64\cdot l^2(b_{55}+\gamma\cdot s^{*}_{55})\end{matrix} & & & & \\[8pt]
 & & & & & & 640\cdot b_{44} & & & 640\cdot C_{41} \\[4pt]
 & & & & & & & 1280\cdot A_G & & \\[4pt]
 & & & & & & & & 1280\cdot A_{St} & \\[4pt]
 & & & & & & 640\cdot C_{41} & & & \begin{matrix}640\cdot b_{44}\\+64\cdot l^2\cdot\gamma\cdot s_{44}\end{matrix}
\end{bmatrix}
$$

$$
\underline{K}_{33}=\frac{G}{120\cdot l}\cdot
\begin{bmatrix}
280\cdot\gamma\cdot A & & & & 280\cdot\gamma\cdot a_{15} & -280\cdot\gamma\cdot a_{15} & & & \\[4pt]
& 280\cdot\gamma\cdot I_{yy}+32\cdot l^{2}\cdot A_{G} & & & & & 120\cdot l\cdot A_{G} & & \\[4pt]
& & 280\cdot\gamma\cdot I_{xx}+32\cdot l^{2}\cdot A_{St} & & -175\cdot\gamma\cdot a_{55} & -175\cdot\gamma\cdot a_{55} & & 120\cdot l\cdot A_{St} & \\[4pt]
& & & 280\cdot\gamma\cdot a_{44}+16\cdot l^{2}\cdot b_{44} & & & 60\cdot l\cdot c_{41} & & 60\cdot l\cdot b_{44} \\[4pt]
280\cdot\gamma\cdot a_{15} & & -175\cdot\gamma\cdot a_{55} & & 280\cdot\gamma\cdot a_{55}+16\cdot l^{2}(b_{55}+\gamma\cdot s_{55}^{*}) & & & & \\[4pt]
-280\cdot\gamma\cdot a_{15} & & -175\cdot\gamma\cdot a_{55} & & & 280\cdot\gamma\cdot a_{55}+16\cdot l^{2}(b_{55}+\gamma\cdot s_{55}^{*}) & & & \\[4pt]
& 120\cdot l\cdot A_{G} & & 60\cdot l\cdot c_{41} & & & 280\cdot b_{44} & & 280\cdot c_{41} \\[4pt]
& & 120\cdot l\cdot A_{St} & & & & 560\cdot A_{G} & & \\[4pt]
& & & 60\cdot l\cdot b_{44} & & & 280\cdot c_{41} & 560\cdot A_{St} & 280\cdot b_{44}+16\cdot l^{2}\cdot\gamma\cdot s_{44}
\end{bmatrix}
$$

Die Untervektoren $\mathbf{f}_i$ des Elementlastvektors $\mathbf{f}$ werden gleichfalls unter Nutzung der Integrationstabellen 4.11 berechnet

$$
\mathbf{f}_1^* = \frac{l}{6}
\begin{bmatrix}
p_{z_1} \\
p_{z_2} \\
p_{z_3} \\
p_{z_4} \\
p_{z_5} \\
p_{z_6} \\
p_{s_1} \\
p_{s_2} \\
p_{s_3} \\
p_{s_4}
\end{bmatrix}
- E\alpha_t
\begin{bmatrix}
p_{thz_1} \\
p_{thz_2} \\
p_{thz_3} \\
p_{thz_4} \\
p_{thz_5} \\
p_{thz_6} \\
0 \\
0 \\
0 \\
0
\end{bmatrix}
;\ \mathbf{f}_2^* = \frac{2l}{3}
\begin{bmatrix}
p_{z_1} \\
p_{z_2} \\
p_{z_3} \\
p_{z_4} \\
p_{z_5} \\
p_{z_6} \\
p_{s_1} \\
p_{s_2} \\
p_{s_3} \\
p_{s_4}
\end{bmatrix}
;
$$

$$
\mathbf{f}_3^* = \frac{l}{6}
\begin{bmatrix}
p_{z_1} \\
p_{z_2} \\
p_{z_3} \\
p_{z_4} \\
p_{z_5} \\
p_{z_6} \\
p_{s_1} \\
p_{s_2} \\
p_{s_3} \\
p_{s_4}
\end{bmatrix}
+ E\alpha_t
\begin{bmatrix}
p_{thz_1} \\
p_{thz_2} \\
p_{thz_3} \\
p_{thz_4} \\
p_{thz_5} \\
p_{thz_6} \\
0 \\
0 \\
0 \\
0
\end{bmatrix}
$$

Wegen der Vernachlässigung der Querdehnungen ε_s ist der Vektor $\boldsymbol{\psi}'(s_i) \equiv \mathbf{0}$ und es gibt keine Belastungsterme p_{ths_h}. Gibt es in den Elementknoten „Einzelkraftbelastungen" $P_j; j = 1, \ldots, 6$ oder $Q_k; k = 1, \ldots, 4$, sind diese den entsprechenden Komponenten des Untervektors für den betreffenden Knoten hinzuzufügen. Die angegebenen Gleichungen sind die Grundlagen für eine FE–Analyse aller Kastenträger, deren Verformungskinematik mit den hier verwendeten zehn Koordinatenfunktionen ausreichend genau erfaßt wird.

Zur Demonstration der Leistungsfähigkeit des Dreiknotenelementes wurde der zweiseitig gelagerte Kastenträger nach Bild 4.16 auch numerisch mit der FEM berechnet. Bei einer Unterteilung des Trägers in 32 finite Elemente wurde die Genauigkeit der analytischen Lösung erreicht, die Ergebnisse sind mit denen in Bild 4.18 angegebenen Lösungskurven identisch.

Zu Vergleichszwecken wurde die Berechnung auch mit einem Zweiknotenelement und den linearen Ansatzfunktionen

$$
G_1(\xi) = 1 - \xi, \quad G_2(\xi) = \xi
$$

durchgeführt. Die Integrale der Ansatzfunktionen enthält Tab. 4.12.

$\int\limits_0^1 G_i G_k \, d\xi$		
k i	1	2
1	1/3	1/6
2	1/6	1/3

$\int\limits_0^1 G_i' G_k' \, d\xi$		
k i	1	2
1	1	-1
2	-1	1

$\int\limits_0^1 G_i G_k' \, d\xi$		
k i	1	2
1	-1/2	-1/2
2	1/2	1/2

i	$\int\limits_0^1 G_i \, d\xi$	$\int\limits_0^1 G_i' \, d\xi$
1	1/2	-1
2	1/2	1

Tabelle 4.12 Integrale der Ansatzfunktionen für das Zweiknotenelement

Der Aufbau der Element– und Systemmatrizen ist noch einfacher als beim Dreiknotenelement. Bild 4.20 zeigt die Gegenüberstellung der Verläufe der Randnormalspannungen $\sigma_r(z)$ für 32 Dreiknoten– und 64 Zweiknotenelemente. Die maximale Abweichung ist kleiner als 5%. Die höhere Effektivität von Dreiknotenelementen im Vergleich zu Zweiknotenelementen gilt offensichtlich auch für die hier betrachteten Stabschalenelemente.

Berechnung der Eigenschwingungen für einen prismatischen Freiträger Für eine globale Eigenschwingungsanalyse einer Struktur mit dem halbmomentenfreien Schalenmodell gelten die im Abschnitt 2.2.2.1 angegebenen Gleichungen. Für den einzelligen, doppeltsymmetrischen Rechteckquerschnitt werden zusätzlich noch verallgemeinerte Koordinatenfunktionen $\xi_5(s),\dots,\xi_8(s)$ gewählt, die allein aus Kantenverdrehungen hervorgehen und zu denen keine Verschiebungszustände $\psi_k(s)$ in Umfangsrichtung gehören. Bild 4.21 zeigt die gewählten Koordinatenfunktionen und die Querbiegemomente $m_k(s)$ aus Konturverformungen. Für die Funktionen $\xi_4(s)$ bis $\xi_8(s)$ gelten die Abkürzungen

$$f_{41}(\bar{s}_1) = \frac{4\bar{s}_1^3 - 6\bar{s}_1^2 - \left(\dfrac{I_1 d_2}{I_2 d_1} - 1\right)\bar{s}_1 + \dfrac{1}{2}\left(\dfrac{I_1 d_2}{I_2 d_1} + 1\right)}{\dfrac{I_1 d_2}{I_2 d_1} + 1} \; ; \quad \bar{s}_1 = \frac{s_1}{d_1}; \; I_1 = \frac{t_1^3}{12}$$

$$f_{42}(\bar{s}_2) = \frac{4\bar{s}_2^3 - 6\bar{s}_2^2 - \left(\dfrac{I_2 d_1}{I_1 d_2} - 1\right)\bar{s}_2 + \dfrac{1}{2}\left(\dfrac{I_2 d_1}{I_1 d_2} + 1\right)}{\dfrac{I_2 d_1}{I_1 d_2} + 1} \; ; \quad \bar{s}_2 = \frac{s_2}{d_2}; \; I_2 = \frac{t_2^3}{12}$$

$$f_{51}(\bar{s}_1) = \bar{s}_1(1 - \bar{s}_1) = f_{71}(\bar{s}_1)$$

$$f_{52}(\bar{s}_2) = \bar{s}_2(1 - \bar{s}_2) = f_{62}(\bar{s}_2)$$

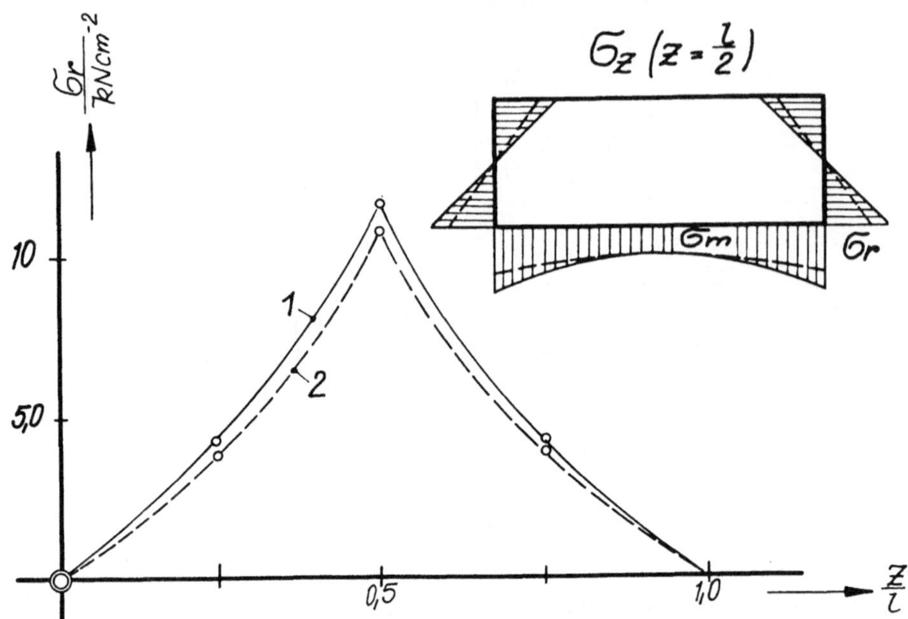

Bild 4.20   Ergebnis der Vergleichsrechnungen für die Gurtrandspannung σ_{zr}. Kurve 1: 32 quadratische Dreiknotenelemente. Kurve 2: 64 lineare Zweiknotenelemente

$$f_{61}(\bar{s}_1) \;=\; \bar{s}_1(2\bar{s}_1^2 - 3\bar{s}_1 + 1) = f_{81}(\bar{s}_1)$$
$$f_{72}(\bar{s}_2) \;=\; \bar{s}_2(2\bar{s}_2^2 - 3\bar{s}_2 + 1) = f_{82}(\bar{s}_2)$$

Damit können alle verallgemeinerten Querschnittswerte, bzw. die Matrizen der verallgemeinerten Querschnittswerte berechnet werden. Die Matrizen $\mathbf{A}, \mathbf{B}, \mathbf{C}$ und $\mathbf{R}$ haben wieder das Format (4,4), die Matrizen $\mathbf{S}$ und $\mathbf{N}$ das Format (8, 8). Auf eine detaillierte Angabe der Matrizen wird hier verzichtet.

Mit dem gewählten System verallgemeinerter Koordinatenfunktionen nach Bild 4.21 entkoppelt sich das Dgl.–System in 4 Teilsysteme für die vier voneinander unabhängigen Schwingungsfälle: Längsschwingungen, Biegeschwingungen um die beiden Hauptachsen mit Berücksichtigung der Schubverformungen sowie Torsionsschwingungen unter Berücksichtigung der Konturverformung und einer linearen Querschnittsverwölbung.

Numerische Vergleichsrechnungen ergaben eine gute Übereinstimmung zu FEM–Referenzlösungen für typische Ganzkörperschwingungen. Im FE–Modell mit Scheiben– bzw. Schalenelementen traten zusätzliche Eigenformen auf, die vom Berechnungsmodell halbmomentenfreie Schale nicht abgebildet werden können. Darauf wird im folgenden Abschnitt noch einmal näher eingegangen.

Bild 4.22 zeigt die Ergebnisse von Vergleichsrechnungen für einen Freiträger der Länge $l = 5\ m$, die Querschnittshöhe war konstant $d_1 = 400\ mm$, die Breite d_2 wurde

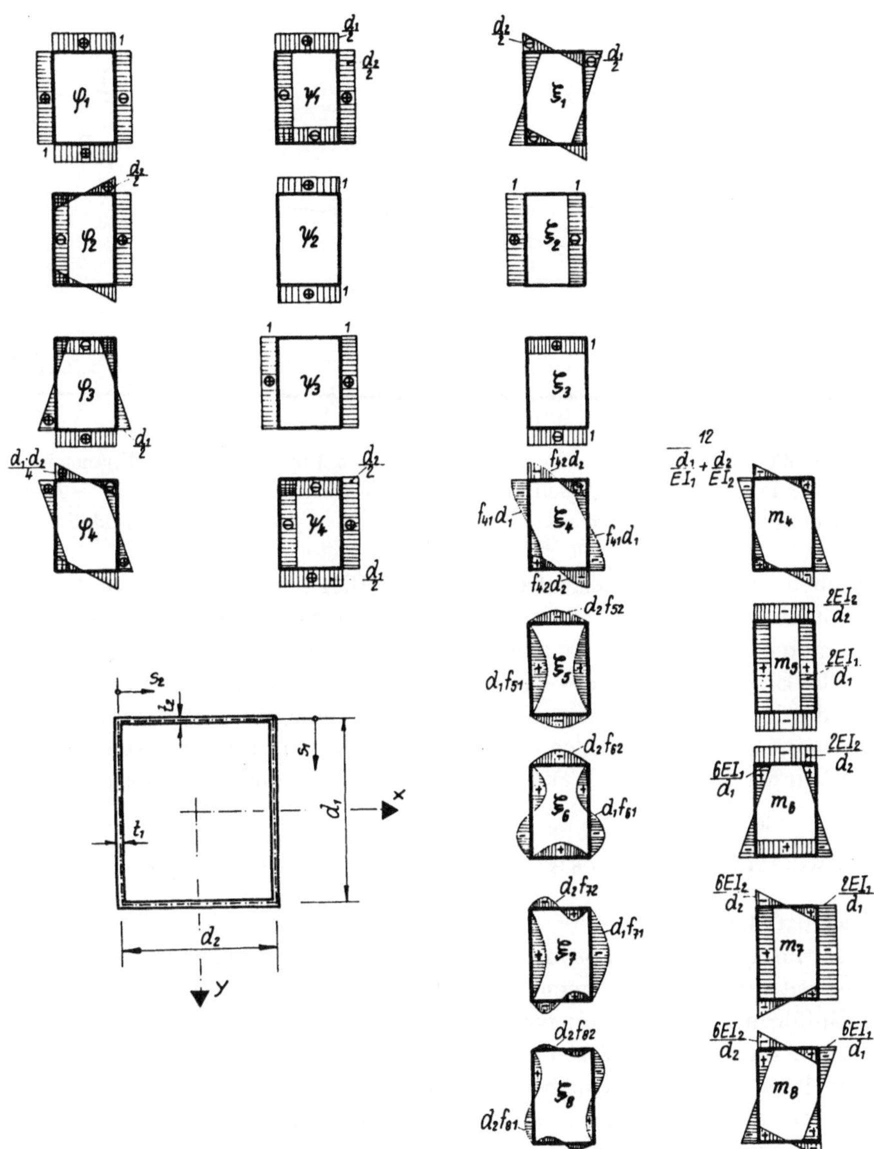

Bild 4.21 Verallgemeinerte Koordinatenfunktionen für die Berechnung der globalen Eigenschwingungen eines doppeltsymmetrischen einzelligen Kastenträgers

von 300 *mm* bis 800 *mm* variiert, die Stege hatten eine Dicke $t_1 = 8\ mm$, die Gurte eine Dicke $t_2 = 10\ mm$.

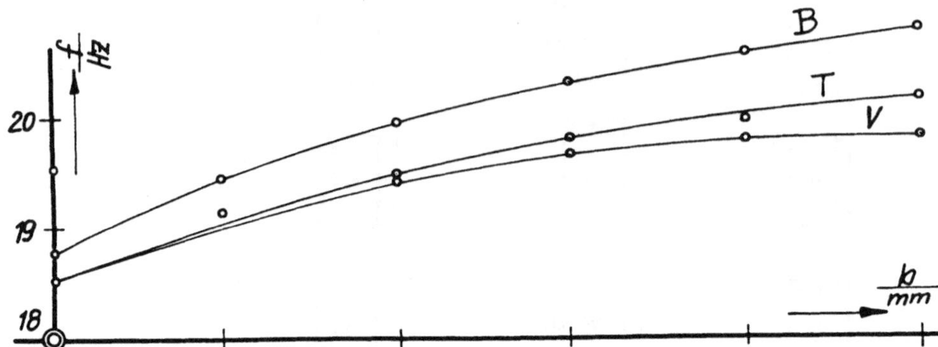

Bild 4.22   Ergebnisse von Vergleichsrechnungen für die globalen Eigenschwingungen eines Freiträgers mit doppeltsymmetrischem Rechteckquerschnitt: B — *Bernoulli*–Balkenmodell, T — *Timoshenko*–Balkenmodell, V — *Vlasov*–Balkenmodell

Angegeben sind die Grundeigenfrequenzen der Biegeschwingungen um die horizontale Hauptachse für die Berechnungsmodelle *Bernoulli*–Balken, *Timoshenko*–Balken und halbmomentenfreies Schalenmodell. Man erkennt, daß bis zu einer Breite von 500 *mm* die Eigenfrequenzen des *Timoshenko*–Modells, bei dem die Schubverformungen und die Rotationsträgheiten einbezogen sind, eine gute Übereinstimmung mit dem halbmomentenfreien Schalenmodell zeigen. Erst bei größeren Breiten wirkt sich offensichtlich der Einfluß der Wandträgheiten und der Konturdeformationen aus.

4.3.2   Zweizelliger rechteckiger prismatischer Kastenträger

Im Abschnitt 4.3.1 wurden für einzellige, doppeltsymmetrische Kastenträger an Beispielen unterschiedliche Lösungsverfahren erläutert. Dabei wurden die einzelnen Lösungsschritte möglichst allgemein und überschaubar dargestellt, um die methodische Einführung in die Lösungsverfahren zu erleichtern und ihre Anwendbarkeit auf andere Aufgaben abschätzen zu können. Man erkennt den bereits bei einzelligen, doppeltsymmetrischen Querschnitten nicht unerheblichen Aufwand analytischer Lösungen, der sich jedoch lohnt, wenn man umfangreichere Analysen für gleichwertige Problemklassen durchführen muß.

Es ist zu erwarten, daß der Aufwand analytischer Lösungen mit der Mehrzelligkeit des Querschnittes schnell ansteigt und auch die numerischen Lösungen eine effektive Bestimmung der verallgemeinerten Koordinatenfunktionen voraussetzen. Dies soll am Beispiel des zweizelligen Rechteckquerschnittes im folgenden erläutert werden. Daher muß aber auf eine Darstellung der einzelnen Lösungsschritte weitgehend verzichtet werden.

Allgemeine Grundlagen für analytische und numerische Lösungen:

Betrachtet wird der Querschnitt nach Bild 4.9 mit den angegebenen verallgemeinerten Koordinaten $\varphi_1(s),\ldots,\varphi_6(s)$ und $\psi_1(s),\ldots,\psi_5(s)$. Der Freiheitsgrad 11 entspricht dem klassischen *Vlasov*modell, und es gilt die Gleichung

$$n = 2m - c$$

Das Dgl.–System des *Vlasov* –Modells Gl. (2.24) führt für den betrachteten zweizelligen Querschnitt auf ein System von 11 Dgln., das jeoch in zwei unabhängige Teilsysteme zerfällt. Das erste Teilsystem umfaßt die verallgemeinerten Verschiebungen $U_1(z), U_2(z), U_6(z)$ und $V_2(z)$, d.h. alle zur vertikalen Querschnittsachse symmetrischen Verformungszustände, das zweite Teilsystem $U_3(z), U_4(z), U_5(z), V_1(z), V_3(z), V_4(z)$ und $V_5(z)$ alle antimetrischen Zustände.

$$
\begin{aligned}
a_{11}U_1'' \;+a_{12}U_2'' &\qquad +a_{16}U_6'' &&&& +(1/E)p_{z_1}^* = 0 \\
a_{12}U_1'' \;+\gamma a_{22}U_2'' - b_{22}U_2 &\qquad +\gamma a_{26}U_6'' - b_{26}U_6 && -c_{22}V_2' & & +(1/G)p_{z_2}^* = 0 \\
a_{16}U_1'' \;+\gamma a_{26}U_2'' - b_{26}U_2 &\qquad +\gamma a_{66}U_6'' - b_{66}U_6 && -c_{62}V_2' & & +(1/G)p_{z_6}^* = 0 \\
\qquad e_{22}U_2' &\qquad +e_{26}U_6' && +r_{22}V_2'' & & +(1/G)p_{s_2}^* = 0
\end{aligned}
$$

$$
\begin{aligned}
\gamma a_{33}U_3'' - b_{33}U_3 &\quad +\gamma a_{34}U_4'' - b_{34}U_4 &\quad +\gamma a_{35}U_5'' - b_{35}U_5 \\
-c_{31}V_1' &\quad -c_{33}V_3' &\quad -c_{34}V_4' &\quad -c_{35}V_5' \;\; +(1/G)p_{z_3}^* = 0 \\
\gamma a_{34}U_3'' - b_{34}U_3 &\quad +\gamma a_{44}U_4'' - b_{44}U_4 &\quad +\gamma a_{45}U_5'' - b_{45}U_5 \\
-c_{41}V_1' &\quad -c_{43}V_3' &\quad -c_{44}V_4' &\qquad +(1/G)p_{z_4}^* = 0 \\
\gamma a_{35}U_3'' - b_{35}U_3 &\quad +\gamma a_{45}U_4'' - b_{45}U_4 &\quad +\gamma a_{55}U_5'' - b_{55}U_5 \\
-c_{51}V_1' &\quad -c_{53}V_3' &\quad -c_{54}V_4' &\qquad +(1/G)p_{z_5}^* = 0 \\
e_{13}U_3' &\quad +e_{14}U_4' &\quad +e_{15}U_5' \\
+r_{11}V_1'' &\quad +r_{13}V_3'' &\quad +r_{14}V_4'' &\qquad +(1/G)p_{s_1}^* = 0 \\
e_{33}U_3' &\quad +e_{34}U_4' &\quad +e_{35}U_5' \\
+r_{13}V_1'' &\quad +r_{33}V_3'' &\quad +r_{34}V_4'' &\quad +r_{35}V_5'' \;\; +(1/G)p_{s_3}^* = 0 \\
e_{43}U_3' &\quad +e_{44}U_4' &\quad +e_{45}U_5' \\
+r_{14}V_1'' &\quad +r_{34}V_3'' &\quad +r_{44}V_4'' - \gamma s_{44}V_4 &\quad -\gamma s_{45}V_5 \;\; +(1/G)p_{s_4}^* = 0 \\
e_{53}U_3' \\
&\quad +r_{35}V_3'' &\quad -\gamma s_{45}V_4 &\quad +r_{55}V_5'' \\
& & &\quad -\gamma s_{55}V_5 \;\; +(1/G)p_{s_5}^* = 0
\end{aligned}
$$

Wegen $\psi_k'(s) \equiv 0$ ist $p_{s_h}^* \equiv p_{s_h}, h = 1,\ldots,5$ und für $\nu = 0$ wird $\gamma = (E/G) = 2$. Beschränkt man die weiteren Betrachtungen vorerst auf symmetrische Beanspruchungszustände, d.h. auf das erste Teilsystem von vier Dgln., müssen zunächst die folgenden verallgemeinerten Querschnittswerte berechnet werden

$$
\begin{aligned}
a_{11} &= A_1 + 2(A_2 + A_3) + A_4 + A_5 = A \\
a_{12} &= d_1[-\varepsilon'(A_1 + A_2) + \varepsilon(A_3 + A_4)] \\
a_{16} &= \varepsilon' d_1(A_1 + A_2) \\
a_{22} &= d_1^2[\varepsilon'^2(A_1 + (2/3)A_2) + \varepsilon^2((2/3)A_3 + A_4)] = I_{xx} \\
a_{26} &= -a_{66} = -\varepsilon'^2 d_1^2[A_1 + (2/3)A_2] \\
b_{22} &= c_{22} = e_{22} = r_{22} = 2(A_2 + A_3) \\
b_{26} &= -b_{66} = c_{62} = e_{26} = -2A_2
\end{aligned}
$$

Für die verallgemeinerten Längs- und Querkräfte erhält man nach Gl. (2.92) mit $\nu = 0, \psi' = 0$

$$P_1^*(z) = E[a_{11}U_1'(z) + a_{12}U_2'(z) + a_{16}U_6'(z)]$$
$$\qquad - E\alpha_{th} \oint \theta\varphi_1 t \, ds = P_1(z) - P_{th1}(z)$$
$$P_2^*(z) = E[a_{12}U_1'(z) + a_{22}U_2'(z) + a_{26}U_6'(z)]$$
$$\qquad - E\alpha_{th} \oint \theta\varphi_2 t \, ds = P_2(z) - P_{th2}(z)$$
$$P_6^*(z) = E[a_{16}U_1'(z) + a_{26}U_2'(z) + a_{66}U_6'(z)]$$
$$\qquad - E\alpha_{th} \oint \theta\varphi_6 t \, ds = P_6(z) - P_{th6}(z)$$
$$Q_2(z) = G[e_{22}U_2(z) + e_{26}U_6(z) + r_{22}V_2'(z)]$$

Wie beim einzelligen Träger wird zunächst das homogene Dgl.–System gelöst und in der allgemeinen Lösungen werden die 8 unbekannten Freiwerte durch die 8 Anfangsparameter $U_{10}, U_{20}, U_{60}, V_{20}, P_{10}^*, P_{20}^*, P_{60}^*$ und Q_{20} ausgedrückt. Damit ist die Anfangsform der Gleichungen bekannt. Die entsprechenden Anfangsparametergleichungen sind auf der nächsten Seite dargestellt. In die Gln. werden folgende Abkürzungen eingeführt

$$K_1 = a_{11}a_{22} - a_{12}^2; \quad K_2 = a_{12}a_{26} - a_{16}a_{22};$$
$$K_3 = a_{12}a_{16} - a_{11}a_{26}; \quad K_4 = a_{11}a_{26} + a_{16}^2;$$
$$L_1 = b_{22}b_{26} + b_{26}^2; \quad M_1 = b_{26}K_1 + b_{22}K_3; \quad N_1 = a_{16}K_2 + a_{26}K_3 - a_{26}K_1;$$
$$k = \sqrt{\frac{a_{11}}{\gamma b_{22}} \frac{L_1 K_1}{K_1 K_4 + K_3^2}}$$

Die Partikulärlösungen werden nach Tab. 3.1 entwickelt. Die Lösungen für die Verformungen und die Spannungen haben die Form

$$u(z,s) = U_1(z)\varphi_1(s) + U_2(z)\varphi_2(s) + U_6(z)\varphi_6(s)$$
$$v(z,s) = V_2(z)\psi_2(s)$$
$$\sigma_z(z,s) = E[U_1'(z)\varphi_1(s) + U_2'(z)\varphi_2(s) + U_6'(z)\varphi_6(s)] - E\alpha_{th}\theta(z,s)$$
$$\tau_{zs}(z,s) = G[U_1(z)\varphi_1'(s) + U_2(z)\varphi_2'(s) + U_6(z)\varphi_6'(s) + V_2'(z)\psi_2(s)]$$

Zur Berechnung zweizelliger Kastenträger mit im Verhältnis zu den Stegabmessungen breiten Gurten muß der Anteil der symmetrischen Verformungszustände um die Schubverwölbungen erweitert werden. Führt man entsprechend Bild 4.23 zusätzlich die Funktionen $\varphi_7(s), \varphi_8(s), \varphi_9(s)$ ein, erhöht sich die Anzahl der gekoppelten Dgln. für den symmetrischen Fall um drei Dgln., der Aufwand erhöht sich damit beträchtlich. Man kann zur Reduzierung des Aufwandes den Effekt der mittragenden Breite näherungsweise auch wie folgt erfassen. Es wird angenommen, daß die Schubverwölbungen im oberen und unteren Gurt gleichgesetzt werden können, und daß der Zwischengurt eine Verwölbung erfährt, die von seiner Lage im Querschnitt, gekennzeichnet durch den Parameter ε, abhängt (s. Bild 4.9). In diesem Fall erhöht sich die

	U_{10}	U_{20}	U_{60}	V_{20}	$\dfrac{P_{10}}{E}$	$\dfrac{P_{20}}{E}$	$\dfrac{P_{60}}{E}$	$\dfrac{Q_{20}}{G}$
$U_1(z)$	1	0	$\dfrac{K_2}{K_1}(\cosh kz-1)$	0	$+\dfrac{a_{22}}{K_1}\cdot z +\dfrac{K_2^2}{K_1 N_1}\dfrac{\sinh kz}{k}$	$-\dfrac{a_{12}}{K_1}\cdot z +\dfrac{K_2 K_3}{K_1 N_1}\dfrac{\sinh kz}{k}$	$\dfrac{K_2}{N_1}\dfrac{\sinh kz}{k}$	$-\dfrac{a_{12}}{\gamma K_1}\cdot\dfrac{z^2}{2} -\dfrac{K_2 M_1}{L_1 K_1^2}(\cosh kz-1)$
$U_2(z)$	0	1	$\dfrac{K_3}{K_1}(\cosh kz-1)$	0	$-\dfrac{a_{12}}{K_1}\cdot z +\dfrac{K_2 K_3}{K_1 N_1}\dfrac{\sinh kz}{k}$	$+\dfrac{a_{11}}{K_1}\cdot z +\dfrac{K_3^2}{K_1 N_1}\dfrac{\sinh kz}{k}$	$\dfrac{K_3}{N_1}\cdot\dfrac{\sinh kz}{k}$	$+\dfrac{a_{11}}{\gamma K_1}\cdot\dfrac{z^2}{2} -\dfrac{K_3 M_1}{L_1 K_1^2}(\cosh kz-1)$
$U_6(z)$	0	0	$\cosh kz$	0	$\dfrac{K_2}{N_1}\cdot\dfrac{\sinh kz}{k}$	$\dfrac{K_3}{N_1}\cdot\dfrac{\sinh kz}{k}$	$\dfrac{K_1}{N_1}\dfrac{\sinh kz}{k}$	$-\dfrac{M_1}{L_1 K_1}(\cosh kz-1)$
$V_2(z)$	0	$-z$	$\dfrac{K_3}{K_1}\cdot z -\dfrac{M_1}{b_{22}K_1}\dfrac{\sinh kz}{k}$	1	$\dfrac{a_{12}}{K_1}\cdot\dfrac{z^2}{2} -\dfrac{M_1 K_2}{b_{22}K_1 N_1}\dfrac{\cosh kz-1}{k^2}$	$-\dfrac{a_{11}}{K_1}\cdot\dfrac{z^2}{2} -\dfrac{M_1 K_3}{b_{22}K_1 N_1}\dfrac{\cosh kz-1}{k^2}$	$-\dfrac{M_1}{b_{22}N_1}\dfrac{\cosh kz-1}{k^2}$	$\dfrac{1}{b_{22}}\left(1-\dfrac{M_1^2}{L_1 K_1^2}\right)\cdot z -\dfrac{a_{11}}{\gamma K_1}\cdot\dfrac{z^3}{6} +\dfrac{M_1^2}{b_{22}L_1 K_1^2}\dfrac{\sinh kz}{k}$
$\dfrac{P_1(z)}{E}$	0	0	0	0	1	0	0	0
$\dfrac{P_2(z)}{E}$	0	0	0	0	0	1	0	$\dfrac{z}{\gamma}$
$\dfrac{P_6(z)}{E}$	0	0	$\dfrac{N_1}{K_1}k\cdot\sinh kz$	0	$\dfrac{K_2}{K_1}(\cosh kz-1)$	$\dfrac{K_3}{K_1}(\cosh kz-1)$	$\cosh kz$	$\dfrac{K_3}{\gamma K_1}\cdot z -\dfrac{N_1 M_1}{L_1 K_1^2}k\sinh kz$
$\dfrac{Q_2(z)}{G}$	0	0	0	0	0	0	0	1

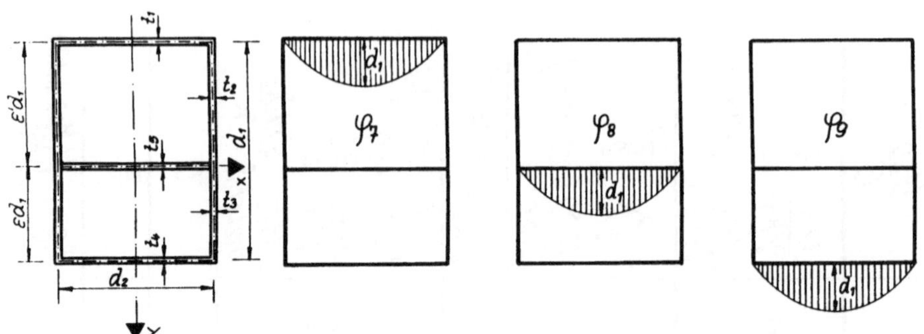

Bild 4.23 Zweizelliger Rechteckquerschnitt. Koordinatenfunktionen $\varphi_7(s)$, $\varphi_8(s)$, $\varphi_9(s)$ zur Berücksichtigung der Schubverwölbung in den Gurten

Anzahl der Gleichungen des ersten Teilsystems nur um eins, und es ist bei breiten Gurten trotzdem eine verbesserte Qualität des Berechnungsmodelles zu erwarten.

Bild 4.24 zeigt die verallgemeinerten Koordinatenfunktionen für den genannten Näherungsfall. Die Ansatzfunktionen $\varphi_j(s)$ sollen mit der Basisfunktion $\varphi_1(s)$ ortho-

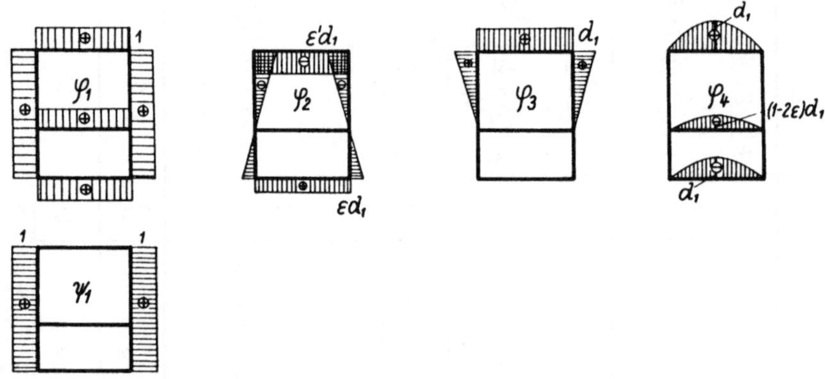

Bild 4.24 Verallgemeinerte Koordinatenfunktionen $\varphi_1(s), \varphi_2(s), \varphi_3(s), \varphi_4(s), \psi_1(s)$ für symmetrische Beanspruchungszustände des zweizelligen Kastenträgers

gonalisiert werden

$$\hat{\varphi}_1(s) = \varphi_1(s); \qquad \hat{\varphi}_3(s) = \varphi_3(s) + \alpha_2 d_1 \hat{\varphi}_1(s) + \alpha_3 \varphi_2(s);$$
$$\hat{\varphi}_2(s) = \varphi_2(s) + \alpha_1 d_1 \hat{\varphi}_1(s); \qquad \hat{\varphi}_4(s) = \varphi_4(s) + \alpha_4 d_1 \hat{\varphi}_1(s) + \alpha_5 \hat{\varphi}_2(s) + \alpha_6 \hat{\varphi}_3(s)$$

Im Bild 4.25 sind die orthogonalisierten Koordinatenfunktionen dargestellt. Die Orthogonalisierungsfaktoren $\alpha_i; i = 1, \ldots, 6$ sind

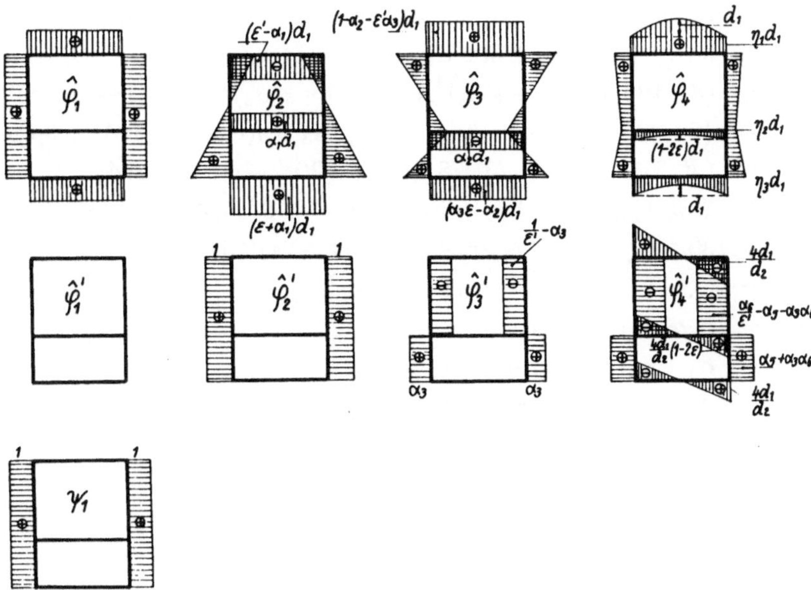

Bild 4.25 Orthogonalisierte Funktionen $\hat{\varphi}_1(s), \hat{\varphi}_2(s), \hat{\varphi}_3(s), \hat{\varphi}_4(s)$

$$\alpha_1 \;=\; \frac{\varepsilon'(A_1 + A_2) - \varepsilon(A_3 + A_4)}{A_{ges}}; \alpha_2 = -\alpha_1\alpha_3 + \frac{A_1 + A_2}{A_{ges}}$$

$$\alpha_3 \;=\; \frac{3(\varepsilon' - \alpha_1)A_1 + (2\varepsilon' - 3\alpha_1)A_2}{3\varepsilon'(\varepsilon' - \alpha_1)A_1 + \varepsilon'(2\varepsilon' - 3\alpha_1)A_2 + \varepsilon(2\varepsilon + 3\alpha_1)A_3 + 3\varepsilon(\varepsilon + \alpha_1)A_4};$$

$$\alpha_4 \;=\; \frac{2[-A_1 + A_4 + (1 - 2\varepsilon)A_5]}{3A_{ges}};$$

$$\alpha_5 \;=\; (2d_1^2/3a_{22})[(\varepsilon' - \alpha_1)A_1 + \alpha_1(1 - 2\varepsilon)A_5 + (\varepsilon + \alpha_1)A_4];$$

$$\alpha_6 \;=\; -(2d_1^2/3a_{33})[(1 - \alpha_2 - \varepsilon'\alpha_3)A_1 - (\alpha_3\varepsilon - \alpha_2)A_4 + \alpha_2(1 - 2\varepsilon)A_5]$$

Für die verallgemeinerten Querschnittswerte

$$a_{11}, a_{22}, a_{33}, a_{44}, b_{22}, b_{23}, b_{24}, b_{33}, b_{34}, b_{44},$$

$$c_{21} = e_{12} = b_{22}, c_{31} = e_{13} = b_{23}, c_{41} = e_{14} = b_{24}, r_{11} = b_{22}$$

erhält man mit den orthogonalisierten Koordinaten

$$a_{11} = A_1 + 2A_2 + 2A_3 + A_4 + A_5 = A_{ges}$$

$$a_{22} = (d_1^2/3)[3(\varepsilon' - \alpha_1)^2 A_1 + \{2\varepsilon'^2 - 6\alpha_1(\varepsilon' - \alpha_1)\}A_2 + \{2\varepsilon^2$$
$$+ \ 6\alpha_1(\varepsilon + \alpha_1)\}A_3 + 3(\varepsilon + \alpha_1)^2 A_4 + 3\alpha_1^2 A_5]$$

$$a_{33} = (d_1^2/3)[3(1 - \alpha_2 - \varepsilon'\alpha_3)^2 A_1 + \{2(1 - \varepsilon'\alpha_3)^2 - 6\alpha_2(1 - \alpha_2 - \varepsilon'\alpha_3)\}A_2$$
$$+ \ \{2(\alpha_3\varepsilon - \alpha_2)^2 - 2\alpha_2(\alpha_3\varepsilon - 2\alpha_2)\}A_3 + 3(\alpha_3\varepsilon - \alpha_2)^2 A_4 + 3\alpha_2^2 A_5]$$

$$a_{44} = (d_1^2/3)\{3(\eta_1^2 + 4\eta_1/3 + 8/15)A_1 + 2(\eta_1^2 + \eta_1\eta_2 + \eta_2^2)A_2$$
$$+ \ 2(\eta_2^2 + \eta_2\eta_3 + \eta_3^2)A_3 + 3(\eta_3^2 - 4\eta_3/3 + 8/15)A_4$$
$$+ \ 3[\eta_2^2 - (4\eta_2/3)(1 - 2\varepsilon) + (8/15)(1 - 2\varepsilon)^2]A_5\}$$

$$\eta_1 = \alpha_5(\varepsilon' - \alpha_1) - \alpha_4 - \alpha_6(1 - \alpha_2 - \varepsilon'\alpha_3);$$

$$\eta_2 = \alpha_5\alpha_1 + \alpha_4 - \alpha_6\alpha_2;$$

$$\eta_3 = \alpha_4 + \alpha_5(\varepsilon + \alpha_1) + \alpha_6(\alpha_3\varepsilon - \alpha_2);$$

$$b_{22} = 2(A_2 + A_3); \quad b_{23} = 2\{-[(1/\varepsilon') - \alpha_3]A_2 + \alpha_3 A_3\};$$

$$b_{24} = 2\{-[(\alpha_6/\varepsilon') - \alpha_5 - \alpha_3\alpha_6]A_2 + (\alpha_5 + \alpha_3\alpha_6)A_3\};$$

$$b_{33} = 2\{[(1/\varepsilon') - \alpha_3]^2 A_2 + \alpha_3^2 A_3\};$$

$$b_{34} = 2\{[(1/\varepsilon') - \alpha_3][(\alpha_6/\varepsilon') - \alpha_5 - \alpha_3\alpha_6]A_2$$
$$+ \ \alpha_3(\alpha_5 + \alpha_3\alpha_6)A_3\};$$

$$b_{44} = (2/3)\{[8(d_1 d_2)^2[A_1 + A_4 + (1 - 2\varepsilon)^2 A_5]$$
$$+ \ 3[(\alpha_6/\varepsilon') - \alpha_5 - \alpha_3\alpha_6]^2 A_2 + 3[\alpha_5 + \alpha_3\alpha_6]^2 A_3\}$$

Das System der Dgln. für den einfachsymmetrischen, zweizelligen Kastenträger mit einem zusätzlichen Freiheitsgrad für die Schubverwölbung lautet dann

$$
\begin{array}{lllll}
a_{11}U_1'' & & & & +(1/E)p_{z_1}^* = 0 \\
\gamma a_{22}U_2'' - b_{22}U_2 & -b_{23}U_3 & -b_{24}U_4 & -b_{22}V_1' & +(1/G)p_{z_2}^* = 0 \\
-b_{23}U_2 & +\gamma a_{33}U_3'' - b_{33}U_3 & -b_{34}U_4 & -b_{23}V_1' & +(1/G)p_{z_3}^* = 0 \\
-b_{24}U_2 & -b_{34}U_3 & \gamma a_{44}U_4'' - b_{44}U_4 & -b_{24}V_1' & +(1/G)p_{z_4}^* = 0 \\
b_{22}U_2' & +b_{23}U_3' & +b_{24}U_4' & +b_{22}V_1'' & +(1/G)p_{s_1}^* = 0
\end{array}
$$

Die erste Gl. ist vollständig entkoppelt. Das gekoppelte System der weiteren vier Gleichungen ist für den homogenen Fall allgemein zu lösen, und es kann die Matrix der Anfangsparameter bestimmt werden. Wegen des erheblichen Aufwandes wird hier auf die Darstellung weiterer Lösungsschritte verzichtet und auf [98] verwiesen. Dort findet man auch die Ableitungen aller Gleichungen für den allgemeineren Fall, daß die Schubverwölbungen durch die Funktionen $\varphi_7(s), \varphi_8(s)$ und $\varphi_9(s)$ erfaßt werden. Eine ausführliche Behandlung der noch aufwendigeren antimetrischen Fälle findet man in [70].

Zur Demonstration der Leistungsfähigkeit des klassischen und des verallgemeinerten *Vlasov*–Modells für den zweizelligen Kastenträger seien noch einige Ergebnisse für spezielle Beispiele angeben.

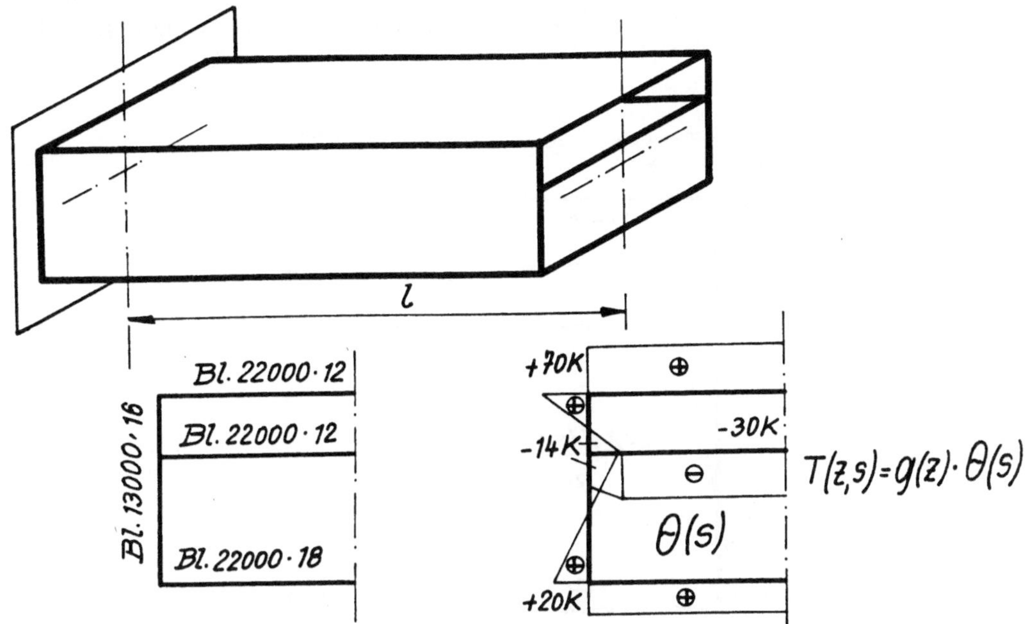

Bild 4.26 Zweizelliger Freiträger – Temperaturlastfall

Bild 4.26 zeigt einen zweizelligen Freiträger mit einer Länge von $84m$. Die Querschnittsabmessungen sind im Bild angegeben. Ferner gelten die Werte $E = 2,1\ 10^4\ kN/cm^2, \alpha_{th} = 1,2\ 10^5 K^{-1}$. Der Träger ist einem in z–Richtung konstanten Temperaturfeld unterworfen. Die Verteilung der Temperaturfunktion $\theta = \theta(s)$ über den Querschnitt zeigt Bild 4.26. Nach Berechnung aller verallgemeinerten Querschnittswerte und Abkürzungen erfolgt die Zahlenrechnung unter Berücksichtigung der Randbedingungen einer starren Einspannung für $z = 0$ und eines freien Randes für $z = l$ in der beschriebenen Weise. Zum Vergleich einiger Lösungen sind hier die Ergebnisse mitgeteilt

$$U_1(z) = 2,70041\ 10^{-4}z - 4,99044\ 10^{-6}\ cm\ \sinh kz$$
$$U_2(z) = -1,66749\ 10^{-7}\ cm^{-1}z + 6,81043\ 10^{-9}\ \sinh kz$$
$$U_6(z) = 3,05104\ 10^{-8}\ \sinh kz$$
$$V_2(z) = 8,33745\ 10^{-8}\ cm^{-1}z^2 + 1,83791\ 10^{-6}\ cm\ (\cosh kz - 1)$$
$$P_1(z) = 6,91085\ 10^4\ kN$$
$$P_2(z) = 9,43488\ 10^6\ kNcm$$
$$P_6(z) = 9,15867\ 10^6\ kNcm - 387,190\ kNcm\ \cosh kz$$
$$Q_2(z) = 0$$
$$k = 1,42469\ 10^{-3}\ cm^{-1}$$

Bild 4.27 zeigt den Verlauf der Längsnormalspannungen in einem ausgewählten Querschnitt ($z = 66{,}5m$). Zum Vergleich wurden auch Ergebnisse eingetragen, die

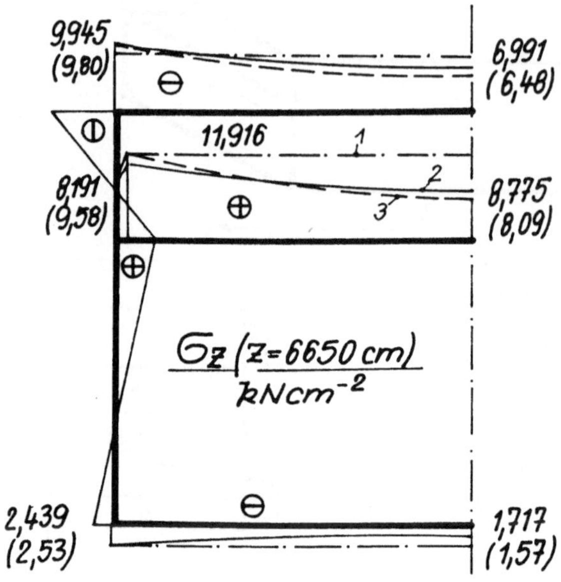

Bild 4.27   Verlauf der Längsspannungen σ_z im Schnitt $z = 66{,}5m$: 1 — halbmomentenfreie Schale ohne Schubverwölbung, 2 — halbmomentenfreie Schale mit Schubverwölbung, 3 — FE–Lösung (2D–Referenzlösung); eingeklammerte Werte entsprechen der FE–Lösung

mit finiten Scheiben– und Schalenelementen berechnet wurden. Man erkennt, daß bei den vorliegenden Abmessungen auf die Berücksichtigung der Schubverwölbung nicht verzichtet werden darf. Die in [98] berechneten Werte zeigen weiterhin, daß die näherungsweise Erfassung der Schubverwölbung durch nur eine zusätzliche Koordinatenfunktion keine Verbesserung der Lösung bewirkt, bei der Hinzunahme von drei unabhängigen zusätzlichen φ–Funktionen für die Schubverwölbung sich aber eine gute Übereinstimmung mit FEM–Referenzlösungen ergibt.

Wenn man die hier nicht dargestellte Berechnung nachvollzieht, stellt man fest, daß insbesondere durch die Einbeziehung der Schubverwölbungen die numerische Auswertung analytischer Lösungen für so lange Strukturen numerisch sehr empfindlich ist. Im Regelfall wird man daher von vornherein stabile numerische Lösungsverfahren vorziehen. Es gibt dann auch keinen wesentlichen Unterschied in der Berechnung allgemeiner Belastungsfälle oder einer getrennten Berechnung des symmetrischen und des antisymmetrischen Anteils.

Betrachtet man beispielhaft wieder den zweizelligen Querschnitt nach Bild 4.9 und berücksichtigt die verallgemeinerten Koordinatenfunktionen $\varphi_1(s), \ldots, \varphi_6(s)$ und

$\psi_1(s), \ldots, \psi_5(s)$, müssen für die Anwendung des Übertragungsmatrizenverfahrens oder der Finite–Elemente–Methode die Matrizen $\mathbf{A}, \mathbf{B}, \mathbf{C}, \mathbf{R}$ und $\mathbf{S}$ berechnet werden. Dies bereitet keine besonderen Schwierigkeiten. Mit diesen Matrizen können die Systemmatrix $\mathcal{B}$ oder die Elementsteifigkeitsmatrix $\mathbf{K}$ aufgestellt werden. Der weitere Ablauf entspricht der beschriebenen Vorgehensweise.

Abschließend zum Abschnitt 4.3.2 soll hier noch ein Zahlenbeispiel diskutiert werden, das mit der FEM berechnet wurde. Betrachtet wurde wieder der zweizellige Freiträger nach Bild 4.26 mit einem nur von s abhängigen Temperaturfeld nach Bild 4.28. Bild 4.28 zeigt auch den Verlauf der Längsnormalspannungen für zwei aus-

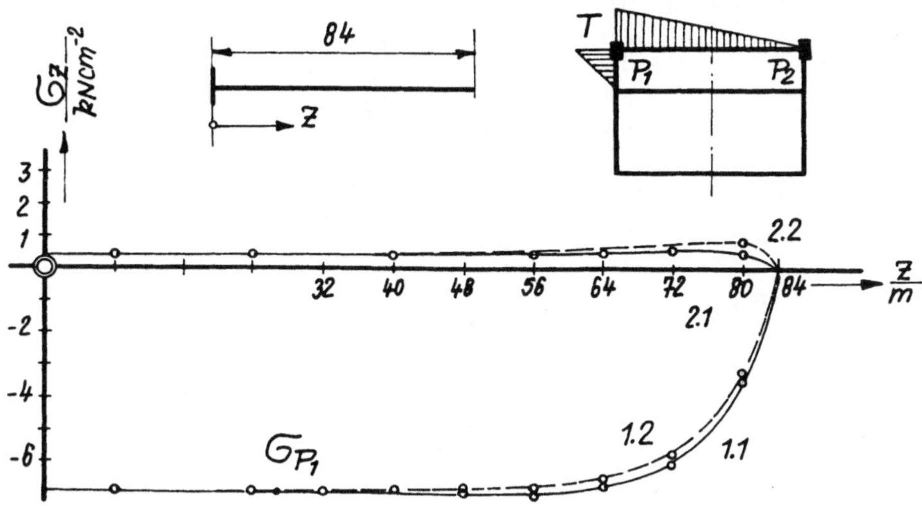

Bild 4.28 Temperaturlastfall für einen zweizelligen Rechteckquerschnitt. Verlauf der Normalspannungen $\sigma_z(z)$ für die Punkte P_1 und P_2: 1 — FE–Lösung, 2 – Analytische Lösung

gewählte Punkte und zum Vergleich die analytischen Referenzlösungen nach [70]. Die FE–Ergebnisse wurden mit dem einfachsten linearen Zweiknotenelement und einer gleichmäßigen Diskretisierung in 64 finite Elemente erzielt. Wie weitere Vergleichsrechnungen zeigten, können die im Bereich des freien Endes noch vorhandenen Abweichungen entweder durch eine feinere Diskretisierung in diesem Bereich oder durch den Einsatz von Dreiknotenelementen vollständig beseitigt werden.

4.3.3 Einzelliger, doppeltsymmetrischer, konischer Kastenträger

Für konische, einzellige, doppeltsymmetrische Kastenträger können nur in wenigen Sonderfällen analytische Lösungen angegeben werden. In [104] und [136] sind für den geometrischen Sonderfall, daß alle Kanten des Trägers einen gemeinsamen Schnittpunkt haben und die Verformungskinematik stark eingeschränkt ist, solche speziellen analytischen Lösungen angegeben. Auf eine weitere Diskussion analytischer Lösungsmöglichkeiten kann daher verzichtet werden.

Freiträger unter exentrischer Einzellast, Übertragungsmatrizenverfahren

Betrachtet wird der in Bild 4.29 dargestellte einzellige, eingespannte konische Kastenträger mit doppeltsymmetrischem Querschnitt. Querdehnungen und Schubverwölbungen werden ausgeschlossen. Es werden somit die verallgemeinerten Koordinaten $\varphi_1(s), \ldots, \varphi_4(s)$ und $\psi_1(s), \ldots, \psi_4(s)$ nach Bild 4.11 gewählt. Der Rechtecksquerschnitt ist durch 4 flächengleiche Längsstringer in den Ecken versteift. Für die im Bild 4.29 definierte Geometrie ist

$$d_1(z) = H(z) = H_A\left(1 + K_H\frac{z}{l}\right); \quad K_H = \frac{H_E}{H_A} - 1;$$

$$d_2(z) = B(z) = B_A\left(1 + K_B\frac{z}{l}\right); \quad K_B = \frac{B_E}{B_A} - 1;$$

Damit berechnet man die folgenden verallgemeinerten Querschnittswerte

$$a_{11}(z) = 2(H(z)t_1 + B(z)t_2 + 2\Delta A);$$

$$b_{22}(z) = c_{22}(z) = r_{22}(z) = 2B(z)t_2;$$

$$a_{22}(z) = \frac{B^2(z)}{6}(B(z)t_2 + 3H(z)t_1 + 6\Delta A);$$

$$b_{33}(z) = c_{33}(z) = r_{33}(z) = 2H(z)t_1;$$

$$a_{33}(z) = \frac{H^2(z)}{6}(3B(z)t_2 + H(z)t_1 + 6\Delta A);$$

$$b_{44}(z) = c_{44}(z) = r_{44}(z) = r_{11}(z) = \frac{B(z)H(z)}{2}[B(z)t_1 + H(z)t_2];$$

$$s_{44}(z) = \frac{8}{H(z)/t_1^3 + B(z)/t_2^3}$$

Alle übrigen $b_{ij}, c_{jk}, r_{hk}, d_{jk}, h_{hk}, s_{hk}, \bar{s}_{ji}$ sind Null. Damit erhält man für die Matrizen der verallgemeinerten Querschnittswerte

$$\mathbf{A}(z) = \begin{bmatrix} a_{11}(z) & 0 & 0 & 0 \\ 0 & a_{22}(z) & 0 & 0 \\ 0 & 0 & a_{33}(z) & 0 \\ 0 & 0 & 0 & a_{44}(z) \end{bmatrix}$$

$$\mathbf{B}(z) = \begin{bmatrix} 0 & 0 & 0 & 0 \\ 0 & b_{22}(z) & 0 & 0 \\ 0 & 0 & b_{33}(z) & 0 \\ 0 & 0 & 0 & b_{44}(z) \end{bmatrix}$$

$$\mathbf{C}(z) = \begin{bmatrix} 0 & 0 & 0 & 0 \\ 0 & c_{22}(z) & 0 & 0 \\ 0 & 0 & c_{33}(z) & 0 \\ c_{41}(z) & 0 & 0 & c_{44}(z) \end{bmatrix}$$

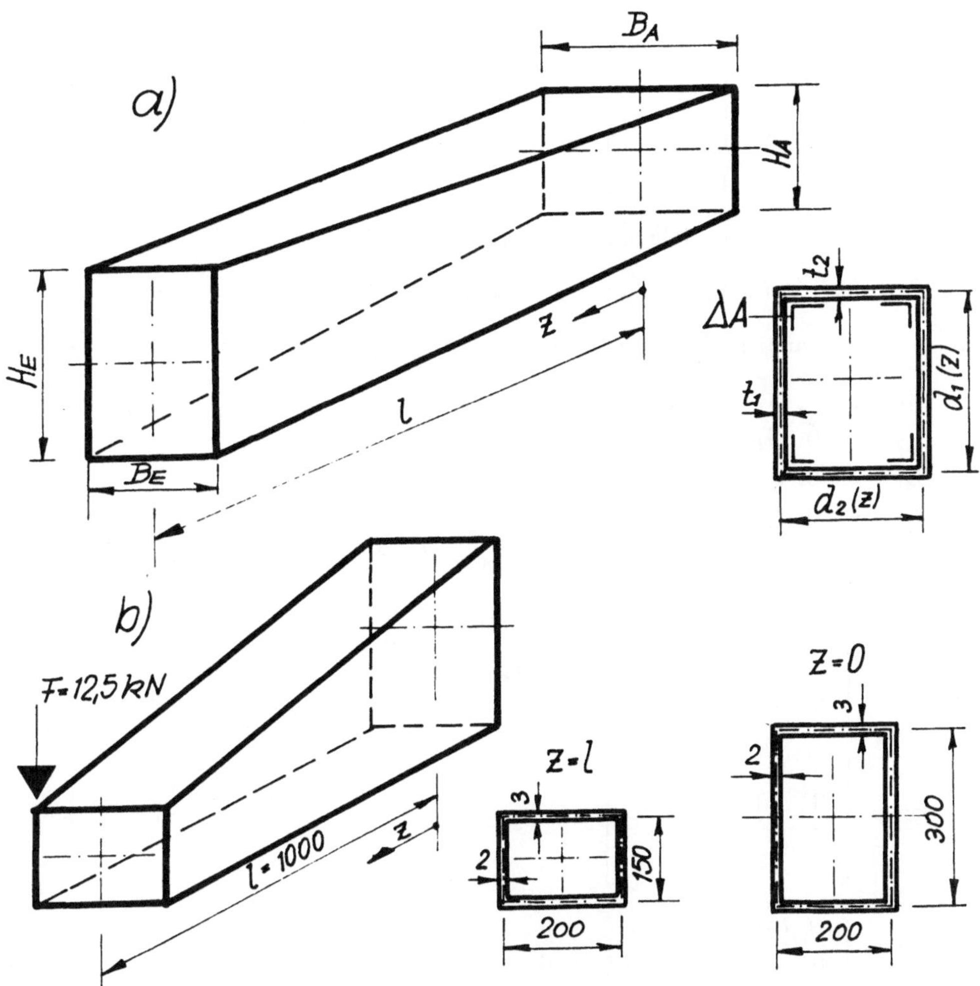

Bild 4.29 Konischer Freiträger. a) Allgemeine Geometrie, b) Spezielle Geometrie

$$\mathbf{R}(z) = \begin{bmatrix} r_{11}(z) & 0 & 0 & r_{14}(z) \\ 0 & r_{22}(z) & 0 & 0 \\ 0 & 0 & r_{33}(z) & 0 \\ r_{14}(z) & 0 & 0 & r_{44}(z) \end{bmatrix}$$

$$\mathbf{S}(z) = \begin{bmatrix} 0 & 0 & 0 & 0 \\ 0 & 0 & 0 & 0 \\ 0 & 0 & 0 & 0 \\ 0 & 0 & 0 & s_{44}(z) \end{bmatrix}$$

Der Zustandvektor $\mathbf{y}$ hat folgenden Aufbau

$$\mathbf{y}^T = [U_1, \ldots, U_4, V_1, \ldots, V_4, P_1, \ldots, P_4, Q_1, \ldots, Q_4, 1]$$

Für die Untermatrizen $\mathcal{B}_{ik}$ der Systemmatrix $\mathcal{B} \equiv [\mathcal{B}_{ik}]$ erhält man

$$\begin{aligned}
\mathcal{B}_{11} &= \mathbf{0}; \ \mathcal{B}_{12} = \mathbf{0}; \ \mathcal{B}_{14} = \mathbf{0}; \ \mathcal{B}_{15} = \mathbf{o}; \\
\mathcal{B}_{22} &= \mathbf{0}; \ \mathcal{B}_{23} = \mathbf{0}; \ \mathcal{B}_{25} = \mathbf{o}; \\
\mathcal{B}_{31} &= \mathbf{0}; \ \mathcal{B}_{32} = \mathbf{0}; \ \mathcal{B}_{33} = \mathbf{0}; \\
\mathcal{B}_{41} &= \mathbf{0}; \ \mathcal{B}_{43} = \mathbf{0}; \ \mathcal{B}_{44} = \mathbf{o}; \\
\mathcal{B}_{51} &= \mathbf{o}^T; \ \mathcal{B}_{52} = \mathbf{o}^T; \ \mathcal{B}_{53} = \mathbf{o}^T; \ \mathcal{B}_{54} = \mathbf{o}^T; \ \mathcal{B}_{55} = \mathbf{o}
\end{aligned}$$

$$\mathcal{B}_{13} = \begin{bmatrix} 1/Ea_{11}(z) & 0 & 0 & 0 \\ 0 & 1/Ea_{22}(z) & 0 & 0 \\ 0 & 0 & 1/Ea_{33}(z) & 0 \\ 0 & 0 & 0 & 1/Ea_{44}(z) \end{bmatrix}$$

$$\mathcal{B}_{21} = \begin{bmatrix} 0 & 0 & 0 & 0 \\ 0 & -1 & 0 & 0 \\ 0 & 0 & -1 & 0 \\ 0 & 0 & 0 & -1 \end{bmatrix} = -\mathcal{B}_{34}$$

$$\mathcal{B}_{24} = \begin{bmatrix} \beta_{11}(z)/G & 0 & 0 & \beta_{14}(z)/G \\ 0 & 1/Gr_{22}(z) & 0 & 0 \\ 0 & 0 & 1/Gr_{33}(z) & 0 \\ \beta_{14}(z)/G & 0 & 0 & \beta_{11}(z)/G \end{bmatrix}$$

$$\mathcal{B}_{42} = \begin{bmatrix} 0 & 0 & 0 & 0 \\ 0 & 0 & 0 & 0 \\ 0 & 0 & 0 & 0 \\ 0 & 0 & 0 & Es_{44}(z) \end{bmatrix}$$

$$\mathcal{B}_{35} = \begin{bmatrix} -p^*_{z_1} & -p^*_{z_2} & -p^*_{z_3} & -p^*_{z_4} \end{bmatrix}^T ; \ \mathcal{B}_{45} = \begin{bmatrix} -p^*_{s_1} & -p^*_{s_2} & -p^*_{s_3} & -p^*_{s_4} \end{bmatrix}^T$$

Die Abkürzungen

$$\beta_{11}(z) = \frac{b_{44}(z)}{b_{44}^2(z) - c_{41}^2(z)}; \quad \beta_{14}(z) = \frac{-c_{41}(z)}{b_{44}^2(z) - c_{41}^2(z)}$$

sind jetzt Funktionen von z. Der weitere Berechnungsablauf unterscheidet sich nicht vom prismatischen Träger.

Für die im Bild 4.29 angegebenen Werte wurde eine numerische Berechnung ausgeführt. Als Vergleich wurde der prismatische Kastenträger mit den Querschnittsabmessungen des konischen Trägers an der Einspannstelle berechnet. Die Konizität führt zu einer besseren Spannungsverteilung und einer möglichen Masseeinsparung von ca. 14 % im Vergleich zum prismatischen Träger. Auf die Angabe weiterer Einzelheiten wird hier verzichtet und auf [90] verwiesen.

Freiträger unter Torsionsbelastung, finite Elementlösung

Betrachtet wird wieder der Freiträger nach Bild 4.29. Es sollen jetzt Schubverwölbungen einbezogen werden, d.h. es werden die verallgemeinerten Koordinatenfunktionen $\varphi_1(s),\dots,\varphi_6(s)$ und $\psi_1(s),\dots,\psi_4(s)$ nach Bild 4.11 zugelassen. Für jeden Elementknoten $h, h = 1, 2, 3$, eines Dreiknotenelementes kann man die folgenden verallgemeinerten Querschnittswerte berechnen

$$\overset{h}{a}_{11} = 2\left(\overset{h}{d}_1\, t_1 + \overset{h}{d}_2\, t_1 + 2\Delta\, \overset{h}{A}\right) \equiv \overset{h}{A}; \quad \overset{h}{a}_{15} = -\,\overset{h}{a}_{16} = \frac{2}{3}\,\overset{h}{d}_1 \overset{h}{d}_2\, t_2;$$

$$\overset{h}{a}_{22} = \overset{h}{d}_2^2\left(\overset{h}{d}_2\, t_2 + 3\,\overset{h}{d}_1\, t_1 + 6\Delta\, \overset{h}{A}\right) \equiv \overset{h}{I}_{yy}; \quad \overset{h}{a}_{35} = \overset{h}{a}_{36} = -\frac{5}{8}\,\overset{h}{a}_{55};$$

$$\overset{h}{a}_{33} = \overset{h}{d}_1^2\left(3\,\overset{h}{d}_2\, t_2 + \overset{h}{d}_1\, t_1 + 6\Delta\, \overset{h}{A}\right) \equiv \overset{h}{I}_{xx};$$

$$\overset{h}{a}_{44} = \frac{\overset{h}{d}_1^2 \overset{h}{d}_2^2}{24}\left(\overset{h}{d}_1\, t_1 + \overset{h}{d}_2\, t_2 + 6\Delta\, \overset{h}{A}\right);$$

$$\overset{h}{a}_{55} = \overset{h}{a}_{66} = \frac{16}{30}\,\overset{h}{d}_1^2 \overset{h}{d}_2\, t_2;$$

$$\overset{h}{b}_{22} = \overset{h}{c}_{22} = \overset{h}{r}_{22} = 2\,\overset{h}{d}_2\, t_2;$$

$$\overset{h}{b}_{33} = \overset{h}{c}_{33} = \overset{h}{r}_{33} = 2\,\overset{h}{d}_1\, t_1;$$

$$\overset{h}{b}_{44} = \overset{h}{c}_{44} = \overset{h}{r}_{44} = \overset{h}{r}_{11} = \frac{1}{2}\,\overset{h}{d}_1 \overset{h}{d}_2\left(\overset{h}{d}_1\, t_2 + \overset{h}{d}_2\, t_1\right);$$

$$\overset{h}{b}_{55} = \overset{h}{b}_{66} = \frac{16}{3}\,\overset{h}{d}_1^2\, t_2 /\, \overset{h}{d}_2;$$

$$\overset{h}{c}_{41} = \overset{h}{r}_{14} = \frac{1}{2}\,\overset{h}{d}_1 \overset{h}{d}_2\left(\overset{h}{d}_2\, t_1 - \overset{h}{d}_1\, t_2\right);$$

$$\overset{h}{s}_{44} = \frac{96}{\overset{h}{d}_1 /\, \overset{h}{I}_1 + \overset{h}{d}_2 /\, \overset{h}{I}_2};$$

$$\overset{h}{\bar{s}}_{55} = \overset{h}{\bar{s}}_{66} = 64\,\overset{h}{I}_{yy} \overset{h}{d}_1 /\, \overset{h}{d}_2^3;$$

Damit sind auch die Matrizen $\mathbf{A}, \mathbf{B}, \mathbf{C}, \mathbf{R}, \mathbf{S}$ und $\bar{\mathbf{S}}$ bekannt, und die Elementsteifigkeitsmatrix und der Elementbelastungsvektor können entsprechend Gl. (3.44) mit den folgenden Untermatrizen und Untervektoren aufgebaut werden

$$
\mathbf{K}_{ik} = \sum_{h=1}^{3}
\left[
\begin{array}{c|c}
\begin{aligned}
&\frac{1}{l}\bar{E}\,\overset{h}{\mathbf{A}} \int_0^1 G_h G_i' G_k' \, d\zeta \\[2mm]
&+ Gl\,\overset{h}{\mathbf{B}} \int_0^1 G_h G_i G_k \, d\zeta \\[2mm]
&+ El\,\overset{h}{\bar{\mathbf{S}}} \int_0^1 G_h G_i G_k \, d\zeta
\end{aligned}
&
\begin{aligned}
&\nu\bar{E}\,\overset{h}{\mathbf{D}} \int_0^1 G_h G_i' G_k \, d\zeta \\[2mm]
&+ G\,\overset{h}{\mathbf{C}} \int_0^1 G_h G_i G_k' \, d\zeta
\end{aligned}
\\[6mm]
\hline
\\
\begin{aligned}
&\nu\bar{E}\,\overset{h}{\mathbf{D}}{}^{T} \int_0^1 G_h G_i G_k' \, d\zeta \\[2mm]
&+ G\,\overset{h}{\mathbf{C}} \int_0^1 G_h G_i' G_k \, d\zeta
\end{aligned}
&
\begin{aligned}
&l\bar{E}\,\overset{h}{\mathbf{H}} \int_0^1 G_h G_i G_k \, d\zeta \\[2mm]
&+ El\,\overset{h}{\mathbf{S}} \int_0^1 G_h G_i G_k \, d\zeta \\[2mm]
&+ G\frac{1}{l}\,\overset{h}{\mathbf{R}} \int_0^1 G_h G_i' G_k' \, d\zeta
\end{aligned}
\end{array}
\right] ;
$$

$$i, k = 1, 2, 3$$

$$
\mathbf{f}_i = \sum_{h=1}^{3}
\left[
\begin{aligned}
&l\,\overset{h}{\mathbf{f}_z} \int_0^1 G_h G_i \, d\zeta + \frac{E\alpha_{th}}{1-\nu}\,\overset{h}{\mathbf{P}}_{thz} \int_0^1 G_h G_i' \, d\zeta \\[2mm]
&l\,\overset{h}{\mathbf{f}_s} \int_0^1 G_h G_i \, d\zeta + \frac{E\alpha_{th}l}{1-\nu}\,\overset{h}{\mathbf{P}}_{ths} \int_0^1 G_h G_i \, d\zeta
\end{aligned}
\right] ; \quad i = 1, 2, 3
$$

$$
\overset{h}{\mathbf{P}}_{thz} = \oint \overset{h}{\varphi}\,\overset{h}{\theta}\, t \, d\overset{h}{S}; \quad
\overset{h}{\mathbf{P}}_{thS} = \oint \overset{h}{\psi}'\,\overset{h}{\theta}\, t \, d\overset{h}{S}
$$

Für die Steifigkeitsmatrix ist zu beachten, daß die veränderlichen Querschnittswerte für alle Knotenpunkte des Elementes berechnet werden müssen und der Verlauf für das Element dann auch mit Hilfe der Ansatzfunktionen nach Gl. (3.42) interpoliert wird. Stellvertretend für alle Querschnittswerte sei dies für die Matrix $\mathbf{A}$ dargestellt. Es gilt dann für ein Dreiknotenelement

$$
\mathbf{A}(\zeta) = \sum_{h=1}^{3} G_h(\zeta)\, \overset{h}{\mathbf{A}}
$$

$$
\overset{h}{\mathbf{A}} = \oint \overset{h}{\varphi}\,\overset{h}{\varphi}{}^{T} t \, d\overset{h}{S}
$$

Der Aufbau der Systemmatrizen erfolgt dann in bekannter Weise. Die Integrale der Ansatzfunktionen sind in Tab. 4.13 ausgewertet. Sind alle verallgemeinerten Knotenverschiebungen bekannt, gelten für die Elementspannungen die folgenden Gleichungen

$$\sigma_z(\xi, S) = \frac{1}{l}\bar{E}\mathbf{v}^T \begin{bmatrix} \mathbf{k}_{z1} \\ \mathbf{k}_{z2} \\ \mathbf{k}_{z3} \end{bmatrix} - \frac{E\alpha_{th}}{1-\nu}\sum_{h=1}^{3} G_h \overset{h}{\theta},$$

$$\sigma_{Sm}(\xi, S) = \frac{1}{l}\bar{E}\mathbf{v}^T \begin{bmatrix} \mathbf{k}_{s1} \\ \mathbf{k}_{s2} \\ \mathbf{k}_{s3} \end{bmatrix} - \frac{E\alpha_{th}}{1-\nu}\sum_{h=1}^{3} G_h \overset{h}{\theta},$$

$$\tau_{zS}(\xi, S) = G\mathbf{v}^T \begin{bmatrix} \mathbf{k}_{t1} \\ \mathbf{k}_{t2} \\ \mathbf{k}_{t3} \end{bmatrix}$$

$$\sigma_{Sbmax}(\xi, S) = \frac{t}{2\sum_{h=1}^{3} G_h \overset{h}{I}}\mathbf{v}^T \begin{bmatrix} \mathbf{k}_{b1} \\ \mathbf{k}_{b2} \\ \mathbf{k}_{b3} \end{bmatrix}$$

$$\mathbf{k}_{zi} = \sum_{h=1}^{3} \begin{bmatrix} G_i'G_h \overset{h}{\varphi} \\ \nu l G_i G_h \overset{h}{\psi'} \end{bmatrix}, \quad \mathbf{k}_{si} = \sum_{h=1}^{3} \begin{bmatrix} \nu G_i'G_h \overset{h}{\varphi} \\ l G_i G_h \overset{h}{\psi'} \end{bmatrix},$$

$$\mathbf{k}_{ti} = \sum_{h=1}^{3} \begin{bmatrix} G_r G_h \overset{h}{\varphi'} \\ G_i'G_h \overset{h}{\psi} \end{bmatrix}, \quad \mathbf{k}_{bi} = \sum_{h=1}^{3} \begin{bmatrix} 0 \\ G_i G_h \overset{h}{\mathbf{m}} \end{bmatrix}, \quad i = 1, 2, 3$$

Wegen der vorausgesetzten Vernachlässigung der Querdehnungen entfallen im Belastungsvektor die aus $\mathbf{p}_{thS}$ resultierenden Glieder, ohne den Lastfall Temperatur können alle Glieder mit θ gestrichen werden.

Zur Demonstration seien hier die Ergebnisse für den im Bild 4.30 a) dargestellten Freiträger angegeben, für den eine Referenzlösung von *Obrascov* [136] vorliegt. Die Berechnung erfolgte zum Vergleich mit [136] mit folgenden Werten
Anfangsquerschnitt:

$$d_1 = 180 \ mm; \ t_1 = 2 \ mm; \ \Delta A = 350 \ mm^2;$$
$$d_2 = 600 \ mm; \ t_2 = 23 mm;$$

Endquerschnitt:

$$d_1 = 78,83 \ mm; \ t_1 = 2 \ mm; \ \Delta A = 153,28 \ mm^2;$$
$$d_2 = 262,76 \ mm; \ t_2 = 23 mm;$$

Ferner gilt $E = 7 \ 10^5 \ kN/mm^2; (E/G) = \gamma = 2,6.$

h	i	k	$420 \int_0^1 G_h G_i G_k \, d\xi$	$30 \int_0^1 G_h G_i G_k' \, d\xi$	$30 \int_0^1 G_h G_i' G_k' \, d\xi$
1	1	1	39	-10	37
1	1	2	20	12	-44
1	1	3	-3	-2	7
1	2	1	20	-6	-44
1	2	2	16	8	48
1	2	3	-8	-2	-4
1	3	1	-3	1	7
1	3	2	-8	0	-4
1	3	3	-3	-1	-3
2	1	1	20	-6	36
2	1	2	16	8	-32
2	1	3	-8	-2	-4
2	2	1	16	-16	-32
2	2	2	192	0	64
2	2	3	16	16	-32
2	3	1	-8	2	-4
2	3	2	16	-8	-32
2	3	3	20	6	36
3	1	1	-3	1	-3
3	1	2	-8	0	-4
3	1	3	-3	-1	7
3	2	1	-8	2	-4
3	2	2	16	-8	48
3	2	3	20	6	-44
3	3	1	-3	2	7
3	3	2	20	-12	-44
3	3	3	39	10	37

Tabelle 4.13   Integrale der Ansatzfunktionen des konischen Dreiknotenelementes

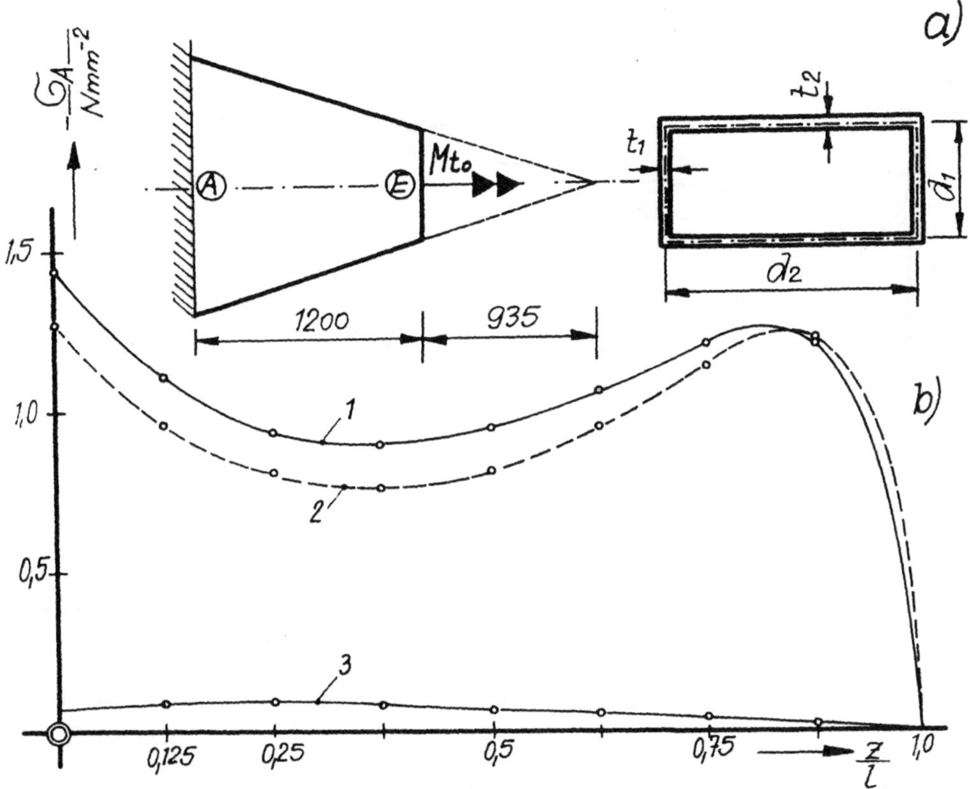

Bild 4.30 Torsionsbelasteter konischer Freiträger. a) System und Belastung, b) Verlauf der Ecknormalspannungen im Punkt A: 1 — Referenzlösung nach *Obrascov*, 2 — Lösung für Knotenfreiheitsgrad 2, 3 — Lösung für Knotenfreiheitsgrad 8

Bild 4.30 zeigt den Verlauf der Ecknormalspannung im Punkt A für den Torsionslastfall. Es wurden verschiedene Varianten untersucht, um den Einfluß der Konturverformung zu erkennen. Finden nur die verallgemeinerten Koordinaten $\varphi_4(s)$ und $\psi_1(s)$ Anwendung, entspricht dies den Voraussetzungen der Referenzlösung. Wird dagegen mit dem Knotenfreiheitsgrad 8 oder 10 gerechnet, erhält man einen grundsätzlich anderen Verlauf, der den großen Einfluß der Konturverformung verdeutlicht. Einen identischen Lösungsverlauf ergab eine entsprechende Vergleichsrechnung mit der Übertragungsmatrizenmethode.

In welchem Maße der Querschnittserhalt durch den Einbau dehnstarrer Schotte erzwungen wird, zeigen die Ergebnisse auf Bild 4.31 für Vergleichsrechnungen mit unterschiedlicher Schottanzahl.

Zusammenfassend können aus zahlreichen Testrechnungen folgende Schlußfolgerungen gezogen werden:

• Werden nur Biegebeanspruchungen betrachtet, ist der Einfluß der Konturverfor-

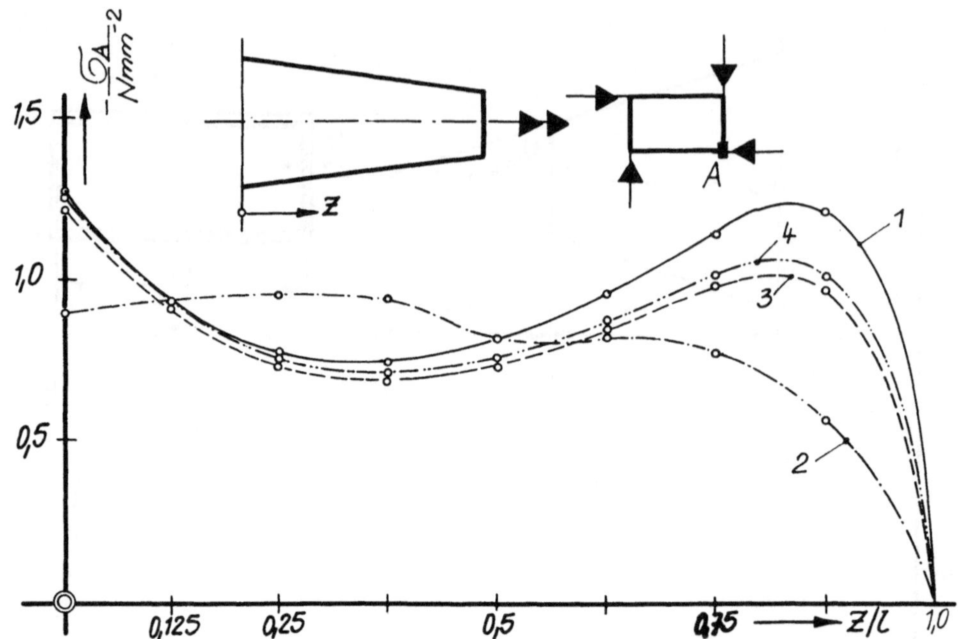

Bild 4.31   Normalspannungen im Eckpunkt A für den Torsionslastfall bei unterschiedlicher Anzahl von Schotten: 1 — Knotenfreiheitsgrad 2 (starrer Querschnitt, 2 — Knotenfreiheitsgrad 5 ($\varphi_4, \varphi_5, \varphi_6, \psi_1, \psi_4$), Mitten– und Endschott, 3 — Knotenfreiheitsgrad 5 (8 Schotte), 4 — Knotenfreiheitsgrad 5 (16 Schotte)

mung im allgemeinen unwesentlich und kann vernachlässigt werden. Je nach den Abmessungen des Kastenquerschnittes sollten aber Schubverwölbungen berücksichtigt werden.

- Einzeln angeordnete Stringer sind unbedingt zu berücksichtigen. Dies sollte über diskrete Zusatzterme in den verallgemeinerten Querschnittswerten und nicht über fiktive Wanddicken erfolgen.

- Bei der Untersuchung von Torsionsbeanspruchungen hat die Berücksichtigung der Konturverformungen oft den wesentlichen Einfluß auf die qualitativ und quantitativ richtige Berechnung des Verformungs– und Spannungszustandes. Konturverformungen dürfen nur unberücksichtigt bleiben, wenn durch eine genügend große Anzahl von Querschotten der Querschnittserhalt konstruktiv erzwungen wird. Der Einfluß der Schubverölbungen kann für Torsionsbelastungen als unwesentlich unberücksichtigt bleiben.

Ausführliche Hinweise zur Entwicklung und zum Einsatz konischer Zweiknoten– und Dreiknotenelemente findet man in [22] und [25].

4.3.4 Abschnittweise prismatischer und nichtprismatischer Kastenträger, Übertragungsmatrizenmethode

Abschließend zu den Beispielen des Abschnittes 4.3 seien die Ergebnisse für einen zweiseitig gabelgelagerten, einzelligen, doppeltsymmetrischen Kastenträger vorgestellt, die mit einem auf der Übertragungsmatrizenmethode beruhenden Rechenprogramm für PC ermittelt wurden. Bild 4.25 zeigt den Träger, der im mittleren Teil prismatisch und in den beiden Randbereichen konisch ist.

Die Belastung F greift in Trägermitte über dem rechten Steg an. Alle Abmessungen können Bild 4.25 entnommen werden.

Die Bedingungen der Lagerung können wie folgt formuliert werden

$$
\begin{array}{llll}
V_1,\ldots,V_4 & = & 0 & \qquad V_1,\ldots,V_4 & = & 0 \\
U_1 & = & 0 \quad \text{für} \quad z=0 & \qquad\qquad\qquad\quad \text{für} \quad z=l \\
P_1,\ldots,P_4 & = & 0 & \qquad P_1,\ldots,P_4 & = & 0
\end{array}
$$

Für $z=0$ wurde $U_1=0$ gesetzt, um eine Beweglichkeit des Systems in Längsrichtung zu verhindern. Dadurch erscheint P_1 als unbekannte Anfangsgröße. Aufgrund der Einzelkraft bei $z=l/2$ erfolgt an dieser Stelle eine Zwischenablösung mit Einzellast. Für die $Q_1,\ldots,Q_4$ werden in der modifizierten Startmatrix folgende Werte eingesetzt

$$
\begin{array}{rclcrcrl}
Q_1 & = & -54000 & kNcm; & Q_3 & = & 200 & kN; \\
Q_2 & = & 0 & kNcm; & Q_4 & = & -54000 & kNcm
\end{array}
$$

Zum Vergleich konstruktiver Varianten werden folgende Ausführungen berechnet:

- abschnittweise nichtprismatisch, keine Schotte, keine Aussteifungen

- abschnittweise nichtprismatisch, gleichartige regelmäßige Aussteifung der Gurte und Stege entsprechend Bild 4.25

- abschnittweise nichtprismatisch, keine Aussteifungen der Gurte oder Stege, dehnstarre Schotte in den Viertelspunkten

Die gleichen konstruktiven Varianten wurden auch für den durchgehend prismatischen Träger berechnet. Die konstanten Querschnittabmessungen entsprechen dem mittleren Abschnitt des abschnittweise nichtprismatischen Trägers. Wegen des Verhältnisses der Querschnittsabmessungen von Breite zu Höhe ≥ 3 wurde die Schubverwölbung in die Berechnung einbezogen.

Bild 4.26 zeigt den Verlauf der Längsnormalspannung σ_{zP_1} über die Trägerlänge.

Man erkennt für alle Varianten einen beträchtlichen Abbau der Spannungsspitze bei Einfügung von Schotten. Bild 4.27 zeigt den Verlauf der Längsnormalspannung im Querschnitt $z=l/2$.

Durch die Schotte wird eine fast gleichmäßige Spannungsverteilung über den Querschnitt erreicht. Im Bild 4.28 sind für alle Varianten die Verläufe der Längsverschiebungen für den Punkt P_1 und die Absenkung des linken Steges dargestellt.

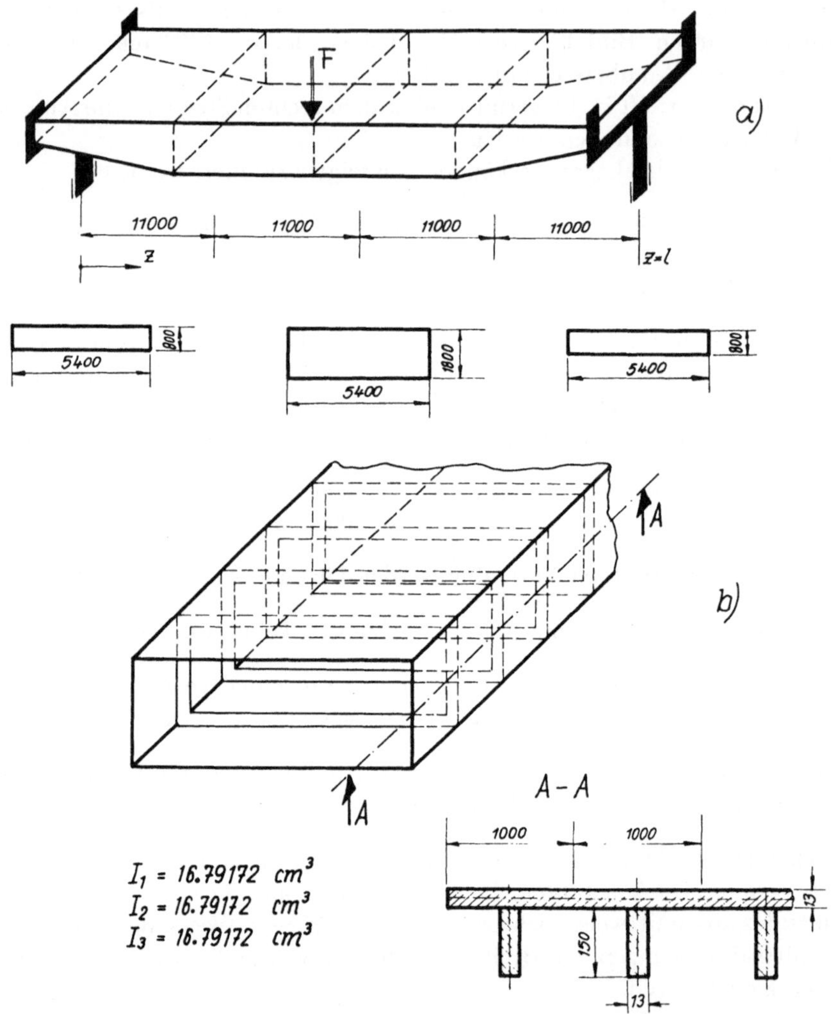

Bild 4.32 Abschnittweise nichtprismatischer Kastenträger: a) Geometrie, Lagerung und Belastung, b) Regelmäßige Aussteifung

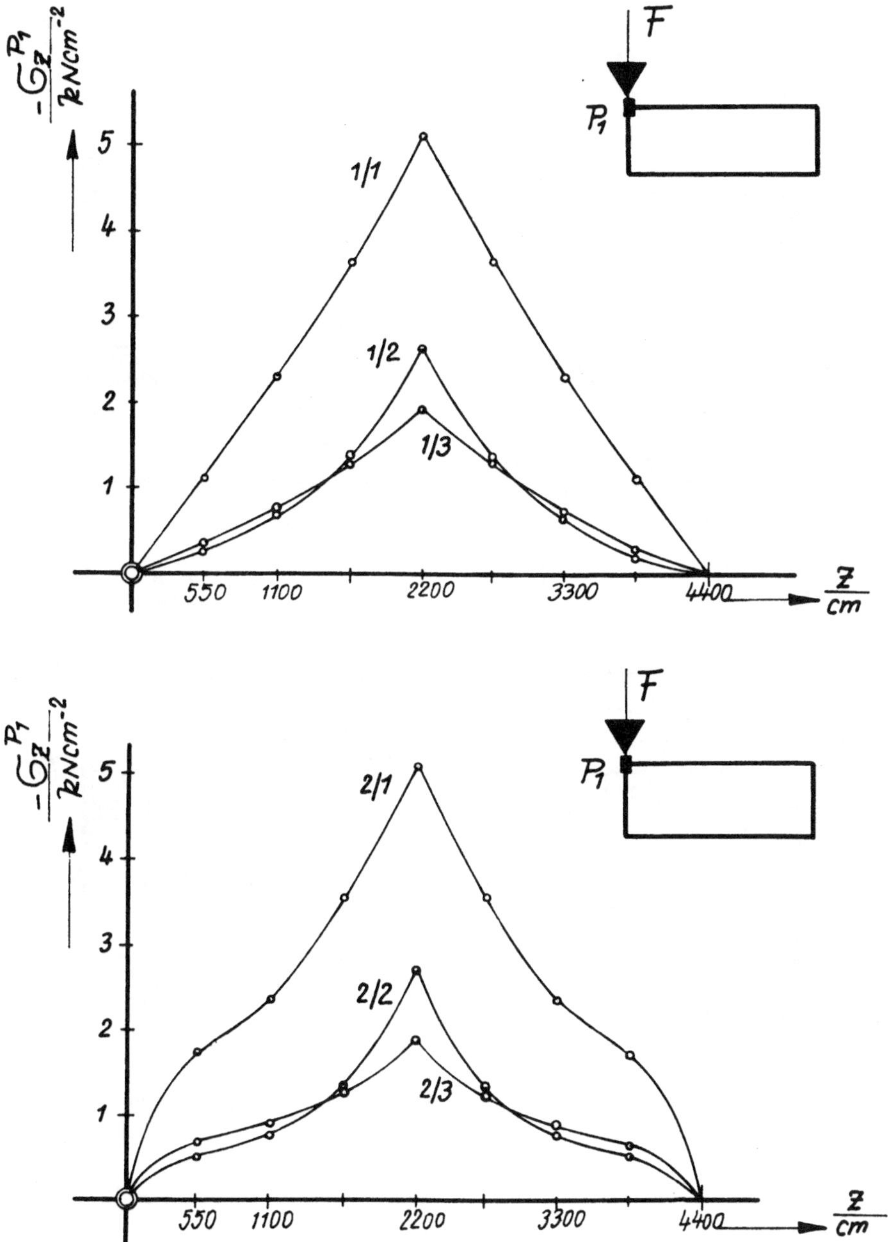

Bild 4.33 Verlauf der Längsnormalspannungen im Punkt P_1 als Funktion von z Prismatischer Träger – abschnittsweise nichtprismatischer Träger: 1/1 — 2/1 ohne Versteifungen und ohne Schotte, 1/2 — 2/2 mit Versteifungen, 1/3 — 2/3 mit Schotten

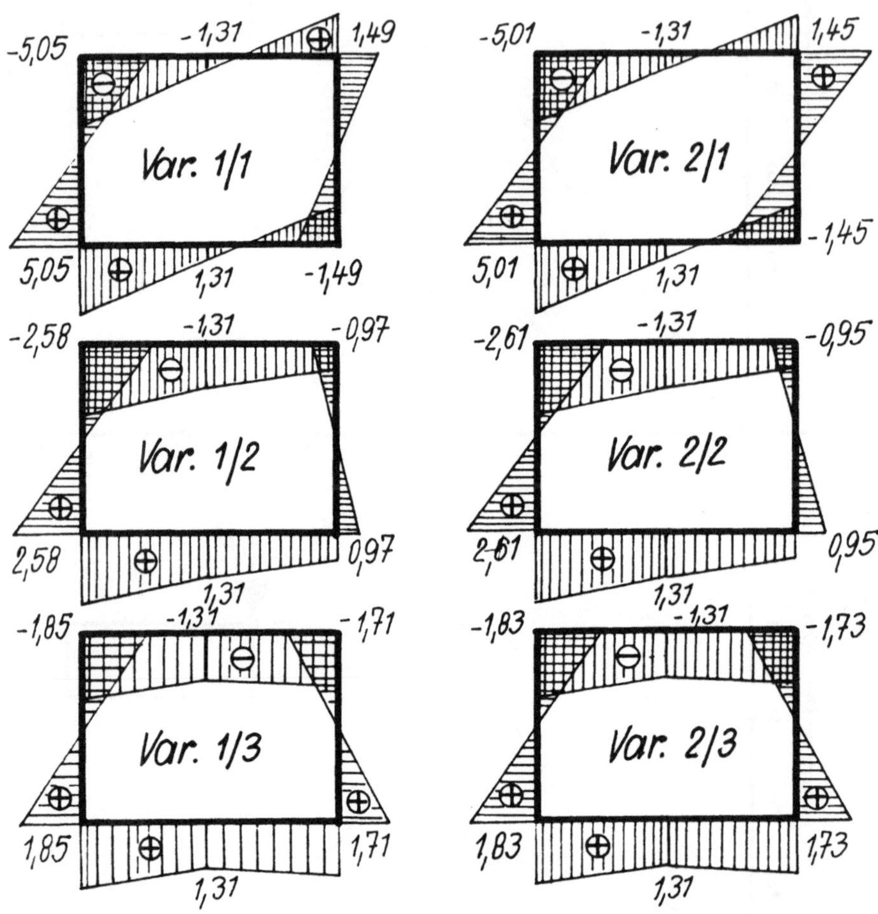

Bild 4.34   Verlauf der Längsnormalspannung im Querschnitt $z = l/2$ für die Varianten 1/1 bis 2/3

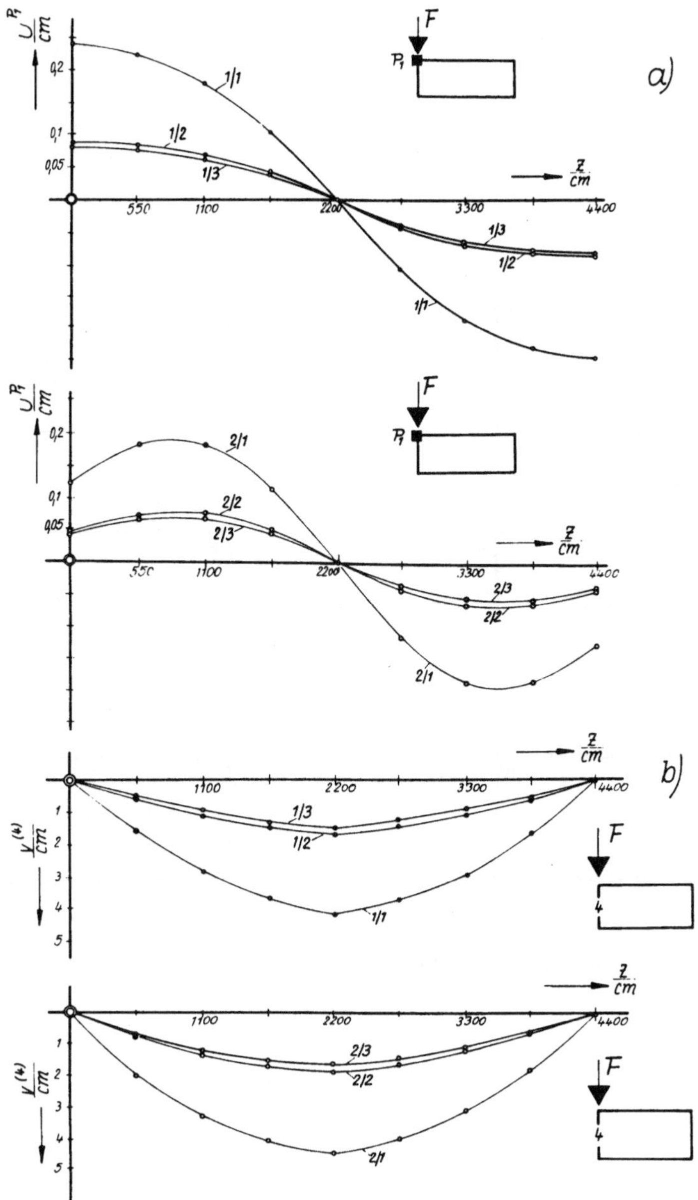

Bild 4.35 Verlauf der Längsverschiebung im Punkt P_1 als Funktion von z und der Absenkung des linken Steges: a) Varianten 1/1 bis 2/3 für die Längsverschiebung, b) Varianten 1/1 bis 2/3 für die Absenkung

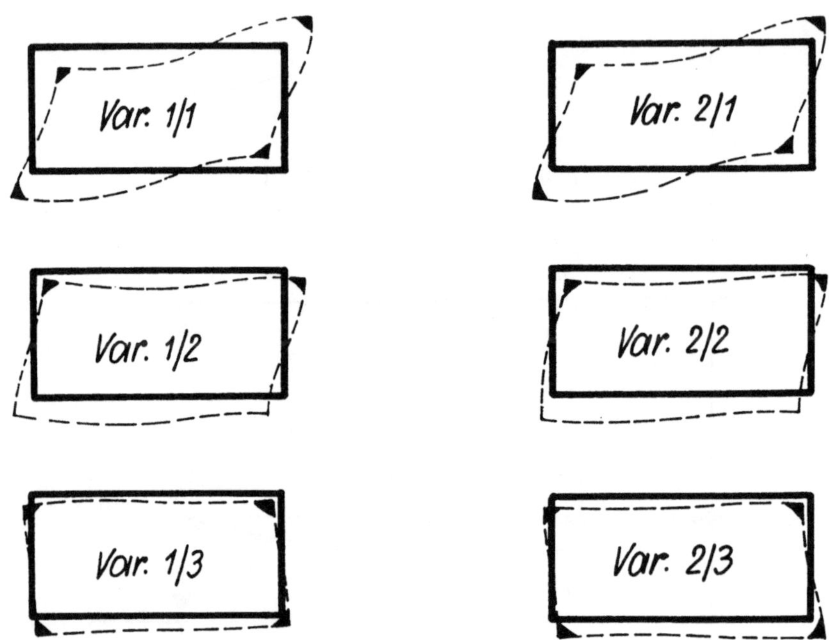

Bild 4.36   Verschiebung der Punkte des Querschnitts bei $z = l/2$ in der Querschnittsebene für die Varianten 1/1 bis 2/3

Man erkennt aus diesem Bild den großen Einfluß der Querschotte auf das Deformationsverhalten. Dies wird auch durch Bild 4.36 mit den Querschnittskonturverformungen für $z = l/2$ unterstrichen.

Insgesamt kann man feststellen, daß sich durch die nichtprismatischen Trägerabschnitte weder qualitativ noch quantitativ Unterschiede zum prismatischen Träger ergeben. Die Einfügung einiger Schotte wirkt sich stärker auf die Reduzierung der Spannungs- und Verformungswerte aus als regelmäßige Aussteifungen, zu dem ist eine solche Variante auch materialökonomischer und technologisch weniger aufwendig. Die aus der Sicht des Materialeinsatzes günstigste Variante ist der abschnittsweise nichtprismatische Träger mit Schotten.

4.4 Zusammenfassende Wertung der Ergebnisse für geschlossene Querschnitte

Das klassische und das erweiterte halbmomentenfreie Schalenmodell liefern für die globale Strukturanalyse dünnwandiger Konstruktionen mit geschlossenen Querschnitten in vielen Fällen im Vergleich zu den klassischen Stabmodellen wesentlich verbesserte Ergebnisse. Die allgemeine Aussage, daß für dieses Berechnungsmodell alle im Rahmen dieses Buches diskutierten Lösungsstrategien eingesetzt werden können, muß aber nach der Vorstellung der Beispiele relativiert werden.

Die Anwendung der analytischen Lösung des Berechnungsmodells setzt einfache Querschnittsformen voraus und bleibt im wesentlichen auf einzellige Querschnitte beschränkt. Dies wird insbesondere auch durch die Arbeiten [62], [70] und [98] unterstrichen. In diesen Fällen hat die analytische Lösung aber auch durch die Allgemeinheit der Ergebnisse eindeutige Vorteile.

Das Matrizenübertragungsverfahren überwindet in der hier beschriebenen Form einer numerischen Stabilisierung durch eine „Ablösetechnik" die bei analytischen Lösungen auftretenden numerischen Probleme. Eine ökonomische Anwendung setzt aber voraus, daß die Systemmatrizen B nicht zu umfangreich sind und der Aufwand ihrer Aufstellung beherrschbar bleibt. Somit bleibt auch hier die Anwendung auf solche ein- und mehrzelligen Querschnitte beschränkt, für die die verallgemeinerten Koordinatenfunktionen relativ einfach ermittelt werden können und der Freiheitsgrad der Verformungskinematik der Querschnitte nicht zu groß angenommen werden muß. Im Unterschied zur analytischen Lösung können auch schwach nichtprismatische Konstruktionen einfach einbezogen werden. Viele Hinweise zur Anwendung des Matrizenübertragungsverfahrens findet man in den Arbeiten [36], [80], [105], [106], [108], [112], [113], [141], [146] und [155]. Dabei werden auch Erfahrungen zur Erarbeitung und Anwendung von Programmen für den computergestützten Berechnungsablauf mitgeteilt.

Die Anwendung der FEM auf die im Kapitel 4 behandelte Aufgabenklasse ist generell möglich, wobei sich Dreiknotenelemente mit quadratischen Ansatzfunktionen als sehr leistungsfähig erwiesen haben. Es wurde aber auch bei der FEM zunächst vorausgesetzt, daß die verallgemeinerten Koordinatenfunktionen des Gesamtquerschnittes vorab analytisch ermittelt werden können. Dies führt in den Fällen, für die eine solche Ermittlung ohne besonderen Aufwand möglich ist, auf eine sehr effektive FEM–Lösung mit einem der Aufgabenstellung adäquaten Freiheitsgrad der Verformungskinematik des elementaren Querrahmens, schränkt aber die Allgemeinheit der Anwendung ein. Es erweist sich daher für komplexere Querschnitte als nützlich, einen formalen automatisierten Algorithmus für die Aufstellung der verallgemeinerten Koordinatenfunktionen einzusetzen. Darauf wird im Kapitel 5 genauer eingegangen.

5 Anwendungen für verallgemeinerte Stabmodelle mit kombiniert offen–geschlossenem Querschnitt – Das Stabschalenmodell

Für die statische und dynamische Analyse dünnwandiger Konstruktionen mit offenen Profilen hat sich das *Vlasov* -Stabmodell in der Praxis vielfach bewährt. Die grundlegende Annahme aller klassischen Stabtheorien, daß der Querschnitt in seiner Ebene keine Konturdeformationen aufweist, wird beim *Vlasov* -Modell beibehalten, der Querschnitt kann sich aber infolge der Belastung verwölben. Vernachlässigt man die Schubverzerrungen in der Stabmittelfläche, ergeben sich die Verwölbungen in der Bezeichnung von *Vlasov* aus dem Gesetz der Sektorflächen [174]. Für die Theorie der dünnwandigen Stäbe mit offenem Profil gibt es zahlreiche Lehrbücher und Monografien, vergl. z.B. [56], [120], [132], [150], [168], [174].

Für dünnwandige Konstruktionen mit geschlossenem Querschnitt wurde im Kapitel 4 ausführlich das Berechnungsmodell der halbmomentenfreien Schale diskutiert. Die Anwendung dieses Modells wurde in der klassischen *Vlasov* -Variante, die den Einfluß der Querdehnungen ε_s und der Querkontraktion vernachlässigt, und in einer erweiterten Variante, die vor allem von *Kissing* abgeleitet wurde, an ausgewählten einfachen Beispielen in Abschnitt 4.3 demonstriert. Es kann eingeschätzt werden, daß Qualitätsverbesserungen für das halbmomentenfreie Schalenmodell vor allem durch die Berücksichtigung der Konturverformungen, der Schubverzerrungen und nichtlinearer Verwölbungszustände erreicht werden.

Will man gemischt offen–geschlossene Konstruktionen mit den beiden genannten Berechnungsmodellen behandeln, stellt man fest, daß eine Kopplung des offenen Querschnitts mit einem geschlossenen Querschnitt auf Schwierigkeiten stößt, d.h. die beiden Modelle sind nicht kopplungsverträglich, es müssen gesonderte Kopplungsbedingungen eingeführt werden, und die Berechnung der Beanspruchung im Kopplungsbereich weist zum Teil erhebliche Fehler auf.

Strebt man eine problemlose einheitliche Behandlung offener, geschlossener und gemischt offen–geschlossener Querschnitte an, wobei auch eine Kopplung unterschiedlicher Querschnitte wie offene und geschlossene, ein- oder mehrzellige Querschnitte zulässig sein soll, muß nach einem allgemeineren Berechnungsmodell gesucht werden. Natürlich kann immer das Modell der biegesteifen räumlichen Scheiben-/Plattenkonstruktion gewählt werden, der Berechnungsaufwand für eine FEM-Analyse einer mehrfach gegliederten und versteiften räumlichen Schalenkonstruktion ist aber auch sehr groß. Im Kapitel 2 wurde gezeigt, wie aus dem allgemeinen Berechnungsmodell „biegesteifes Faltwerk" auf deduktivem Wege vereinfachte Stabmodelle abgeleitet werden können, die auch für kombiniert offen–geschlossene, dünnwandige

Konstruktionen bei wesentlich reduziertem Aufwand eine gute Aussagequalität für eine globale Strukturbewertung haben und eine einheitliche Modellierung ermöglichen. Dies soll im folgenden durch Beispiele belegt werden.

5.1   Modellgleichungen und Lösungsstrategien

Eine einheitliche Betrachtung offener, geschlossener und gemischt offen–geschlossener Konstruktionen setzt voraus, daß der Einfluß der Verdrillung der Plattenmittelfläche bzw. der Plattendrillmomente berücksichtigt wird. Es werden daher für die folgenden Ausführungen die Modellgleichungen (2.40) bzw. (2.60) zugrunde gelegt. Ist die Konstruktion schwach nichtprismatisch, gelten die Modellgleichungen (2.67) für die statische Analyse und die um die entsprechend Gl. (2.60) erweiterten Modellgleichungen für die Berechnung der Eigenschwingungen. Auch thermische Anfangsdehnungen können einfach einbezogen werden. Die grundlegenden Gln. seien hier noch einmal in allgemeinerer Form zusammengefaßt.

Modellgleichungen für die statische Strukturanalyse

$$
\begin{aligned}
\Pi \;=\; \frac{1}{2}\int_0^l \Big\{ & \bar{E}\Big[\mathbf{U}'^T(z)\mathbf{A}(z)\mathbf{U}'(z) + \mathbf{V}^T(z)\mathbf{H}(z)\mathbf{V}(z) \\[4pt]
&+ \; \nu\big(\mathbf{U}'^T(z)\mathbf{D}(z)\mathbf{V}(z) + \mathbf{V}^T(z)\mathbf{D}^T(z)\mathbf{U}'(z)\big)\Big] \\[4pt]
&+ \; G\Big[\mathbf{U}^T(z)\mathbf{B}(z)\mathbf{U}(z) + \mathbf{V}'^T(z)\mathbf{R}(z)\mathbf{V}'(z) \\[4pt]
&+ \; \mathbf{U}^T(z)\mathbf{C}(z)\mathbf{V}'(z) + \mathbf{V}'^T(z)\mathbf{C}^T(z)\mathbf{U}(z)\Big] \\[4pt]
&+ \; \bar{E}\mathbf{V}^T(z)\mathbf{S}(z)\mathbf{V}(z) + 4G\mathbf{V}'^T(z)\mathbf{T}(z)\mathbf{V}'(z) \\[4pt]
&- \; 2\big(\mathbf{f}_z^{*T}(z)\mathbf{U}(z) + \mathbf{f}_s^{*T}(z)\mathbf{V}(z) + \mathbf{f}_n^T(z)\mathbf{V}(z)\big)\Big\} \, dz \\[4pt]
&- \; \Big[\mathbf{r}_z^{*T}(z)\mathbf{U}(z) + \mathbf{r}_s^T(z)\mathbf{V}(z) + \mathbf{r}_n^T(z)\mathbf{V}(z)\Big]_{z=0,l}
\end{aligned}
$$

$$
\begin{aligned}
&-\bar{E}\left(\mathbf{A}(z)\mathbf{U}'(z)\right)' + G\mathbf{B}(z)\mathbf{U}(z) + G\mathbf{C}(z)\mathbf{V}'(z) \\
&-\nu\bar{E}\left(\mathbf{D}(z)\mathbf{V}(z)\right)' && = \; \mathbf{f}_z^*(z) \\
&\nu\bar{E}\mathbf{D}^T(z)\mathbf{U}'(z) - G\left(\mathbf{C}^T(z)\mathbf{U}(z)\right)' - G\left(\mathbf{R}(z)\mathbf{V}'(z)\right)' \\
&-4G\left(\mathbf{T}(z)\mathbf{V}'(z)\right)' + \bar{E}\left(\mathbf{S}(z)\mathbf{V}(z) + \mathbf{H}(z)\mathbf{V}(z)\right) && = \; \mathbf{f}_s^*(z) + \mathbf{f}_n(z)
\end{aligned}
$$

$$
\begin{aligned}
\delta\mathbf{V}^T(z) \quad & \Big[G\mathbf{C}^T(z)\mathbf{U}(z) + \left(G\mathbf{R}(z) + 4G\mathbf{T}(z)\right)\mathbf{V}'(z) \\
& \pm\left(\mathbf{r}_s(z) + \mathbf{r}_n(z)\right)\big]_{z=0,l} && = 0 \\
\delta\mathbf{U}^T(z) \quad & \left[\bar{E}\mathbf{A}(z)\mathbf{U}'(z) + \nu\bar{E}\mathbf{D}(z)\mathbf{V}(z) \pm \mathbf{r}_z^*(z)\right]_{z=0,l} && = 0
\end{aligned}
$$

Für die Lastvektoren $\mathbf{f}^*$ und $\mathbf{r}^*$ gelten die Gln. (2.88). Ist die Konstruktion prismatisch, sind alle Matrizen der verallgemeinerten Querschnittswerte konstant, gibt es keinen Temperaturlastfall, entfällt der $*$ bei den Lastvektoren. Es gelten dann die Gln. (2.40) und (2.30). Für die näherungsweise Berücksichtigung regelmäßig angeordneter Steifen gelten sinngemäß die in Abschnitt 4.1 gegebenen Hinweise. Die Berechnung der verallgemeinerten Querschnittsmatrizen erfolgt auch hier unter Beachtung der damit verbundenen Probleme mit den fiktiven Wanddicken $\bar{t}_i$, d.h.

$$\mathbf{A} = \sum_{(i)} \int_0^{d_i} \boldsymbol{\varphi}(S_i)\boldsymbol{\varphi}^T(S_i)\bar{t}_{iz}\, dS_i; \quad \mathbf{B} = \sum_{(i)} \int_0^{d_i} \boldsymbol{\varphi}'(S_i)\boldsymbol{\varphi}'^T(S_i)\bar{t}_{isz}\, dS_i;$$

$$\mathbf{C} = \sum_{(i)} \int_0^{d_i} \boldsymbol{\varphi}'(S_i)\boldsymbol{\psi}^T(S_i)\bar{t}_{isz}\, dS_i; \quad \mathbf{D} = \sum_{(i)} \int_0^{d_i} \boldsymbol{\varphi}(S_i)\boldsymbol{\psi}'^T(S_i)t_i\, dS_i;$$

$$\mathbf{H} = \sum_{(i)} \int_0^{d_i} \boldsymbol{\psi}'(S_i)\boldsymbol{\psi}'^T(S_i)\bar{t}_{is}\, dS_i; \quad \mathbf{R} = \sum_{(i)} \int_0^{d_i} \boldsymbol{\psi}(S_i)\boldsymbol{\psi}^T(S_i)\bar{t}_{isz}\, dS_i;$$

$$\mathbf{S} = \sum_{(i)} \int_0^{d_i} \boldsymbol{\xi}''(S_i)\boldsymbol{\xi}''^T(S_i)\bar{I}_i\, dS_i; \quad \mathbf{T} = \sum_{(i)} \int_0^{d_i} \boldsymbol{\xi}'(S_i)\boldsymbol{\xi}'^T(S_i)\bar{I}_{t_i}/4\, dS_i$$

Die Annahmen zu den fiktiven Größen müssen gegebenenfalls wieder experimentell belegt werden.

Modellgleichungen für die Berechnung der Eigenschwingungen

$$
\begin{aligned}
L ={}& T - \Pi \\
={}& \frac{1}{2}\int_0^l \Big\{ \omega_0^2\rho\Big[\mathbf{U}(z)\mathbf{A}(z)\mathbf{U}(z) + \mathbf{V}^T(z)\mathbf{R}(z)\mathbf{V}(z) + \mathbf{V}^T(z)\mathbf{N}(z)\mathbf{V}(z)\Big] \\
& - \bar{E}\Big[\mathbf{U}'^T(z)\mathbf{A}(z)\mathbf{U}'(z) + \mathbf{V}^T(z)\mathbf{H}(z)\mathbf{V}(z) \\
& + \nu\big(\mathbf{U}'^T(z)\mathbf{D}(z)\mathbf{U}'(z) + \mathbf{V}^T(z)\mathbf{D}^T(z)\mathbf{U}'(z)\big)\Big] \\
& - G\Big[\mathbf{U}^T(z)\mathbf{B}(z)\mathbf{U}(z) + \mathbf{V}'^T(z)\mathbf{R}(z)\mathbf{V}'(z) \\
& + \mathbf{U}^T(z)\mathbf{C}(z)\mathbf{V}'(z) + \mathbf{V}'^T(z)\mathbf{C}^T(z)\mathbf{U}(z)\Big] \\
& + \bar{E}\mathbf{V}^T(z)\mathbf{S}(z)\mathbf{V}(z) + 4G\mathbf{V}'^T(z)\mathbf{T}(z)\mathbf{V}'(z) \Big\}\, dz
\end{aligned}
$$

Dabei ist

$$\mathbf{N} = \sum_{(i)} \int_0^{d_i} \boldsymbol{\xi}(S_i)\boldsymbol{\xi}^T(S_i)\, \bar{t}_{i\rho}\, dS_i$$

Für prismatische Konstruktionen sind auch hier alle verallgemeinerten Querschnittsmatrizen konstant, die näherungsweise Einbeziehung regelmäßiger Steifen für die Massebelegung erfordert bei der Berechnung der Matrizen $\rho\mathbf{A}, \rho\mathbf{R}$ und $\rho\mathbf{N}$ die Ersetzung von t_i durch $\bar{t}_{i\rho}$. Die analytische Lösung der Modellgleichungen scheidet als allgemeine Lösungsstrategie aus. Als numerische Verfahren bieten sich insbesondere das Differenzenverfahren und die Finite–Elemente–Methode an. Die Universalität der FEM und die Verfügbarkeit leistungsfähiger FE–Softwaresysteme sprechen für den Einsatz finiter Stabschalenelemente im Rahmen vorhandener FE–Programme. Von *Zwicke* [179] wurde auf der Grundlage der angegebenen Modellgleichungen ein finites Stabschalenelement entwickelt und im Rahmen eines universellen FE–Programmsystems getestet [40]. Alle weiteren Ausführungen im Kapitel 5 beziehen sich ausschließlich auf dieses Stabschalenelement. Das Funktional des Berechnungsmodells enthält nur Ableitungen bis zur 1. Ordnung. Es können daher *Lagrange*sche Interpolationspolynome als Ansatzfunktionen gewählt werden. Die Wahl eines Dreiknotenelementes mit den Ansatzfunktionen nach Gl. (3.42) gewährleistet eine gute Paßfähigkeit mit vielen im Einsatz befindlichen angewandten FE–Programmen. Die Gln. (3.43) nehmen unter Beachtung von Gl. (2.88) die folgende Form an:

$$
\mathbf{K}_{jk} = \sum_{h=1}^{3}
\left[
\begin{array}{c|c}
\begin{aligned}
&\frac{1}{l}\bar{E}\,\overset{h}{\mathbf{A}}\int_0^1 G_h G_j' G_k'\,d\zeta \\
&+Gl\,\overset{h}{\mathbf{B}}\int_0^1 G_h G_j G_k\,d\zeta
\end{aligned}
&
\begin{aligned}
&\nu\bar{E}\,\overset{h}{\mathbf{D}}\int_0^1 G_h G_j' G_k\,d\zeta \\
&+G\,\overset{h}{\mathbf{C}}\int_0^1 G_h G_j G_k'\,d\zeta
\end{aligned}
\\
\hline
\begin{aligned}
&\nu\bar{E}\,\overset{h}{\mathbf{D}}{}^{T}\int_0^1 G_h G_j G_k'\,d\zeta \\
&+G\,\overset{h}{\mathbf{C}}\int_0^1 G_h G_j' G_k\,d\zeta
\end{aligned}
&
\begin{aligned}
&l\bar{E}\left(\overset{h}{\mathbf{H}}+\overset{h}{\mathbf{S}}\right)\int_0^1 G_h G_j G_k\,d\zeta \\
&+\frac{1}{l}G\left(\overset{h}{\mathbf{R}}+4\overset{h}{\mathbf{T}}\right)\int_0^1 G_h G_j' G_k'\,d\zeta
\end{aligned}
\end{array}
\right] ;
$$

$$
\mathbf{f}_j^* =
\left[
\begin{array}{c}
\displaystyle\sum_{h=1}^{3} l\,\overset{h}{\mathbf{f}_z^*}\int_0^1 G_h G_j\,d\zeta \\[4mm]
\displaystyle l\left(\overset{h}{\mathbf{f}_s^*}+\overset{h}{\mathbf{f}_n}\right)\int_0^1 G_h G_j\,d\zeta
\end{array}
\right] ; \quad j,k = 1,2,3
$$

Für die Eigenschwingungsberechnungen erhält man nach den Gln. (3.48), (3.49) für die Untermatrizen $\mathbf{M}_{jk}$ der konsistenten Massenmatrix $\mathbf{M}$

$$
\mathbf{M}_{jk} = \sum_{h=1}^{3}
\left[
\begin{array}{cc}
\rho\,\overset{h}{\mathbf{A}}\,l\int_0^1 G_h G_j G_k\,d\zeta & \mathbf{0} \\[4mm]
\mathbf{0} & \rho\left(\overset{h}{\mathbf{R}}+\overset{h}{\mathbf{N}}\right)l\int_0^1 G_h G_j G_k\,d\zeta
\end{array}
\right] ;
$$

Für die Membranspannungen gelten dann entsprechend (3.45) die Gln.

$$\sigma_{zm} = \frac{1}{l}\bar{E}\mathbf{v}^T \begin{bmatrix} \mathbf{k}_{z1} \\ \mathbf{k}_{z2} \\ \mathbf{k}_{z3} \end{bmatrix} - \frac{E\alpha_{th}}{1-\nu}\sum_{h=1}^{3} G_h \overset{h}{\theta},$$

$$\sigma_{sm} = \frac{1}{l}\bar{E}\mathbf{v}^T \begin{bmatrix} \mathbf{k}_{s1} \\ \mathbf{k}_{s2} \\ \mathbf{k}_{s3} \end{bmatrix} - \frac{E\alpha_{th}}{1-\nu}\sum_{h=1}^{3} G_h \overset{h}{\theta},$$

$$\tau_{zsm} = G\mathbf{v}^T \begin{bmatrix} \mathbf{k}_{t1} \\ \mathbf{k}_{t2} \\ \mathbf{k}_{t3} \end{bmatrix}$$

$$\mathbf{v}^T = [\mathbf{v}_1^T,\ \mathbf{v}_2^T,\ \mathbf{v}_3^T];\quad \mathbf{v}_h^T = [\overset{h}{U}_1,\ldots,\overset{h}{U}_m,\overset{h}{V}_1,\ldots,\overset{h}{V}_n]$$

$$\mathbf{k}_{zr} = \begin{bmatrix} G_r' G_h \overset{h}{\varphi} \\ \nu l G_r G_h \overset{h}{\psi}' \end{bmatrix},\ \mathbf{k}_{sr} = \begin{bmatrix} \nu G_r' G_h \overset{h}{\varphi} \\ l G_r G_h \overset{h}{\psi}' \end{bmatrix},\ \mathbf{k}_{tr} = \begin{bmatrix} G_r G_h \overset{h}{\varphi}' \\ G_r' G_h \overset{h}{\psi} \end{bmatrix},$$

$$r = 1,2,3$$

Hinzu kommen die Biegenormalspannungen σ_{sb} aus dem Plattenbiegemoment m_s und die Torsionsschubspannungen τ_{zst} aus dem Plattendrillmoment m_{zs}.

Die Untermatrizen $\mathbf{K}_{jk}$ enthalten die Matrix $\mathbf{T}$, die den Anteil der Plattentorsionsmomente repräsentiert. Der Anteil aus den Querbiegemomenten (Matrix $\mathbf{S}$) geht mit dem Faktor $\bar{E}$ und nicht nur mit E ein, da in diesem Modell für die Querbiegung die Plattensteifigkeit korrekt erfaßt wird.

Für den Aufbau der System– und der Massenmatrix sowie für die Lösung des linearen Gleichungssystems $\mathbf{Kv} = \mathbf{f}$ bzw. des Eigenwertproblems $(\mathbf{K} - \omega^2\mathbf{M})\mathbf{v} = \mathbf{o}$ auf der Systemebene können die Möglichkeiten eines vorhandenen FE–Programms genutzt werden. Darauf wird hier nicht eingegegangen. Liegt die Lösung für die Verschiebungen vor, können nach einer Rücktransformation auf die Elementebene alle Spannungen berechnet werden. Die Auswertung der Elementmatrizen erfordert bei der rechentechnischen Realisierung keine numerischen Integrationen, da alle auftretenden Integrale einfach analytisch auswertbar sind (vergl. Tab. 4.13).

Im Kapitel 4 erfolgte bei der Anwendung der FEM der Aufbau der Elementsteifigkeitsmatrix und des Belastungsvektors auf der Grundlage einer querschnitts– und problembezogenen Auswahl der verallgemeinerten Querschnittswerte. Dies schränkt die zur Auswahl zugelassenen Querschnittsformen sehr ein, wenn der Berechnungsaufwand angemessen bleiben soll. Für allgemeine Querschnitte muß die analytische Ermittlung der Koordinatenfunktionen durch eine computerorientierte Vorgehensweise ersetzt werden.

5.2 Verallgemeinerte Koordinatenfunktionen

Ein beliebiger polygonaler, offener, geschlossener oder gemischt offen–geschlossener Querschnitt wird durch seine in geradlinige Abschnitte geteilte Profilmittellinie beschrieben. Anfangs– und Endpunkte der einzelnen Abschnitte der Profillinie werden als Profilhauptknoten bezeichnet. Zwischen den Profilhauptknoten angeordnete weitere Knoten heißen Profilnebenknoten. Ohne Einschränkung der Allgemeinheit wird für die weiteren Ableitungen vereinbart, daß jeweils mittig zwischen zwei Hauptknoten ein Nebenknoten angeordnet wird. Bild 5.1 zeigt einen dünnwandigen Querschnitt mit 6 Abschnitten der Profilmittellinie, 6 Profilhauptknoten und 6 Profilnebenknoten.

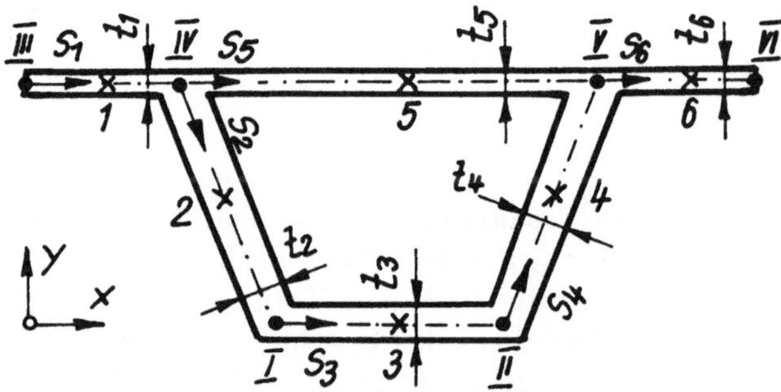

Bild 5.1   Kombiniert offen–geschlossener Querschnitt • Profilhauptknoten, × Profilnebenknoten

Durch eine topologische Beschreibung für die 2 Profilhauptknoten und den einen Profilnebenknoten je Abschnitt, die Angabe der x- und der y-Koordinaten aller Hauptknoten sowie die Dicken t_i aller Streifen ist ein dünnwandiger Querschnitt eindeutig festgelegt. Dabei wird zunächst davon ausgegangen, daß alle Kantenverbindungen biegesteif sind, bzw. allgemeiner, daß an allen Hauptknoten biegesteife Streifenverbindungen bestehen. Gelenkige Verbindungen bedürfen einer gesonderten, nachträglichen Diskussion.

Die verallgemeinerten Koordinatenfunktionen für einen beliebigen Querschnitt werden aus zwei unterschiedlichen Gruppen von Ansatzfunktionen aufgebaut. Die erste

Gruppe von Ansatzfunktionen wird so definiert, daß an nur einem Hauptknoten und in den diesem Knoten benachbarten Abschnitten der Profilmittellinie von Null verschiedene Funktionswerte auftreten. Dabei ordnet man dem Hauptknoten den Freiheitsgrad vier zu, d.h. die Verschiebungen in den Koordinatenrichtungen x, y, z und eine Drehung in der Querschnittsebene.

Die zweite Gruppe von Ansatzfunktionen wird den Nebenknoten zugeordnet, und es wird vorausgesetzt, daß diese Funktionen nur innerhalb des betrachteten Abschnittes zwischen zwei Hauptknoten von Null verschieden sind. Zur einfachen Veranschaulichung sind die beiden Gruppen von Ansatzfunktionen im Bild 5.2 für einen Profilabschnitt dargestellt.

Der Abschnitt hat zwei Hauptknoten, für die jeweils die drei Verschiebungszustände und eine Knotenverdrehung angegeben sind. Auch für den Nebenknoten werden als mögliche Ansatzfunktionen wieder die drei Verschiebungen und eine Verdrehung gewählt. Man erkennt die bestehende Kopplung zwischen den ψ– und den ξ–Ansätzen.

Die Auswahl der verallgemeinerten Koordinatenfunktionen schränkt die Verformungskinematik des „elementaren Rahmens" ein. Läßt man z.B. nur Ansatzfunktionen der ersten Gruppe zu, sind die Verschiebungen $u(z, s)$ und $v(z, s)$ linear, die Verschiebungen $w(z, s)$ kubisch im jeweils betrachteten Profilabschnitt s_i. Solche Ansatzfunktionen realisieren alle Starrkörperbewegungen eines Querschnittes und erfassen auch einfache Querschnittskonturdeformationen. Sie lassen allerdings nur abschnittsweise konstante Querdehnungen und lineare Querschnittsverwölbungen zu. Somit besteht die Notwendigkeit, gegebenenfalls weitere verallgemeinerte Koordinatenfunktionen durch Einbeziehung der Nebenknoten zu aktivieren. Mit solchen Profilnebenknotenansätzen können dann auch nichtlineare Verwölbungen zur Einbeziehung des Effektes der mittragenden Breite bei breiten Gurten erfaßt werden. Die Mitnahme des Nebenknotenansatzes φ_3 im Bild 5.2 führt daher häufig zu einer wesentlichen Verbesserung der Modellqualität, Nebenknotenansätze der Form ξ_8 und ξ_9 sind bei Eigenschwingungsanalysen im allgemeinen unverzichtbar.

Die so definierten verallgemeinerten Koordinatenfunktionen ermöglichen es, die Integration zur Berechnung der verallgemeinerten Querschnittswerte analytisch auszuführen. Als Beispiel sind die nachfolgenden Matrizen der verallgemeinerten Querschnittswerte für die in Bild 5.2 dargestellten verallgemeinerten Koordinatenfunktionen angegeben

$$\mathbf{A} = \begin{bmatrix} 20 & 10 & 5 \\ 10 & 20 & 5 \\ 5 & 5 & 2 \end{bmatrix} \frac{td}{60}$$

$$\mathbf{B} = \begin{bmatrix} 3 & -3 & 0 \\ -3 & 3 & 0 \\ 0 & 0 & 1 \end{bmatrix} \frac{t}{3d}$$

$$\mathbf{C} = \begin{bmatrix} -3 & -3 & -1 & 0 & 0 & 0 & 0 & 0 & 0 \\ 3 & 3 & 1 & 0 & 0 & 0 & 0 & 0 & 0 \\ 1 & -1 & 0 & 0 & 0 & 0 & 0 & 0 & 0 \end{bmatrix} \frac{t}{6}$$

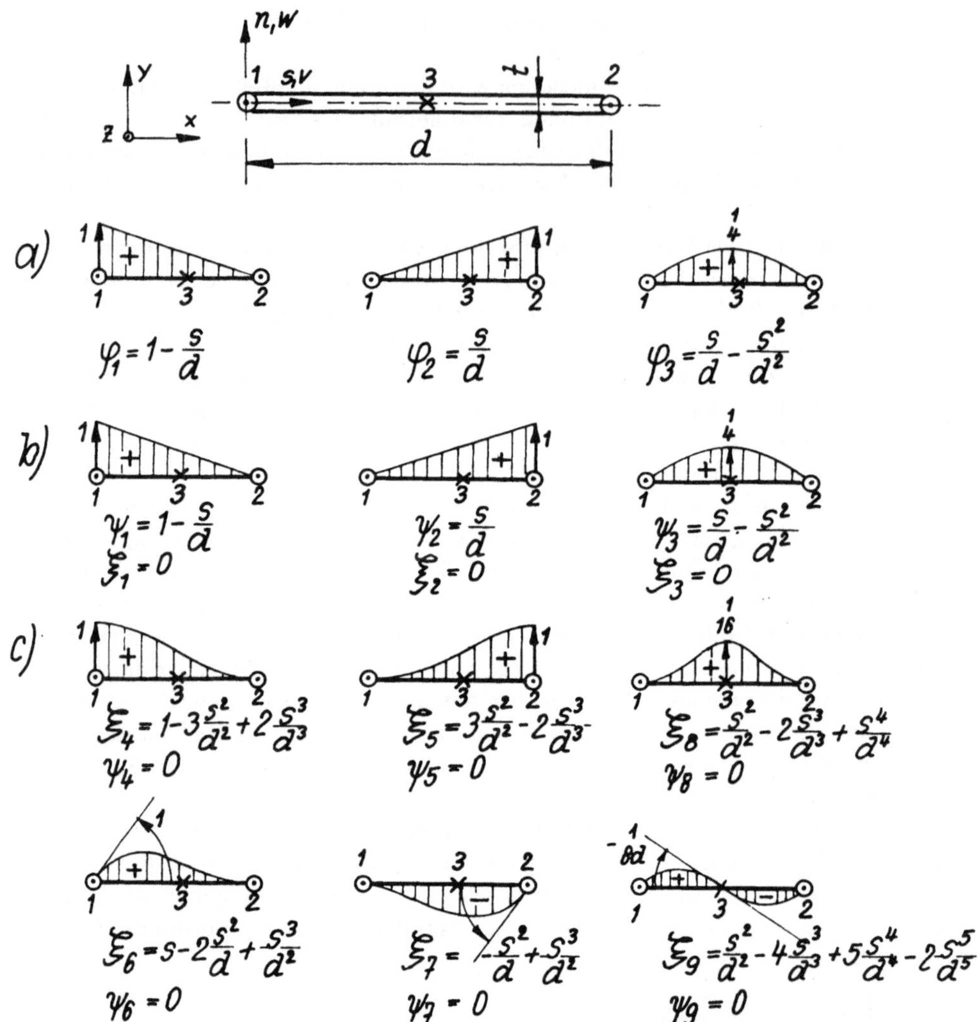

Bild 5.2   Verallgemeinerte Koordinatenfunktionen für einen Profilabschnitt zwischen zwei Hauptknoten: a) φ_1, φ_2, φ_3 für u–Verschiebungen, b) ψ_1, ψ_2, ψ_3 für v–Verschiebungen, ξ_1, ξ_2, ξ_3 für zugeordnete w–Verschiebungen, c) ξ_4, ..., ξ_9 für w–Verschiebungen, ψ_4, ...ψ_9 für zugeordnete v–Verschiebungen

$$\mathbf{D} = \begin{bmatrix} -3 & 3 & -1 & 0 & 0 & 0 & 0 & 0 & 0 \\ -3 & 3 & 1 & 0 & 0 & 0 & 0 & 0 & 0 \\ -1 & 1 & 0 & 0 & 0 & 0 & 0 & 0 & 0 \end{bmatrix} \frac{t}{6}$$

$$\mathbf{H} = \begin{bmatrix} 3 & -3 & 0 & 0 & 0 & 0 & 0 & 0 & 0 \\ -3 & 3 & 0 & 0 & 0 & 0 & 0 & 0 & 0 \\ 0 & 0 & 1 & 0 & 0 & 0 & 0 & 0 & 0 \\ 0 & 0 & 0 & 0 & 0 & 0 & 0 & 0 & 0 \\ 0 & 0 & 0 & 0 & 0 & 0 & 0 & 0 & 0 \\ 0 & 0 & 0 & 0 & 0 & 0 & 0 & 0 & 0 \\ 0 & 0 & 0 & 0 & 0 & 0 & 0 & 0 & 0 \\ 0 & 0 & 0 & 0 & 0 & 0 & 0 & 0 & 0 \\ 0 & 0 & 0 & 0 & 0 & 0 & 0 & 0 & 0 \end{bmatrix} \frac{t}{3d}$$

$$\mathbf{R} = \begin{bmatrix} 20 & 10 & 5 & 0 & 0 & 0 & 0 & 0 & 0 \\ 10 & 20 & 5 & 0 & 0 & 0 & 0 & 0 & 0 \\ 5 & 5 & 2 & 0 & 0 & 0 & 0 & 0 & 0 \\ 0 & 0 & 0 & 0 & 0 & 0 & 0 & 0 & 0 \\ 0 & 0 & 0 & 0 & 0 & 0 & 0 & 0 & 0 \\ 0 & 0 & 0 & 0 & 0 & 0 & 0 & 0 & 0 \\ 0 & 0 & 0 & 0 & 0 & 0 & 0 & 0 & 0 \\ 0 & 0 & 0 & 0 & 0 & 0 & 0 & 0 & 0 \\ 0 & 0 & 0 & 0 & 0 & 0 & 0 & 0 & 0 \end{bmatrix} \frac{td}{60}$$

$$\mathbf{T} = \begin{bmatrix} 0 & 0 & 0 & 0 & 0 & 0 & 0 & 0 & 0 \\ 0 & 0 & 0 & 0 & 0 & 0 & 0 & 0 & 0 \\ 0 & 0 & 0 & 0 & 0 & 0 & 0 & 0 & 0 \\ 0 & 0 & 0 & 756 & -756 & 63d & 63d & 0 & 18 \\ 0 & 0 & 0 & -756 & 756 & -63d & -63d & 0 & -18 \\ 0 & 0 & 0 & 63d & -63d & 84d^2 & -21d^2 & 21d & 9d \\ 0 & 0 & 0 & 63d & -63d & -21d^2 & 84d^2 & -21d & 9d \\ 0 & 0 & 0 & 0 & 0 & 21d & -21d & 12 & 0 \\ 0 & 0 & 0 & 18 & -18 & 9d & 9d & 0 & 4 \end{bmatrix} \frac{t^3}{7560d}$$

$$\mathbf{S} = \begin{bmatrix} 0 & 0 & 0 & 0 & 0 & 0 & 0 & 0 & 0 \\ 0 & 0 & 0 & 0 & 0 & 0 & 0 & 0 & 0 \\ 0 & 0 & 0 & 0 & 0 & 0 & 0 & 0 & 0 \\ 0 & 0 & 0 & 420 & -420 & 210d & 210d & 0 & 0 \\ 0 & 0 & 0 & -420 & 420 & -210d & -210d & 0 & 0 \\ 0 & 0 & 0 & 210d & -210d & 140d^2 & 70d^2 & 0 & 0 \\ 0 & 0 & 0 & 210d & -210d & 70d^2 & 140d^2 & 0 & 0 \\ 0 & 0 & 0 & 0 & 0 & 0 & 0 & 20 & 0 \\ 0 & 0 & 0 & 0 & 0 & 0 & 0 & 0 & 20 \end{bmatrix} \frac{t^3}{420d}$$

$$
\mathbf{N} = \begin{bmatrix}
0 & 0 & 0 & 0 & 0 & 0 & 0 & 0 & 0 \\
0 & 0 & 0 & 0 & 0 & 0 & 0 & 0 & 0 \\
0 & 0 & 0 & 0 & 0 & 0 & 0 & 0 & 0 \\
0 & 0 & 0 & 10296 & 3564 & 1452d & -858d & 462 & 88 \\
0 & 0 & 0 & 3564 & 10296 & 858d & -1452d & 462 & -88 \\
0 & 0 & 0 & 1452d & 858d & 264d^2 & -198d^2 & 99d & 11d \\
0 & 0 & 0 & 858d & -1452d & -198d^2 & 264d^2 & -99d & 11d \\
0 & 0 & 0 & 462 & 462 & 99d & -99d & 44 & 0 \\
0 & 0 & 0 & 88 & -88 & 11d & 11d & 0 & 4
\end{bmatrix} \frac{td}{27720}
$$

Ist der Profilabschnitt gegenüber dem globalen Koordinatensystem geneigt, können durch einfache Transformationen die Werte für beliebige Längen des Streifens berechnet werden (Bild 5.4).

Die Übertragung dieser Vorgehensweise zur Auswahl von verallgemeinerten Koordinatenfunktionen von einem Profilabschnitt auf einen kompletten Querschnitt bereitet keine Schwierigkeiten. Für das im Bild 5.3 dargestellte Profil wurde eine Einteilung in 4 Profilabschnitte mit fünf Hauptknoten und vier Nebenknoten vorgenommen. In Tab. 5.1 sind die Verformungszustände für den Profilknoten V und in Tab. 5.2 für den Nebenknoten 4 mit den zugehörigen Koordinatenfunktionen angegeben.

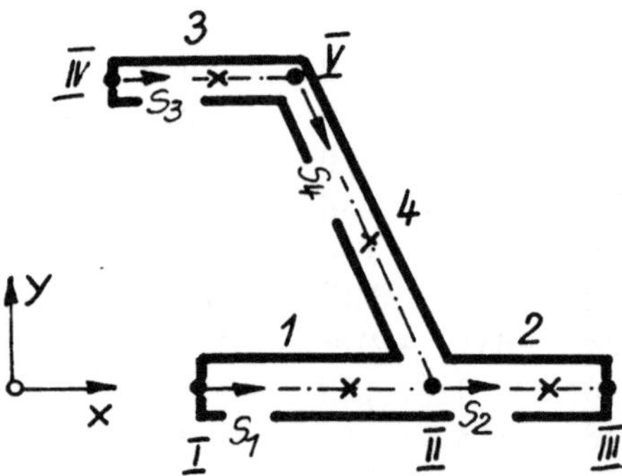

Bild 5.3   Dünnwandiges Profil mit 4 Profilabschnitten

In analoger Weise können verallgemeinerte Koordinatenfunktionen für beliebige polygonale Profile entwickelt werden. Die analytischen Ausdrücke für die einzelnen Profilabschnitte entsprechen unter den gemachten Voraussetzungen stets den in den Bildern 5.2 und 5.4 angegebenen Funktionen, die zugehörigen verallgemeinerten Querschnittswerte für den Gesamtquerschnitt lassen sich wie bereits in diesem Abschnitt

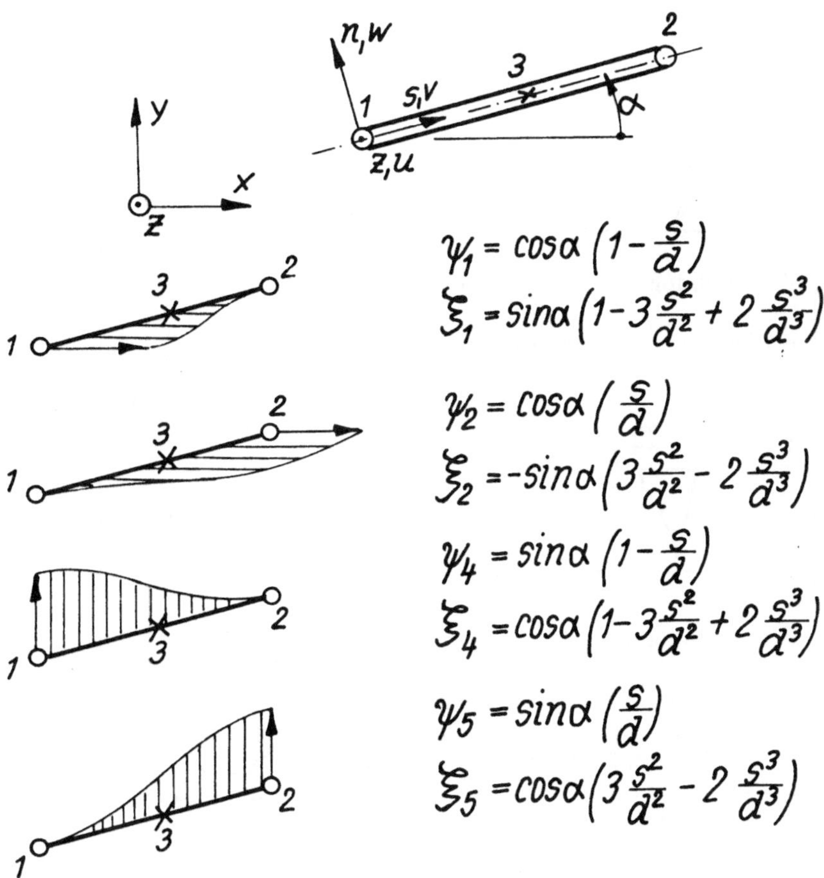

$$\psi_1 = \cos\alpha\left(1 - \frac{s}{d}\right)$$

$$\xi_1 = \sin\alpha\left(1 - 3\frac{s^2}{d^2} + 2\frac{s^3}{d^3}\right)$$

$$\psi_2 = \cos\alpha\left(\frac{s}{d}\right)$$

$$\xi_2 = -\sin\alpha\left(3\frac{s^2}{d^2} - 2\frac{s^3}{d^3}\right)$$

$$\psi_4 = \sin\alpha\left(1 - \frac{s}{d}\right)$$

$$\xi_4 = \cos\alpha\left(1 - 3\frac{s^2}{d^2} + 2\frac{s^3}{d^3}\right)$$

$$\psi_5 = \sin\alpha\left(\frac{s}{d}\right)$$

$$\xi_5 = \cos\alpha\left(3\frac{s^2}{d^2} - 2\frac{s^3}{d^3}\right)$$

Bild 5.4 Verallgemeinerte Koordinatenfunktionen für einen Profilabschnitt mit einer Neigung α gegenüber der positiven x–Achse

Verschiebungszustand	Zugehörige Koordinatenfunktionen
Verschiebung in z–Richtung	$\varphi(s_3) = \dfrac{s_3}{d_3}$ $\varphi(s_4) = 1 - \dfrac{s_4}{d_4}$
Verschiebung in x–Richtung	$\psi(s_3) = \dfrac{s_3}{d_3}$ $\psi(s_4) = \cos\alpha_4\left(1 - \dfrac{s_4}{d_4}\right)$ $\xi(s_4) = -\sin\alpha_4\left(1 - 3\dfrac{s_4^2}{d_4^2} + 2\dfrac{s_4^3}{d_4^3}\right)$
Verschiebung in y–Richtung	$\psi(s_4) = \sin\alpha_4\left(1 - \dfrac{s_4}{d_4}\right)$ $\xi(s_3) = 3\dfrac{s_3^2}{d_3^2} - 2\dfrac{s_3^3}{d_3^3}$ $\xi(s_4) = \cos\alpha_4\left(1 - 3\dfrac{s_4^2}{d_4^2} + 2\dfrac{s_4^3}{d_4^3}\right)$
Verdrehung in der Querschnittsebene	$\xi(s_3) = -\dfrac{s_3^2}{d_3} + \dfrac{s_3^3}{d_3^2}$ $\xi(s_4) = s_4 - 2\dfrac{s_4^2}{d_4} + \dfrac{s_4^3}{d_4^2}$

Tabelle 5.1   Verformungszustände für den Hauptknoten V des Profils nach Bild 5.3

Verschiebungszustand	Zugehörige Koordinatenfunktionen
Quadratische Verschiebung in z-Richtung	$\varphi(s_4) = \dfrac{s_4}{d_4} - \dfrac{s_4^2}{d_4^2}$
Quadratische Verschiebung in s-Richtung	$\psi(s_4) = \dfrac{s_4}{d_4} - \dfrac{s_4^2}{d_4^2}$
Verschiebung in n-Richtung	$\xi(s_4) = \dfrac{s_4^2}{d_4^2} - 2\dfrac{s_4^3}{d_4^3} + \dfrac{s_4^4}{d_4^4}$
Verdrehung in der Querschnittsebene	$\xi(s_4) = -\dfrac{s_4^2}{d_4^2} + 4\dfrac{s_4^3}{d_4^3} - 5\dfrac{s_4^4}{d_4^4} + 2\dfrac{s_4^5}{d_4^5}$

Tabelle 5.2 Verformungszustände für den Nebenknoten 4 des Profils nach Bild 5.3

gezeigt in einfacher Weise aufbauen. Dieser Ablauf läßt sich leicht in ein Elementprogramm für Stabschalenelemente einarbeiten. Auf die Darlegung weiterer Einzelheiten kann daher verzichtet werden.

Die bisherigen Ableitungen setzten eine biegesteife Verbindung aller Profilabschnitte voraus. Es bedarf somit noch einer Ergänzung für den Fall gelenkiger Verbindungen an den Profilhauptknoten. In einem finiten Stabschalenelement erfolgt die Realisierung gelenkiger Kantenverbindungen durch eine veränderte Definition der verallgemeinerten ξ–Koordinatenfunktionen für die w–Verschiebungen. Bei den im Bild 5.2 dargestellten Verläufen der ξ–Funktionen zwischen zwei Hauptknoten sind die Funktionen $\xi_4(s)$ und $\xi_5(s)$ durch die in Bild 5.5 dargestellten Funktionen zu ersetzen. Es entfallen generell alle verallgemeinerten Koordinatenfunktionen, die bei einer biegesteifen Kantenverbindung eine Verdrehung eines Profilhauptknotens realisieren.

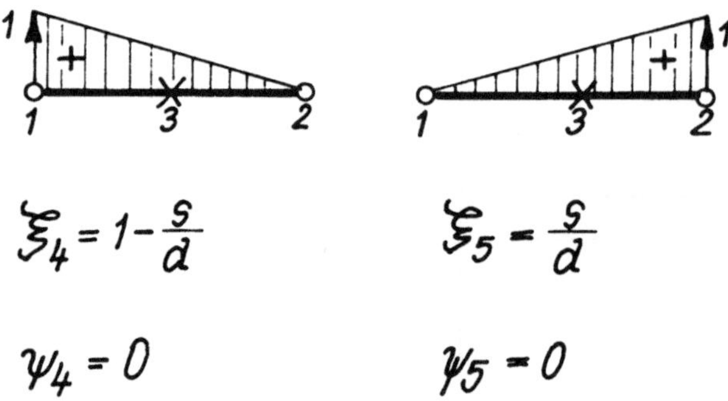

Bild 5.5   Verallgemeinerte Koordinatenfunktionen $\xi_k(s)$ für gelenkige Verbindungen von Profilabschnitten in Profilhauptknoten

5.3   Beispiele

Die hier beschriebenen Beispiele können nicht mehr wie im Abschnitt 4.3 ausführlich in den einzelnen Lösungsschritten beschrieben werden. Ihre Auswahl erfolgte daher unter anderen Gesichtspunkten. Zunächst werden für einen zweizelligen Kastenträger und für einen Plattenbalken die Qualität unterschiedlicher Berechnungsmodelle bei der globalen statischen Strukturanalyse verglichen. Dabei werden nach Möglichkeit Referenzlösungen aus der Literatur oder aus eigenen FE–Vergleichsrechnungen mit einbezogen. Die gleiche Zielstellung haben auch drei Beispiele für Eigenschwingungsberechnungen, bei denen zunächst ein Kastenträger mit einzelligem Trapezquerschnitt, dann wiederum der Plattenbalken und abschließend ein einzelliger Kastenträger mit Ausschnitt im oberen Gurt diskutiert werden. Diese Beispiele sollen eine Hilfestellung für eigene Modellfestlegungen sein und die Abschätzung zwischen Berechnungsaufwand und Modellqualität erleichtern. Die abschließenden Beispiele sollen einen Einblick in die Vielfalt technischer Anwendungen für Stabschalenmodelle geben.

5.3.1 Zweizelliger prismatischer Kastenträger — statische Analyse

Bild 5.6 zeigt einen zweiseitig, gabelgelagerten Kastenträger, der in Feldmitte durch eine Einzelkraft exzentrisch belastet ist.

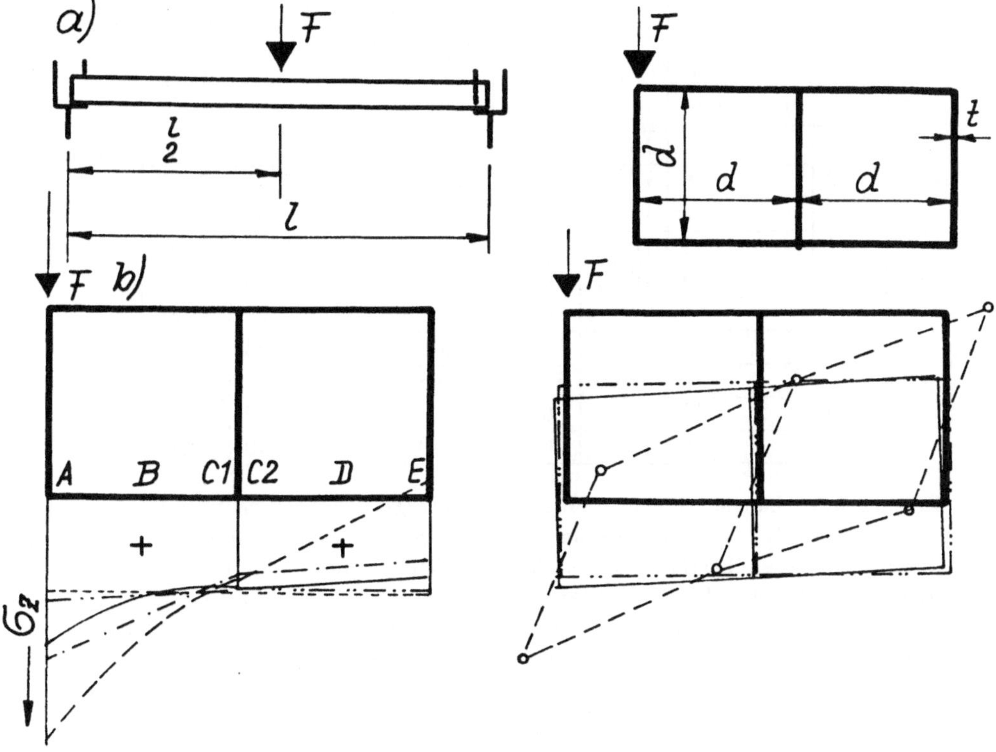

Bild 5.6 Zweiseitig gabelgelagerter zweizelliger Kastenträger: a) Geometrie und Belastung, b) Längsnormalspannungen im unteren Gurt und Verschiebungen in der Querschnittsebene in Feldmitte .... *Bernoulli*–Stab, −.. − ..− *Vlasov* –Stab mit Schubverformungen, − − − Gelenkfaltwerk, −. − .− Lösung nach *Sedlaček*, ——— Stabschalenmodell

Für die Geometrie und Belastung gelten folgende Werte:

$$F = 10 \; kN, \; l = 15000 \; mm, \; d = 1000 \; mm, \; t = 150 \; mm$$

Dieser Kastenträger wurde in der Literatur mehrfach als Beispiel verwendet, so daß die eigenen Lösungen mit davon unabhängigen Referenzlösungen verglichen werden können.

Außer mit den in Abschnitt 5.2 beschriebenen dreiknotigen finiten Stabschalenelementen werden Vergleichsrechnungen mit weiteren Berechnungsmodellen nach Abschnitt 2.1.2.2 durchgeführt. Zur vergleichenden Auswertung wird die Verteilung der Längsnormalspannungen im unteren Gurt in Feldmitte (Lastangriffsstelle) herangezogen. Es werden zehn unterschiedliche Modellgleichungen verwendet. Die Ergebnisse sind in Tabelle 5.3 zusammengefaßt und teilweise im Bild 5.6 dargestellt. Zur Be-

Lfd. Nr.	Anzahl der verallg. Verschieb.	Längsnormalspannungen (Ncm^{-2}) im unteren Gurt der Feldmitte					
		σ_A	σ_B	σ_{C_1}	σ_{C_2}	σ_D	σ_E
1	–	15,42	10,14	9,35	9,20	8,46	8,11
2	8	17,32	12,61	7,90	7,90	7,14	6,38
3	7	14,17	11,43	8,69	8,69	8,36	8,07
4	2	10,00	10,00	10,00	10,00	10,00	10,00
5	9	10,99	10,33	9,66	9,66	9,63	9,60
6	11	24,77	16,67	8,57	8,57	3,15	-2,28
7	18	26,25	15,33	9,08	9,08	3,33	-2,21
8	17	14,05	11,44	8,83	8,83	8,41	8,00
9	24	15,39	10,23	9,36	9,36	8,49	8,12
10	38	15,54	10,13	9,69	9,32	8,49	8,19

Tabelle 5.3 Längsnormalspannungen im Untergurt des zweizelligen Kastenträger: 1 – „quasiexakte" Vergleichslösung, 2 – *Sedlaček* (spezielle verallgemeinerte Koordinaten für diesen Lastfall), 3 – *Möller* (spezielle verallgemeinerte Koordinaten für diesen Lastfall), 4 – *Bernoulli*–Stab, 5 – *Vlasov* –Stab mit Schubverformungen, 6 – Gelenkfaltwerk mit Schubverformungen (lineare Verwölbung), 7 – Gelenkfaltwerk mit Schubverformungen (quadratische Verwölbung), 8 – Stabschale ohne Querdehnung (lineare Verwölbung), 9 – Stabschale ohne Querdehnung (quadratische Verwölbung), 10 – Stabschale mit Querdehnung (quadratische Verwölbung)

wertung der Qualität der vereinfachten Stab- und Stabschalenmodelle wurde eine FE–Lösung für das biegesteife Faltwerkmodell herangezogen. Dazu wurde unter Ausnutzung der Symmetrie der halbe Träger mit 140 rechteckigen Semiloofelementen (Elementfreiheitsgrad 32) diskretisiert. Die von *Sedlaček* [158] angegebene analytische Lösung beruht auf einer Modifizierung der Modellgleichungen (2.40). Die Auswahl aller verallgemeinerten Verschiebungen bzw. der verallgemeinerten Koordinaten wurden dem speziellen Lastfall angepaßt. Die Lösung vernachlässigt den Einfluß der Schubverzerrungen und der Querdehnungen, bezieht aber Konturdeformationen ein. *Möller* [129] geht von den Modellgleichungen (2.37) aus, die er mit dem Differenzenverfahren löst. Berücksichtigt werden die Schubverzerrungen und die Konturverformungen. Die angegebenen Werte vernachlässigen nur den Einfluß der Querdehnung und den Effekt der mittragenden Breite und sind somit schon recht genau.

Man erkennt aus Tabelle 5.3, daß die Stabmodelle durch die Annahme einer starren Querschnittskontur das reale Tragwerksverhalten nicht widerspiegeln. Das Modell „Gelenkfaltwerk" ermöglicht eine Abschätzung der maximal möglichen Spannungsumlagerung durch Querschnittskonturdeformationen. Das hier besonders interessierende Stabschalenmodell bringt offensichtlich eine entscheidende Verbesserung der Ergebnisqualität. Erstaunlich ist, wie stark sich die Berücksichtigung des Effektes der mittragenden Breite bei diesem Querschnitt auswirkt. Der Fehler sinkt im Vergleich zur Referenzlösung von 10% (lineare Verwölbung) auf 1% (nichtlineare Verwölbung). Die Berücksichtigung der Querdehnungen ε_s wirkt sich kaum auf die Spannungen aus. Man erkennt auch sehr deutlich, daß die entscheidende Modellvereinfachung, d.h. $\kappa_z \approx 0$, $m_z \approx 0$, die Modellqualität im Vergleich zum biegesteifen Faltwerk kaum beeinflußt. Die sieben angegebenen Lösungen für zwei Stabmodelle, zwei Gelenkfaltwerkmodelle und drei Stabschalenmodelle wurden alle unter Verwendung eindimensionaler isoparametrischer finiter Elemente 2. Ordnung berechnet. Unter Beachtung der Symmetrie wurde der halbe Träger durch acht finite Elemente diskretisiert.

5.3.2 Plattenbalken

Die Anwendung der Modellgleichungen für die Stabschale auf Konstruktionen mit offenen Querschnitten wird für den in Bild 5.7 dargestellten Plattenbalken mit $F = 10\ kN$, $E = 21000\ Nmm^2$, $\nu = 0,15$ erläutert.
Hierfür lagen zum Vergleich Lösungen von *Jirousek* [89] vor, die mit finiten Schalen- und Balkenelementen berechnet wurden (Tab. 5.4, Nr. 9, 10).

Als eigene Referenzlösung wurde der Plattenbalken wieder mit Semiloof-Schalenelementen berechnet (Nr. 8). Die Diskretisierung erfolgte mit insgesamt 60 Elementen, 10 Elemente im Querschnitt und 6 Elemente in Längsrichtung, dies entspricht einem Freiheitsgrad 911. Alle anderen Berechnungen erfolgten mit finiten Schalenelementen bei einer einheitlichen Diskretisierung mit jeweils drei gleichlangen Elementen. Wegen der unterschiedlichen Anzahl verallgemeinerter Koordinatenfunktionen beträgt der Systemfreiheitsgrad (einschließlich Randbedingungen) dabei zwischen 126 (Nr. 1) und 238 (Nr. 7). Ferner waren gesonderte Überlegungen zur Simulierung der fiktiven Steifigkeiten erforderlich [179].

In Bild 5.8 und in Tab. 5.4 sind die Verschiebungen des belasteten Endquerschnittes und die Längsnormalspannungen im Schnitt A–A angegeben.

Die klassischen Stabmodelle (Nr. 1 bis Nr. 3) unterstreichen die durch das *Vlasov*sche Stabmodell mögliche Verbesserung der Ergebnisqualität. Die Einbeziehung der Schubverzerrungen und weiterer linearer Verwölbungen (Nr. 4) bringt kaum eine Verbesserung. Beachtenswert ist, daß für offene Querschnitte der vorliegenden Art

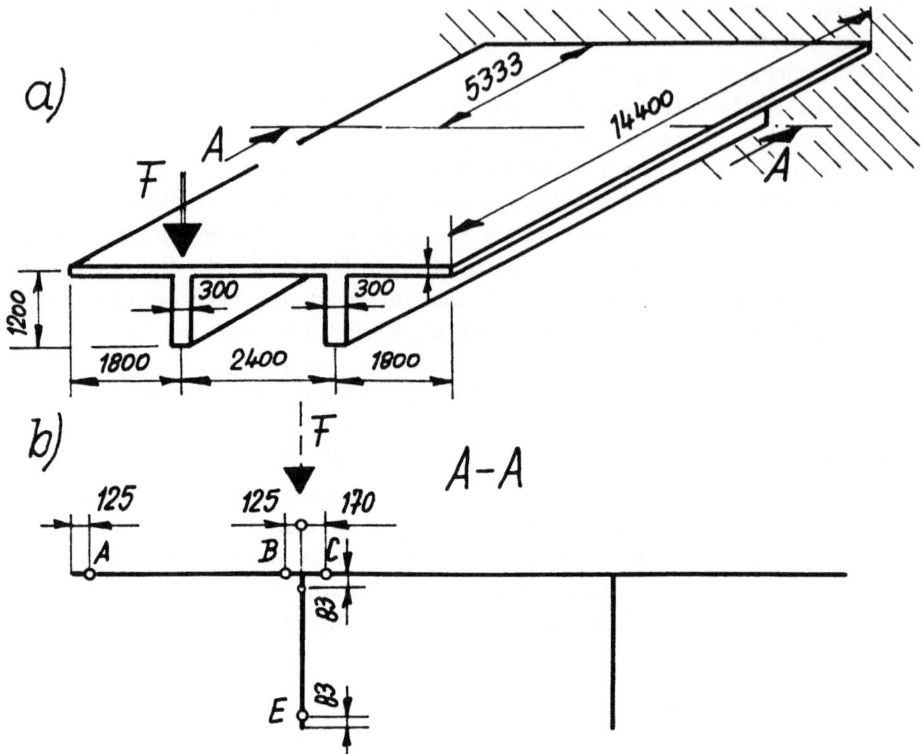

Bild 5.7 Plattenbalken: a) Geometrie und Belastung, b) Punkte zur Spannungsauswertung im Schnitt A—A

die Berücksichtigung der Querschnittskonturverformung (Nr. 5) sich wesentlich auf die Qualität des Berechnungsmodells auswirkt, die Hinzunahme von nichtlinearen Verwölbungen (Nr. 6) und die Einbeziehung der Querdehnungen (Nr. 7) dagegen keinen Einfluß auf die Ergebnisse haben. Zur Abschätzung von Grenzzuständen wurde auch hier eine Berechnung mit dem Modell „Gelenkfaltwerk" durchgeführt (Nr. 11). Die Rechnung Nr. 12 auf der Basis des halbmomentenfreien Schalenmodells soll veranschaulichen, welche große Bedeutung für diesen offenen Querschnitt die Einbeziehung der Torsionssteifigkeit für die Modellqualität hat. Die Werte der Lösung von *Jirousek* wurden mit dicken Schalenelementen (Nr. 9) und mit Schalen– und Balkenelementen (Nr. 10) ermittelt. Die Werte der Rechnung entsprechen am besten der konstruktiven Ausführung des Plattenbalkens, da der Querschnitt ohne Überlappungen diskretisiert wurde (Bild 5.9).

| Lfd. | Verschiebungen | | Längsnormalspannung im Schnitt A–A | | | | |
| Nr. | v_1 | v_2 | σ_A | σ_B | σ_C | σ_D | σ_E |
	mm	mm	N/cm^2	N/cm^2	N/cm^2	N/cm^2	$N cm^2$
1	2,05	2,05	11,1	11,1	11,1	7,9	-33,7
2	2,11	2,11	11,1	11,1	11,1	7,9	-33,7
3	2,55	1,55	14,8	12,9	12,5	8,7	-42,3
4	2,62	1,60	14,4	12,9	12,6	8,7	-42,1
5	2,79	1,42	16,0	13,7	13,2	9,1	-45,7
6	2,81	1,43	16,1	13,7	13,2	9,2	-45,8
7	2,80	1,43	16,0	13,7	13,2	9,2	-45,6
8	2,80	1,44	16,0	13,3	12,8	8,7	-44,8
9	2,81	-	16,4	13,7	13,2	8,8	-45,8
10	2,86	-	16,9	14,2	13,7	9,5	-46,6
11	3,56	0,68	21,8	16,6	15,5	10,7	-59,1
12	3,92	0,33	24,6	18,0	16,6	11,4	-65,6

Tabelle 5.4 Ergebnisse der Vergleichsrechnungen für den „Plattenbalken" : 1 – *Bernoulli*–Stabmodell, 2 – *Timoshenko*–Stabmodell, 3 – *Vlasov*–Stabmodell, 4 – Stabmodell mit starrer Querschnittskontur, 5 – Stabschalenmodell mit linearen Verwölbungen, 6 – Stabschalenmodell mit quadratischen Verwölbungen, 7 – Stabschalenmodell mit Querdehnungen und quadratischen Verwölbungen, 8 – dünnwandiges Schalenmodell (Semiloof-Schalenelemente) 9 – Rechnung 2 von *Jirousek* (nur Schalenelemente), 9 – Rechnung 1 von *Jirousek* (Schalen– und Balkenelemente), 11 – Gelenkfaltwerkmodell mit Torsionssteifigkeit und quadratischen Verwölbungen, 12 – Halbmomentenfreie *Vlasov* –Schale mit quadratischen Verwölbungen

5.3.3 Eigenschwingungen eines Kastenträgers mit Trapezquerschnitt

Bild 5.10 zeigt einen zweiseitig gabelgelagerten Kastenträger und die Abmessungen seines Trapezquerschnittes.

Für die Vergleichsrechnungen wurde vorausgesetzt, daß an beiden Trägerenden dehnstarre, aber biegeschlaffe Endschotte eingefügt sind. Als Referenzlösung wurde eine Berechnung mit Semiloof–Schalenelementen durchgeführt. Unter Ausnutzung der Symmetrien wurde der halbe Umfang mit 6 und die Trägerlänge mit 16 Elementen vernetzt. Dies führt auf einen Systemfreiheitsgrad 1247.

Die Eigenschwingungsanalyse mit eindimensionalen verallgemeinerten Stabmodellen erfolgte stets auf der Grundlage einer Diskretisierung mit 8 Elementen. Tab. 5.5 gibt einen Überblick über die Ergebnisse ausgewählter Vergleichsrechnungen.

Das allgemeine Stabschalenmodell (Nr. 2) liefert in Bezug auf die Referenzlösung die besten Ergebnisse. Die bei den höheren Eigenfrequenzen auftretenden Abweichungen sind vorrangig durch die unterschiedliche Diskretisierung in Stablängsrichtung zu erklären. Die Rechnung Nr. 3 unterstreicht, daß für geschlossene Querschnitte auch die halbmomentenfreie Schalentheorie nach *Vlasov* zuverlässige Werte liefert. Modelle

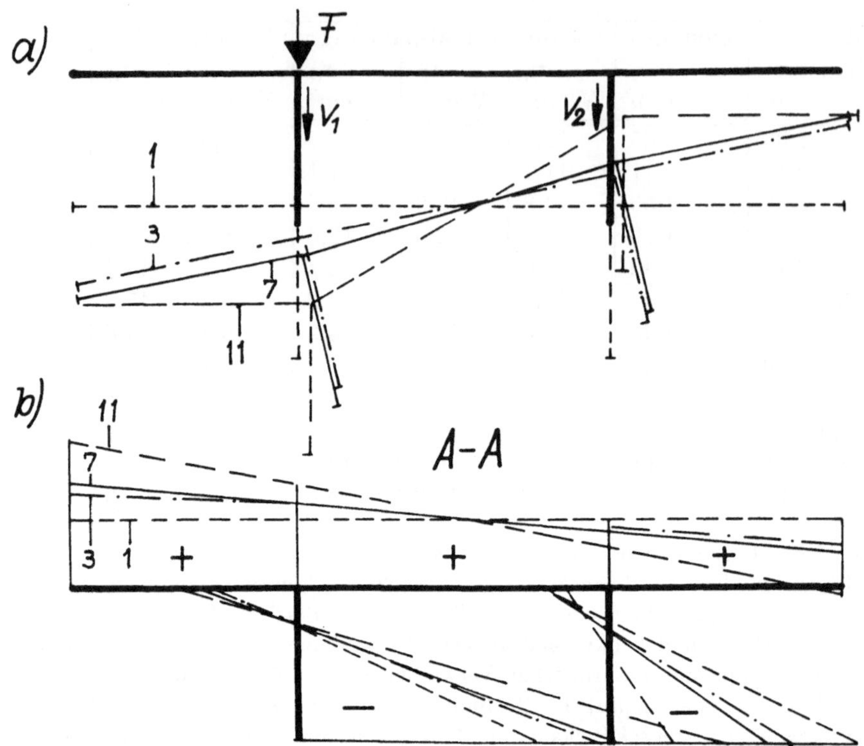

Bild 5.8   Ergebnisse für den Plattenbalken: a) Verformungen, b) Spannungen

mit starrer Querschnittskontur liefern nur am unteren Ende des Eigenwertspektrums verwertbare Ergebnisse, wie die Rechnungen Nr. 4 bis Nr. 6 unterstreichen. Wie man Tab. 5.5 entnehmen kann, sind bei zunehmender Modellvereinfachung höhere Eigenformen nicht mehr erfaßbar.

5.3.4 Eigenschwingungen eines Plattenbalkens

Betrachtet wird wieder der Plattenbalken nach Abschnitt 5.3.2. Als Referenzlösung dienen jetzt die Ergebnisse einer FE–Rechnung mit Semiloof–Schalenelementen. Unter Nutzung der Symmetrien erfolgte die Diskretisierung mit 56 Rechteckelementen, der Freiheitsgrad einer Hälfte des Systems beträgt 760. Alle Lösungen auf der Basis eindimensionaler Modellgleichungen wurden mit jeweils 8 finiten Elementen erzielt. Tab. 5.6 gibt einen Überblick über ausgewählte Ergebnisse der Vergleichsrechnungen.

Rechnung Nr. 2 gibt die Werte für das Stabschalenmodell, bei dem nur die Längskrümmungen und die Längsbiegemomente des biegeschlaffen Faltwerkmodells

Lfd. Nr.	Anzahl der verallg. Verschieb.	Eigenkreisfrequenzen der Eigenformen									
		1	2	3	4	5	6	7	8	9	10
1	–	147	193	552	726	1069	1290	1330	1440	1550	1570
2	32	147	193	552	729	1080	1290	1340	1510	1560	1580
3	12	148	194	560	736	1100	1290	1360	1510	1570	1580
4	7	148	194	572	751	1220	1310	1610	2040	–	–
5	4	151	197	611	797	1410	–	1830	2590	–	–
6	4	151	198	615	806	1430	–	1870	2650	–	–

Tabelle 5.5 Ergebnisse von Vergleichsrechnungen für die Eigenschwingungen eines Kastenträgers mit Trapezquerschnitt: 1 – „quasiexakte" Vergleichslösung, 2 – Stabschalenmodell, 3 – Halbmomentenfreie *Vlasov*-Schale mit Schubverzerrungen, 4 – Modell mit starrer Querschnittskontur, 5 – Modell mit starrer Querschnittskontur ohne Schubverzerrungen, 6 – Modell mit starrer Querschnittskontur ohne Schubverzerrungen und ohne Rotations- und Wölbträgheiten

Lfd. Nr.	Anzahl der verallg. Verschieb.	Eigenkreisfrequenzen der Eigenformen									
		1	2	3	4	5	6	7	8	9	10
1	–	17,4	24,0	63,1	63,8	87,2	89,1	121	134	139	144
2	40	17,4	23,7	63,1	63,1	85,6	88,1	117	134	132	139
3	10	17,5	25,6	64,2	–	101,0	103,0	–	–	–	–
4	4	17,7	26,1	71,2	–	110,0	112,0	–	–	–	–
5	4	17,7	26,2	73,6	–	110,0	113,0	–	–	–	–

Tabelle 5.6 Ergebnisse von Vergleichsrechnungen für die Eigenschwingungen eines Plattenbalkens: 1 – „quasiexakte" Vergleichslösung, 2 – Stabschalenmodell, 3 – Modell mit starrer Querschnittskontur, 4 – *Vlasov*-Stab, 5 – *Vlasov*-Stab ohne Rotations- und Wölbträgheiten

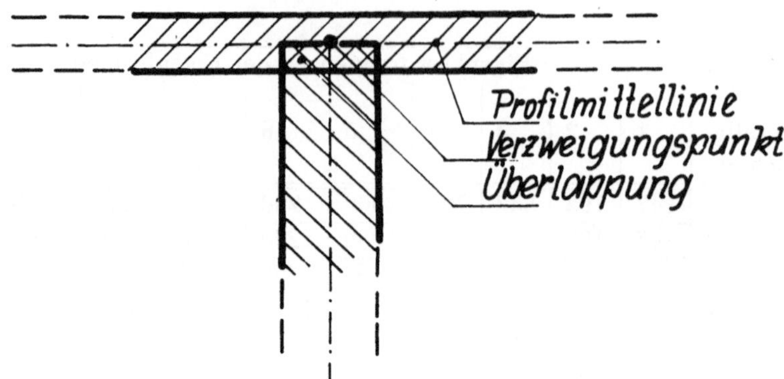

Bild 5.9   Überlappungen bei der Modellierung des Querschnittes eines Plattenbalkens

vernachlässigt werden. Diese Vernachlässigung führt auf ein zu „weiches" Modell, so daß die berechneten Eigenwerte teilweise geringfügig unter den Werten der Referenzlösung liegen. Bild 5.11 zeigt die 10 ersten Eigenschwingformen des Plattenbalkens.

Man erkennt die zunehmende Bedeutung der Querschnittskonturdeformationen für die höheren Eigenwerte. Daraus folgt anschaulich, daß ein Modell mit der Annahme einer starren Kontur nur wenige Eigenfrequenzen und Eigenformen zufriedenstellend wiedergeben kann. Obwohl für das Modell Nr. 3 Schubverzerrungen, zusätzliche Verwölbungszustände und die in Längsrichtung wirkenden Trägheiten einbezogen sind (die entsprechenden Koordinatenfunktionen sind in Bild 5.12 dargestellt), befriedigen nur die Werte für die ersten drei Eigenfrequenzen.

Die Vernachlässigung der Schubverformungen (Nr. 4) führt zu einem weiteren deutlichen Genauigkeitsverlust, die zusätzliche Vernachlässigung der in Längsrichtung wirkenden Trägheiten wie im Berechnungsmodell 5 wirkt sich dann nur noch wenig aus.

5.3.5   Eigenschwingungen für einen offen–geschlossenen Kastenträger

Das Eigenschwingungsverhalten eines offen– geschlossenen Kastenträgers nach Bild 5.13 wurde von *Pedersen* u.a. [86] – [88] numerisch berechnet, wobei sich die Berechnungen nur auf die Biegedrillschwingungen des ungefesselten Systems beschränkten.

Den Berechnungen lag ein Stabmodell zu Grunde, das eine starre Querschnittskontur und einen linearen Verwölbungsverlauf zwischen den Kanten für den offenen und die geschlossenen Abschnitte voraussetzt. Wegen der unterschiedlichen Verwölbungsfunktionen für beide Querschnittsformen gibt es keine Kopplungsverträglichkeit. Es wurden daher zusätzliche Kontinuitätsbedingungen eingeführt. Die in [86] – [88] an-

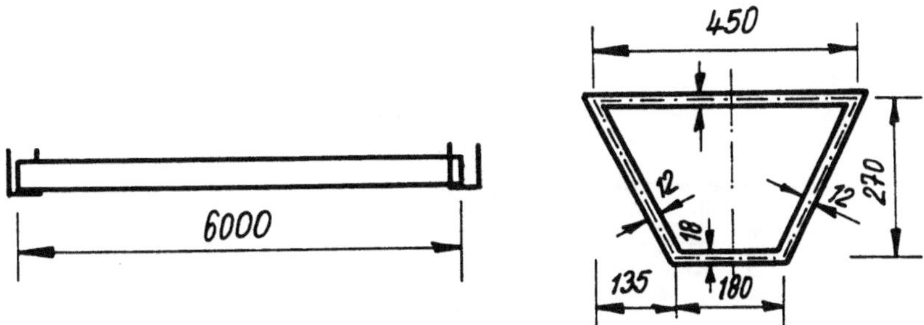

Bild 5.10   Zweiseitig gelagerter Kastenträger mit Trapezquerschnitt

geführten Ergebnisse wurden von *Zwicke* [178] mit den gleichen Modellannahmen nachgerechnet und dabei bestätigt und erweitert. Die Ergebnisse des Vergleiches zeigt Tab. 5.7.

Die Ergebnisse von *Zwicke* wurden ohne zusätzliche Kontinuitätsbedingungen erzielt, da das verwendete Stabschalenelement wegen der Berücksichtigung der Plattendrillmomente eine Kopplungsverträglichkeit zwischen offenen und geschlossenen Abschnitten gewährleistet. Da ein starrer Querschnitt konstruktiv für die hier vorliegenden Abmessungen nicht zu gewährleisten ist, wurde durch weitere Berechnungen der Einfluß der Konturverformungen analysiert. Die Berechnungen wurden sowohl mit Semiloof–Schalenelementen, als auch mit Stabschalenelementen durchgeführt, wobei die Symmetrie des Bauteils ausgenutzt wurde. Im Bild 5.14 sind die diskretisierten Systeme dargestellt.

Starre Querschotte wurden durch das Einfügen einzelner Semiloof-Schalenelemente in die betreffenden Querschnitte realisiert. Beim Stabschalenmodell erfolgt dies durch eine Zwangskopplung mit Hilfe der Penalty–Methode. Dabei wurde durch Vorgabe entsprechender Werte für die Schotte darauf geachtet, daß die Schotte zwar den Querschnittserhalt garantieren, aber keine weiteren Einflüsse (z.B. durch Massenzuwachs bzw. eine Behinderung der Verwölbung) ausüben.

Das Zulassen von Profilkonturdeformationen führt auch bei Berücksichtigung diskreter, dehnstarrer Schotte wegen der extremen Dünnwandigkeit der Konstruktion zu qualitativ neuen Ergebnissen. Diese sind in Tab. 5.8 übersichtlich zusammengefaßt. Es wurden, getrennt nach den zum Symmetrieschnitt antimetrischen und symmetrischen Eigenformen, die jeweils ersten fünf Eigenwerte angegeben. Wegen der recht groben Vernetzung ist die Berechnung höherer Eigenwerte nicht sinnvoll. Man erkennt, daß das Einfügen von Querschotten insbesondere an den Übergangsstellen vom offenen zum geschlossenen Trägerabschnitt zwar zu einem erheblichen Ansteigen des ersten

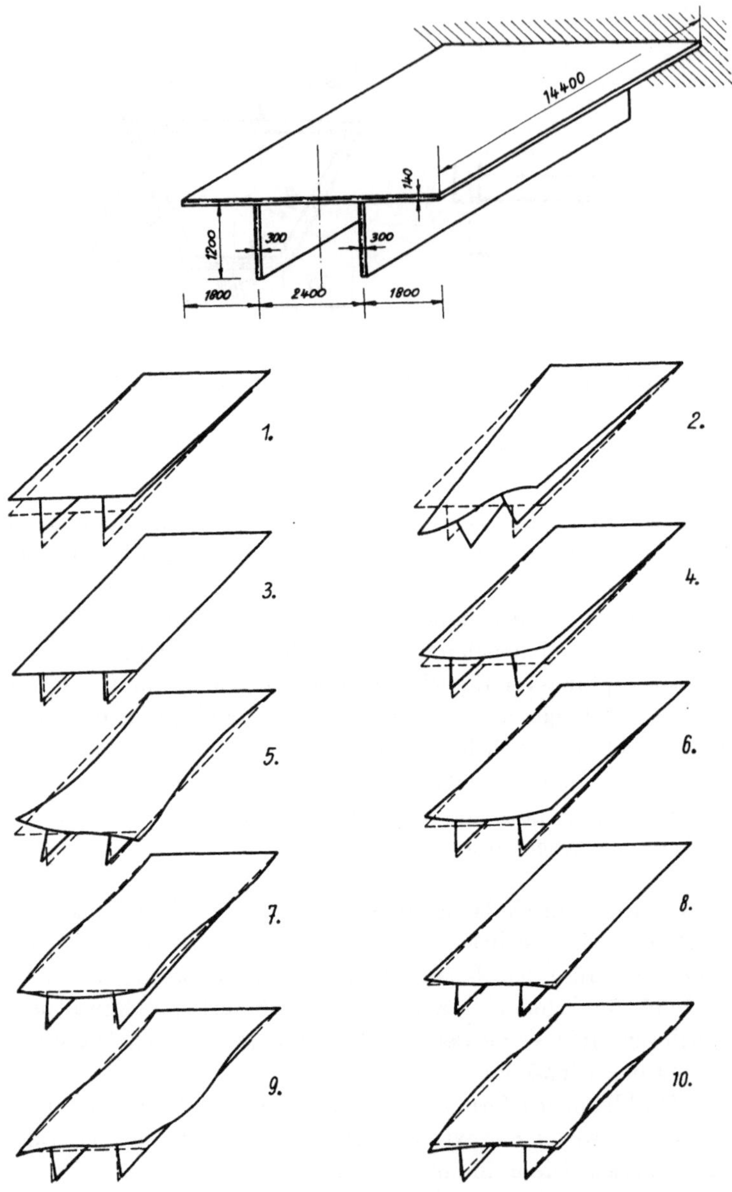

Bild 5.11   Eigenschwingformen eines Plattenbalkens

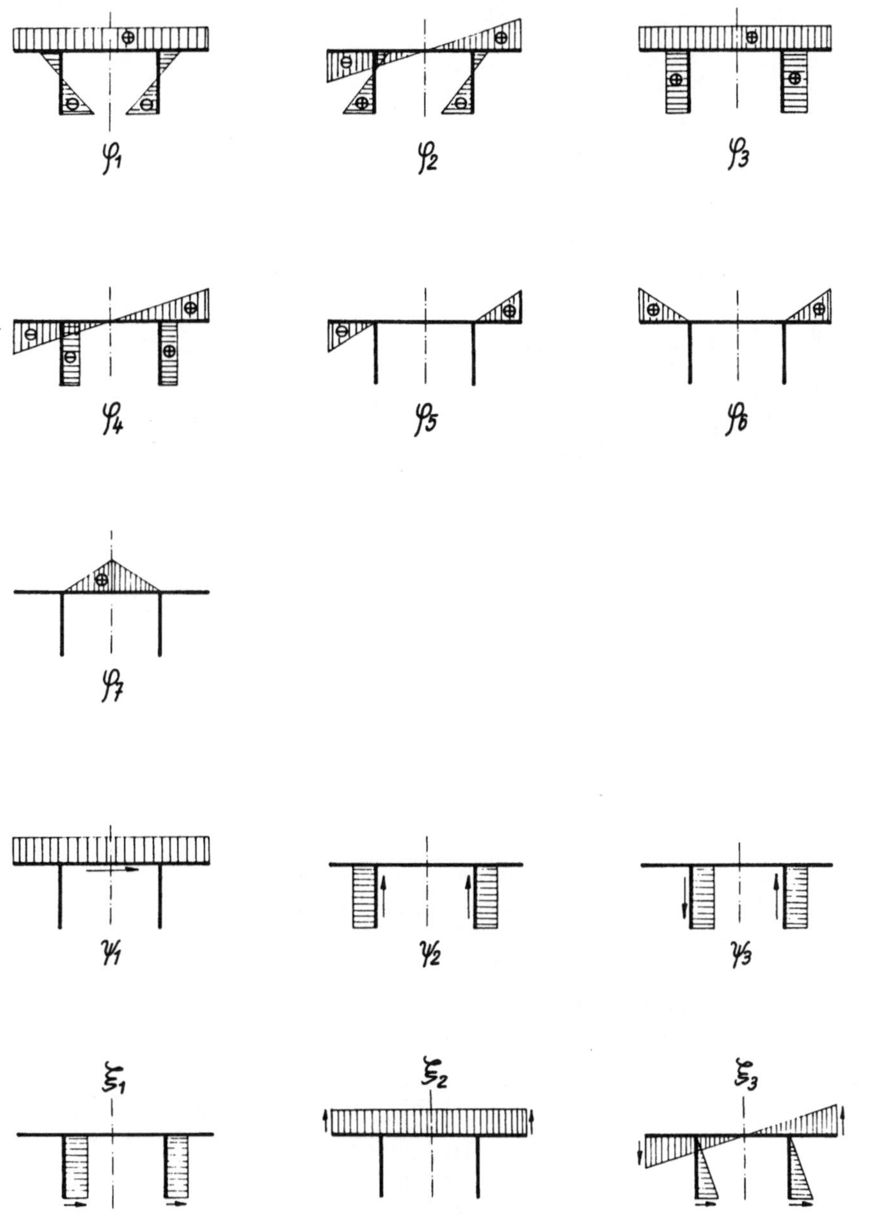

Bild 5.12 Verallgemeinerte Koordinatenfunktionen für das Berechnungsmodell Nr. 3

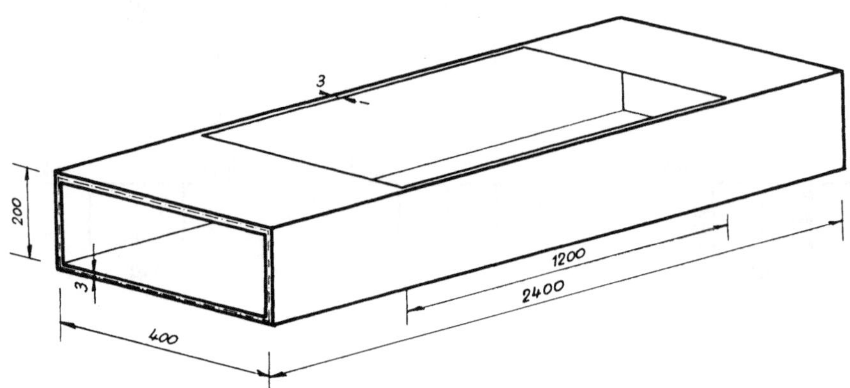

Bild 5.13 Offen–geschlossener Kastenträger. $E = 2,1\ 10^5 N/mm^2, \nu = 0,3, \rho = 7,85 g/cm^3$

Lfd. Nr.	Eigenkreisfrequenzen [in s^{-1}] antimetrische Formen				
	1	2	3	4	5
1	862,1 BD	–	–	–	–
2	866,5 BD	–	–	–	–
3	878,7 BD	3243,3	5599,3	7878,3	9672,4
	symmetrische Formen				
	1	2	3	4	5
1	–	2359,3 BD	3845,3 BD	–	–
2	–	2376,3 BD	3827,1 BD	–	–
3	1133,2	2411,7 BD	3915,7 BD	5837,2	6303,7

Tabelle 5.7 Eigenkreisfrequenzen für den offen–geschlossenen Kastenträger unter Annahme einer starren Querschnittskontur: 1 – Stabmodell nach *Pedersen*, 2 – FE–Rechnung nach *Pedersen*, 3 – FE–Rechnung nach *Zwicke* (Biegedrillschwingungen sind mit BD gekennzeichnet)

Lfd. Nr.	Eigenkreisfrequenzen [in s^{-1}] antimetrische Formen				
	1	2	3	4	5
1	84,7 G	314,9 G	320,2	409,3	510,2
2	86,7 G	337,1 G	365,8	382,7	453,8
3	117,4 G	320,2	409,4	533,9	577,7
4	117,4 G	368,7	411,9	484,9	537,8
5	117,4 G	320,2	409,4	533,9	577,7
6	117,5 G	368,7	411,9	484,9	537,8
7	323,8	409,0	577,6	585,3	666,5
8	406,7	459,5	482,1	583,3	668,4
	symmetrische Formen				
	1	2	3	4	5
1	213,3	268,6 G	336,0	438,7	513,9
2	218,4	277,0 G	351,6	375,1	426,5
3	213,3	314,6	438,8	534,5	550,6
4	218,6	320,0	395,2	464,2	474,7
5	324,9	418,9	533,6	576,9	610,6
6	349,5	406,3	451,6	512,6	538,2
7	328,0	427,9	576,8	585,	664,7
8	369,7	457,8	469,7	525,0	665,3

Tabelle 5.8 Eigenkreisfrequenzen für den offen–geschlossenen Kastenträger unter Berücksichtigung der Profilkonturdeformation: 1 – Stabschalenmodell ohne Schotte, 2 – Schalenmodell ohne Schotte, 3 – Stabschalenmodell mit Endschotten, 4 – Schalenmodell mit Endschotten, 5 – Stabschalenmodell mit Mitten- und Endschotten, 6 – Schalenmodell mit Mitten- und Endschotten, 7 – Stabschalenmodell mit Mitten- und Endschotten sowie zusätzlichen Schotten an den Übergängen, 8 – Schalenmodell mit Mitten- und Endschotten sowie zusätzlichen Schotten an den Übergängen (Ganzkörperschwingungen sind mit G gekennzeichnet)

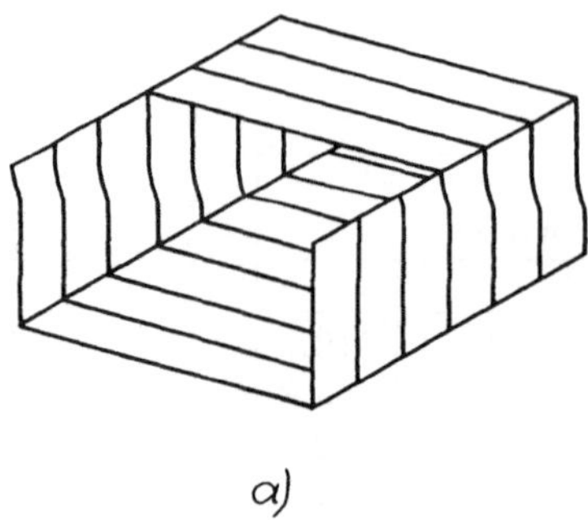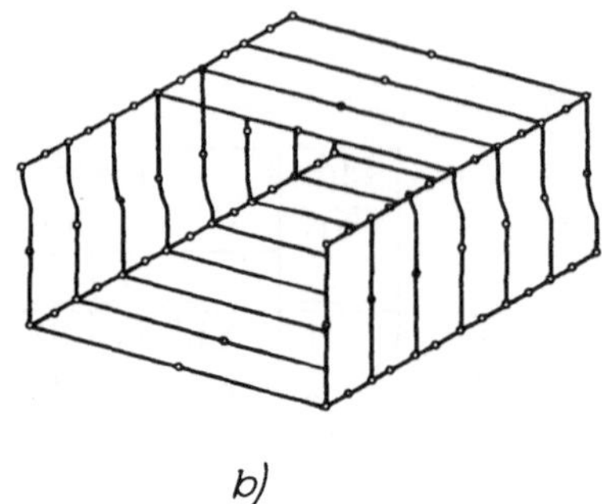

Bild 5.14   Vernetzung des offen–geschlossenen Kastenträgers a) Stabschalenmodell (6 Stabschalenelemente), b) Schalenmodell (21 Semiloof–Schalenelemente)

Eigenwertes führt, die Werte aber immer noch weit unter den Werten nach Tab. 5.7 für einen starren Querschnitt liegen.

Eine befriedigende Übereinstimmung des Schalen– und des Stabschalenmodells ist nur für die Ganzkörperschwingungen vorhanden. Das Stabschalenmodell liefert aber auch hier wegen der Vernachlässigung der Plattenkrümmung und des Plattenbiegemoments in Längsrichtung die kleineren Werte. In allen untersuchten Fällen, d.h. unabhängig von einer Aussteifung durch Schotte, gab es im Bereich ab $\omega_0 = 320\ s^{-1}$ unter den angegebenen Eigenkreisfrequenzen keine ausgeprägten Ganzkörperschwingungen mehr. Dies ist somit die Grenze für die Vergleichbarkeit der beiden Berechnungsmodelle. Die Annahme der Biegemomentenfreiheit der Plattenstreifen wird dann den tatsächlichen Gegebenheiten nicht mehr gerecht. Die berechneten Eigenkreisfrequenzen spiegeln nicht mehr die Eigenschaften des realen Systems, sondern des diskreten mechanischen Modells wider. Auch eine feinere Diskretisierung schafft keine Abhilfe.

Weitere Einzelheiten zu den genannten Berechnungen einschließlich der Auswirkung von Aussteifungen findet man in [36], [80] und [155].

5.3.6   Ausgewählte technische Anwendungen

Die abschließenden zwei Beispiele sollen die Leistungsfähigkeit von Stabschalenelementen für die globale Strukturanalyse komplexerer Konstruktionen demonstrieren. Bild 5.15 zeigt als Beispiel einer schwach nichtprismatischen Konstruktion mit abschnittsweise offenem und geschlossenem Querschnitt das statische System einer Be-

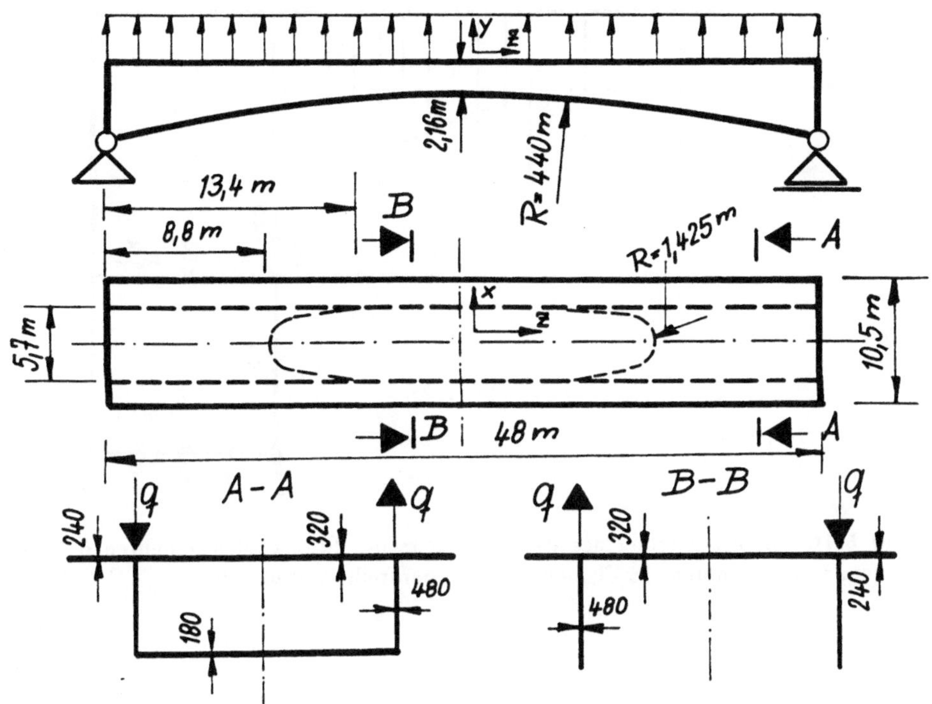

Bild 5.15 Schwach nichtprismatischer Brückenträger: Geometrie und Belastung $E = 30000 N/mm^2, \nu = 0,2, q = 20,83 N/mm$

tonbrücke.

Es wird der Lastfall zweier gegengleicher Linienlasten betrachtet. Der Brückenträger ist zweiseitig gabelgelagert, es sind dehnstarre, biegeschlaffe Endschotte vorhanden. Im mittleren Brückenbereich ist ein offener Plattenbalkenquerschnitt, der im Bereich der Stützen durch einen Untergurt geschlossen wird. Besondere Beachtung verdient der Kopplungsbereich vom offenen zum geschlossenen Querschnitt.

Die im Bild 5.16 dargestellte Vernetzung mit Stabschalenelementen kann die Details des Übergangs nur näherungsweise erfassen.

Zur Einschätzung der Qualität der Ergebnisse, die mit Stabschalenelementen berechnet wurden, dient eine Vergleichsrechnung mit Semiloof–Schalenelementen. Die Vernetzung mit diesen Elementen zeigt Bild 5.17.

Die Gegenüberstellung der Ergebnisse beider Berechnungen in den Bildern 5.18 und 5.19 verdeutlicht die mit Stabschalenelementen erreichbare Ergebnisqualität.

Der Aufwand der Vergleichsrechnung mit Semiloof–Schalenelementen betrug ungefähr das Vierfache des Aufwandes einer Berechnung mit Stabschalenelementen. Beide Berechnungen geben eine qualitativ richtige Einschätzung für den Einfluß der

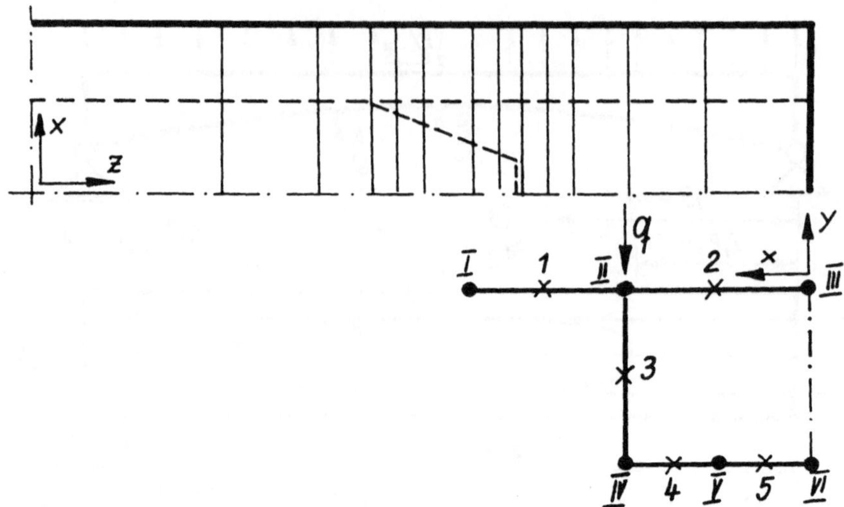

Bild 5.16   Diskretisierung des Brückenträgers mit Stabschalenelementen 6 Hauptknoten, 5 Nebenknoten, 13 Elememente, Systemfreiheitsgrad: 786

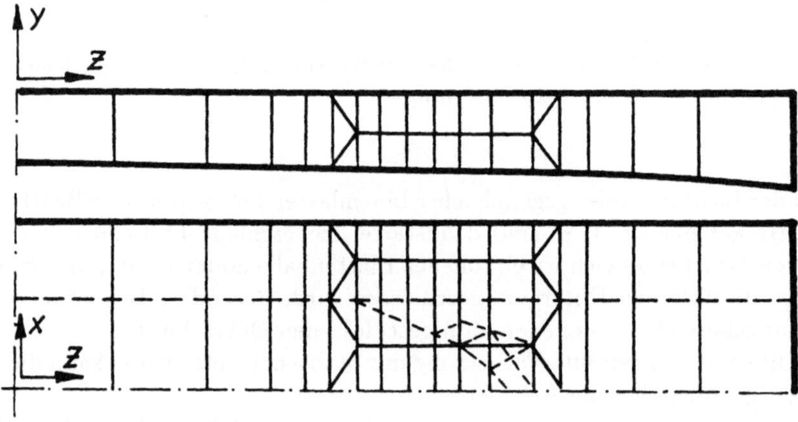

Bild 5.17   Diskretisierung des Brückenträgers mit Semiloof–Schalenelementen (100 Elemente, Systemfreiheitsgrad 1375)

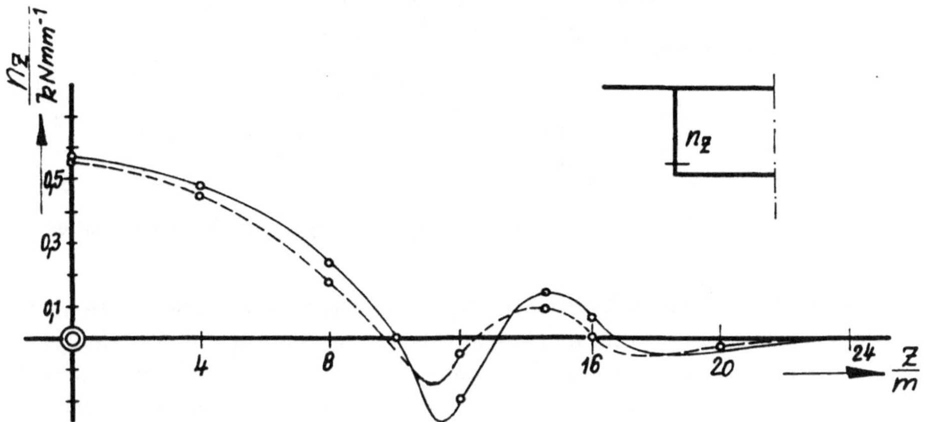

Bild 5.18 Längsnormalkraft an der Unterkante des Steges — Stabschalenelemente,
— — — — — Semiloof-Schalenelemente

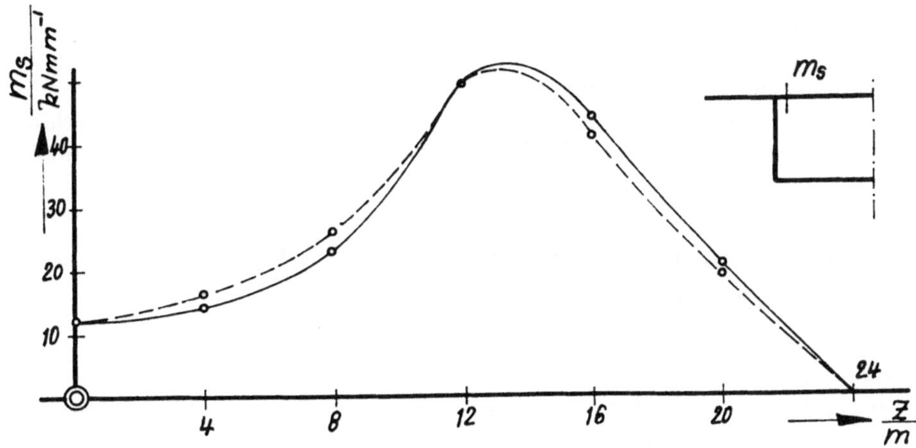

Bild 5.19 Verlauf des Querbiegemomentes m_s — Stabschalenelemente, — — — — —
Semiloof-Schalenelemente

Abmessungen der Torsionszellen b in mm	Eigenkreisfrequenzen der Biegedrillschwingungen		
	ω_{01} in s^{-1}	ω_{02} in s^{-1}	ω_{03} in s^{-1}
0	5,76	13,1	27,3
2100	5,95	13,4	27,8
3700	6,93	14,1	29,0
5300	8,84	15,7	31,6

Tabelle 5.9 Ergebnisse der Eigenschwingungsanalyse des Containerschiffes

Wölbtorsion. Die maximale Wölbnormalspannung tritt an der Innenkante im Bereich des Übergangs vom offenen in den geschlossenen Querschnitt auf. Mit den Stabschalenelementen ergab sich dort ein Wert von $\sigma_{zmax} = -4,6\ Nmm^{-2}$, mit den Semiloof-Schalenelementen ein Wert von $\sigma_{zmax} = -3,8\ Nmm^{-2}$. Einen Eindruck von der Wirkung der Querschnittskonturdeformation vermittelt Bild 5.19. Dargestellt ist das in der Fahrbahnplatte an der Innenseite des Steges ausgewertete Querbiegemoment. Es zeigt sich der große Einfluß des Wechsels der Querschnittsform[1].

Das zweite Beispiel betrifft die Abschätzung des Einflusses von Torsionsröhren auf das globale Eigenschwingungsverhalten eines Containerschiffes. Bild 5.20 zeigt das idealisierte Berechnungsmodell.

Die Steifigkeiten des doppelwandigen Schiffsrumpfes werden näherungsweise erfaßt, ebenso die Querversteifungen des Decks und der Torsionszellen. Der offene und der geschlossene Systemabschnitt wurde mit je 4 Stabschalenelementen vernetzt. Der Systemfreiheitsgrad betrug bei Aktivierung aller Haupt- und Nebenknotenansätze 888. Die für die Biegedrillschwingungen berechneten Eigenkreisfrequenzen sind in Tab. 5.9 für unterschiedliche Abmessungen der Torsionszellen angegeben, Bild 5.21 zeigt noch einmal sehr anschaulich, in wieweit die unteren Eigenkreisfrequenzen durch den Einbau von Torsionszellen unterschiedlicher Abmessungen angehoben werden können.

5.4 Zusammenfassende Wertung der Ergebnisse für offen–geschlossene Konstruktionen

Mit dem Stabschalenmodell für dünnwandige Konstruktionen mit offenem, geschlossenem und kombiniert offen-geschlossenem Querschnitt wurde für eine große Modellklasse eine Formulierung gefunden, die für eine globale statische oder dynamische Strukturanalyse dünnwandiger Konstruktionen größerer Länge zu einer sehr guten Qualität der Bewertung des mechanischen Strukturverhaltens führt. Die von *Zwicke*

---

[1]Weitere Hinweise findet man in: Altenbach, J.; Zwicke, M.: Ein finites Stabschalenelement für die Strukturanalyse dünnwandiger Konstruktionen, Finite Elemente Anwendungen in der Baupraxis (Hrsg. W. Wunderlich und E. Stein). Berlin, Verlag Ernst & Sohn, 1988.

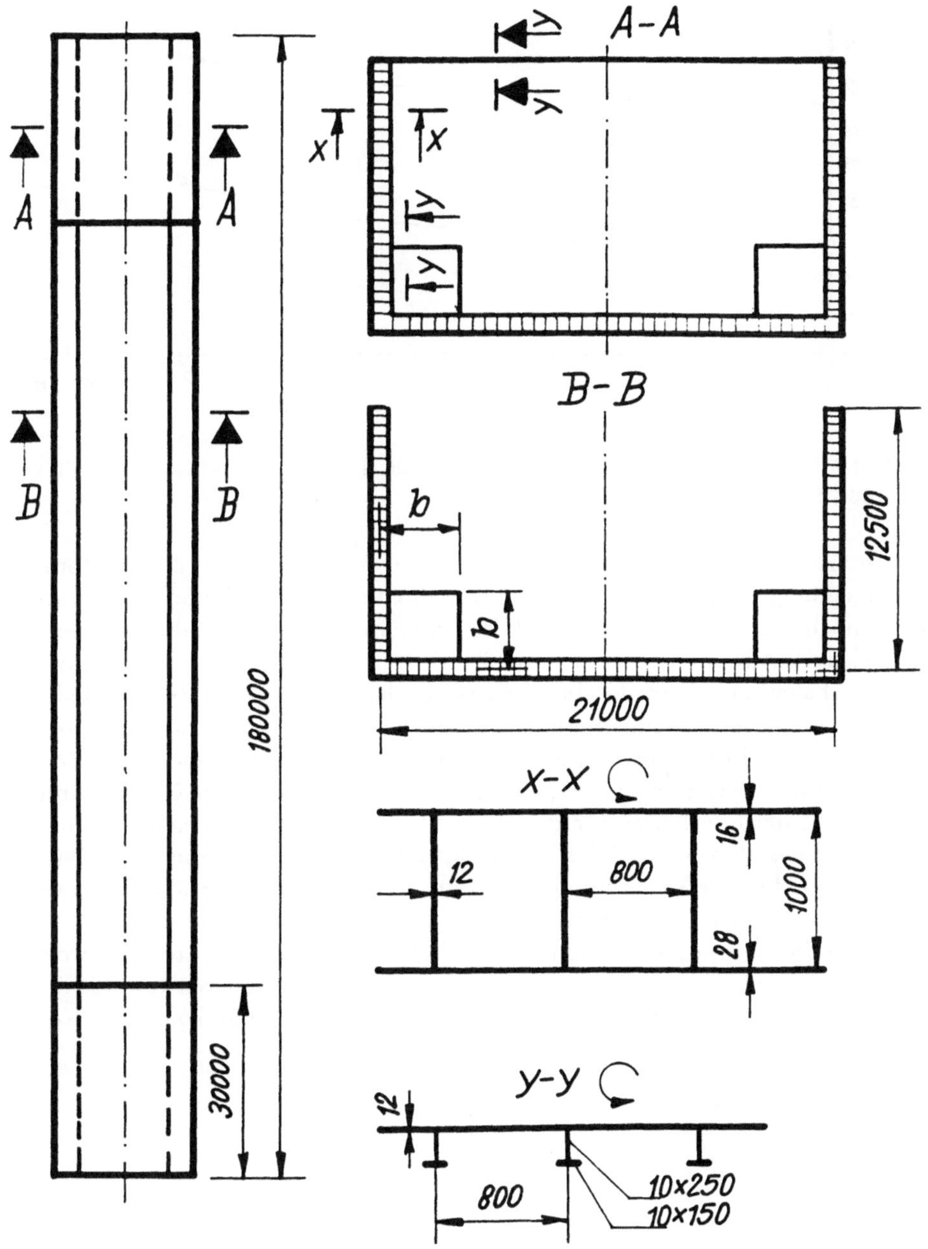

Bild 5.20 Idealisiertes System eines Containerschiffes: $E = 210000 N/mm^2, \nu = 0,3, \rho = 7,85 g/cm^3$

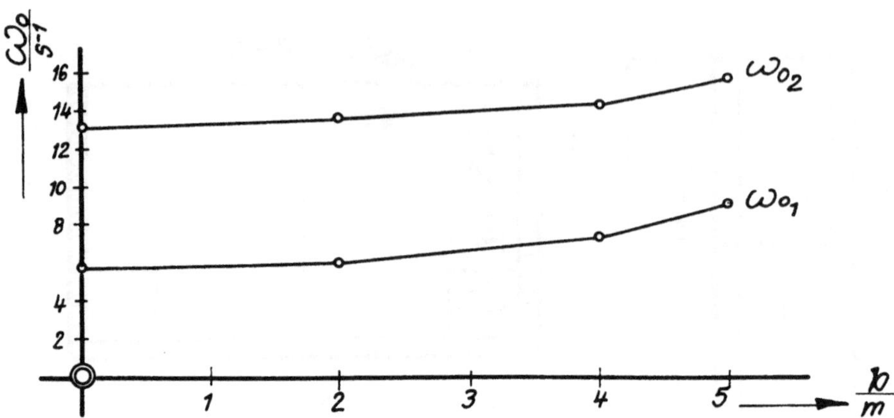

Bild 5.21   Eigenkreisfrequenzen der Biegedrillschwingungen in Abhängigkeit von der Größe der Torsionszellen

[179] entwickelte und erprobte Finite–Elemente–Formulierung mit einer automatisierten Berechnung der verallgemeinerten Koordinatenfunktionen und einer durch den Nutzer möglichen Steuerung der Wahl des Knotenfreiheitsgrades führt zu einer besonders effektiven Anwendung dieses Modells. Besondere Bedeutung für die Anwendung des Stabschalenmodells in der Ingenieurpraxis hat neben der guten Modellqualität die relativ einfache Implementierung des auf dieser Basis entwickelten finiten Stabschalenelementes in ein universelles FE–Programmsystem. Wie die Beispiele zur Eigenschwingungsberechnung zeigen, versagt das Stabschalenmodell immer dann, wenn das lokale Strukturverhalten für die Bewertung dominiert oder wenn es zu starken Kopplungen des globalen und des lokalen Strukturverhaltens kommt. Dies hat sich in gleicher Weise bei der Verwendung des Stabschalenmodells für Stabilitätsberechnungen gezeigt, worauf jedoch hier nicht weiter eingegangen wurde.

Die kurze Behandlung ausgewählter technischer Beispiele unterstreicht sowohl die in vielen Fällen gegebene gute Modellqualität im Vergleich zu anderen verallgemeinerten Stabmodellen als auch die große Anpassungsfähigkeit an sehr komplexe Konstruktionsformen.

6 Anwendungen für verallgemeinerte Stabmodelle mit offenem Querschnitt – Das Stabmodell

Eine allgemeine Theorie für das Berechnungsmodell „dünnwandiger Stab mit offenem Profil" wurde von *Vlasov* [174] entwickelt. Das *Vlasov*–Modell basiert auf zwei grundlegenden geometrischen Hypothesen:

- Die Querschnittskontur wird nicht deformiert,

- die Schubverformungen der Stabmittelfläche werden vernachlässigt

Es hat die Einsatzmöglichkeiten eindimensionaler Strukturmodelle für die statische und dynamische Strukturanalyse wesentlich erweitert. In mehreren Monografien und Lehrbüchern sind die theoretischen Grundlagen und Anwendungen des *Vlasov* – Stabmodells ausführlich beschrieben [56], [75], [120], [132], [174], [150]. Sie werden daher im folgenden als bekannt vorausgesetzt. Die Bemühungen, das klassische *Vlasov*–Stabmodell zu erweitern, ohne den Berechnungsaufwand wesentlich zu erhöhen oder die Universalität der Anwendungen zu stark einzugrenzen, stießen sehr schnell auf Grenzen. Die umfassendsten Ergebnisse bei der Entwicklung einer verallgemeinerten technischen Biegetheorie wurden von *R. Schardt* und seinen Mitarbeitern erreicht, sie sind in [153] zusammenfassend dargestellt.

Die in Ergänzung zur umfangreichen Fachliteratur über dünnwandige klassische Stabmodelle hier folgenden Darstellungen haben die Zielstellung

- einen einheitlichen Zugang zur Ableitung aller in den Kapiteln 4 bis 6 behandelten Querschnittsformen deutlich zu machen,

- Hinweise zur Ableitung effektiver finiter Stabelemente zu geben,

- auf Probleme der Modellierung von Stabtragwerken mit dem *Vlasov*–Stab als Strukturelement hinzuweisen.

Die Eingrenzung der Kapitel 4 und 5 auf Stabmodelle mit gerader Systemachse gilt auch für die Ableitungen der Modellgleichungen für dünnwandige Stäbe mit offenem Profil. Alle Ableitungen folgen der in [155] beschriebenen Vorgehensweise.

6.1 Modellgleichungen und Lösungsmethoden

Die Ableitung der Modellgleichungen für den geraden dünnwandigen Stab mit offenem Profil erfolgt unter der Voraussetzung eines homogenen, isotropen, linearelastischen Werkstoffverhaltens. Anfangsverzerrungen infolge von Temperaturfeldern

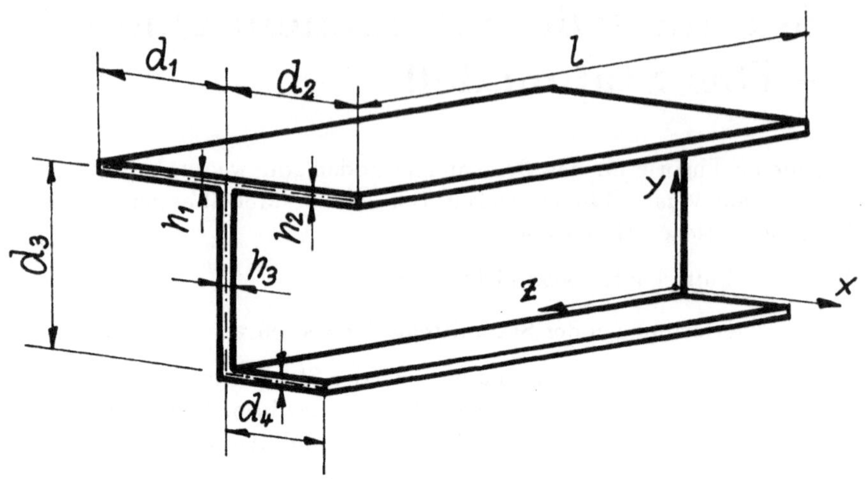

Bild 6.1 Dünnwandiger prismatischer Stab ($l \gg d_i$, $d_i \gg t_i$)

werden zunächst nicht berücksichtigt. Es gelten alle Voraussetzungen einer Theorie
1. Ordnung.

Betrachtet werden dünnwandige prismatische Konstruktionen gemäß Bild 6.1. Die
Konstruktionen bestehen aus ebenen, rechteckigen Wandelementen konstanter Dicke
t_i, die Scheiben/Plattenstreifen sind an den Längskanten biegesteif verbunden. Wie bei
allen bisherigen Ableitungen ist x, y, z ein kartesisches globales Koordinatensystem,
ferner wird für jeden Streifen ein lokales Koordinatensystem s_i, n_i, z_i eingeführt. Die
z– und die z_i–Achsen sind parallel und es gilt $z_i = z$. Die s_i–Achse zeigt in Richtung
der Profilmittellinie und schließt mit der positiven x–Achse den Winkel β_i ein (Bild
6.2).

Die Verschiebungen der Punkte der Mittelfläche in Richtung der lokalen Koordinatenachsen sind v_i, w_i und u_i. Die Ableitung des elastischen Potentials erfolgt unter
den gleichen Voraussetzungen wie im Abschnitt 2.1.2.2, es gilt somit auch hier die Gl.
(2.25). Mit den Reihenansätzen für die Verschiebungen entsprechend Gl. (2.26) oder
(2.29), den Belastungsvektoren Gl. (2.30) und den Matrizen der verallgemeinerten
Querschnittswerte erhält man die Gl. (2.32), d.h. die Formulierung des elastischen
Potentials als Matrizengleichung.

Durch die Auswahl von m verallgemeinerten Koordinatenfunktionen $\varphi_j(s_i)$ und
n verallgemeinerten Koordinatenfunktionen $\psi_k(s_i), \xi_k(s_i)$ wird der Freiheitsgrad des
Querschnitts auf den Wert $(m + n)$ beschränkt. Die Vorgabe von verallgemeinerten Koordinatenfunktionen kann als Einführung geometrischer Hypothesen für die
Verformungskinematik des Querschnitts gedeutet werden. Bild 6.3 zeigt als Beispiel
verallgemeinerte Koordinatenfunktionen für ein Z–Profil.

Wie im Abschnitt 2.1.2.2 erläutert, hängt die Qualität eines auf diesem Wege abge-

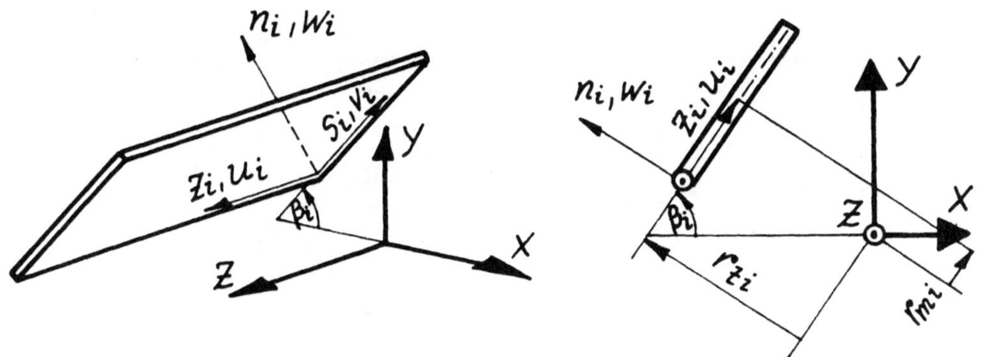

Bild 6.2 Koordinatensysteme und Verschiebungen für einen Streifen

leiteten Stabmodells von der Auswahl der verallgemeinerten Koordinatenfunktionen ab. Die im Bild 6.3 dargestellten Koordinatenfunktionen erfüllen die Forderung, daß sich die Starrkörperbewegungen des Querschnittes als Linearkombinationen dieser Funktionen darstellen lassen. φ_1 beschreibt die reine Translation des Querschnittes in Richtung der Stabachse, φ_2 und φ_3 sind Rotationen um die y– und die x– Achse, ψ_2, ξ_2 und ψ_3, ξ_3 entsprechen Starrkörperverschiebungen in Richtung der x– und der y–Achse, ψ_1, ξ_1 einer Rotation um die z–Achse. Mit diesen Koordinatenfunktionen ist die Verformungskinematik der einfachsten klassischen Stabmodelle nach *Bernoulli* und nach *Timoshenko* erfaßt. Zur Beschreibung der Verformungskinematik für den *Vlasov*–Stab muß eine weitere Koordinatenfunktion φ_4 entsprechend Bild 6.3 ergänzt werden, die eine Verwölbung nach dem Gesetz der Sektorflächen [174] repräsentiert.

Im Abschnitt 2.1.2.2 wurde gezeigt, daß sich Möglichkeiten für eine Modellvereinfachung auch dadurch ergeben, daß einzelne Energieanteile im elastischen Potential nach Gl. (2.32) vernachlässigt werden. Fordert man z.B. den Erhalt der Querschnittskontur, müssen die Dehnungen und die Krümmungen der Profilmittellinie Null gesetzt werden. In der Matrizengleichung des elastischen Potentials entfallen dann alle Terme mit den Matrizen $\mathbf{D}, \mathbf{H}, \mathbf{Q}$ und $\mathbf{S}$ und man erhält

$$
\begin{aligned}
\Pi \;=\; \frac{1}{2}\int_0^l \Big\{\, &E\mathbf{U}'^T(z)\mathbf{A}\mathbf{U}'(z) + G\left[\mathbf{U}^T(z)\mathbf{B}\mathbf{U}(z)\right. \\[4pt]
&+\; \mathbf{V}'^T(z)\mathbf{R}\mathbf{V}'(z) + \mathbf{U}^T(z)\mathbf{C}\mathbf{V}'(z) + \mathbf{V}'^T(z)\mathbf{C}^T\mathbf{U}(z)\big] \\[4pt]
&+\; \frac{E}{1-\nu^2}\mathbf{V}''^T(z)\mathbf{N}\mathbf{V}''(z) + 4G\mathbf{V}'^T(z)\mathbf{T}\mathbf{V}'(z) \\[4pt]
&-\; 2\left[\mathbf{f}_z^T(z)\mathbf{U}(z) + \mathbf{f}_s^T(z)\mathbf{V}(z) + \mathbf{f}_n^T(z)\mathbf{V}(z)\right] \Big\}\, dz \\[4pt]
&-\; \left[\mathbf{r}_z^T(z)\mathbf{U}(z) + \mathbf{r}_s^T(z)\mathbf{V}(z) + \mathbf{r}_n^T(z)\mathbf{V}(z)\right]_{z=0,l}
\end{aligned}
\tag{6.1}
$$

Konsequenterweise wurde beim ersten Glied der Gl. (6.1) $\bar{E}$ durch E ersetzt, da für

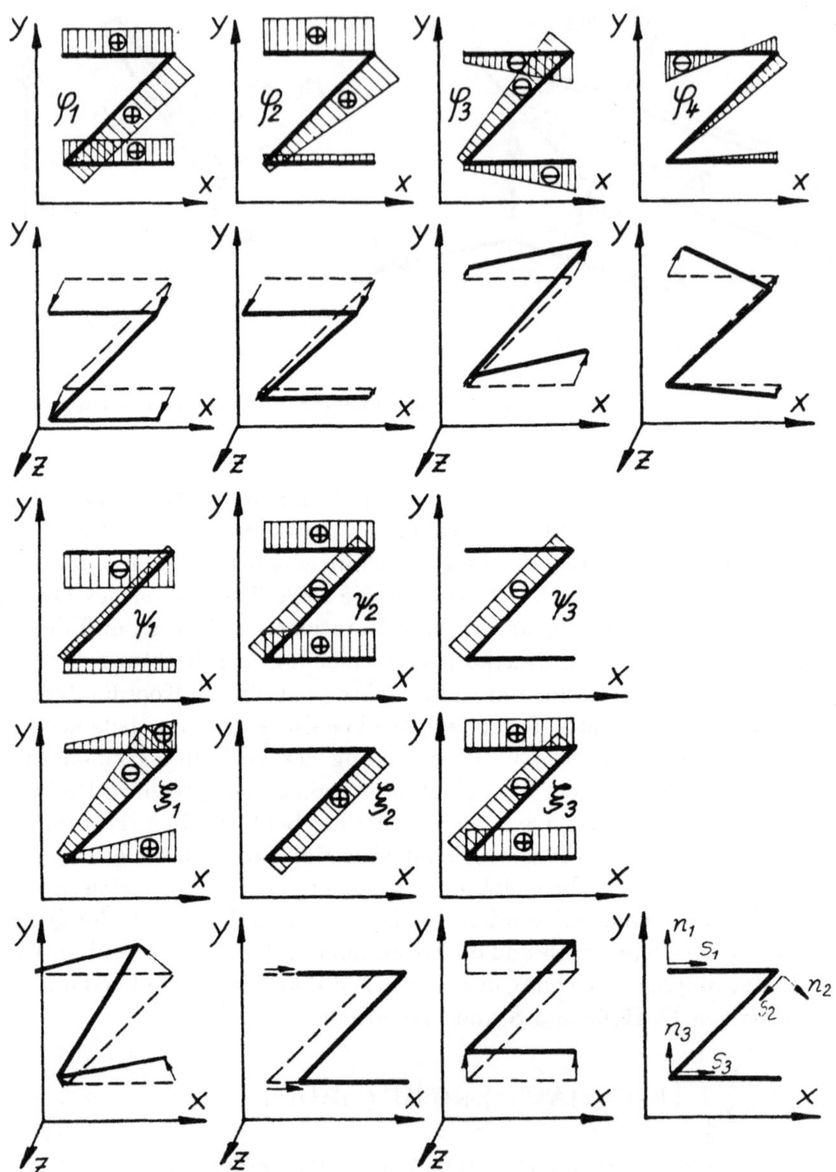

Bild 6.3　Verallgemeinerte Koordinatenfunktionen φ_j, ψ_k und ξ_k eines Z–Profils, die dem *Vlasov* –Stabmodell entsprechen: $\varphi_1(s_i) = +1; \varphi_2(s_i) = y(s_i); \varphi_3(s_i) = -x(s_i); \varphi_4(s_i) = -\omega(s_i); \psi_1(s_i) = -r_{t_i}; \psi_2(s_i) = \cos\beta_i; \psi_3(s_i) = \sin\beta_i; \xi_1(s_i) = r_{n_i}; \xi_2(s_i) = \sin\beta_i; \xi_3(s_i) = \cos\beta_i$

Stabtheorien angenommen wird, daß keine Normalspannungen in Richtung der Profilmittellinie auftreten. Für die in Bild 6.3 dargestellte Auswahl von verallgemeinerten Koordinatenfunktionen wird die Annahme eines starren Querschnitts erfüllt.

Bei dünnwandigen Stäben mit offenem Profil wird in der Regel auch der Einfluß von Schubverzerrungen der Stabmittelfläche vernachlässigt. Es gilt dann

$$\gamma_{z_i s_i} = \frac{\partial u_i}{\partial s_i} + \frac{\partial v_i}{\partial z_i} = 0 \tag{6.2}$$

und damit

$$\sum_{j=1}^{m} U_j(z)\varphi_j'(s_i) + \sum_{k=1}^{n} V_k'(z)\psi_k(s_i) = 0 \tag{6.3}$$

Es existieren somit Einschränkungen für die Auswahl der verallgemeinerten Koordinatenfunktionen. Für die Koordinatenfunktionen nach Bild 6.3 ist die Gl. (6.3) erfüllt, denn es gelten die Beziehungen

$$\begin{aligned}
\varphi_1'(s_i) &= 0 \\
\varphi_2'(s_i) &= \psi_3(s_i) \\
\varphi_3'(s_i) &= -\psi_2(s_i) \\
\varphi_4'(s_i) &= -\psi_1(s_i)
\end{aligned}$$

und damit

$$U_2(z) = -V_3'(z); \quad U_3(z) = V_2'(z); \quad U_4(z) = V_1'(z)$$

Die Zahl der unbekannten verallgemeinerten Verschiebungen reduziert sich von sieben auf vier, d.h. auf die Verschiebungen U_1, V_2 und V_3 in Richtung der drei globalen Koordinatenachsen und die Verdrehung V_1 um die Stabachse.

Definiert man einen verallgemeinerten Verschiebungsvektor

$$\mathbf{W}^T = [U_1, \ V_2, \ V_3, \ V_1] \tag{6.4}$$

kann man die Gl. (6.1) des elastischen Potentials in folgender Form schreiben

$$\begin{aligned}
\Pi = \ &\frac{1}{2} \int_0^l \Big\{ E \left[\mathbf{W}'^T(z)\mathbf{A}_1\mathbf{W}'(z) + \mathbf{W}'^T(z)\mathbf{A}_2\mathbf{W}''(z) \right. \\
&+ \ \mathbf{W}''^T(z)\mathbf{A}_2\mathbf{W}'(z) + \mathbf{W}''^T(z)\mathbf{A}_3\mathbf{W}''(z) \\
&+ \ \frac{E}{1-\nu^2}\mathbf{W}''^T(z)\mathbf{N}_1\mathbf{W}''(z) + 4G\mathbf{W}'^T(z)\mathbf{T}_1\mathbf{W}'(z) \\
&- \ 2\left[\mathbf{W}^T(z)\mathbf{f}_1 + \mathbf{W}'^T(z)\mathbf{f}_2\right] \Big\} \, dz \\
&- \ \left[\mathbf{W}^T\mathbf{r}_1 + \mathbf{W}'^T\mathbf{r}_2\right]_{z=0,l}
\end{aligned} \tag{6.5}$$

Die Matrizen $\mathbf{A}_1$ bis $\mathbf{A}_3$, $\mathbf{T}_1$ und $\mathbf{N}_1$ und die Vektoren $\mathbf{f}_1, \mathbf{f}_2$ sowie $\mathbf{r}_1, \mathbf{r}_2$ sind wie folgt bestimmt

$$\mathbf{A}_1 = \begin{bmatrix} A & 0 & 0 & 0 \\ 0 & 0 & 0 & 0 \\ 0 & 0 & 0 & 0 \\ 0 & 0 & 0 & 0 \end{bmatrix};$$

$$\mathbf{A}_2 = \begin{bmatrix} 0 & -S_y & -S_x & -S_\omega \\ 0 & 0 & 0 & 0 \\ 0 & 0 & 0 & 0 \\ 0 & 0 & 0 & 0 \end{bmatrix};$$

$$\mathbf{A}_3 = \begin{bmatrix} 0 & 0 & 0 & 0 \\ 0 & I_{yy} & -I_{xy} & I_{\omega y} \\ 0 & -I_{xy} & I_{xx} & I_{\omega x} \\ 0 & I_{\omega y} & I_{\omega x} & I_{\omega\omega} \end{bmatrix};$$

$$4\mathbf{T}_2 = \begin{bmatrix} 0 & 0 & 0 & 0 \\ 0 & 0 & 0 & 0 \\ 0 & 0 & 0 & 0 \\ 0 & 0 & 0 & I_t \end{bmatrix};$$

$$\mathbf{N}_1 = \begin{bmatrix} 0 & 0 & 0 & 0 \\ 0 & I_{sy} & -I_{sxy} & -I_{ny} \\ 0 & I_{sxy} & I_{sx} & I_{nx} \\ 0 & -I_{ny} & I_{nx} & I_{nn} \end{bmatrix};$$

$$\mathbf{f}_1^T = \begin{bmatrix} q_z & q_x & q_y & m_z \end{bmatrix}; \quad \mathbf{f}_2^T = \begin{bmatrix} 0 & m_y & -m_x & b \end{bmatrix};$$

$$\mathbf{r}_1^T = \begin{bmatrix} F_z & F_x & F_y & M_z \end{bmatrix}; \quad \mathbf{r}_2^T = \begin{bmatrix} 0 & M_y & -M_x & B \end{bmatrix};$$

$$(6.6)$$

mit

$$A = \sum_{(i)} \int_0^{d_i} t_i \, ds_i; \quad I_t = \sum_{(i)} \int_0^{d_i} \frac{t_i^3}{3} \, ds_i;$$

$$S_x = \sum_{(i)} \int_0^{d_i} y t_i \, ds_i; \quad I_{sx} = \sum_{(i)} \int_0^{d_i} \sin^2 \beta_i \frac{t_i^3}{12} \, ds_i;$$

$$S_y = \sum_{(i)} \int_0^{d_i} x t_i \, ds_i; \quad I_{sy} = \sum_{(i)} \int_0^{d_i} \cos^2 \beta_i \frac{t_i^3}{12} \, ds_i;$$

$$S_\omega = \sum_{(i)} \int_0^{d_i} \omega t_i \, ds_i; \quad I_{sxy} = -\sum_{(i)} \int_0^{d_i} \sin \beta_i \cos \beta_i \frac{t_i^3}{12} \, ds_i;$$

$$I_{xx} = \sum_{(i)} \int_0^{d_i} y^2 t_i\, ds_i; \quad I_{nx} = \sum_{(i)} \int_0^{d_i} r_{n_i} \sin \beta_i \frac{t_i^3}{12}\, ds_i; \tag{6.7}$$

$$I_{xy} = -\sum_{(i)} \int_0^{d_i} xy t_i\, ds_i; \quad I_{ny} = \sum_{(i)} \int_0^{d_i} r_{n_i} \cos \beta_i \frac{t_i^3}{12}\, ds_i;$$

$$I_{yy} = \sum_{(i)} \int_0^{d_i} x^2 t_i\, ds_i; \quad I_{nn} = \sum_{(i)} \int_0^{d_i} r_{n_i}^2 \frac{t_i^3}{12}\, ds_i;$$

$$I_{\omega x} = \sum_{(i)} \int_0^{d_i} \omega y t_i\, ds_i; \quad I_{\omega y} = \sum_{(i)} \int_0^{d_i} \omega x t_i\, ds_i;$$

$$I_{\omega\omega} = \sum_{(i)} \int_0^{d_i} \omega^2 t_i\, ds_i;$$

und

$$q_z = \sum_{(i)} \int_0^{d_i} p_{z_i}\, ds_i; \quad q_x = \sum_{(i)} \int_0^{d_i} (p_{s_i} \cos \beta_i - p_{n_i} \sin \beta_i)\, ds_i;$$

$$q_y = \sum_{(i)} \int_0^{d_i} (p_{s_i} \sin \beta_i + p_{n_i} \cos \beta_i)\, ds_i;$$

$$m_z = \sum_{(i)} \int_0^{d_i} (-p_{s_i} r_{t_i} + p_{n_i} r_{n_i})\, ds_i; \quad m_x = \sum_{(i)} \int_0^{d_i} p_{z_i} y\, ds_i;$$

$$m_y = -\sum_{(i)} \int_0^{d_i} p_{z_i} x\, ds_i; \quad b = -\sum_{(i)} \int_0^{d_i} p_{z_i} \omega\, ds_i; \tag{6.8}$$

$$F_z = \sum_{(i)} \int_0^{d_i} p_{z_i}\, ds_i; \quad F_x = \sum_{(i)} \int_0^{d_i} (q_{s_i} \cos \beta_i - q_{n_i} \sin \beta_i)\, ds_i;$$

$$F_y = \sum_{(i)} \int_0^{d_i} (q_{s_i} \sin \beta_i + q_{n_i} \cos \beta_i)\, ds_i; \quad B = -\sum_{(i)} \int_0^{d_i} q_{z_i} \omega\, ds_i;$$

$$M_z = \sum_{(i)} \int_0^{d_i} \left(-q_{s_i} r_{t_i} + q_{n_i} r_{n_i} \right) \, ds_i$$

Die der Variationsformulierung $\Pi \Rightarrow$ Min zugeordneten Differentialgleichungen und Randbedingungen erhält man zu

$$
\begin{aligned}
-\left(EA_1 + 4G\mathbf{T}_1\right)\mathbf{W}''(z) - \left(EA_2 - EA_2^T\right)\mathbf{W}'''(z) & \\
+ \left(EA_3 + \bar{E}\mathbf{N}_1\right)\mathbf{W}''''(z) &= \mathbf{f}_1 - \mathbf{f}_2' \\
\delta\mathbf{W}^T(z)\left[\left(EA_1 + 4G\mathbf{T}_1\right)\mathbf{W}'(z) + \left(EA_2 - EA_2^T\right)\mathbf{W}''(z)\right. & \\
\left. - \left(EA_3 + \bar{E}\mathbf{N}_1\right)\mathbf{W}'''(z) - \mathbf{f}_2 \mp \mathbf{r}_1\right] &= \mathbf{0} \\
\delta\mathbf{W}'^T(z)\left[EA_2'\mathbf{W}'(z) + \left(EA_3 + \bar{E}\mathbf{N}_1\right)\mathbf{W}''(z) \mp \mathbf{r}_2\right] &= \mathbf{0}
\end{aligned}
\qquad (6.9)
$$

Das von *Vlasov* [174] angegebene Differentialgleichungssystem für dünnwandige Stäbe mit offenem, nicht deformierbaren Profil folgt aus den Gln. (6.9), wenn man die Terme mit der Matrix $\mathbf{N}_1$ streicht, d.h. wenn man noch die aus der Krümmung der Scheiben/Plattenstreifen folgenden Plattenbiegespannungen in Längsrichtung vernachlässigt. Damit ordnet sich auch der klassische *Vlasov* –Stab in die für alle Querschnittsformen dünnwandiger stabförmiger Konstruktionen erläuterte Methodik der Ableitung der Modellgleichungen ein.

Die Vernachlässigung der Terme mit der Matrix $\mathbf{N}_1$ ist im allgemeinen zulässig, die Mitnahme bereitet aber formale Vorteile. Sie gestattet eine einheitliche Behandlung dünnwandiger Stäbe mit offenem Querschnitt und beliebiger Systemlinie, unabhängig davon, ob sich der Querschnitt im Sinne von *Vlasov* verwölbt oder wölbfrei ist. Bei der Mitnahme des Terms mit $\mathbf{N}_1$ gibt es nicht nur die eigentliche Querschnittsverwölbung nach *Vlasov* , sondern auch sogenannte sekundäre Verwölbungen des Streifens. Diese sind bei Torsionsbeanspruchungen immer vorhanden. Es liegt somit im erweiterten Sinne immer Wölbkrafttorsion vor. Von *Vlasov* wurde in [174] bereits auf diese Erweiterungsmöglichkeit seiner Gleichungen der Wölbkrafttorsion für dünnwandige Stäbe mit offenen Querschnitten hingewiesen.

Für die Lösung angewandter Aufgaben ist es im allgemeinen zweckmäßig, durch Bezugnahme auf ein Hauptachsensystem bzw. auf Schubmittelpunktskoordinaten eine weitgehende Entkopplung der Dgln. (6.9) zu erreichen (vergl. z.B. [75], [174]). Es gibt allerdings auch dabei einen Unterschied zur klassischen *Vlasov* –Theorie. Man erhält durch die sekundären Verwölbungsanteile eine im allgemeinen geringfügig veränderte Lage des Schubmittelpunktes.

Die Erweiterung der Modellgleichungen auf die dynamische Strukturanalyse bereitet keine Schwierigkeiten. Die kinetische Energie

$$T = \sum_{(i)} \left\{ \frac{1}{2} \int_0^l \int_0^{d_i} \rho \left[\left(\frac{\partial u_i}{\partial t}\right)^2 + \left(\frac{\partial v_i}{\partial t}\right)^2 + \left(\frac{\partial w_i}{\partial t}\right)^2 \right] t_i \, ds_i \, dz \right\}$$

wird mit den Reihenansätzen

$$u_i(z_i, s_i, t) = \mathbf{U}^T(z, t)\boldsymbol{\varphi}(s_i)$$
$$v_i(z_i, s_i, t) = \mathbf{V}^T(z, t)\boldsymbol{\psi}(s_i)$$
$$w_i(z_i, s_i, t) = \mathbf{V}^T(z, t)\boldsymbol{\xi}(s_i)$$

und der Matrix

$$\mathbf{F} = \sum_{(i)} \int_0^{d_i} \left[\boldsymbol{\psi}(s_i)\boldsymbol{\psi}^T(s_i) + \boldsymbol{\xi}(s_i)\boldsymbol{\xi}^T(s_i) \right] t_i \, ds_i$$

in die Form

$$T = \frac{1}{2} \int_0^l \rho \left[\frac{\partial \mathbf{U}^T}{\partial t} \mathbf{A} \frac{\partial \mathbf{U}}{\partial t} + \frac{\partial \mathbf{V}^T}{\partial t} \mathbf{F} \frac{\partial \mathbf{V}}{\partial t} \right] \, dz$$

überführt. Unter Berücksichtigung der Gln. (6.4) folgt dann

$$\begin{aligned}
T = {} & \frac{1}{2} \int_0^l \rho \left[\frac{\partial \mathbf{W}^T}{\partial t} \mathbf{A}_1 \frac{\partial \mathbf{W}}{\partial t} + \frac{\partial \mathbf{W}^T}{\partial t} \mathbf{A}_2 \frac{\partial \mathbf{W}'}{\partial t} + \frac{\partial \mathbf{W}'^T}{\partial t} \mathbf{A}_2^T \frac{\partial \mathbf{W}}{\partial t} \right. \\
& \left. + \frac{\partial \mathbf{W}'^T}{\partial t} \mathbf{A}_3 \frac{\partial \mathbf{W}'^T}{\partial t} + \frac{\partial \mathbf{W}^T}{\partial t} \mathbf{F}_1 \frac{\partial \mathbf{W}}{\partial t} \right] \, dz
\end{aligned} \tag{6.10}$$

mit $\mathbf{A}_1, \mathbf{A}_2, \mathbf{A}_3$ nach Gl. (6.6) und

$$\mathbf{F}_1 = \begin{bmatrix} 0 & 0 & 0 & 0 \\ 0 & A & 0 & -S_x \\ 0 & 0 & A & S_y \\ 0 & -S_x & S_y & I_{xx} + I_{yy} \end{bmatrix}$$

Das *Hamiltonsche* Prinzip führt wie im Abschnitt 2.2 auf die Dgln. für $\mathbf{W} = \mathbf{W}(z, t)$

$$-\left(E\mathbf{A}_1 + 4G\mathbf{P}_1\right)\mathbf{W}'' - \left(E\mathbf{A}_2 - E\mathbf{A}_2^T\right)\mathbf{W}''' + \left(E\mathbf{A}_3 + \bar{E}\mathbf{N}_1\right)\mathbf{W}''''$$
$$+\rho\left[\left(E\mathbf{A}_1 + \mathbf{F}_1\right)\mathbf{W}^{\bullet\bullet} + \left(\mathbf{A}_2 - \mathbf{A}_2^T\right)\mathbf{W}'^{\bullet\bullet} - \mathbf{A}_3\mathbf{W}''^{\bullet\bullet}\right] = \mathbf{f}_1 - \mathbf{f}_2'$$

und die Randbedingungen

$$\delta\mathbf{W}^T \left[\left(E\mathbf{A}_1 + 4G\mathbf{P}_1\right)\mathbf{W}' + \left(E\mathbf{A}_2 - E\mathbf{A}_2^T\right)\mathbf{W}'' - \left(E\mathbf{A}_3 + \bar{E}\mathbf{N}_1\right)\mathbf{W}'''\right.$$
$$\left. + \rho\left(\mathbf{A}_2\mathbf{W}^{\bullet\bullet} + \mathbf{A}_3\mathbf{W}'^{\bullet\bullet}\right) + \mathbf{f}_2 \mp \mathbf{r}_1\right]_{z=0,l} = \mathbf{0}$$
$$\delta\mathbf{W}'^T \left[E\mathbf{A}_2^T\mathbf{W}' + \left(E\mathbf{A}_3 + \bar{E}\mathbf{N}_1\right)\mathbf{W}'' \mp \mathbf{r}_2\right]_{z=0,l} = \mathbf{0}$$

Im Unterschied zu den Dgln. für die statische Analyse lassen sich diese Dgln. nur teilweise entkoppeln. Durch Bezugnahme auf das Hauptachsensystem kann die Gleichung für die Stablängsschwingungen abgetrennt werden. Eine vollständige Entkopplung der Biege– und der Torsionsschwingungen ergibt sich nur für den Sonderfall, daß der Schwerpunkt und der Schubmittelpunkt des Querschnittes zusammenfallen [174]. Die Anwendungsgrenzen der erweiterten Modellgleichungen unterscheiden sich wegen des geringen Einflusses der mit $\mathbf{N}_1$ behafteten Glieder auf die Ergebnisqualität nicht von den klassischen *Vlasov*–Gleichungen, d.h. sie gelten für dünnwandige, ausgeprägt stabförmige Konstruktionen mit ausreichend steifer, offener Profilkontur.

Von *Vlasov* werden die analytischen Lösungsmöglichkeiten der Modellgleichungen ausführlich diskutiert [174]. Dabei wird insbesondere die Methode der Anfangsparameter angewendet, wie sie im Abschnitt 3.1 beschrieben ist. Auch die Überführung der Modellgleichungen in ein System von Dgl. 1. Ordnung und dessen Lösung mit Hilfe des Übertragungsmatrizenverfahrens nach Abschnitt 3.2 bereitet keine Schwierigkeiten. Diese Lösungsmethoden werden als bekannt vorausgesetzt und hier nicht noch einmal dargestellt. Eine besonders universelle und effektive Lösungsmethode ist auch im vorliegenden Fall die Finite–Elemente–Methode. Da im Funktional auch 2. Ableitungen auftreten, müssen die Ausführungen des Abschnittes 3.3 kurz ergänzt werden. Bezeichnet man wieder mit $\mathbf{G}$ die Matrix der Ansatzfunktionen und mit $\mathbf{v}$ den Vektor der Knotenverschiebungen für ein Element, erhält man im statischen Fall die Gln.

$$\mathbf{W}(z) = \begin{bmatrix} U_1 \\ V_2 \\ V_3 \\ V_1 \end{bmatrix} = \mathbf{G}\mathbf{v}; \quad \Pi = \frac{1}{2}\mathbf{v}^T\mathbf{K}\mathbf{v} - \mathbf{v}^T\mathbf{f},$$

wobei für die Elementsteifigkeitsmatrix $\mathbf{K}$ Gl. (6.11) gilt

$$\mathbf{K} = \int_0^l \left\{ E\left[\mathbf{G}'^T\mathbf{A}_1\mathbf{G}' + \mathbf{G}'^T\mathbf{A}_2\mathbf{G}'' + \mathbf{G}''^T\mathbf{A}_2^T\mathbf{G}' + \mathbf{G}''^T\mathbf{A}_3\mathbf{G}''\right] \right.$$
$$\left. + \ \bar{E}\mathbf{G}''^T\mathbf{N}_1\mathbf{G}'' + 4G\mathbf{G}'^T\mathbf{P}_1\mathbf{G}' \right\} \, dz \tag{6.11}$$

und der Elementlastvektor $\mathbf{f}$ sich aus den Belastungsvektoren $\mathbf{f}_1$ und $\mathbf{f}_2$ und dem Vektor $\mathbf{f}_r$ der Randlasten zusammensetzt

$$\mathbf{f} = \int_0^l \left\{ \mathbf{G}^T\mathbf{f}_1 + \mathbf{G}'^T\mathbf{f}_2 \right\} \, dz + \mathbf{f}_r \tag{6.12}$$

Für die Lösung dynamischer Aufgaben ist auch die Elementmassenmatrix erforderlich

$$\mathbf{M} = \int_0^l \rho \left\{ \mathbf{G}^T\mathbf{A}_1\mathbf{G} + \mathbf{G}^T\mathbf{A}_2\mathbf{G}' + \mathbf{G}'^T\mathbf{A}_2^T\mathbf{G} + \mathbf{G}'^T\mathbf{A}_3\mathbf{G}' + \mathbf{G}^T\mathbf{F}_1\mathbf{G} \right\} \, dz \tag{6.13}$$

Beachtet man die Struktur der Matrizen $\mathbf{A}_1$, $\mathbf{A}_2$ und $\mathbf{A}_3$, erkennt man, daß für die verallgemeinerten Verschiebungsfunktionen V_1, V_2 und V_3 maximal 2. Ableitungen und für U_1 maximal 1. Ableitungen auftreten. Die Ansatzfunktionen für die V_i müssen somit C_1–stetig sein, die für U_1 nur C_0–stetig. Die im Bild 6.4 dargestellten Ansatzfunktionen erfüllen die Kompatibilitätsbedingungen, ermöglichen verzerrungsfreie Starrkörperbewegungen und stellen konstante Verzerrungszustände richtig dar. Damit ist die Konvergenz der Finite–Elemente–Lösung gegen die analytische Lösung der Dgln. gewährleistet. Besser ist die Verwendung einer quadratischen Ansatzfunktion für $U_1(z)$. Dies wird aus folgender Überlegung begründet. Für die Längsverschiebungen $u(z_i, s_i)$ gilt mit den hier gewählten verallgemeinerten Koordinatenfunktionen die Gl.

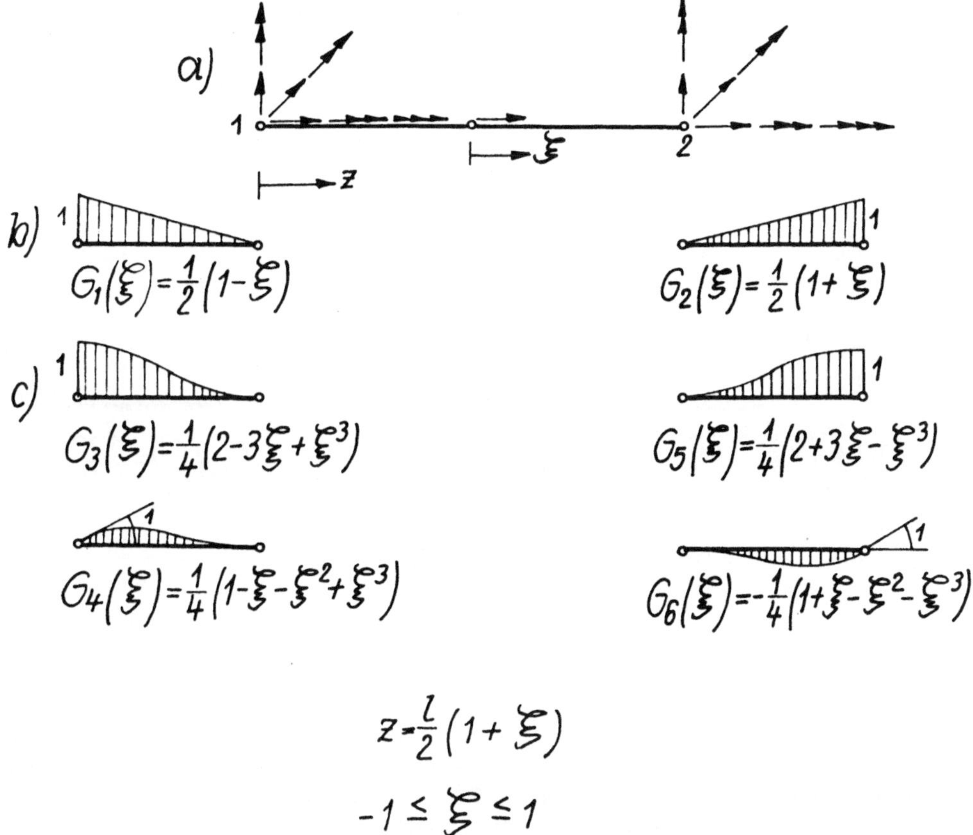

$$z = \frac{l}{2}\left(1 + \xi\right)$$

$$-1 \leq \xi \leq 1$$

Bild 6.4 Finites Zwei–Knoten–Element mit Berücksichtigung der Wölbkrafttorsion: a) Knotenvariable, Knotenfreiheitsgrad 7, b) lineare Ansatzfunktionen für $U_1(z)$, c) kubische Ansatzfunktionen für $V_1(z), V_2(z), V_3(z)$

$$u_i(z_i, s_i) = U_1(z) - V_2'(z)x(s_i) - V_3'(z)y(s_i) - V_1'(z)\omega(s_i)$$

Wählt man als Ansatzfunktionen kubische Polynome für V_1, V_2 und V_3 und einen linearen Polynomansatz für U_1, wird die Längsverschiebung jedes Punktes mit der Koordinate s_i eine quadratische Funktion in z und nur für die auf der Systemlinie liegenden Punkte wird für $\omega(x = 0, y = 0) = \omega_0 = 0$ ein in z linearer Verlauf erzwungen. Bei gleicher Vernetzung werden daher die Ergebnisse abhängig von der vom Anwender vorgegebenen Systemlinie. Mit einer quadratischen Ansatzfunktion nach Bild 6.5 wird dieser Widerspruch behoben.

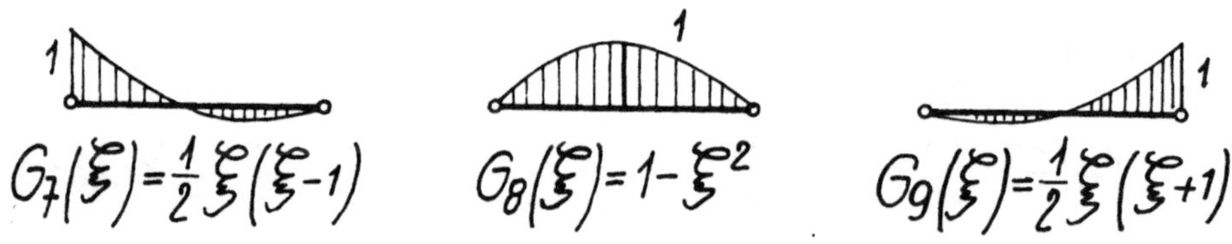

Bild 6.5   Quadratische Ansatzfunktion für $U_1(z)$

Der zusätzlich eingeführte Freiheitsgrad durch die Anordnung eines Mittenknotens wird bereits auf Elementebene durch statische Kondensation wieder eliminiert, so daß für den Aufbau der Systemgleichungen ein Zweiknotenelement mit dem Freiheitsgrad 14 vorliegt. Eine Entkopplung der Anteile Längskraft, Biegung und Torsion bringt für eine FEM-Lösung keine nennenswerten Vorteile, aber zusätzliche Überlegungen. Im Interesse der Universalität des Einsatzes des finiten Elementes wird daher auf Entkopplungen verzichtet. Der Aufbau der Elementmatrizen erfolgt somit für ein beliebiges stabbezogenes Koordinatensystem. Für den Aufbau der Systemgleichungen werden die Elementknotenverschiebungen und –verdrehungen auf das gewählte globale Koordinatensystem transformiert, die Verdrillung bleibt in den Systemgleichungen als ein auf eine lokale Richtung bezogener Freiwert erhalten.

6.2 Berücksichtigung endlicher Tragwerksknoten von Systemen aus dünnwandigen Stäben

Stabtragwerke als ebene oder räumliche Systeme eindimensionaler Strukturelemente werden in der Mehrzahl der Ingenieuranwendungen unter folgenden Voraussetzungen modelliert:

- Die Strukturelemente entsprechen für Längskraft und Biegung dem *Bernoulli*–Balken, für Torsion dem *St. Venant*schen Modell.

- Die Stabwerksknoten werden als Knotenpunkte ohne ebene oder räumliche Ausdehnung betrachtet.

Dies ist immer dann vertretbar, wenn alle Abweichungen von der Stabtheorie und die reale konstruktive Ausführung der Stabwerksknoten im Sinne des Prinzips von *St. Venant* nur zu lokalen Störungen führen, deren Einfluß auf das globale Strukturverhalten vernachlässigt werden kann.

Werden als Strukturelemente Stabmodelle verwendet, für die die Modellgleichungen der Wölbkrafttorsion gelten, treten auch an den Stabwerksknoten Wölbbehinderungen auf. Die dadurch entstehenden Spannungsstörungen klingen nicht mehr so schnell von der Störungsstelle aus ab, d.h. die durch die Wölbkrafttorsion hervorgerufenen Störeffekte haben keinen ausgeprägt lokalen Charakter, sie können auch das globale Strukturverhalten beeinflussen.

Man findet in der Literatur vielfache Bemühungen, diese Spezifik der Wölbkrafttorsion genauer zu berücksichtigen. Die z.B. in [171] beschriebene Vorgehensweise, jedem Strukturelement eine Ersatztorsionssteifigkeit zuzuordnen, die sowohl die *St. Venant*sche, als auch Wölbtorsionssteifigkeit zumindest näherungsweise erfaßt und dann die Berechnung in konventioneller Form durchzuführen, kann die eigentlichen Schwierigkeiten nicht überwinden. Es können weder akzeptable Annahmen über die Randbedingungen getroffen werden, noch kann auf diese Weise die gegenseitige Beeinflussung der Wölbverformungen der an einem Knoten angeschlossenen Stäbe erfaßt werden. In [65] wird daher vorgeschlagen, jedem Knoten einen siebenten Freiheitsgrad zuzuordnen, der einer Stabverdrillung entspricht und dieser Knotenvariablen für alle angeschlossenen Stäbe den gleichen Betrag zuzuweisen. Am Knoten sind dann nicht nur die Kräfte und Momente ins Gleichgewicht zu setzen, sondern es muß dann auch das Bimomentengleichgewicht erfüllt sein.

Auch in den Arbeiten [170] und [56] wird bei der Berechnung ebener Rahmen von einer für die Stäbe eines Knotens gleichen Verdrillung ausgegangen, es werden jedoch zusätzliche Voraussetzungen gefordert, die die Verträglichkeit der Verformungen sichern. In [47] wird vorgeschlagen, die Verdrillungen und Bimomente als räumliche Vektoren einzuführen und somit die Erfüllung des Bimomentengleichgewichts in drei Richtungen zu fordern. Alle diese Knotenmodelle gehen aber von einem Punktknoten aus, dem selbst keine elastischen Eigenschaften zugeordnet sind. Einen ausführlichen Überblick über diese Modellierung und Berechnung dünnwandiger Stabtragwerke findet man auch in [172].

Genauere Aussagen, die auch Bewertungen der Qualität der Berechnung von Stabtragwerken unter der Modellannahme Punktknoten ermöglichen, erhält man erst dadurch, daß man den Knotenbereich als selbständigen elastischen Strukturbereich betrachtet. Der Knotenbereich kann dann z.B. mit Hilfe finiter Schalenelemente diskretisiert werden, und man erhält durch die FE–Berechnung Knotennachgiebigkeitsmatrizen, die alle Verformungsanteile einer Stabtheorie einschließen. Dieser Weg wird z.B. in den Arbeiten [138], [79] und [155] verfolgt.

Schneider [155] geht dabei von folgenden Voraussetzungen aus:

- Ein Stabwerk wird entsprechend Bild 6.6 in Stäbe und Knotenbereiche gegliedert

- Die Knotenbereiche werden mit finiten Schalen– bzw. Faltwerkelementen vernetzt, für die Stäbe gelten die Modellgleichungen des Abschnitts 6.1

- Für den vernetzten Knotenbereich werden alle nicht in den Koppelflächen liegenden Elementknoten eliminiert. Es entsteht dann ein Makroknotenelement, das im Rahmen der FE-Analyse als Substruktur betrachtet wird.

Ordnet man die Steifigkeitsgleichungen des Knotenbereiches entsprechend Bild 6.6 b) nach lokalen (v_{KL}) und externen (v_{KE}) Knotenvariablen, erhält das elastische Potential des Knotenbereichs die Form

$$\Pi = \frac{1}{2} \left[\begin{array}{c} v_{KL} \\ v_{KE} \end{array} \right]^T \left[\begin{array}{cc} K_{KLL} & K_{KLE} \\ K_{KLE} & K_{KEE} \end{array} \right] \left[\begin{array}{c} v_{KL} \\ v_{KE} \end{array} \right] - \left[\begin{array}{c} v_{KL} \\ v_{KE} \end{array} \right]^T \left[\begin{array}{c} f_{KL} \\ f_{KE} \end{array} \right]$$

Aus der Bedingung $\Pi \Rightarrow$ Min ergibt sich

$$\left[\begin{array}{cc} K_{KLL} & K_{KLE} \\ K_{KLE} & K_{KEE} \end{array} \right] \left[\begin{array}{c} v_{KL} \\ v_{KE} \end{array} \right] = \left[\begin{array}{c} f_{KL} \\ f_{KE} \end{array} \right]$$

Löst man die erste Zeile nach v_{KL} auf

$$v_{KL} = -K_{KLL}^{-1} K_{KLE} v_{KE} + K_{KLL}^{-1} f_{KL}$$

und setzt dies in die zweite Zeile ein, erhält man die Steifigkeitsbeziehung des Knotenmakroelementes in der Form

$$K_K v_K = f_K$$

mit

$$\begin{array}{rcl} K_K & = & K_{KEE} - K_{KLE}^T K_{KLL}^{-1} K_{KLE} \\ v_K & = & v_{KE} \\ f_K & = & f_{KE} - K_{KLE}^T K_{KLL}^{-1} f_{KL} \end{array}$$

Das elastische Potential des Gesamtsystems setzt sich dann aus dem Potential des Makroelementes und dem der Stäbe zusammen.

Mit den Verschiebungsvektoren v_K und v_{St}, den Lastvektoren f_K und f_{St} sowie den Steifigkeitsmatrizen K_K und K_{St} für das Knotenmakroelement (Index K) und die Stäbe (Index St) erhält man die Gl.

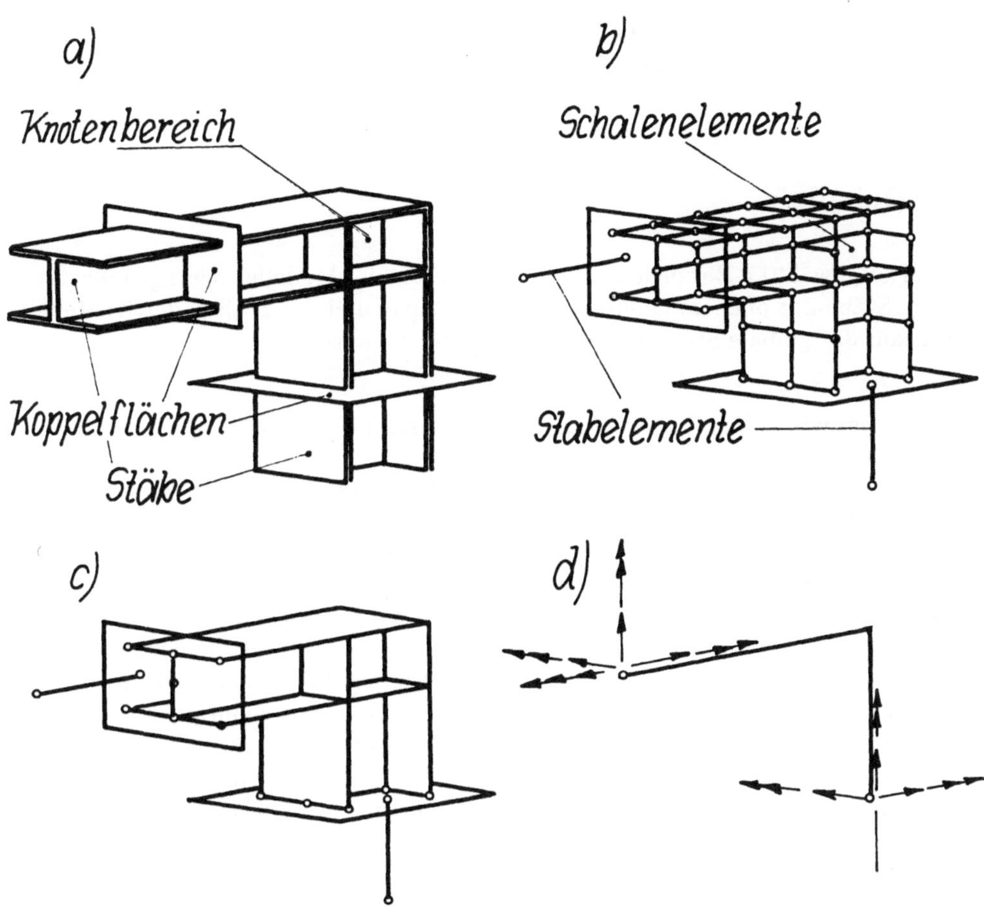

Bild 6.6 Modellierung elastischer Knotenbereiche: a) Unterteilung des Systems in Stäbe und Knotenbereiche, b) FE–Modellierung für Stäbe und Knotenbereiche, c) Stabelemente und Knotenmakroelement, d) Knotenfreiwerte des mit Hilfe von Zwangsbedingungen reduzierten Knotenmakroelementes

$$\Pi = \frac{1}{2} \begin{bmatrix} \mathbf{v}_{St} \\ \mathbf{v}_{K} \end{bmatrix} \begin{bmatrix} \mathbf{K}_{St} & \mathbf{0} \\ \mathbf{0}^{T} & \mathbf{K}_{K} \end{bmatrix} \begin{bmatrix} \mathbf{v}_{St} \\ \mathbf{v}_{K} \end{bmatrix} - \begin{bmatrix} \mathbf{v}_{St} \\ \mathbf{v}_{K} \end{bmatrix}^{T} \begin{bmatrix} \mathbf{f}_{St} \\ \mathbf{f}_{K} \end{bmatrix}$$

Einzelheiten zur Formulierung von Zwangsbedingungen für die Koppelflächen und ihre Einarbeitung durch direktes Einsetzen, unter Verwendung *Lagrange*scher Multiplikatoren oder mit Hilfe der Penalty–Methode, können der Arbeit [155] entnommen werden.

6.3 Beispiele

An zwei ausgewählten Beispielen soll die Anwendung der Modellgleichungen für dünnwandige Stäbe mit offenem Querschnitt demonstriert und der Einfluß der Knotenelastizität auf das globale Strukturverhalten untersucht werden.

6.3.1 Abgewinkelter Kragträger unter statischer Belastung

Der im Bild 6.7 dargestellte Kragträger wurde von *Gründer* [79] unter dem Gesichtspunkt analysiert, welchen Einfluß die Modellierung des Knotenbereiches auf das Tragverhalten hat. Im Bereich der Kopplung der beiden Profilstäbe ergaben sich große elastische Deformationen, die das Gesamtverhalten signifikant beeinflussen. Eine von *Gründer* durchgeführte Vergleichsrechnung auf der Basis des Punktknotenmodells lieferte daher unbrauchbare Werte. Die Ursachen hierfür folgen aus der konstruktiven Auslegung der Verbindungsstelle und der ausgeprägten Dünnwandigkeit der Profile.

Von *Schneider* [155] wurde das Beispiel von *Gründer* genutzt, um die Leistungsfähigkeit des in Abschnitt 6.1 beschriebenen finiten Elementes und der im Abschnitt 6.2 beschriebenen Kopplungsstrategie zu testen. Dabei wurden jeweils für alle 7 Testfälle folgende Berechnungsvarianten untereinander verglichen:

- Lösung von *Gründer* [79], bei der der Knotenbereich mit 216 hybriden Faltwerkelementen vernetzt und die Stabsteifigkeitsmatrizen durch numerische Integration der Dgln. berechnet wurden.

- Vernetzung des Systems mit 108 Semiloof–Schalenelementen und 9 Stabelementen (Bild 6.8 a)).

- Vernetzung des Systems mit 50 Semiloof–Schalenelementen und 9 Stabelementen (Bild 6.8 b)).

Das globale Lösungsverhalten wurde für die drei Berechnungsvarianten qualitativ richtig wiedergegeben. Auch die quantitative Übereinstimmung für die Verschiebungen des Lastangriffspunktes, die Verdrehung des Endquerschnittes um die Achse von Stab 2 und die Verdrillung des Endquerschnittes war für die beiden unterschiedlichen Vernetzungsvarianten a) und b) nach Bild 6.8 gut. Aus den umfangreichen Berechnungen lassen sich Schlußfolgerungen ableiten:

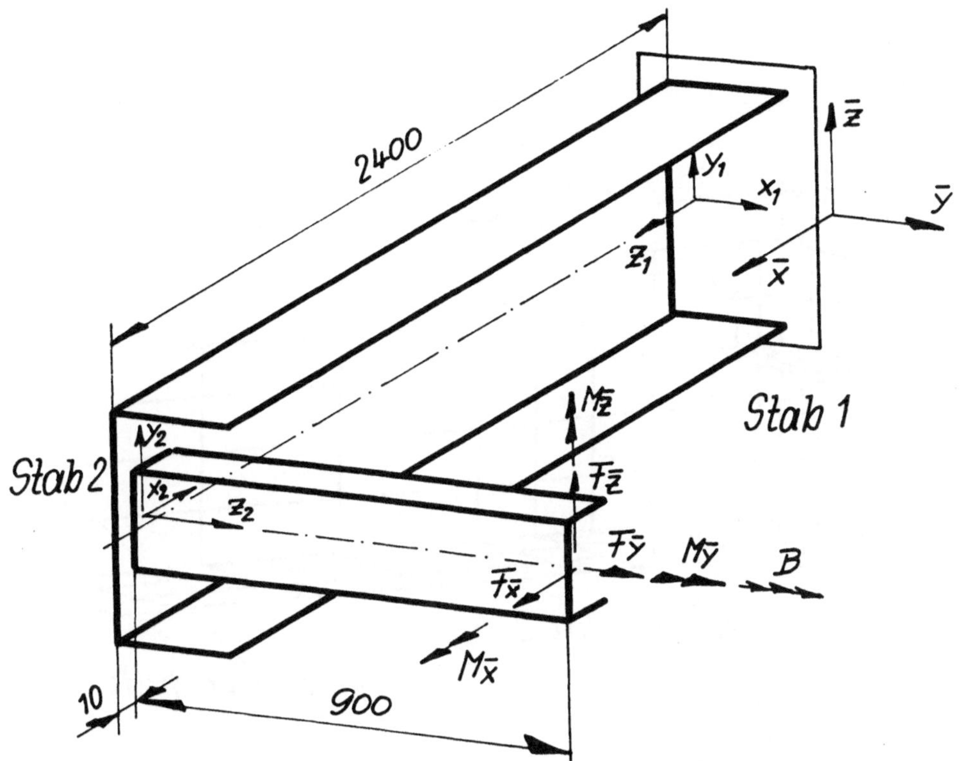

Bild 6.7 Dünnwandiger abgewinkelter Kragträger, Stab 1: [240 × 90 × 3; Stab 2: [90 × 30 × 2; $E = 2{,}1 \, 10^5 \, MPa; \nu = 03; \bar{x}, \bar{y}, \bar{z}$: globale Koordinaten; x_i, y_i, z_i stabbezogene Koordinaten

- Die Knotenbereiche müssen relativ groß gewählt und fein vernetzt werden, damit der dort auftretende Spannungs- und Verformungszustand möglichst unbeeinflußt von den Anschlußbedingungen berechnet wird.

- Die Anforderungen an die Feinheit der Vernetzungen der Knotenbereiche, um ausreichend genaue Ergebnisse für die Spannungswerte in diesen Bereichen zu erhalten, hängt stark von der konstruktiven Ausbildung der Anschlüsse ab. Gesicherte allgemeingültige Empfehlungen können daher nicht gegeben werden.

- Die im jeweiligen Anwendungsfall gewählte Formulierung und Einarbeitung der Zwangsbedingungen spielt eine untergeordnete Rolle, wenn beachtet wird, daß die Eintragung der Stabschnittgrößen in den Knotenbereich gewährleistet ist.

Weitere Einzelheiten und numerische Ergebnisse findet man in den Arbeiten [79] und [155].

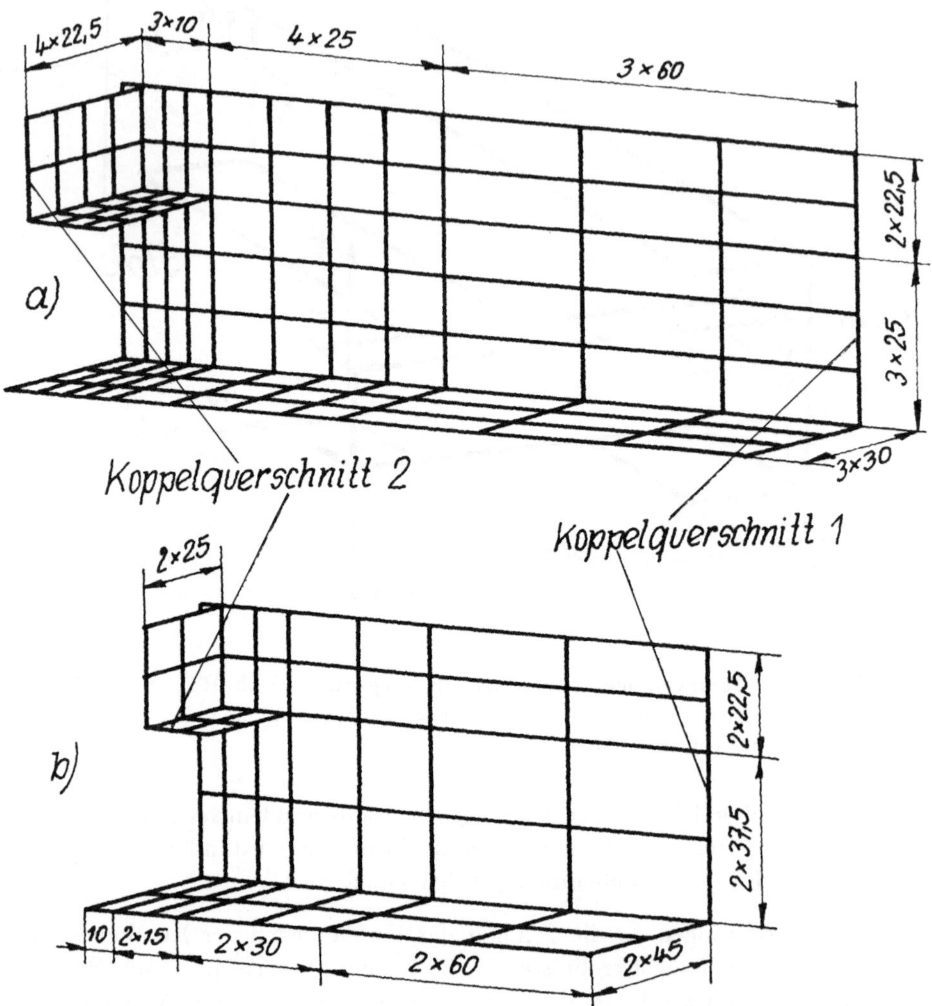

Bild 6.8 Vernetzungen des Knotenbereichs des abgewinkelten Kragträgers: a) 108 Semiloof–Schalenelemente, b) 50 Semiloofschalenelemente

6.3.2   Eigenschwingungen eines ebenen Rahmens aus I–Profilen

Betrachtet wird ein quadratischer Rahmen nach Bild 6.9. Das Eigenschwingverhalten

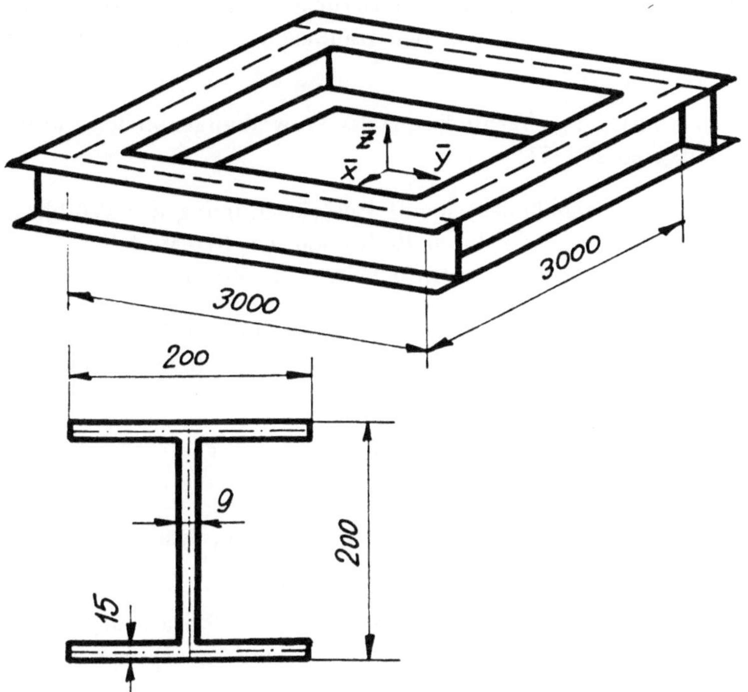

Bild 6.9   Ebener quadratischer Rahmen: $E = 2,1\,10^5\,MPa, \nu = 0,3, \rho = 7,85 g/cm^3$

des ungefesselten Rahmens wurde von *Freund* [71] unter dem Aspekt berechnet, den Einfluß der Wölbbehinderungen in den Rahmenecken abzuschätzen. Diese Berechnungen hat *Schneider* [155] zur Testung der Elementableitungen nach Abschnitt 6.1 und der Kopplungsstrategien nach 6.2 erweitert.

Aufgrund der Systemsymmetrie zur Ebene $z = 0$ entkoppeln sich die Schwingungen in der Rahmenebene von denen aus der Ebene heraus. Da nur bei den letzteren Querschnittsverwölbungen auftreten, beschränken sich die weiteren Ausführungen auf diesen Fall.

Der hier betrachtete Rahmen ist nicht so ausgeprägt dünnwandig wie der abgewickelte Kragträger des Beispiels 6.3.1. Ferner gelten hier die Voraussetzungen, die u.a. von *Byčkov, Witt* und *Kollbrunner/Hajdin* [56], [170], [120] für die Anwendungen des *Vlasov* –Stabmodells auf die Berechnung ebener dünnwandiger Rahmen mit offenem Profil formuliert wurden. Es lag daher nahe, die Berechtigung einer Berechnung mit dem *Vlasov* –Stabmodell zu überprüfen.

Im einzelnen wurden Vergleichsrechnungen für die folgenden Modellvarianten durchgeführt:

a) FE–Lösung mit 40 räumlichen Balkenelementen ohne Berücksichtigung der Wölbkrafttorsion, Systemfreiheitsgrad 240 [71]

b) FE–Lösung mit 40 Stabelementen mit Berücksichtigung der Wölbkrafttorsion, Kontinuität der Verwindungen an den Rahmenecken, Systemfreiheitsgrad 280 [71]

c) wie b), jedoch vollständige Verhinderung der Verwölbungen in den Rahmenecken, Systemfreiheitsgrad 276 [71]

d) FE–Lösung mit 32 Stabelementen mit Berücksichtigung der Wölbkrafttorsion sowie drei Eckelementen, die durch Reduktion von 3D–Modellen für die Rahmenecken abgeleitet wurden, Systemfreiheitsgrad 258 [71]

e) FE–Lösung mit 16 Stabelementen nach Abschnitt 6.1 und 19 Semiloof–Schalenelementen (Bild 6.10), Kopplung nach 6.2 nach der Penalty–Methode, Systemfreiheitsgrad 526 [155]

f) wie e), jedoch mit genauerer Vernetzung der Ecke (76 Schalenelemente Bild 6.10), Systemfreiheitsgrad 1339 [155]

g) FE–Lösung mit Semiloof–Schalenelementen (Bild 6.10, Systemfreiheitsgrad 2683 [155]

Für das ungefesselte System berechnet man zunächst die 6 Starrkörperbewegungen, die hier nicht weiter interessieren. Tab. 6.1 zeigt die Vergleichswerte für 4 Eigenschwingformen.

Eigenfrequenzen in Hz				
Modellvariante	1. Eigenform	2. Eigenform	3. Eigenform	4. Eigenform
a)	3.40	46.90	47.00	47.16
b)+	5.00	62.00	107.00	83.00
c)+	5.00	112.00	107.00	109.00
d)+	5.20	67.00	117.00	89.00
e)	4.87	61.72	109.40	83.68
f)	4.85	61.75	108.30	83.52
g)	4.82	61.69	107.62	83.19

Tabelle 6.1 Eigenfrequenzen für den ebenen Rahmen nach Bild 6.9, Modellvarianten a) bis g), + Abnahme der Werte aus einem Diagramm

Die erste Eigenform ist durch eine Biegung und Torsion des Gesamtsystems gekennzeichnet, bei den folgenden Eigenformen werden die Torsionsschwingungen der einzelnen Balken durch sehr geringe Biegeverformungen überlagert.

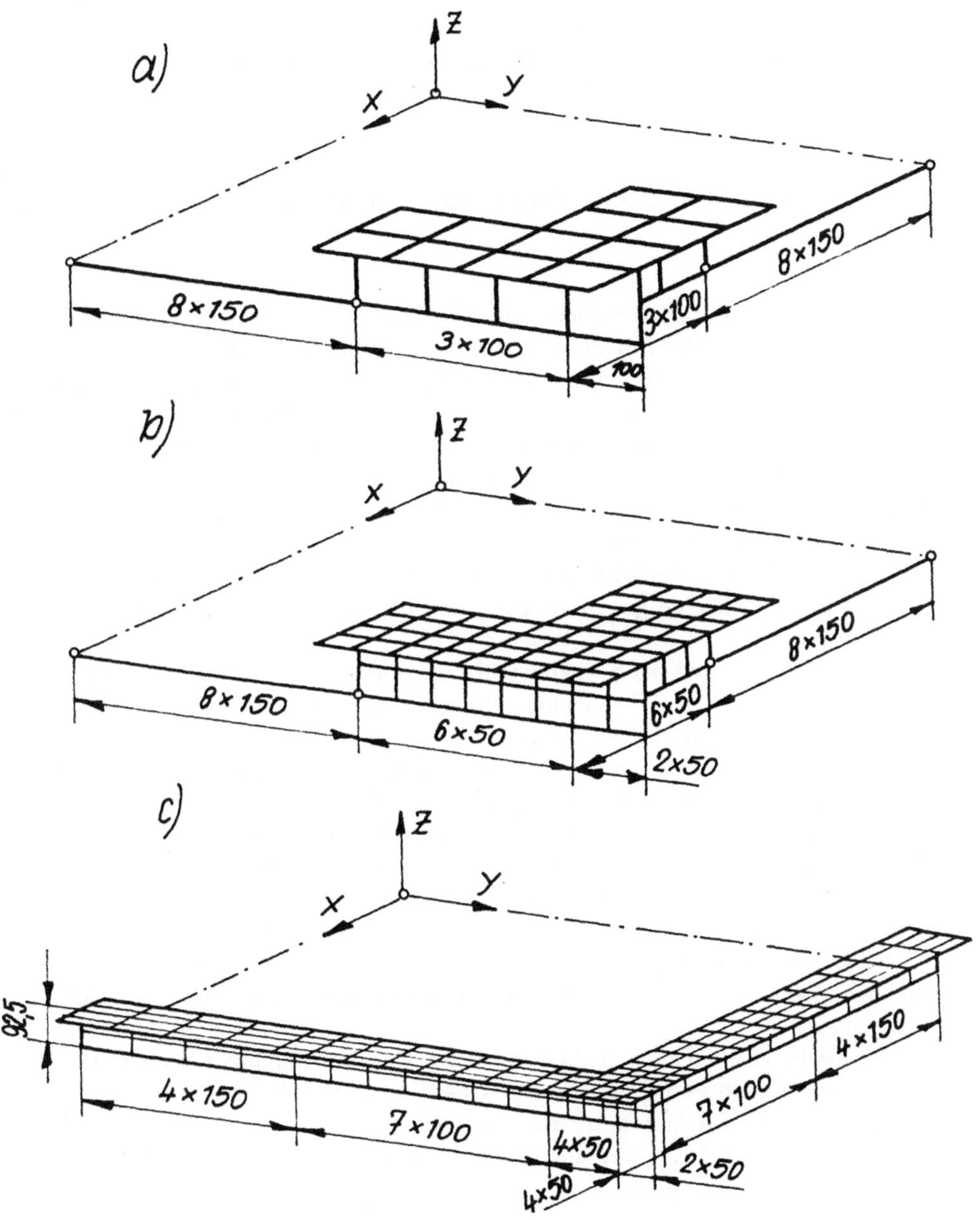

Bild 6.10 Vernetzungsvarianten für einen ebenen, quadratischen Rahmen: a) Modellvariante e); b) Modellvariante f); c) Modellvariante g)

Aus den Vergleichsrechnungen kann man ersehen, daß die Vernachlässigung der Wölbkrafttorsion zu unrealistischen Ergebnissen führt. Zuverlässige Ergebnisse erhält man mit den in den Abschnitten 6.1 und 6.2 abgeleiteten Stabelementen und Kopplungsstrategien.

6.4 Zusammenfassende Wertung der Ergebnisse für offene Querschnitte

Im Abschnitt 6 wurde nachgewiesen, daß auch die Ableitung der Modellgleichungen für dünnwandige Stäbe mit offenem Profil in die allgemeine Methodik der Aufstellung von Modellgleichungen für dünnwandige, stabförmige Konstruktionen eingeordnet werden kann. Das hier abgeleitete Stabmodell entspricht im wesentlichen den Voraussetzungen des *Vlasov* – Modells. Die beschriebene Erweiterung dieses Modells durch Berücksichtigung der Längsbiegespannungen in den einzelnen Scheiben–/Plattenstreifen des Stabes führt nicht zu einer neuen Ergebnisqualität bezüglich einer Erweiterung der Anwendungsgrenzen von Stabmodellen. Vorteile ergeben sich aber durch die so mögliche widerspruchsfreie Einbeziehung von Stäben mit wölbfreiem Querschnitt und durch eine genauere Formulierung der Kopplungsbedingungen für Stäbe und Schalen.

Die Beispiele zeigen, daß bei Stabkonstruktionen aus Strukturelementen mit dünnwandigem offenen Profil eine Vernachlässigung der Wölbkrafttorsion sowohl für statische als auch für dynamische Strukturanalysen zu unrealistischen Ergebnissen führten. Wesentliche Bedeutung kommt der richtigen Modellierung der Stabwerksknoten im Berechnungsmodell des Stabsystems zu, da in Abhängigkeit von der konstruktiven Ausführung der Knoten und der Dünnwandigkeit der Stäbe die Knotenelastizität auch das globale Strukturverhalten signifikant beeinflussen kann. Die im Abschnitt 6.2 beschriebene Unterteilung des Stabtragwerkes in Stab– und Knotenbereiche und die entwickelte Kopplungsstrategie überwinden dieses Problem und führen zu einer effektiven Lösung und einer guten Ergebnisqualität. Eine Erweiterung der angegeben Modellgleichungen auf Stäbe mit schwach veränderlichem Querschnitt bereitet keine Schwierigkeiten.

Näherungsweise können auch Stäbe mit offenen Profilen beliebiger Form mit den angegebenen Gleichungen berechnet werden. Gekrümmte Profilabschnitte werden dann zweckmäßig durch Kreisbögen approximiert [155].

Weitere Hinweise zur FEM und zu Kopplungsstrategien können den Arbeiten [69], [72] und [73] entnommen werden.

7 Theoretische Grundlagen isotroper verallgemeinerter Stabmodelle mit eben gekrümmter Systemachse

Faltwerkkonstruktionen mit eben gekrümmter Stabachse können als Träger von Brücken und Hochstraßen im Bauwesen, als Ringträger in Großgeräten der Fördertechnik sowie im Kran- und Maschinenbau zum Einsatz kommen.

Für die statische Strukturanalyse derartiger Konstruktionen und ebenso für deren Eigenschwingungsanalyse erscheint der Einsatz verallgemeinerter Stabmodelle sinnvoll. Im folgenden soll zur statischen Strukturanalyse von Faltwerkkonstruktionen mit geschlossener Querschnittskontur und eben gekrümmter Systemachse das halbmomentenfreie Schalenmodell nach *Vlasov* Verwendung finden. Von der Ableitung eines Scheiben-/Plattenmodells, wie dies im Abschnitt 2.1 allgemein erfolgte, soll hier Abstand genommen und gleich von dem Modell mit vernachlässigten Längsbiege- und Torsionsmomenten ausgegangen werden.

7.1 Halbmomentenfreies Schalenmodell für Konstruktionen mit geschlossenem Querschnitt

Die Beschränkung auf Konstruktionen mit geschlossener Querschnittskontur rechtfertigt es, das halbmomentenfreie Schalenmodell nach *Vlasov* als Ausgangspunkt zu wählen. Eine Anwendung dieses Modells auf gekrümmte dünnwandige Träger erfolgte bereits in [85] und [145]. Der Arbeit [85] liegen jedoch starke Vereinfachungen zugrunde, so daß nur bei Vorliegen außerordentlich schwacher Krümmung vertretbare Ergebnisse erhalten werden. In [145] werden die Verzerrungen in den gekrümmten Wandelementen unvollständig erfaßt und dadurch fehlerhafte Grundgleichungen entwickelt.

7.1.1 Ableitung der Modellgleichungen

Folgende Voraussetzungen und Annahmen werden zugrundegelegt:

- Es werden ein- oder mehrzellige dünnwandige stabförmige Konstruktionen mit eben gekrümmter Stabachse untersucht. Die Krümmung ist konstant.

- Die Querschnitte weisen gerade Konturlinien auf. Entlang der Trägerlänge sind die Querschnittsabmessungen stückweise unveränderlich. An den Kanten liegen biegesteife Verbindungen vor.

- Zur Beschreibung der Konstruktion werden die Winkelkoordinate ϑ, die Koordinate s in Richtung der Querschnittskonturlinie und die Koordinate n in Richtung der Flächennormalen verwendet (s. Bild 7.1). s und n sind lokale Koordinaten für jeden Konturabschnitt. Die Verschiebungen in ϑ-, s- und n-Richtung sind u, v und w.

- Unter $r(s)$ wird der Abstand eines Konturpunktes zur Ringachse y verstanden, r_m ist der konstante Abstand eines ausgewählten Querschnittspunktes (z.B. des Schwerpunktes) zu dieser Achse. Die Neigung einer Querschnittskonturlinie wird durch den Winkel α zwischen der y-Achse und der positiven s-Richtung festgelegt.

- Die Dehnungen in s-Richtung werden vernachlässigt ($\varepsilon_s \approx 0$). Für die Dehnungen in Längsrichtung (ε_ϑ) wird ein linearer Verlauf zwischen den Querschnittskanten angenommen. Die Schubverformungen der Wandmittelflächen werden berücksichtigt.

- Innerhalb der Wandelemente werden die Längsbiegemomente m_ϑ und die Torsionsmomente $m_{\vartheta s}$ vernachlässigt. Die Normalspannungen σ_ϑ und die Schubspannungen $\tau_{\vartheta s}$ sind damit konstant und die Normalspannungen σ_s linear über die Dicke der Wandelemente verteilt (Bild 7.1).

- Als statische Belastungen können verteilte Kräfte nur in den Ebenen der einzelnen Wandelemente eingeleitet werden (p_ϑ, p_s).

Zur Formulierung des elastischen Potentials für das halbmomentenfreie Schalenmodell bei gekrümmter Systemachse müssen zunächst die durch die Krümmung bedingten Besonderheiten für die Verzerrungen beschrieben werden.

In Bild 7.2 sind die Verformungen v und w eines unter dem Winkel α zur Ringachse y geneigten Wandelementes dargestellt. Die Dehnung ε_ϑ setzt sich aus drei Anteilen zusammen. Der erste Anteil resultiert aus der Verschiebung u in Umfangsrichtung

$$\varepsilon_{\vartheta_1} = \frac{\partial u}{r \partial \vartheta}$$

Die weiteren Anteile entstehen aus der Verschiebung v in s-Richtung und der Verschiebung w in Normalenrichtung. Nach Bild 7.2 b) und c) sind diese:

$$\varepsilon_{\vartheta_2} = \frac{\left(\dfrac{r}{\sin\alpha} + v\right) d\vartheta \sin\alpha - \dfrac{r}{\sin\alpha} d\vartheta \sin\alpha}{\dfrac{r}{\sin\alpha} d\vartheta \sin\alpha} = \frac{v \sin\alpha}{r}$$

$$\varepsilon_{\vartheta_3} = \frac{\left(\dfrac{r}{\cos\alpha} + w\right) d\vartheta \cos\alpha - \dfrac{r}{\cos\alpha} d\vartheta \cos\alpha}{\dfrac{r}{\cos\alpha} d\vartheta \cos\alpha} = \frac{w \cos\alpha}{r}$$

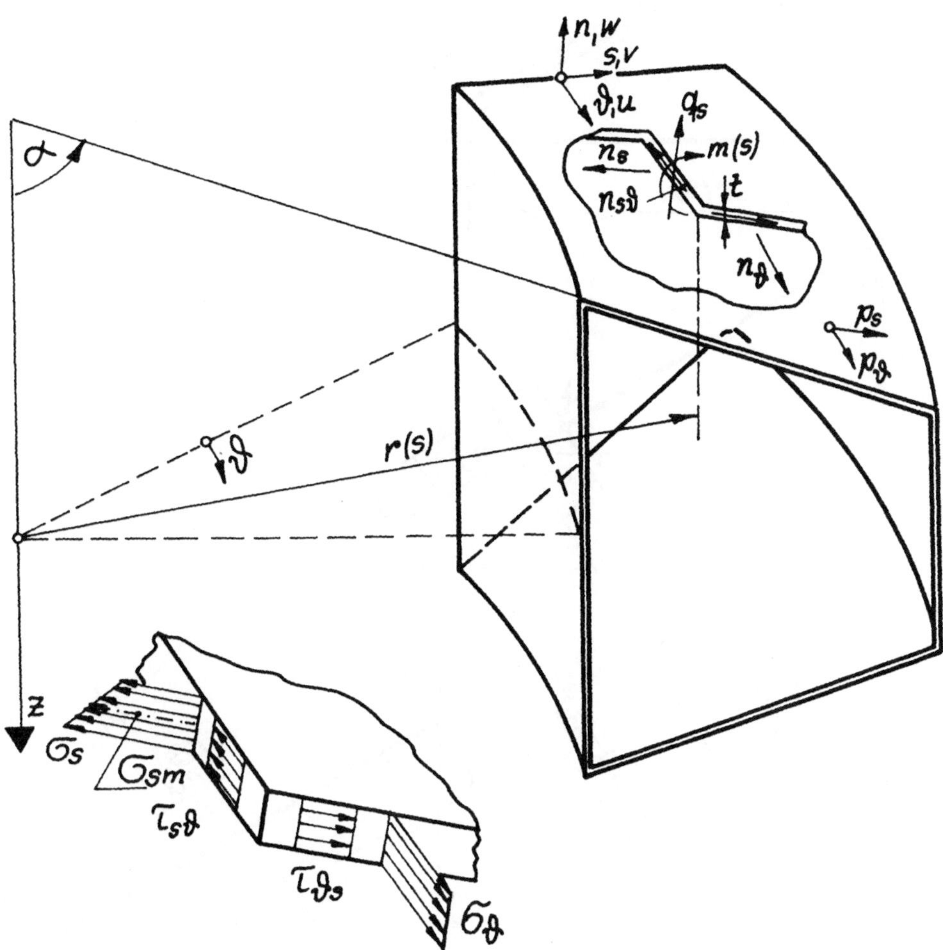

Bild 7.1 Halbmomentenfreies Schalenmodell für dünnwandige geschlossene Konstruktionen mit eben gekrümmter Systemachse

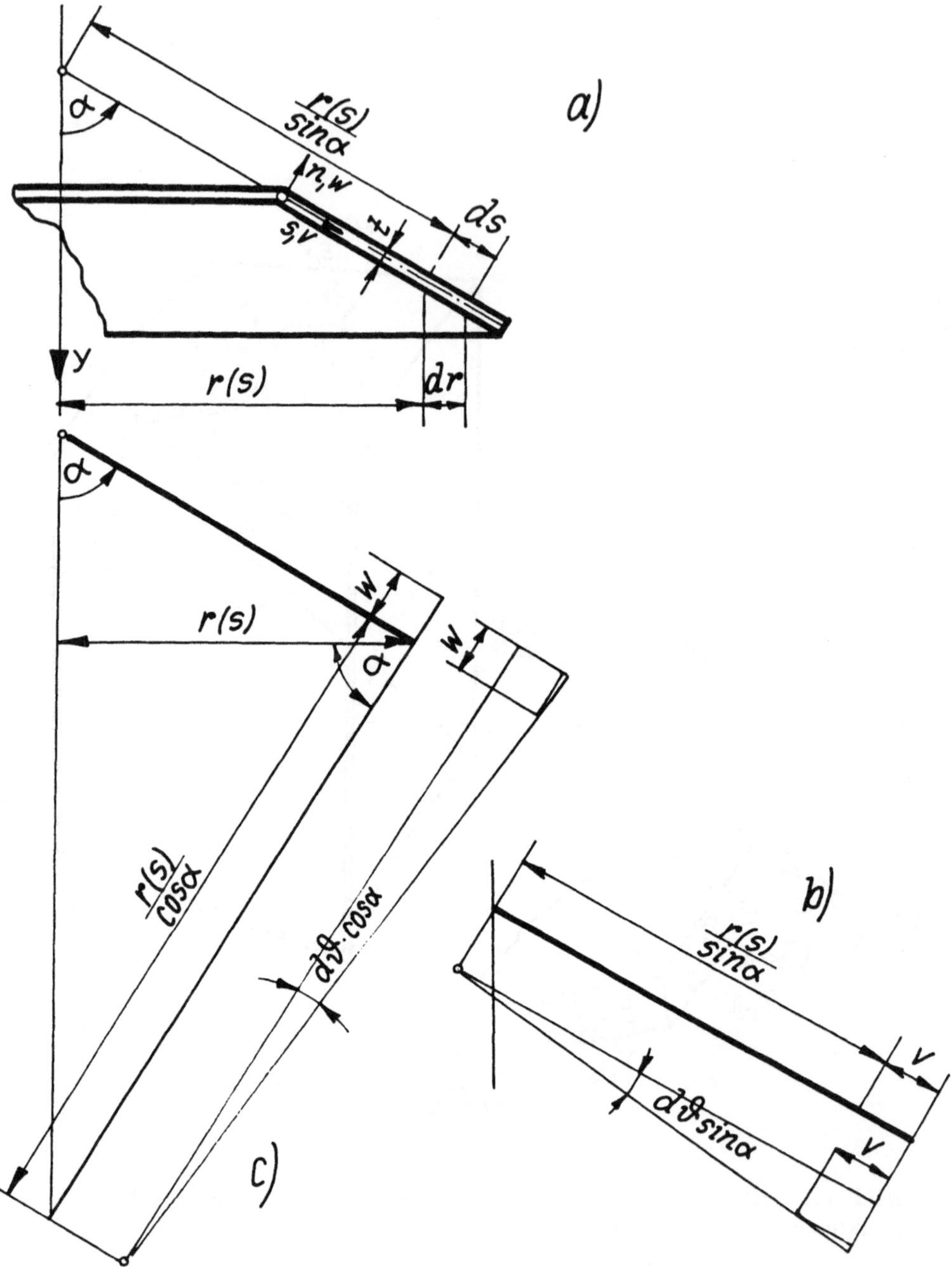

Bild 7.2 Verformungen eines unter dem Winkel α geneigten eben gekrümmten Wandelementes: a) Geometrie des Wandelementes, b) Verformung v in s–Richtung, c) Verformung w in n–Richtung

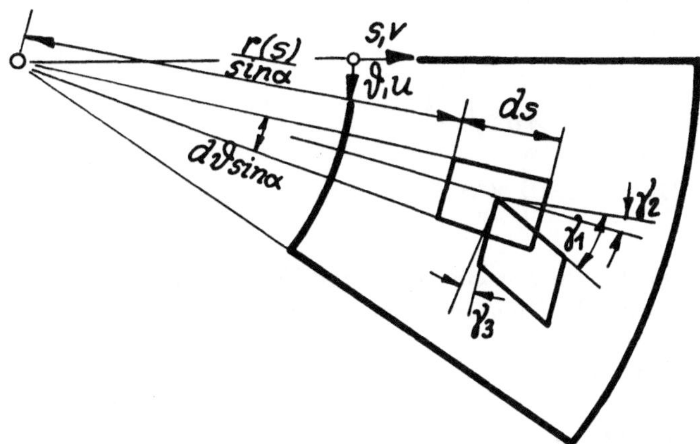

Bild 7.3   Ansicht auf ein geneigtes eben gekrümmtes Wandelement

Es gilt damit für ε_ϑ

$$\varepsilon_\vartheta = \frac{\partial u}{r\partial\vartheta} + \frac{v\sin\alpha}{r} + \frac{w\cos\alpha}{r} \qquad (7.1)$$

Bild 7.3 zeigt die Ansicht auf ein unter dem Winkel α zur Ringachse stehendes Wandflächenstück. Danach läßt sich der Gleitwinkel $\gamma_{\vartheta s}$ aus den Anteilen

$$\gamma_{\vartheta s} = \gamma_1 - \gamma_2 + \gamma_3$$

zusammensetzen.

$$\gamma_1 = \frac{\partial u}{\partial s}; \quad \gamma_2 = \frac{u}{r/\sin\alpha};$$

$$\gamma_3 = \frac{\partial v}{\dfrac{r}{\sin\alpha}\partial\vartheta\,\sin\alpha} = \frac{\partial v}{r\partial\vartheta}$$

$$\gamma_{\vartheta s} = \frac{\partial u}{\partial s} - \frac{u\sin\alpha}{r} + \frac{\partial v}{r\partial\vartheta} \qquad (7.2)$$

Das elastische Potential wird bei der Vernachlässigung der Dehnungen in s–Richtung $(\varepsilon_s \approx 0)$

$$\Pi = \frac{1}{2}\int\limits_{(\vartheta)}\oint\left[(\sigma_\vartheta\varepsilon_\vartheta + \tau_{\vartheta s}\gamma_{\vartheta s})\,t + \frac{m_s^2}{EI} - 2\,(p_\vartheta u + p_s v)\right]\,ds\,r\,d\vartheta$$

$$\Pi \;=\; \frac{1}{2} \int\limits_{(\vartheta)} \oint \left\{ \left[E \left(\frac{\partial u}{r\partial \vartheta} + \frac{v \sin \alpha}{r} + \frac{w \cos \alpha}{r} \right)^2 \right. \right.$$

$$\left. + \; G \left(\frac{\partial u}{\partial s} - \frac{u \sin \alpha}{r} + \frac{\partial v}{r\partial \vartheta} \right)^2 \right] t \tag{7.3}$$

$$+ \; \frac{m_s^2}{EI} - 2 \left(p_\vartheta u + p_s v \right) \right\} \, ds \; r \; d\vartheta$$

Es werden auch hier analog zu den Gln. (2.5) und (2.9) Reihenansätze für die Verschiebungen u, v, w und für die Querbiegemomente m_s eingeführt

$$
\begin{aligned}
u(\vartheta, s) &= \sum_{i=1}^{m} U_i(\vartheta) \varphi_i(s) \\
v(\vartheta, s) &= \sum_{k=1}^{n} V_k(\vartheta) \psi_k(s) \\
w(\vartheta, s) &= \sum_{k=1}^{n} V_k(\vartheta) \xi_k(s) \\
m_s(\vartheta, s) &= \sum_{k=1}^{n} V_k(\vartheta) m_k(s)
\end{aligned}
\tag{7.4}
$$

Darin sind die $U_i(\vartheta)$ und $V_k(\vartheta)$ wieder die verallgemeinerten Längs- und Querschiebungen und die $\varphi_i(s), \psi_k(s)$ und $\xi_k(s)$ verallgemeinerte Koordinatenfunktionen der Längs-, Quer- und Normalverschiebungen. Unter der eingangs gemachten Voraussetzung eines linearen Verlaufes der Längsverschiebungen u zwischen den Querschnittskanten entspricht der Freiheitsgrad m der Kantenanzahl des Querschnittes.

Die Anzahl n der verallgemeinerten Koordinatenfunktionen $\psi_k(s)$ und $\xi_k(s)$ ist bei vernachlässigten Querdehnungen ε_s gleich dem Freiheitsgrad des Querrahmenmechanismus $n = 2m - c$ mit c als der Anzahl der Querschnittswände. Der Querrahmenmechanismus wird aus dem elementaren Querrahmen, der hier ein Abschnitt $rd\vartheta$ der Konstruktion ist, durch Einfügen von Gelenken anstelle der biegesteifen Eckverbindungen gebildet. Unter $m_k(s)$ ist der Querbiegemomentenverlauf im elementaren Querrahmen infolge $V_k = 1$ zu verstehen. Da m_k als auf die Längeneinheit bezogenes Biegemoment betrachtet wird, können zu seiner Ermittlung die gleichen Überlegungen Anwendung finden wie beim elementaren Querrahmen des Systems mit gerader Achse.

Die Funktionen $\xi_k(s)$ sind verallgemeinerte Koordinatenfunktionen der Normalverschiebungen. Es werden hier nur diejenigen Normalverschiebungen berücksichtigt, die den Querverschiebungszuständen $\psi_k(s)$ zugeordnet sind. Außerdem mögliche Normalverschiebungszustände, die allein aus Kantendrehwinkeln entstehen, bleiben unberücksichtigt. Bei dynamischen Untersuchungen sind diese jedoch unbedingt einzubeziehen.

Werden die Reihenansätze (7.4) in das elastische Potential (7.3) eingesetzt, erhält man dieses in der Form:

$$
\Pi = \int\limits_{(\vartheta)} \oint \left\{ \left[\frac{E}{2} \left(\sum_{i=1}^{m} \frac{U_i'(\vartheta)\varphi_i(s)}{r(s)} + \sum_{k=1}^{n} \frac{V_k(\vartheta)\psi_k(s)}{r(s)} \sin\alpha \right. \right. \right.
$$

$$
\left. + \sum_{k=1}^{n} \frac{V_k(\vartheta)\xi_k(s)}{r(s)} \cos\alpha \right)^2 + \frac{G}{2} \left(\sum_{i=1}^{m} U_i(\vartheta)\varphi_i'(s) \right.
$$

$$
\left. \left. - \sum_{i=1}^{n} \frac{U_i(\vartheta)\varphi_i(s)}{r(s)} \sin\alpha + \sum_{k=1}^{n} \frac{V_k'(\vartheta)\psi_k(s)}{r(s)} \right)^2 \right] t(s)
$$

$$
+ \frac{1}{2EI} \left(\sum_{k=1}^{n} V_k(\vartheta)m_k(s) \right)^2
$$

$$
\left. - p_\vartheta \sum_{i=1}^{m} U_i(\vartheta)\varphi_i(s) - p_s \sum_{k=1}^{n} V_k(\vartheta)\psi_i(s) \right\} r(s)\, ds\, d\vartheta \qquad (7.5)
$$

Das Prinzip vom Minimum des elastischen Potentials führt nach Ausführung der Umlaufintegrale über die Querkoordinate s auf das Variationsproblem

$$
\Pi = \int\limits_{(\vartheta)} F(\vartheta, U_j, U_j', V_h, V_h')\, d\vartheta \Rightarrow \text{Min}; \quad j = 1, \ldots, m; h = 1, \ldots, n
$$

Die $m + n$ *Euler*schen Dgln.

$$
\begin{aligned}
\frac{\partial F}{\partial U_j} - \frac{d}{d\vartheta}\left(\frac{\partial F}{\partial U_j'} \right) &= 0; \quad j = 1, \ldots, m \\
\frac{\partial F}{\partial V_h} - \frac{d}{d\vartheta}\left(\frac{\partial F}{\partial V_h'} \right) &= 0; \quad h = 1, \ldots, n
\end{aligned}
\qquad (7.6)
$$

führen auf das System von $(m+n)$ Dgln. 2. Ordnung für die verallgemeinerten Längs– und Querverschiebungen U_i und V_k

$$
\frac{\gamma}{r_m^2} \sum_{i=1}^{m} a_{ji}^* U_i''(\vartheta) - \sum_{i=1}^{m} \left[b_{ji}^{**} + \frac{1}{r_m^2}\bar{a}_{ji}^* - \frac{1}{r_m}(\bar{f}_{ji} + \bar{g}_{ji}) \right] U_i(\vartheta)
$$

$$
- \frac{1}{r_m} \sum_{k=1}^{n} \left\{ c_{jk} - \frac{1}{r_m}\left[(1+\gamma)\bar{h}_{jk}^* + \gamma \bar{k}_{jk}^* \right] \right\} V_k'(\vartheta) + \frac{1}{G}p_{\vartheta j}(\vartheta) = 0; \quad j = 1, \ldots, m
$$

$$
(7.7)
$$

$$
\frac{1}{r_m} \sum_{i=1}^{m} \left\{ e_{hi} - \frac{1}{r_m}\left[(1+\gamma)\bar{l}_{hi}^* + \gamma \bar{m}_{hi}^* \right] \right\} U_i'(\vartheta) + \frac{1}{r_m^2} \sum_{k=1}^{n} r_{hk}^* V_k''(\vartheta)
$$

$$
- \gamma \sum_{k=1}^{n} \left[s_{hk}^{**} + \frac{1}{r_m^2}(\bar{r}_{hk}^* + \bar{u}_{hk}^* + \bar{t}_{hk}^* + \bar{v}_{hk}^*) \right] V_k(\vartheta) + \frac{1}{G}p_{sh}(\vartheta) = 0; \quad h = 1, \ldots, n
$$

In den Gln. (7.7) wurde folgende Abkürzung verwendet

$$\gamma = \frac{E}{G}$$

Außerdem bedeuten

$$
\begin{aligned}
a_{ji}^* &= \oint \frac{\varphi_j(s)\varphi_i(s)}{\beta(s)} t(s)\, ds \\[2mm]
\bar{a}_{ji}^* &= \oint \frac{\varphi_j(s)\varphi_i(s)}{\beta(s)} \sin^2\alpha\, t(s)\, ds \\[2mm]
b_{ji}^{**} &= \oint \varphi_j'(s)\varphi_i'(s)\beta(s)t(s)\, ds \\[2mm]
\bar{v}_{hk}^* &= \oint \frac{\xi_h(s)\xi_k(s)}{\beta(s)} \cos^2\alpha\, t(s)\, ds \\[2mm]
\bar{f}_{ji} &= \oint \varphi_j(s)\varphi_i'(s)\sin\alpha\, t(s)\, ds \\[2mm]
\bar{g}_{ji} &= \oint \varphi_j'(s)\varphi_i(s)\sin\alpha\, t(s)\, ds \\[2mm]
c_{jk} &= \oint \varphi_j'(s)\psi_k(s)t(s)\, ds \\[2mm]
e_{hi} &= \oint \psi_h(s)\varphi_i'(s)t(s)\, ds \\[2mm]
\bar{h}_{jk}^* &= \oint \frac{\varphi_j(s)\psi_k(s)}{\beta(s)} \sin\alpha\, t(s)\, ds \\[2mm]
\bar{l}_{hi}^* &= \oint \frac{\psi_h(s)\varphi_i(s)}{\beta(s)} \sin\alpha\, t(s)\, ds \\[2mm]
\bar{k}_{jk}^* &= \oint \frac{\varphi_j(s)\xi_k(s)}{\beta(s)} \cos\alpha\, t(s)\, ds \\[2mm]
\bar{m}_{hi}^* &= \oint \frac{\xi_h(s)\varphi_i(s)}{\beta(s)} \cos\alpha\, t(s)\, ds \\[2mm]
\bar{t}_{hk}^* &= \oint \frac{\psi_h(s)\xi_k(s)}{\beta(s)} \sin\alpha\cos\alpha\, t(s)\, ds \\[2mm]
r_{hk}^* &= \oint \frac{\psi_h(s)\psi_k(s)}{\beta(s)} t(s)\, ds \\[2mm]
\bar{u}_{hk}^* &= \oint \frac{\xi_h(s)\psi_k(s)}{\beta(s)} \sin\alpha\cos\alpha\, t(s)\, ds \\[2mm]
\bar{r}_{hk}^* &= \oint \frac{\psi_h(s)\psi_k(s)}{\beta(s)} \sin^2\alpha\, t(s)\, ds \\[2mm]
s_{hk}^{**} &= \frac{1}{E} \oint \frac{m_h(s)m_k(s)}{EI} \beta(s)\, ds
\end{aligned}
\tag{7.8}
$$

verallgemeinerte Querschnittswerte und

$$
\begin{aligned}
p_{\vartheta j}(\vartheta) &= \oint p_\vartheta(\vartheta,s)\varphi_j(s)\beta(s)\, ds \\[2mm]
p_{sh}(\vartheta) &= \oint p_s(\vartheta,s)\psi_h(s)\beta(s)\, ds
\end{aligned}
\tag{7.9}
$$

verallgemeinerte Belastungen. Auch der Neigungswinkel α ist, streng betracht, von s abhängig. Wegen der Annahme gerader Querschnittskonturlinien ist α aber abschnittsweise konstant. Auf eine Kennzeichnung dieser Abhängigkeit in den Gln. 7.5 und 7.8 wurde jedoch verzichtet. Dies gilt auch für alle weiteren Gleichungen. Mit

$$\beta(s) = \frac{r(s)}{r_m} \tag{7.10}$$

wird eine dimensionslose Hilfsfunktion definiert, die den Abstand zur Ringachse auf den Abstand eines ausgewählten Querschnittspunktes, z.B. des Querschnittsschwerpunktes, bezieht.

Die Funktionswerte der verallgemeinerten Verschiebungen $U_i(\vartheta)$ und $V_k(\vartheta)$ an den Strukturenden $\vartheta = \vartheta_0$ und $\vartheta = \vartheta_l$ sind die wesentlichen Randbedingungen des Variationsproblems. Die natürlichen Randbedingungen der Variationsaufgabe, d.h. die Ableitungen $\partial F/\partial U_j'$ und $\partial F/\partial V_h'$ an den Strukturenden, führen für die Spannungen σ_ϑ und $\tau_{\vartheta s}$

$$\sigma_\vartheta(\vartheta,s) \;=\; E\varepsilon_\vartheta \;=\; \frac{E}{r_m}\left[\sum_{i=1}^{m}\frac{U_i'(\vartheta)\varphi_i(s)}{\beta(s)} \right.$$
$$\left. + \; \sum_{k=1}^{n}V_k(\vartheta)\frac{\psi_k(s)\sin\alpha + \xi_k(s)\cos\alpha}{\beta(s)}\right] \tag{7.11}$$

$$\tau_{\vartheta s}(\vartheta,s) \;=\; G\gamma_{\vartheta s} \;=\; G\left[\sum_{i=1}^{m}U_i(\vartheta)\varphi_i'(s) \right.$$
$$- \; \frac{1}{r_m}\sum_{i=1}^{m}\frac{U_i(\vartheta)\varphi_i(s)\sin\alpha}{\beta(s)}$$
$$\left. + \; \frac{1}{r_m}\sum_{k=1}^{n}\frac{V_k'(\vartheta)\psi_k(s)}{\beta(s)}\right] \tag{7.12}$$

hier zu der Definition der verallgemeinerten Längs– und Querkräfte

$$\frac{\partial F}{\partial U_j'(\vartheta)} \;\equiv\; P_j(\vartheta) \;=\; \oint \sigma_\vartheta(\vartheta,s)\varphi_j(s)t(s)\,ds$$
$$= \; \frac{E}{r_m}\left[\sum_{i=1}^{m}a_{ji}^*U_i(\vartheta) + \sum_{k=1}^{n}(\bar{h}_{jk}^* + \bar{k}_{jk}^*)V_k(\vartheta)\right] \tag{7.13}$$

$$\frac{\partial F}{\partial V_h'(\vartheta)} \;\equiv\; Q_h(\vartheta) \;=\; \oint \tau_{\vartheta s}(\vartheta,s)\psi_h(s)t(s)\,ds$$
$$= \; G\left[\sum_{i=1}^{m}\left(e_{hi} - \frac{1}{r_m}\bar{l}_{hi}^*\right)U_i(\vartheta) \right.$$
$$\left. + \; \frac{1}{r_m}\sum_{k=1}^{n}r_{hk}^*V_k'(\vartheta)\right] \tag{7.14}$$

Führt man im Dgl.–System (7.7) einen Grenzübergang für $r_m \to \infty, \beta \to 1, r_m d\vartheta \to dz$ durch und beachtet, daß dabei $a_{ji}^* \to a_{ji}, b_{ji}^{**} \to b_{ji}, r_{hk}^* \to r_{hk}$ und $s_{hk}^{**} \to s_{hk}$ gilt, wobei die a_{ji}, b_{ji}, r_{hk} und s_{hk} den Definitionen in Gl. (2.15) entsprechen, dann erhält man das Dgl.–System des halbmomentenfreien Schalenmodells mit gerader Stabachse, wie es in (2.19) enthalten ist. Dort ist allerdings konsequenterweise mit $\nu = 0$ das Verhältnis $\gamma = E/G = 2$ gesetzt worden. Auch die Beziehungen für die verallgemeinerten Schnittkräfte (7.13) und (7.14) gehen in die der Struktur mit gerader Systemachse über.

7.1.2 Lösungsverfahren

Bedingt durch die stärkere mechanische Kopplung der einzelnen Verformungsanteile gegenüber dem System mit gerader Achse, scheiden analytische Verfahren von vornherein aus. Es soll hier ausschließlich auf Lösungsalgorithmen unter Verwendung von Übertragungsmatrizen mit numerischer Stabilisierung entsprechend Abschnitt 3.2 orientiert werden. Zu diesem Zweck ist das Dgl.–System (7.7) in ein System von $2(m+n)$–Dgln. 1. Ordnung zu überführen. Dies erfolgt wieder in Matrizenschreibweise, und es werden dazu die folgenden Vektoren und Matrizen definiert

$$
\begin{aligned}
\mathbf{U}^T &= [U_1\ U_2\ \ldots U_m]; & \boldsymbol{\varphi}^T &= [\varphi_1\ \varphi_2\ \ldots \varphi_m] \\
\mathbf{V}^T &= [V_1\ V_2\ \ldots V_n]; & \boldsymbol{\psi}^T &= [\psi_1\ \psi_2\ \ldots \psi_n] \\
\mathbf{P}^T &= [P_1\ P_2\ \ldots P_m]; & \boldsymbol{\xi}^T &= [\xi_1\ \xi_2\ \ldots \xi_n] \\
\mathbf{Q}^T &= [Q_1\ Q_2\ \ldots Q_n]; & \mathbf{f}_\vartheta^T &= [p_{\vartheta 1}\ p_{\vartheta 2}\ \ldots p_{\vartheta m}] \\
\mathbf{m}^T &= [m_1\ m_2\ \ldots m_n]; & \mathbf{f}_s^T &= [p_{s1}\ p_{s2}\ \ldots p_{sn}]
\end{aligned}
\tag{7.15}
$$

$$
\begin{aligned}
\mathbf{A}^* &= \oint \frac{\boldsymbol{\varphi}\boldsymbol{\varphi}^T}{\beta}t(s)\,ds; & \bar{\mathbf{A}}^* &= \oint \boldsymbol{\varphi}\boldsymbol{\varphi}^T\frac{\sin^2\alpha}{\beta}t(s)\,ds \\[6pt]
\mathbf{B}^{**} &= \oint \boldsymbol{\varphi}'\boldsymbol{\varphi}'^T\beta t(s)\,ds; & \bar{\mathbf{V}}^* &= \oint \boldsymbol{\xi}\boldsymbol{\xi}^T\frac{\cos^2\alpha}{\beta}t(s)\,ds \\[6pt]
\bar{\mathbf{F}} &= \oint \boldsymbol{\varphi}\boldsymbol{\varphi}'^T\sin\alpha\,t(s)\,ds; & \bar{\mathbf{G}} &= \bar{\mathbf{F}}^T \\[6pt]
\mathbf{C} &= \oint \boldsymbol{\varphi}'\boldsymbol{\psi}^T t(s)\,ds; & \mathbf{E} &= \mathbf{C}^T \\[6pt]
\bar{\mathbf{H}}^* &= \oint \boldsymbol{\varphi}\boldsymbol{\psi}^T\frac{\sin\alpha}{\beta}t(s)\,ds; & \bar{\mathbf{L}}^* &= \bar{\mathbf{H}}^{*T} \\[6pt]
\bar{\mathbf{K}}^* &= \oint \boldsymbol{\varphi}\boldsymbol{\xi}^T\frac{\cos\alpha}{\beta}t(s)\,ds; & \bar{\mathbf{M}}^* &= \bar{\mathbf{K}}^{*T} \\[6pt]
\bar{\mathbf{T}}^* &= \oint \boldsymbol{\psi}\boldsymbol{\xi}^T\frac{\sin\alpha\cos\alpha}{\beta}t(s)\,ds; & \bar{\mathbf{U}}^* &= \bar{\mathbf{T}}^{*T} \\[6pt]
\bar{\mathbf{S}}^{**} &= \frac{1}{E}\oint \boldsymbol{\xi}''\boldsymbol{\xi}''^T EI\beta\,ds; & \mathbf{R}^* &= \oint \boldsymbol{\psi}\boldsymbol{\psi}^T\frac{1}{\beta}t(s)\,ds \\[6pt]
\bar{\mathbf{R}}^* &= \oint \boldsymbol{\psi}\boldsymbol{\psi}^T\frac{\sin^2\alpha}{\beta}t(s)\,ds
\end{aligned}
\tag{7.16}
$$

Unter Verwendung des Zustandsvektors

$$\mathbf{y}^T = [\mathbf{U}^T \ \mathbf{V}^T \ \mathbf{P}^T \ \mathbf{Q}^T \ 1]$$

wird das System

$$\frac{1}{r_m}\frac{d\mathbf{y}}{d\vartheta} = \mathcal{B}^*\mathbf{y} \qquad (7.17)$$

mit der Systemmatrix $\mathcal{B}^*$ nach Gl. (7.18) erhalten

$$\mathcal{B}^* = \begin{bmatrix} \mathbf{0} & \mathcal{B}_{12}^* & \mathcal{B}_{13}^* & \mathbf{0} & \mathbf{o} \\ \mathcal{B}_{21}^* & \mathbf{0} & \mathbf{0} & \mathcal{B}_{24}^* & \mathbf{o} \\ \mathcal{B}_{31}^* & \mathbf{0} & \mathbf{0} & \mathcal{B}_{34}^* & -\mathbf{f}_\vartheta \\ \mathbf{0} & \mathcal{B}_{42}^* & \mathcal{B}_{43}^* & \mathbf{0} & -\mathbf{f}_s \\ \mathbf{o}^T & \mathbf{o}^T & \mathbf{o}^T & \mathbf{o}^T & 0 \end{bmatrix} \qquad (7.18)$$

$$\begin{aligned} \mathcal{B}_{12}^* &= -\frac{1}{r_m}\mathbf{A}^{*-1}(\bar{\mathbf{H}}^* + \bar{\mathbf{K}}^*) \\[2mm] \mathcal{B}_{13}^* &= \frac{1}{E}\mathbf{A}^{*-1} \\[2mm] \mathcal{B}_{21}^* &= -\mathbf{R}^{*-1}(\mathbf{C} - \frac{1}{r_m}\bar{\mathbf{H}}^*)^T \\[2mm] \mathcal{B}_{24}^* &= \frac{1}{G}\mathbf{R}^{*-1} \\[2mm] \mathcal{B}_{31}^* &= G\left[\mathbf{B}^{**} + \frac{1}{r_m^2}\bar{\mathbf{A}}^* - \frac{1}{r_m}(\bar{\mathbf{F}} + \bar{\mathbf{F}}^T)\right. \\ &\quad \left. - (\mathbf{C} - \frac{1}{r_m}\bar{\mathbf{H}}^*)\mathbf{R}^{*-1}(\mathbf{C} - \frac{1}{r_m}\bar{\mathbf{H}}^*)^T\right] \\[2mm] \mathcal{B}_{34}^* &= (\mathbf{C} - \frac{1}{r_m}\bar{\mathbf{H}}^*)\mathbf{R}^{*-1} \\[2mm] \mathcal{B}_{42}^* &= E\left[\mathbf{S}^{**} + \frac{1}{r_m^2}(\bar{\mathbf{R}}^* + \bar{\mathbf{T}}^{*T} + \bar{\mathbf{T}}^* + \bar{\mathbf{V}}^*)\right. \\ &\quad \left. - \frac{1}{r_m^2}(\bar{\mathbf{H}}^* + \bar{\mathbf{K}}^*)^T\mathbf{A}^{*-1}(\bar{\mathbf{H}}^* + \bar{\mathbf{K}}^*)\right] \\[2mm] \mathcal{B}_{43}^* &= \frac{1}{r_m}(\bar{\mathbf{H}}^* + \bar{\mathbf{K}}^*)^T\mathbf{A}^{*-1} \end{aligned} \qquad (7.19)$$

In Gl. (7.18) sind $\mathbf{0}$ Nullmatrizen und $\mathbf{o}$ Nullvektoren.

Das weitere Vorgehen bei der numerischen Lösung des Dgl.–Systems (7.17) folgt dann den Ausführungen des Abschnittes 3.2. Die numerische Lösung der Gleichungen für die halbmomentenfreie Schale mit eben gekrümmter Systemachse kann auch mit der Finite–Elemente–Methode erfolgen. Ausgangspunkt ist dann die Gleichung (7.5) für das elastische Potential. Die Entwicklung der finiten Elemente entspricht der Vorgehensweise des Abschnittes 3.3 mit den im Kapitel 4 gegebenen Ergänzungen. Es wird daher hier auf weitere Ausführungen verzichtet.

7.1.3 Beispiele

Als Anwendungsbeispiel soll ein Ringträger mit doppelt symmetrischem Kastenquerschnitt betrachtet werden. Der Querschnitt einschließlich der Vorzeichendefinition der Koordinaten ist in Bild 7.4 dargestellt. Bild 7.4 enthält außerdem die zugrundegelegten Koordinatenfunktionen $\varphi_i(s)$, $\psi_k(s)$ und $\xi_k(s)$ sowie die Querbiegemomente $m_k(s)$ im elementaren Querrahmen. Der funktionelle Verlauf der Koordinatenfunktion $\xi_4(s)$ wird nach klassischen baustatischen Methoden ermittelt und läßt sich durch die folgenden Funktionen beschreiben

$$f_{41}(\bar{s}_1) = \frac{4\bar{s}_1^3 - 6\bar{s}_1^2 - \left(\dfrac{\mu}{\lambda} - 1\right)\bar{s}_1 + \dfrac{1}{2}\left(\dfrac{\mu}{\lambda} + 1\right)}{\dfrac{\mu}{\lambda} + 1}$$

$$f_{42}(\bar{s}_2) = \frac{4\bar{s}_2^3 - 6\bar{s}_2^2 - \left(\dfrac{\lambda}{\mu} - 1\right)\bar{s}_2 + \dfrac{1}{2}\left(\dfrac{\lambda}{\mu} + 1\right)}{\dfrac{\lambda}{\mu} + 1}$$

$$\lambda = \frac{d_1}{d_2}; \quad \mu = \frac{I_1}{I_2}; \quad \bar{s}_1 = \frac{s}{d_1}; \quad \bar{s}_2 = \frac{s}{d_2}$$

Zur Vereinfachung der Berechnung der verallgemeinerten Querschnittswerte, die $\xi_4(s)$ enthalten, kann auch eine linearisierte Darstellung dieser Koordinatenfunktion verwendet werden, wie sie im Bild 7.4 gestrichelt eingezeichnet ist. Vergleichsrechnungen haben gezeigt, daß die Auswirkungen einer solchen Vereinfachung sehr gering sind.

Die Ermittlung der verallgemeinerten Querschnittswerte kann auch hier wieder nach Unterteilung des Integrationsbereiches in r Teilbereiche und Übergang auf dimensionslose Koordinaten $\bar{s}_r = s_r/l_r$ unter Verwendung der aus der Baustatik bekannten Integrale

$$\int_0^1 f_1(\xi) f_2(\xi)\, d\xi$$

vorgenommen werden, wie dies im Abschnitt 4.1 beschrieben ist. Dabei ist allerdings zu beachten, daß hier auch Integrale der Form

$$\int_0^1 f_1(\xi) f_2(\xi) f_3(\xi)\, d\xi$$

auftreten und Kombinationen von Funktionen im Integranden stehen können, die in den baustatischen Integrationstabellen üblicherweise nicht enthalten sind. Diese Tabellen sind dann gegebenenfalls zu erweitern. Beispielhaft dafür wird dies an einem Integral gezeigt, bei dem der Kehrwert der Hilfsfunktion $\beta(s)$ im Integranden auftritt. Es sei für einen Gurtbereich (vgl. Bild 7.4) die Kombination

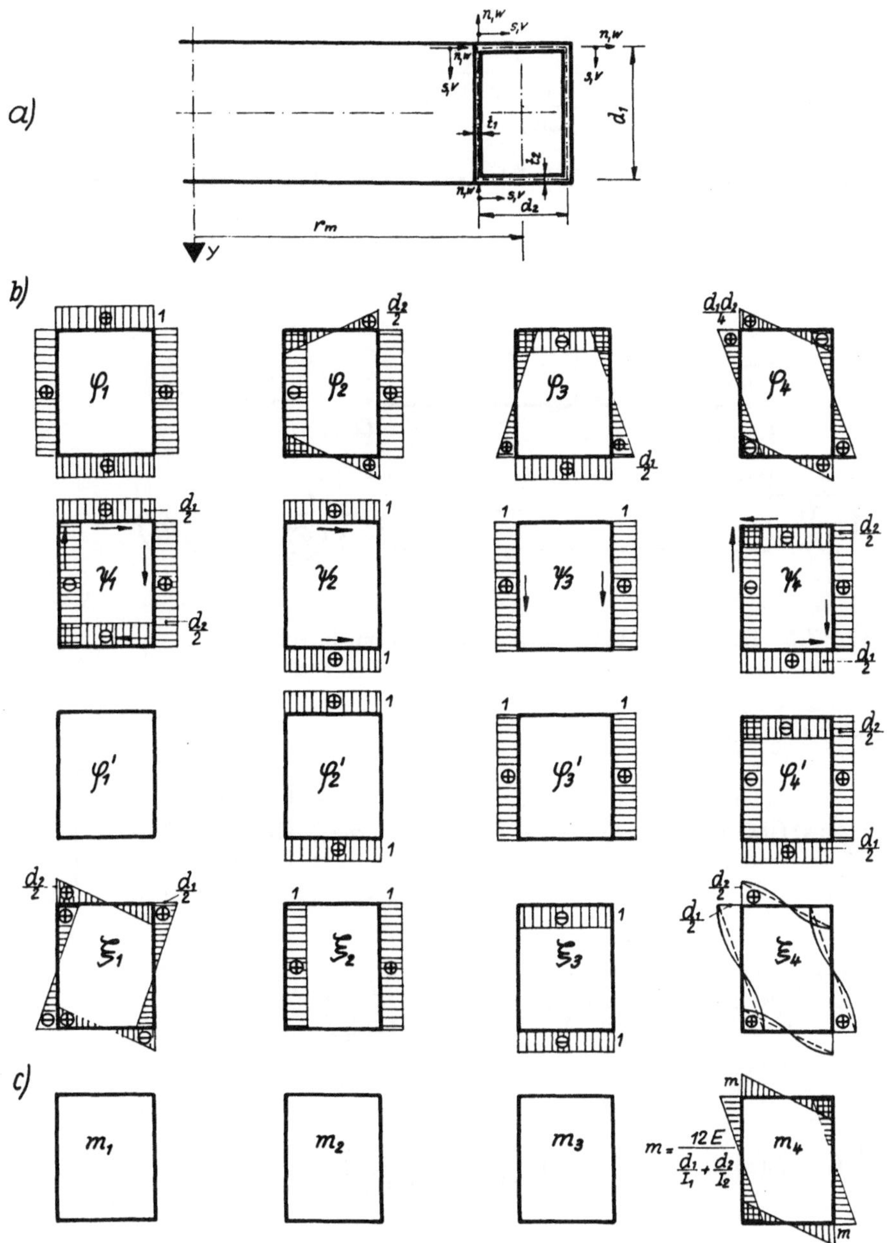

Bild 7.4   Ringträger mit doppelt symmetrischem Kastenquerschnitt: a) Querschnitt und geometrische Parameter, b) Koordinatenfunktionen $\varphi_i(s), \psi_k(s)$ und $\xi_k(s)$, c) Querbiegemomente $m_k(s)$

$$f_1(\bar{s}) = (1 - 2\bar{s})a$$

$$f_2(\bar{s}) = \frac{1}{\beta(\bar{s})} = \frac{r_m}{r(\bar{s})} = \frac{1}{1 - \dfrac{d_2}{2r_m}(1 - 2\bar{s})}$$

als Integrand gegeben (s. Bild 7.5). Die Lösung des Integrals wird durch eine Reihen-

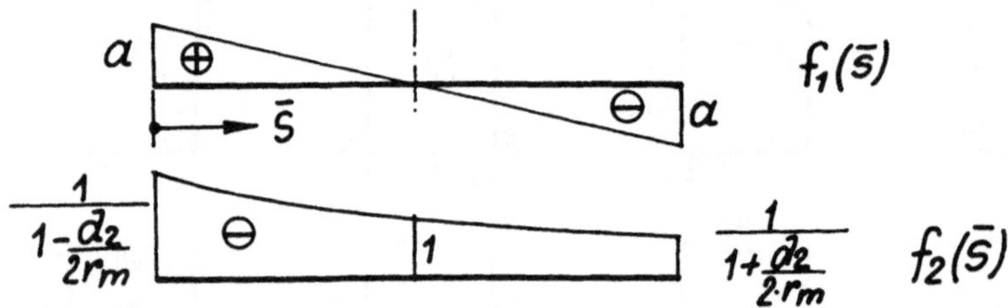

Bild 7.5   Beispiel für Funktionskombination im Integranden

entwicklung angenähert

$$\int_0^1 f_1(\bar{s})f_2(\bar{s})\,d\bar{s} = \int_0^1 \frac{(1 - 2\bar{s})a}{1 - \dfrac{d_2}{2r_m}(1 - 2\bar{s})}\,d\bar{s} = 2a\frac{r_m^2}{d_2^2}\left[\ln\frac{1 + \dfrac{d_2}{2r_m}}{1 - \dfrac{d_2}{2r_m}} - \frac{d_2}{r_m}\right]$$

$$\ln\frac{1 + \dfrac{d_2}{2r_m}}{1 - \dfrac{d_2}{2r_m}} - \frac{d_2}{r_m} \approx \frac{1}{12}\frac{d_2^3}{r_m^3}\left(1 + \frac{3d_2^2}{20r_m^2} + \frac{3d_2^4}{112r_m^4}\right)$$

$$\int_0^1 f_1(\bar{s})f_2(\bar{s})\,d\bar{s} \approx a\frac{d_2}{6r_m}\left(1 + \frac{3d_2^2}{20r_m^2} + \frac{3d_2^4}{112r_m^4}\right)$$

Werden auf diese Weise alle verallgemeinerten Querschnittswerte nach Gl. (7.8) bzw. deren Matrizen nach Gl. (7.16) ermittelt, erhält man entsprechend Gl. (7.17) mit den Gln. (7.18) und (7.19) das folgende System von 16 Differentialgleichungen 1. Ordnung

$$U_1'(\vartheta) = -V_2(\vartheta) + \frac{r_m}{2E(A_{St} + A_G)}P_1(\vartheta) + \frac{1}{2E(A_{St} + A_G)}P_2(\vartheta)$$

$$U_2'(\vartheta) = \frac{1}{2E(A_{St} + A_G)}P_1(\vartheta)$$

$$+ \frac{r_m}{E}\left[\frac{1}{\frac{A_{St}}{\kappa}\frac{d_2^2}{2} + A_G\frac{d_2^2}{6}\lambda_1} + \frac{1}{2r_m^2(A_{St} + A_G)}\right]P_2(\vartheta)$$

$$U_3'(\vartheta) = V_1(\vartheta) - V_4(\vartheta) + \frac{r_m}{E\frac{d_1^2}{6}(A_{St} + 3A_G)}P_3(\vartheta)$$

$$+ \frac{1}{E\frac{d_1^2}{6}(A_{St} + 3A_G)}P_4(\vartheta)$$

$$U_4'(\vartheta) = \frac{1}{E\frac{d_1^2}{6}(A_{St} + 3A_G)}P_3(\vartheta)$$

$$+ \frac{r_m}{E}\left[\frac{1}{\frac{d_1^2 d_2^2}{24}\left(\frac{A_{St}}{\kappa} + A_G\lambda_1\right)} + \frac{1}{\frac{r_m^2 d_1^2}{6}(A_{St} + 3A_G)}\right]P_4(\vartheta)$$

$$V_1'(\vartheta) = -U_3(\vartheta) + \frac{r_m}{G}N_1Q_1(\vartheta) + \frac{1}{4GA_{St}}Q_3(\vartheta) - \frac{r_m}{G}N_2Q_4(\vartheta)$$

$$V_2'(\vartheta) = U_1(\vartheta) - r_m U_2(\vartheta) + \frac{r_m}{2GA_G\lambda_2}Q_2(\vartheta)$$

$$V_3'(\vartheta) = -r_m U_3(\vartheta) - \frac{d_2^2}{4}U_4(\vartheta) + \frac{1}{4GA_{St}}Q_1(\vartheta) + \frac{r_m}{2GA_{St}}Q_3(\vartheta) + \frac{1}{4GA_{St}}Q_4(\vartheta)$$

$$V_4'(\vartheta) = -r_m U_4(\vartheta) - \frac{r_m}{G}N_2Q_1(\vartheta) + \frac{1}{4GA_{St}}Q_3(\vartheta) + \frac{r_m}{G}N_1Q_4(\vartheta)$$

$$P_1'(\vartheta) = -Q_2(\vartheta) - r_m p_{\vartheta 1}(\vartheta)$$

$$P_2'(\vartheta) = r_m Q_2(\vartheta) - r_m p_{\vartheta 2}(\vartheta)$$

$$P_3'(\vartheta) = Q_1(\vartheta) + r_m Q_3(\vartheta) - r_m p_{\vartheta 3}(\vartheta)$$

$$P_4'(\vartheta) = \frac{d_2^2}{4}Q_3(\vartheta) + r_m Q_4(\vartheta) - r_m p_{\vartheta 4}(\vartheta)$$

$$Q_1'(\vartheta) = -P_3(\vartheta) - r_m p_{s1}(\vartheta)$$

$$Q_2'(\vartheta) = P_1(\vartheta) - r_m p_{s2}(\vartheta)$$

$$Q_3'(\vartheta) = -r_m p_{s3}(\vartheta)$$

$$Q_4'(\vartheta) = r_m E\frac{96}{\frac{d_1}{I_1} + \frac{d_2}{I_2}}V_4(\vartheta) + P_3(\vartheta) - r_m p_{s4}(\vartheta)$$

mit den Abkürzungen

$$\kappa = 1 - \left(\frac{d_2}{2r_m}\right)^2$$

$$\lambda_1 = 1 + \frac{3d_2^2}{20r_m^2} + \frac{3d_2^4}{112r_m^4}$$

$$\lambda_2 = 1 + \frac{d_2^2}{12r_m^2} + \frac{d_2^4}{80r_m^4}$$

$$N_1 = \frac{A_{St}\dfrac{d_2^2}{2} + A_G\dfrac{d_1^2}{2}\lambda_2}{A_{St}d_2^2 A_G d_1^2 \lambda_2}$$

$$N_2 = \frac{\dfrac{A_{St}}{\kappa}\dfrac{d_2^2}{2} - A_G\dfrac{d_1^2}{2}\lambda_2}{\dfrac{A_{St}}{\kappa}d_2^2 A_G d_1^2 \lambda_2} \cdot \frac{\dfrac{A_{St}}{\kappa}\dfrac{d_2^2}{2} + \dfrac{A_G}{\kappa}\dfrac{d_1^2}{2}\lambda_2}{\dfrac{A_{St}}{\kappa}\dfrac{d_2^2}{2} + A_G\dfrac{d_1^2}{2}\lambda_2} - \frac{\dfrac{1}{2\kappa}\left(\dfrac{d_2}{2r_m}\right)^2}{\dfrac{A_{St}}{\kappa}\dfrac{d_2^2}{2} + A_G\dfrac{d_1^2}{2}\lambda_2}$$

Es zeigt sich, daß die Differentialgleichungen für U_1, U_2, V_2, P_1, P_2 und Q_2 von den übrigen Differentialgleichungen vollständig entkoppelt sind. Dies entspricht wegen des zur Ringebene symmetrischen Querschnittes der Abkopplung der Verformungen, die nur in der Ringebene liegen. Die beiden Teilsysteme können deshalb bei der numerischen Lösung auch getrennt behandelt werden.

Das vorliegende Differentialgleichungssystem wird im folgenden für einen einseitig eingespannten, geschlitzten Ringträger und einen geschlossenen Ringträger auf drei Stützen unter vertikalen Einzellasten numerisch gelöst. In der Ringebene sollen jeweils keine Belastungen vorliegen, so daß die Lösungen für U_1, U_2, V_2, P_1, P_2 und Q_2 entfallen. Die numerischen Lösungen werden vorwiegend mit dem Lösungskonzept des Übertragungsmatrizenverfahrens mit numerischer Stabilisierung gemäß Abschnitt 3.2 vorgenommen. Außerdem wurden hierzu in [81] Untersuchungen zur Anwendbarkeit anderer Einschrittverfahren durchgeführt.

7.1.3.1 Geschlitzter Ringträger

Es soll der im Bild 7.6 dargestellte geschlitzte Ringträger berechnet werden. Der Träger ist einseitig starr eingespannt und an seinem freien Ende durch eine vertikale Einzellast belastet. Die Lasteintragung soll symmetrisch in beide Stegebenen erfolgen, so daß an der Einleitungsstelle kein Torsionsmoment Q_1 und keine verallgemeinerte Querkraft Q_4, sondern nur eine Querkraft Q_3 eingetragen wird. Das System wurde in verschiedenen Varianten berechnet

1. System ohne Schotte

2. System mit starrem Schott am freien Ende

3. System mit starrer Endplatte $[U_4(\vartheta = 360^\circ) = 0, V_4(\vartheta = 360^\circ) = 0]$

4. System mit 4 starren Schotten bei $\vartheta = 90^\circ, 180^\circ, 270^\circ, 360^\circ$

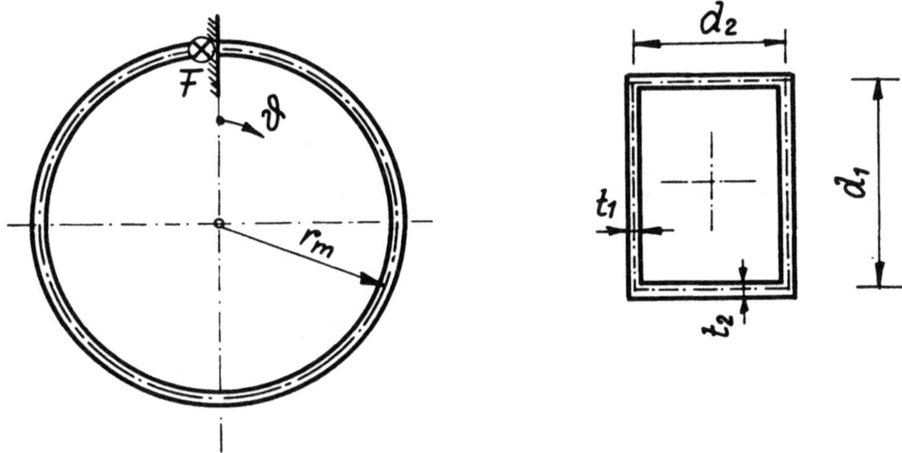

Bild 7.6 Einseitig eingespannter, geschlitzter Ringträger unter Einzellast

Die Ergebnisse sind in den Bildern 7.7 bis 7.13 dargestellt. Bild 7.7 enthält die verallgemeinerten Schnittkräfte P_3, Q_1 und Q_3, die durch die hier erfolgte Auswahl der verallgemeinerten Koordinatenfunktionen den klassischen Schnittgrößen Biegemoment, Torsionsmoment und Querkraft entsprechen. Sie sind, da das System äußerlich statisch bestimmt gelagert ist, in allen 4 Berechnungsvarianten identisch. Die verallgemeinerte Verschiebung U_3, die hier dem Querschnittsdrehwinkel um die horizontale Achse entspricht, ist nicht dargestellt. Sie unterscheidet sich in den 4 Berechnungsvarianten nur unwesentlich.

In Bild 7.8 ist der Verlauf der verallgemeinerten Verschiebung U_4 dargestellt, in Bild 7.9 gemeinsam der Verlauf des Verdrehwinkels V_1 und der vertikalen Absenkung V_3 und in Bild 7.10 die verallgemeinerte Verschiebung V_4, die der Konturverformung entspricht. Es zeigt sich, daß durch die Anordnung eines starren Endschottes bzw. einer starren Endplatte am freien Ende die Konturverformung bzw. die Konturverformung und die Verwölbung verhindert werden. Die Auswirkungen auf die Ergebnisse beschränken sich im wesentlichen auf den Bereich des Trägerendes. Durch 4 starre Schotte (Variante 4) wird dagegen der Charakter des Funktionsverlaufes stark verändert. Dies gilt auch für die Verläufe der verallgemeinerten Schnittkräfte P_4 und Q_4 in den Bildern 7.11 und 7.12 In Bild 7.12 ist der Sprung im Q_4-Verlauf durch die eingeleiteten Querkräfte Q_4 an den starren Schotten bei $\vartheta = 90^0$ und $\vartheta = 270^0$ zu erkennen. Bild 7.13 enthält den Normalspannungsverlauf σ_ϑ für den oberen Querschnittseckpunkt A. Auch hier zeigen die Varianten 2 und 3 im Vergleich zu Variante 1 nur Änderungen im letzten Ringträgerviertel, während die 4 Querschotte der Variante 4 den Funktionsverlauf grundlegend verändern.

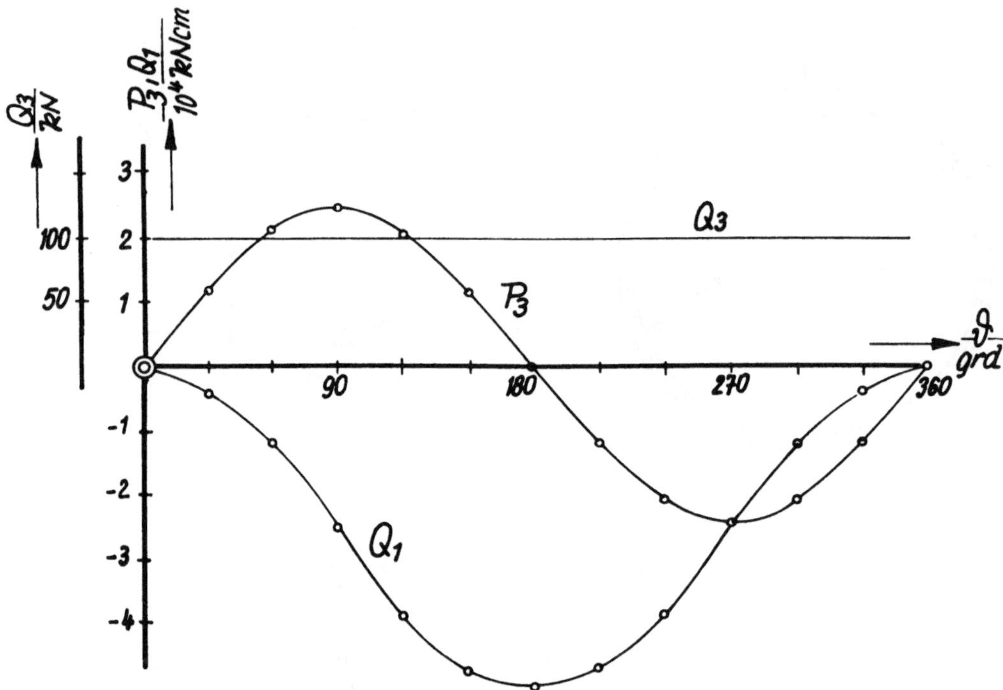

Bild 7.7   Verlauf der verallgemeinerten Schnittkräfte P_3, Q_1, Q_3 (Varianten 1 – 4 identisch)

7.1.3.2 Geschlossener Ringträger auf drei Stützen

Als weiteres Anwendungsbeispiel wird der geschlossene Ringträger auf drei Stützen untersucht. Bei den bei $\vartheta = 0^0, 120^0, 240^0$ angeordneten Stützen soll es sich um Auflager handeln, in denen allein vertikale Kräfte, nicht aber Torsionsmomente aufgenommen werden. Bild 7.14 zeigt das System mit Belastung. Die Eintragung der vertikalen Einzelkräfte F_1 und F_2 soll auch hier symmetrisch in beide Stegebenen erfolgen, so daß an den Einleitungsstellen wiederum kein Torsionsmoment Q_1 und keine verallgemeinerte Querkraft Q_4, sondern nur eine Querkraft Q_3 eingetragen wird. Die Ergebnisse der Berechnungen für die verallgemeinerten Verschiebungen und die verallgemeinerten Schnittkräfte sind in den Bildern 7.15 bis 7.18 als Verlaufsdiagramme aufgetragen. Bild 7.19 zeigt den Verlauf der Normalspannungen σ_ϑ für den inneren, oberen Querschnittseckpunkt A.

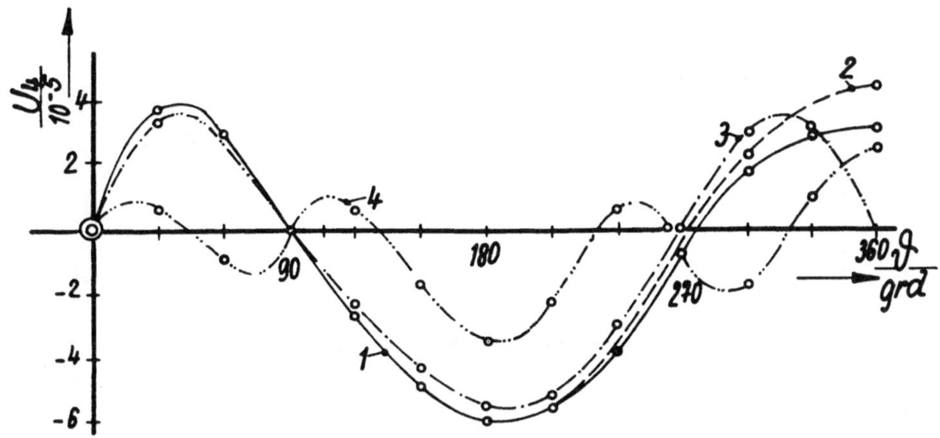

Bild 7.8   Verlauf von U_4 (—— Variante 1, - - - - Variante 2, -.-.- Variante 3, -...-...-
Variante 4)

7.2   Erweiterungen der Modellgleichungen des halbmomentenfreien Schalenmodells

Es wurde bereits zu Beginn des Kapitels 7 ausgeführt, daß hier auf die Ableitung eines allgemeinen Scheiben-/Plattenmodells wie im Kapitel 2 verzichtet wird. Die Erweiterungen der Modellgleichungen ergeben sich daher vorrangig durch die Aufgabe einzelner unter Abschnitt 7.1.1 getroffener Annahmen und Voraussetzungen.

7.2.1   Erfassung nichtlinearer Verwölbungen

Diese Erweiterung bedeutet lediglich ein Abgehen von der im Abschnitt 7.1.1 getroffenen Annahme, daß die Längsdehnungen ε_ϑ zwischen den Querschnittskanten linear verlaufen. Eine solche Erweiterung hat z.B. Bedeutung für die Berechnung breiter Kastenträgerquerschnitte mit vergleichsweise geringer Querschnittshöhe. Die Erweiterung führt dazu, daß zusätzliche Koordinatenfunktionen $\varphi_i(s)$, die nichtlineare Verläufe zwischen den Querschnittskanten aufweisen, Verwendung finden. Der Freiheitsgrad m in Gl. (7.4) entspricht dann nicht mehr der Kantenanzahl des Querschnittes, und es wird lediglich der Umfang des zu lösenden Differentialgleichungssystems nach Gl. (7.7) bzw. (7.17) entsprechend erhöht. Der formale Aufbau der Modellgleichungen bleibt unverändert erhalten.

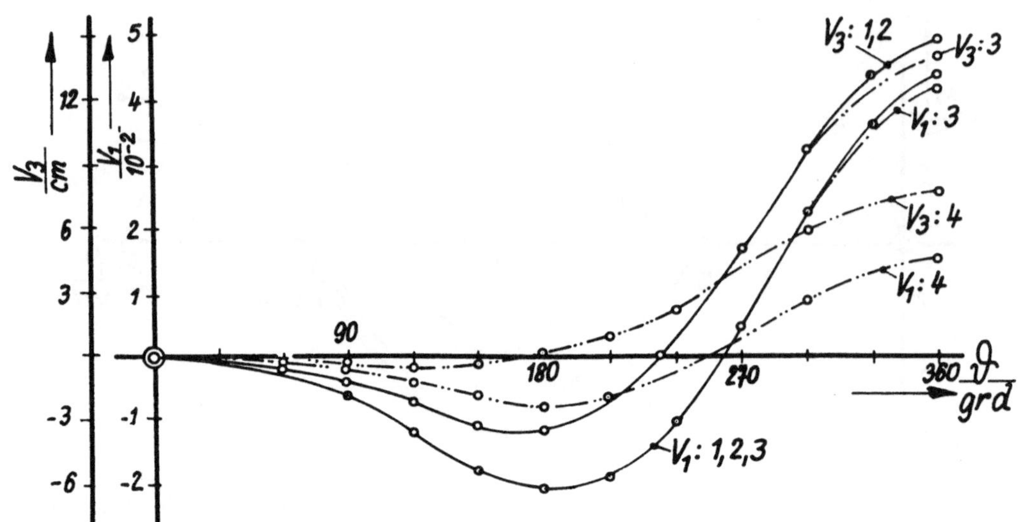

Bild 7.9   Verlauf von V_1 und V_3 (—— Variante 1, - - - - Variante 2, -.-.- Variante 3, -..-..- Variante 4)

7.2.2   Schwach nichtprismatische Konstruktionen

Es wird auch hier wie im Abschnitt 2.3.1 für Konstruktionen mit gerader Systemachse eine Beschränkung auf schwach nichtprismatische Konstruktionen vorausgesetzt, d.h. die Komponente der Normalspannung σ_ϑ rechtwinklig zur Stabachse ist vernachlässigbar klein. Bei der Ableitung der Modellgleichungen ist in allen Beziehungen zu beachten, daß die Umlaufkoordinaten s jetzt einen von der Längskoordinate ϑ abhängigen Definitionsbereich haben. Dadurch werden alle verallgemeinerten Querschnittswerte entsprechend Gl. (7.8) Funktionen von ϑ. Berücksichtigt man dies, dann erhält man aus dem elastischen Potential über die Gl. (7.6) das Dgl.–System (7.20)

$$\frac{\gamma}{r_m^2} \sum_{i=1}^{m} \left[U_i'(\vartheta) a_{ji}^*(\vartheta) \right]' - \sum_{i=1}^{m} \left\{ b_{ji}^{**}(\vartheta) + \frac{1}{r_m^2} \bar{a}_{ji}^*(\vartheta) - \frac{1}{r_m} \left[\bar{f}_{ji}(\vartheta) + \bar{g}_{ji}(\vartheta) \right] \right\} U_i(\vartheta)$$

$$- \frac{1}{r_m} \sum_{k=1}^{n} \left[c_{jk}(\vartheta) - \frac{1}{r_m} \bar{h}_{jk}^*(\vartheta) \right] V_k'(\vartheta) + \frac{\gamma}{r_m^2} \sum_{k=1}^{n} \left\{ \left[\bar{h}_{jk}^*(\vartheta) + \bar{k}_{jk}^*(\vartheta) \right] V_k(\vartheta) \right\}'$$

$$+ \frac{1}{G} p_{\vartheta j}(\vartheta) = 0; \quad j = 1, \dots, m \tag{7.20}$$

$$\frac{1}{r_m} \sum_{i=1}^{m} \left\{ \left[e_{hi}(\vartheta) - \frac{1}{r_m} \bar{l}_{hi}^*(\vartheta) \right] U_i(\vartheta) \right\}' + \frac{1}{r_m^2} \sum_{k=1}^{n} \left[V_k'(\vartheta) r_{hk}^*(\vartheta) \right]'$$

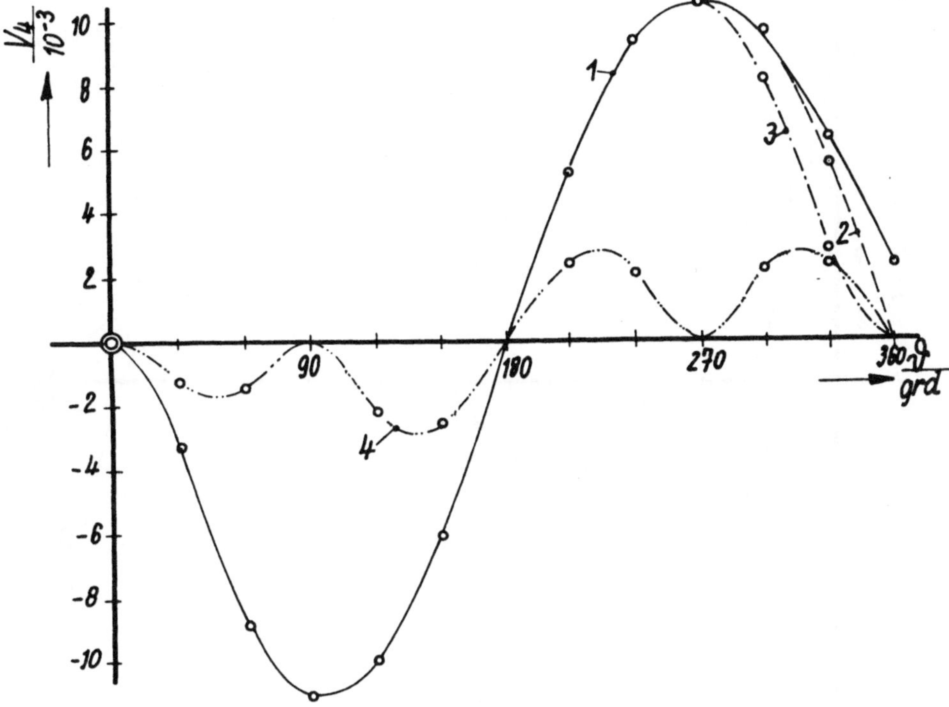

Bild 7.10 Verlauf von V_4 (—— Variante 1, - - - - Variante 2, -.-.- Variante 3, -..-..- Variante 4)

$$-\frac{\gamma}{r_m^2} \sum_{i=1}^{m} \left[\bar{l}_{hi}^*(\vartheta) + \bar{m}_{hi}^*(\vartheta) \right] U_i'(\vartheta)$$

$$-\gamma \sum_{k=1}^{n} \left\{ s_{hk}^{**}(\vartheta) + \frac{1}{r_m^2} \left[\bar{r}_{hk}^*(\vartheta) + \bar{u}_{hk}^*(\vartheta) + \bar{t}_{hk}^*(\vartheta) + \bar{v}_{hk}^*(\vartheta) \right] \right\} V_k(\vartheta)$$

$$+\frac{1}{G} p_{sh}(\vartheta) = 0; \quad h = 1, \dots, n$$

Das Dgl.-System (7.20) geht für konstante verallgemeinerte Querschnittswerte direkt in das Dgl.-System (7.7) über. Wenn man zur Anwendung des Übertragungsmatrizenalgorithmus das Dgl.-System (7.20) in ein System von Differentialgleichungen 1. Ordnung überführt, erhält man wieder ein System in der Form der Gl. (7.17). Die Systemmatrix B^* ist jetzt allerdings eine Funktion von ϑ. Die in Abschnitt 3.2 vorgestellten Verfahren zur numerischen Ermittlung der Übertragungsmatrizen beziehen solche Abhängigkeit ein.

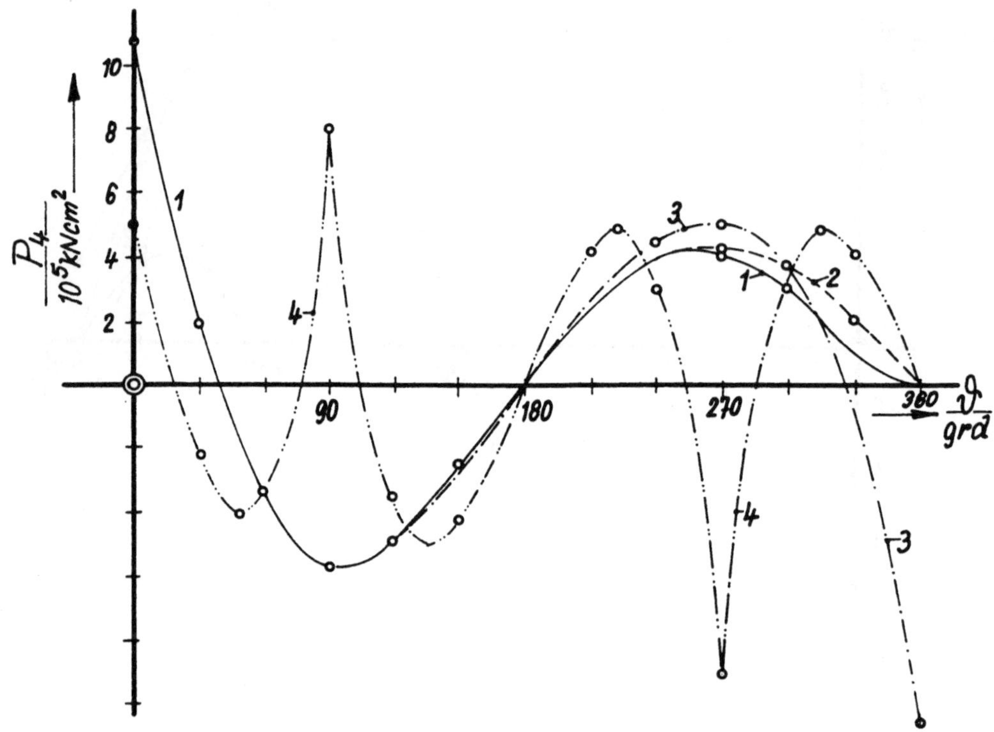

Bild 7.11   Verlauf von P_4 (—— Variante 1, - - - - Variante 2, -.-.- Variante 3, -..-..- Variante 4)

7.2.3   Stationäre Temperaturfeldbelastungen

Auch hier soll die Erweiterung der Grundgleichungen nur für den einfachsten Fall erfolgen, daß ein stationäres Temperaturfeld als gegeben betrachtet wird. Die Temperaturen werden als gleichmäßig über die Dicke $t(s)$ verteilt angenommen. Der Wärmeausdehnungskoeffizient α_{th} sei konstant und richtungsunabhängig, das Temperaturfeld $\theta(\vartheta, s)$ wird als Differenzfeld gegenüber einem spannungslosen Ausgangszustand verstanden. Werden die thermischen Dehnungen

$$\varepsilon_{\vartheta th} = \varepsilon_{sth} = \alpha_{th}\theta$$

in das elastische Potential einbezogen, erhält man dafür eine gegenüber Gl. (7.5) erweiterte Form

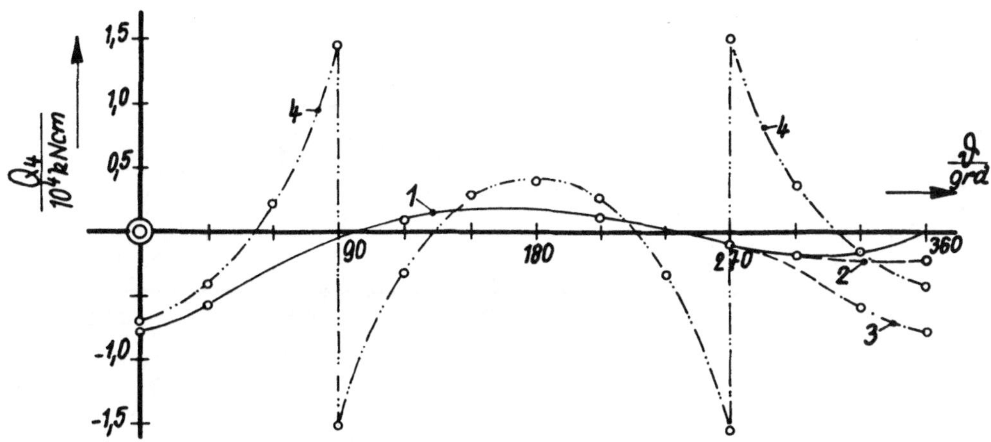

Bild 7.12 Verlauf von Q_4 (—— Variante 1, - - - - Variante 2, -.-.- Variante 3, -..-..- Variante 4)

$$\Pi = \int\limits_{(\vartheta)} \oint \left\{ \left[\frac{E}{2} \left(\sum_{i=1}^{m} \frac{U_i'(\vartheta)\varphi_i(s)}{r(s)} + \sum_{k=1}^{n} \frac{V_k(\vartheta)\psi_k(s)}{r(s)} \sin\alpha \right. \right. \right.$$

$$\left. + \sum_{k=1}^{n} \frac{V_k(\vartheta)\xi_k(s)}{r(s)} \cos\alpha \right)^2 - E\alpha_{th}\theta(\vartheta,s) \left(\sum_{i=1}^{m} \frac{U_i'(\vartheta)\varphi_i(s)}{r(s)} \right.$$

$$\left. + \sum_{k=1}^{n} \frac{V_k(\vartheta)\psi_k(s)}{r(s)} \sin\alpha + \sum_{k=1}^{n} \frac{V_k(\vartheta)\xi_k(s)}{r(s)} \cos\alpha - \alpha_{th}\theta(\vartheta,s) \right)$$

$$+ \frac{G}{2} \left(\sum_{i=1}^{m} U_i(\vartheta)\varphi_i'(s) - \sum_{i=1}^{m} \frac{U_i(\vartheta)\varphi_i(s)}{r(s)} \sin\alpha \right.$$

$$\left. \left. + \sum_{k=1}^{n} \frac{V_k'(\vartheta)\psi_k(s)}{r(s)} \right)^2 \right] t(s) + \frac{1}{2EI} \left(\sum_{k=1}^{n} V_k(\vartheta)m_k(s) \right)^2 \qquad (7.21)$$

$$\left. - p_\vartheta \sum_{i=1}^{m} U_i(\vartheta)\varphi_i(s) - p_s \sum_{k=1}^{n} V_k(\vartheta)\psi_k(s) \right\} r(s)\, ds\, d\vartheta$$

Die *Euler*schen Differentialgleichungen führen wieder auf das Dgl.–System (7.7), in welchem aber die verallgemeinerten Belastungsfunktionen zusätzliche Anteile erhalten

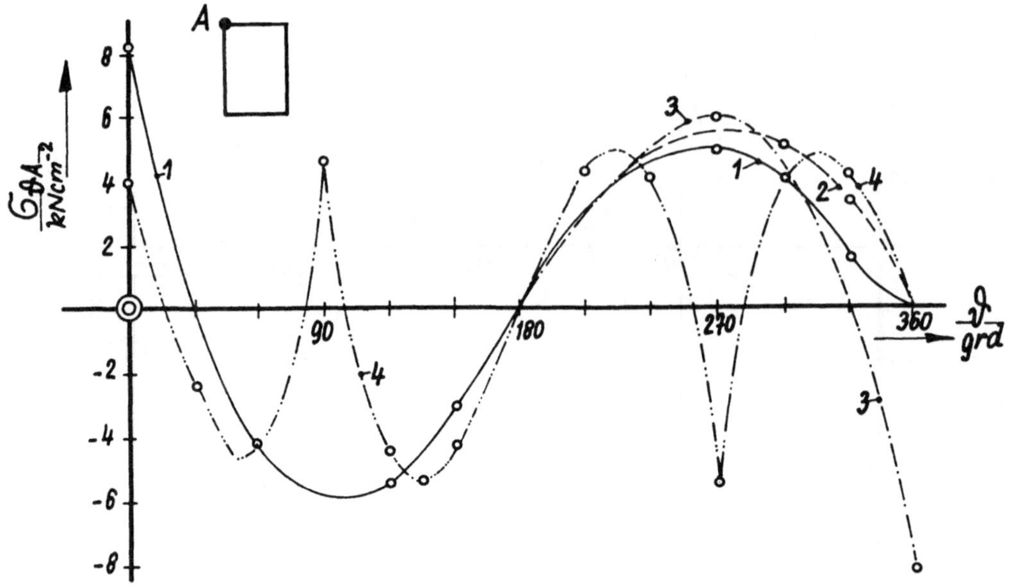

Bild 7.13 Verlauf der Spannung $\sigma_{\vartheta A}$ (—— Variante 1, - - - - Variante 2, -.-.- Variante 3, -..-..- Variante 4)

$$
\begin{aligned}
p_{\vartheta j}(\vartheta) \quad &\rightarrow \quad p_{\vartheta j}^*(\vartheta) = \oint p_\vartheta(\vartheta,s)\varphi_j(s)\beta(s)\,ds \\
&\qquad - \frac{E\alpha_{th}}{r_m}\oint \frac{\partial\theta(\vartheta,s)}{\partial\vartheta}\varphi_j(s)t(s)\,ds \\
p_{sh}(\vartheta) \quad &\rightarrow \quad p_{sh}^*(\vartheta) = \oint p_s(\vartheta,s)\psi_h(s)\beta(s)\,ds \\
&\qquad + \frac{E\alpha_{th}}{r_m}\oint \theta(\vartheta,s)[\psi_h(s)\sin\alpha + \xi_h(s)\cos\alpha]t(s)\,ds
\end{aligned}
\tag{7.22}
$$

Für die verallgemeinerten Längskräfte gilt

$$
\begin{aligned}
P_j^*(\vartheta) \;=\;& \frac{E}{r_m}\left[\sum_{i=1}^m a_{ji}^* U_i(\vartheta) + \sum_{k=1}^n (\bar h_{jk}^* + \bar k_{jk}^*)\,V_k(\vartheta)\right] \\
& -\; E\alpha_{th}\oint \theta(\vartheta,s)\varphi_j(s)t(s)\,ds \;=\; P_j(\vartheta) - P_{jth}(\vartheta)
\end{aligned}
\tag{7.23}
$$

Die verallgemeinerten Querkräfte bleiben mit

$$
Q_h(\vartheta) = G\left[\sum_{i=1}^m \left(e_{hi} - \frac{1}{r_m}\bar l_{hi}^*\right) U_i(\vartheta) + \frac{1}{r_m}\sum_{k=1}^n r_{hk}^* V_k'(\vartheta)\right]
$$

gegenüber Gl. (7.14) unverändert. Die vorliegende Erweiterung gilt auch für schwach nichtprismatische Konstruktionen, wenn in den verallgemeinerten Belastungen und den verallgemeinerten Längskräften die Temperaturanteile ergänzt werden.

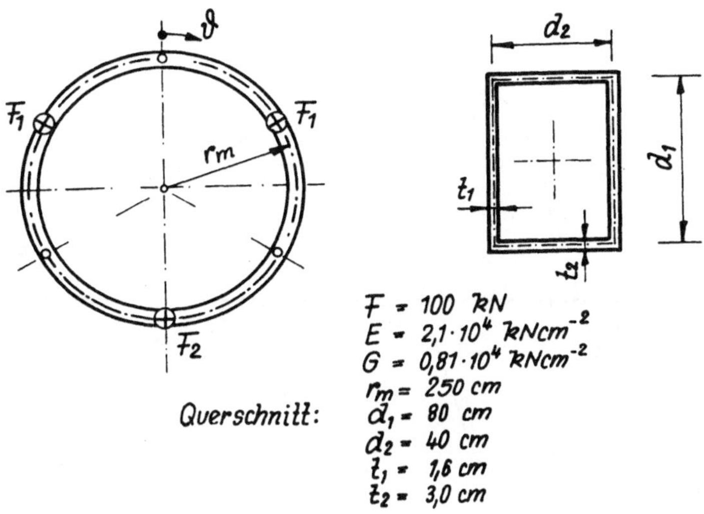

Bild 7.14   Geschlossener Ringträger auf drei Stützen

7.3   Modellgleichungen für eben gekrümmte Stäbe mit offenem Querschnitt

Für eben gekrümmte, dünnwandige Stäbe mit offenem, nichtdeformierbaren Querschnitt werden in [155] in Erweiterung der Ableitungen des Kapitels 6 allgemeine Modellgleichungen angegeben und ein isoparametrisches Dreiknotenelement entwickelt. In die Ableitung der Modellgleichungen wurden auch die Schubverzerrungen der Stabmittelfläche einbezogen und damit die aus der Literatur bekannten Formulierungen (z.B. [82]) auf gekrümmte Stäbe erweitert. Das entwickelte finite Element kann bei einer Reduktion auf einen Knotenfreiheitsgrad 6 auch für den gekrümmten *Timoshenko*balken eingesetzt werden. Der Sonderfall des geraden Stabes ist in den Modellgleichungen enthalten, so daß in Ergänzung zum Kapitel 6 ein weiteres leistungsfähiges finites Element für gerade Stäbe zur Verfügung steht, bei dem die Schubverformungen der Stabmittelfläche nicht vernachlässigt werden. Die Modellgleichungen sowie die ausführlichen Hinweise zur Ableitung, Implementierung und Anwendung dieses Elementes findet man in [155]. Dort wurde auch die Transformation der Modellgleichungen auf ein Differentialgleichungssystem 1. Ordnung angegeben, wie sie z.B. für die Anwendung des Übertragungsmatrizenverfahrens zweckmäßig ist. Dabei wurde auf Ableitungen von *Dabrowski* [63] Bezug genommen. Einen Vergleich über die Anwendung von Modellgleichungen für Ringträger mit offenem Querschnitt, die auf der Basis der Membrantheorie, der Stabtheorie von *Vlasov* und der Theorie biegesteifer Faltwerke abgeleitet wurden, findet man in [74][1].

---

[1] Eine Erweiterung auf Ringträger mit offenen und geschlossenen Querschnitten wurde in einer Arbeit von *Kowalewski* (Kowalewski, J.: Wölbkrafttorsion von Ringträgern mit dünnwandigem offenen

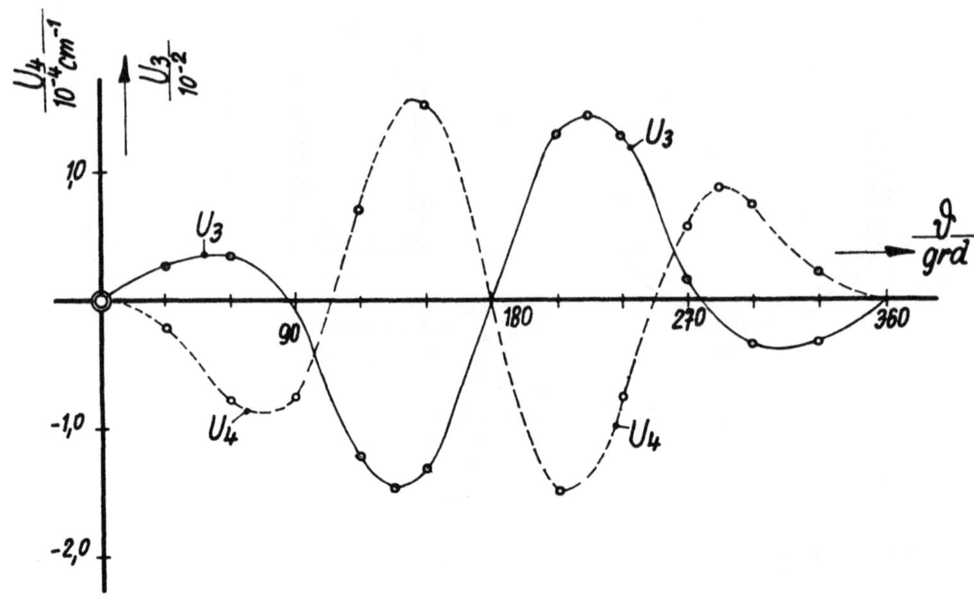

Bild 7.15   Verlauf von U_3 und U_4

7.4   Zusammenfassung der Grundlagen und Ergebnisse

Für Faltwerkkonstruktionen mit eben gekrümmter Stabachse wurden Modellgleichungen auf der Grundlage des halbmomentenfreien Schalenmodells entwickelt. Auf die Ableitung eines allgemeinen biegesteifen Scheiben-/Plattenmodells, wie dies für Konstruktionen mit gerader Systemachse erfolgte, wurde verzichtet. Daher wurden vorrangig nur Systeme mit geschlossener Querschnittskontur untersucht. Bei der Ableitung der Modellgleichungen werden die Besonderheiten der Dehnungsbeziehungen für gekrümmte Wandelemente mit zur Ringachse geneigter Konturlinie in allgemeiner Form entwickelt. In bisher in der Literatur vorhandenen Lösungsvorschlägen wurden gerade hierbei teilweise sehr unvollständige Beziehungen verwendet, weshalb die daraus entwickelten Grundgleichungen oft fehlerhaft sind [145] (vgl. hierzu auch [17]). Die in [85] entwickelten Modellgleichungen haben ebenfalls das halbmomentenfreie Schalenmodel nach *Vlasov* als Ausgangspunkt. Sie basieren aber auf einer näherungsweisen Erfassung der Krümmungen und sind deshalb nur bei sehr schwach gekrümmter Systemachse einsetzbar. In [32] wurden die beiden genannten Arbeiten sehr eingehend mit der hier vorliegenden Theorie verglichen. Es wurden dazu alle Modellgleichungen

---

oder geschlossenen Querschnitt, In: Techn. Mitt. Krupp, Forschungsberichte 35(1977)1) vorgenommen. Eine kritische Analyse von Modellgleichungen für stark und schwachgekrümmte Stäbe mit offenem Querschnitt wurde von *K.-F. Garz* in seiner Habilitationsschrift durchgeführt (Der Einfluß der Krümmung in der Theorie dünnwandiger elastischer Stäbe mit offenem Querschnitt, TH Magdeburg 1969).

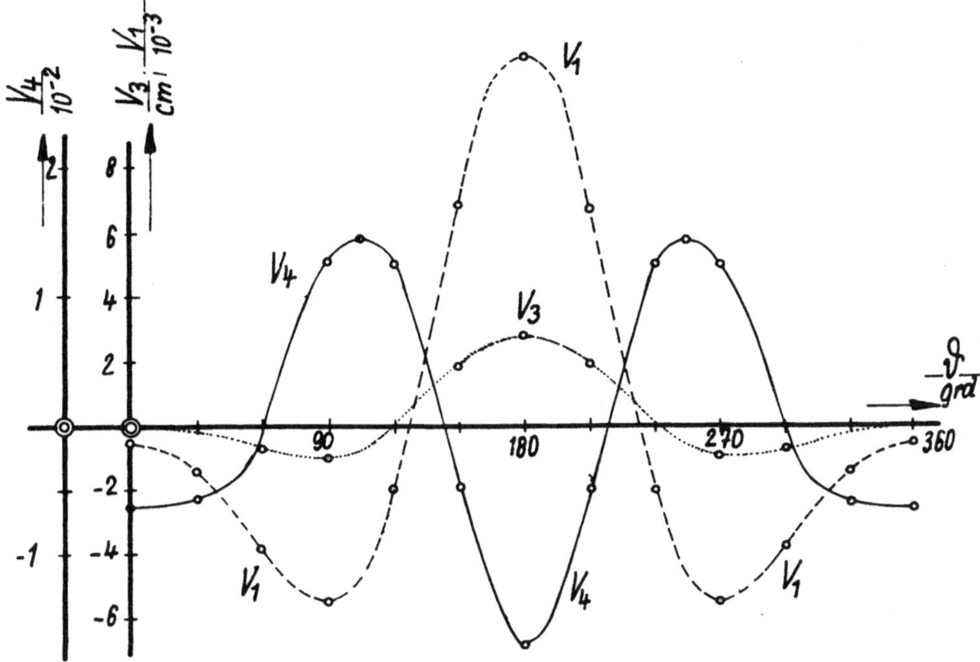

Bild 7.16 Verlauf von V_1, V_3 und V_4

in eine einheitliche Schreibweise als Differentialgleichungssystem 1. Ordnung gebracht.
Die Vergleiche sind für einen einzelligen doppeltsymmetrischen Kastenquerschnitt in
allgemeiner Form dargestellt. Sie werden auch für konkrete Anwendungsbeispiele numerisch vorgenommen.

Zur Behandlung der entwickelten Modellgleichungen wird nur auf numerische
Lösungsstrategien, besonders auf Übertragungsmatrizenalgorithmen mit numerischer
Stabilisierung orientiert. Die hier gezeigten, ausgewählten Berechnungsbeispiele be-
legen recht eindeutig und plausibel die Abbildungsfähigkeit des vorliegenden Be-
rechnungsmodells, insbesondere die Möglichkeit, die konturversteifende Wirkung von
Schotten und die wölbbehindernde Wirkung starrer Endplatten zu berücksichtigen.
Erweiterungen der Modellgleichungen gestatten eine Anwendung auf die Berechnung
auch schwach nichtprismatischer Konstruktionen sowie die Einbeziehung stationärer
Temperaturfeldbelastungen. Für Systeme mit offener Querschnittskontur ist das halbmomentenfreie Berechnungsmodell wegen der vernachlässigten Drillmomente in den
Wandelementen nicht geeignet.

Abschließend soll auf die zahlreichen, in der Literatur beschriebenen Berechnungsmodelle für Stabkonstruktionen mit gekrümmter Systemachse hingewiesen werden.
Stellvertretend seien die Arbeiten von *Dabrowski* [63], *Garz, Altenbach* [16], [74],
Kollbrunner, Hajdin [119], [120], *Schneider* [155], *Umanski* [161] und *Zhang/Lyons*
[175] genannt. Im wesentlichen gehen alle Arbeiten für die Ableitung der Modellgleichungen von einer starren Querschnittskontur aus. Querschnittskonturverformungen
wurden bisher vereinzelt und dann nur näherungsweise einbezogen.

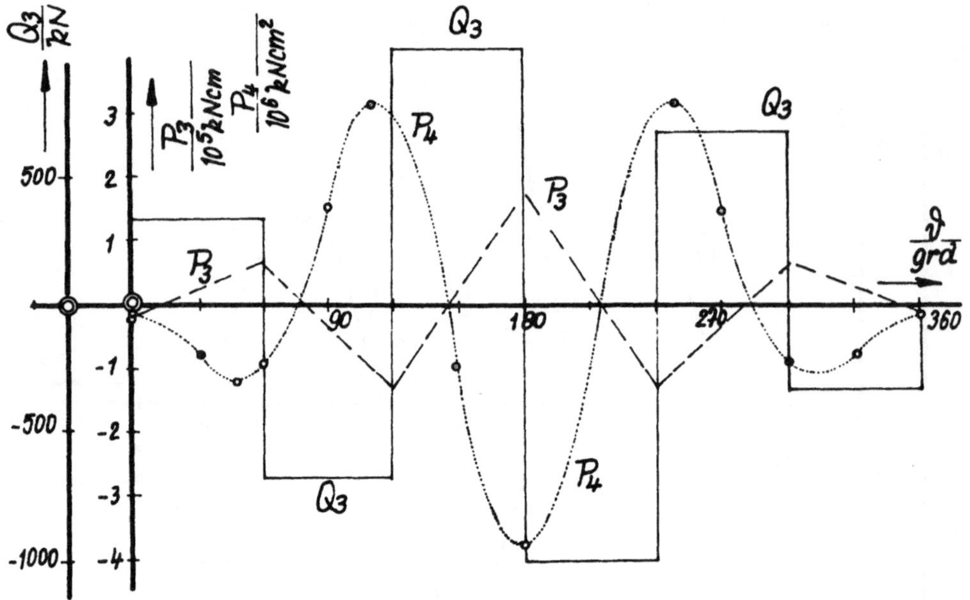

Bild 7.17   Verlauf von P_3, P_4 und Q_3

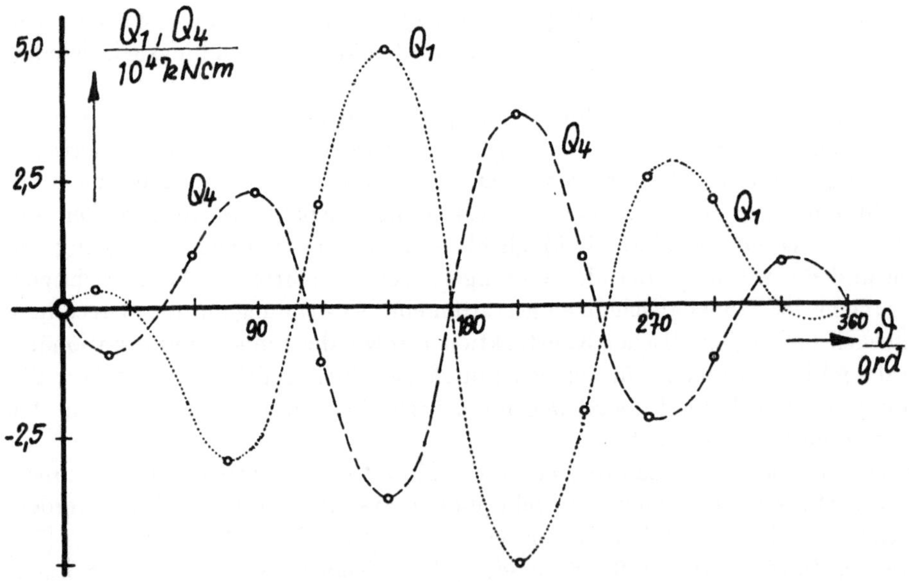

Bild 7.18   Verlauf von Q_1 und Q_4

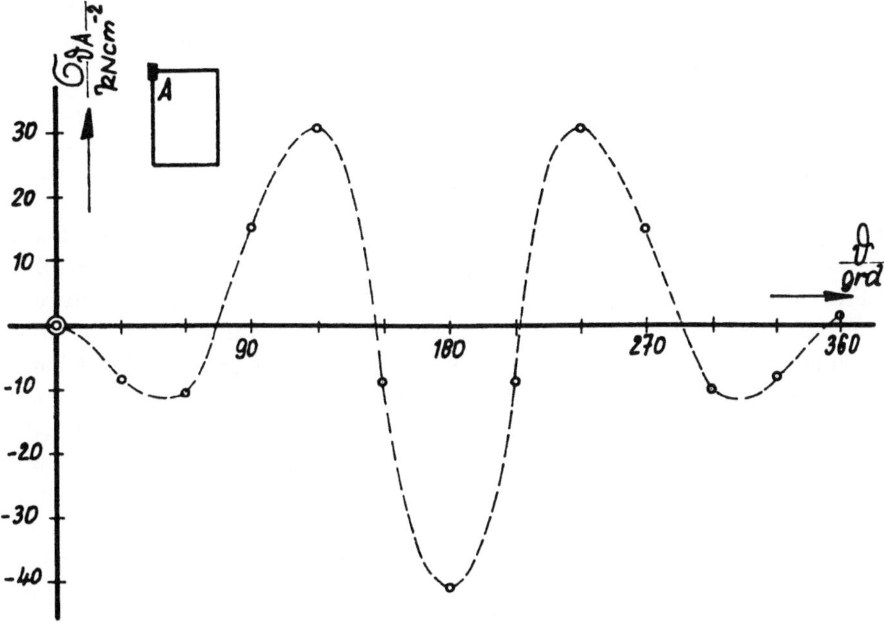

Bild 7.19 Verlauf von $\sigma_{\vartheta A}$

8 Theoretische Grundlagen der Strukturanalyse anisotroper Konstruktionen

Das abschließende Kapitel behandelt eine Klasse verallgemeinerter Stabmodelle, die seit einigen Jahren hauptsächlich in den klassischen Gebieten des Leichtbaus, der Luft- und der Raumfahrt mit Erfolg eingesetzt wird. Diese Klasse ist durch zwei Besonderheiten gekennzeichnet:

- Dünnwandigkeit

- Anisotropie

Aufgrund der Dünnwandigkeit läßt sich in zahlreichen Fällen das Stabschalenmodell im Rahmen der *Kirchhoff*schen Annahmen betrachten. Damit stehen die Ausführungen dieses Abschnitts in einem engen Zusammenhang mit den bisher diskutierten Theorienvarianten für isotrope Konstruktionen. Eine Ausnahme bilden die Konstitutivgleichungen, da sie die Anisotropie erfassen müssen. Dabei sind noch die konstruktive Anisotropie (z.B. Aussteifungen) und die werkstoffbedingte Anisotropie (z.B. bei faserverstärkten Laminaten) zu unterscheiden. Nachfolgend wird ausführlich auf wichtige Sonderfälle der Anisotropie eingegangen. Dabei liegt der Schwerpunkt auf den Möglichkeiten zur Erfassung der Anisotropieeigenschaften. Im Anschluß daran erfolgt die Ableitung der Grundgleichungen für verallgemeinerte anisotrope Stabmodelle, wobei die Ableitung durch Erweiterung entsprechender Grundgleichungen für isotrope Modelle erfolgt. Den Abschluß bilden Diskussionen um Sonderfälle und Beispiele.

8.1 Modellierung der Anisotropieeigenschaften

Die Modellierung der Anisotropieeigenschaften erfolgt hier zweigeteilt. Zunächst werden die wichtigsten Konstitutivgleichungen für die Beschreibung eines linear-elastischen, anisotropen Strukturverhaltens einschließlich ihrer Sonderfälle zusammengestellt. Damit sind die Grundlagen für das makromechanische Modell zur Beschreibung des globalen Strukturverhaltens gegeben. Für bestimmte Einzelschichtmodelle werden anschließend die konstitutiven Beziehungen konkretisiert. Dabei werden die unterschiedlichen Steifigkeiten diskutiert. Diese Modellbildung kann im Bereich der Laminattheorie als ein Mesomodell interpretiert werden [4]. Für den Sonderfall des unidirektional faserverstärkten Verbundes wird auch auf die mikromechanische Modellierung des heterogenen Faser–Matrix–Werkstoffverbundes eingegangen.

8.1.1 Formulierung anisotroper konstitutiver Beziehungen

Anisotrope konstitutive Beziehungen sind immer dann zu verwenden, wenn bestimmte Eigenschaften der Einzelstruktur richtungsabhängig sind. Im Zusammenhang mit Leichtbauweisen ist dabei zwischen

- werkstoffbedingter Anisotropie und

- konstruktiver Anisotropie

zu unterscheiden.

Werkstoffbedingte Anisotropie hat ihre Ursache in der Herstellungstechnologie. Dabei sind Einkristall–Strukturen, faserverstärkte Verbundwerkstoffe und gewalzte Bleche typische Vertreter dieser Gruppe. Nachfolgend wird diese Gruppe betont, da sie heute für die Praxis besonders bedeutungsvoll ist. Der Einsatz von Einkristallen steht erst am Anfang, und die Anisotropieeigenschaften bei gewalzten Blechen sind oftmals nur schwach ausgeprägt, so daß der erhöhte Modellierungs– und Berechnungsaufwand vielfach nicht gerechtfertigt scheint. Wichtige Vertreter der Faserverbunde sind auf Bild 8.1 a) dargestellt.

Die konstruktive Anisotropie hat ihre Ursache im Bemühen, die dünnwandigen Konstruktionselemente gegenüber bestimmten Belastungen steifer zu machen. Wichtige Beispiele dafür sind Längs– und Quersteifen, aber auch kreuz– und waffelförmig angeordnete Steifen für dünne Bleche (s. Bild 8.1 b)).

Ausgangspunkt der weiteren Betrachtungen sei das linear–elastische, anisotrope Konstitutivgesetz. Die Darstellung erfolgt hier in gedrängter Form und lehnt sich dabei weitestgehend an die Monografien [1], [42], [43], [57], [123], [126], [137], [165] an, die auch eine Vertiefung gestatten. Das verallgemeinerte *Hooke*sche Gesetz läßt sich tensoriell wie folgt formulieren

$$\sigma_{ij} = E_{ijkl}\varepsilon_{kl}; \quad i,j,k,l = 1,2,3 \tag{8.1}$$

und steht als verkürzte Schreibweise für

$$
\begin{aligned}
\sigma_{11} &= E_{1111}\varepsilon_{11} + E_{1112}\varepsilon_{12} + E_{1113}\varepsilon_{13} + E_{1122}\varepsilon_{22} + E_{1123}\varepsilon_{23} + E_{1133}\varepsilon_{33} \\
\sigma_{12} &= E_{1211}\varepsilon_{11} + E_{1212}\varepsilon_{12} + E_{1213}\varepsilon_{13} + E_{1222}\varepsilon_{22} + E_{1223}\varepsilon_{23} + E_{1233}\varepsilon_{33} \\
\sigma_{13} &= E_{1311}\varepsilon_{11} + E_{1312}\varepsilon_{12} + E_{1313}\varepsilon_{13} + E_{1322}\varepsilon_{22} + E_{1323}\varepsilon_{23} + E_{1333}\varepsilon_{33} \\
\sigma_{22} &= E_{2211}\varepsilon_{11} + E_{2212}\varepsilon_{12} + E_{2213}\varepsilon_{13} + E_{2222}\varepsilon_{22} + E_{2223}\varepsilon_{23} + E_{2233}\varepsilon_{33} \\
\sigma_{23} &= E_{2311}\varepsilon_{11} + E_{2312}\varepsilon_{12} + E_{2313}\varepsilon_{13} + E_{2322}\varepsilon_{22} + E_{2323}\varepsilon_{23} + E_{2333}\varepsilon_{33} \\
\sigma_{33} &= E_{3311}\varepsilon_{11} + E_{3312}\varepsilon_{12} + E_{3313}\varepsilon_{13} + E_{3322}\varepsilon_{22} + E_{3323}\varepsilon_{23} + E_{3333}\varepsilon_{33}
\end{aligned}
$$

Bei der Darstellung des Konstitutivgesetzes wurde von einem kartesischen Koordinatensystem 1, 2, 3 ausgegangen. Die Symmetrie des Spannungs– und des Verzerrungstensors wurde berücksichtigt. Für die weiteren Darstellungen ist oftmals der Übergang zur Vektor–Matrix–Schreibweise mit dem Spannungsvektor $\boldsymbol{\sigma}$ und dem Verzerrungsvektor $\boldsymbol{\varepsilon}$ günstig

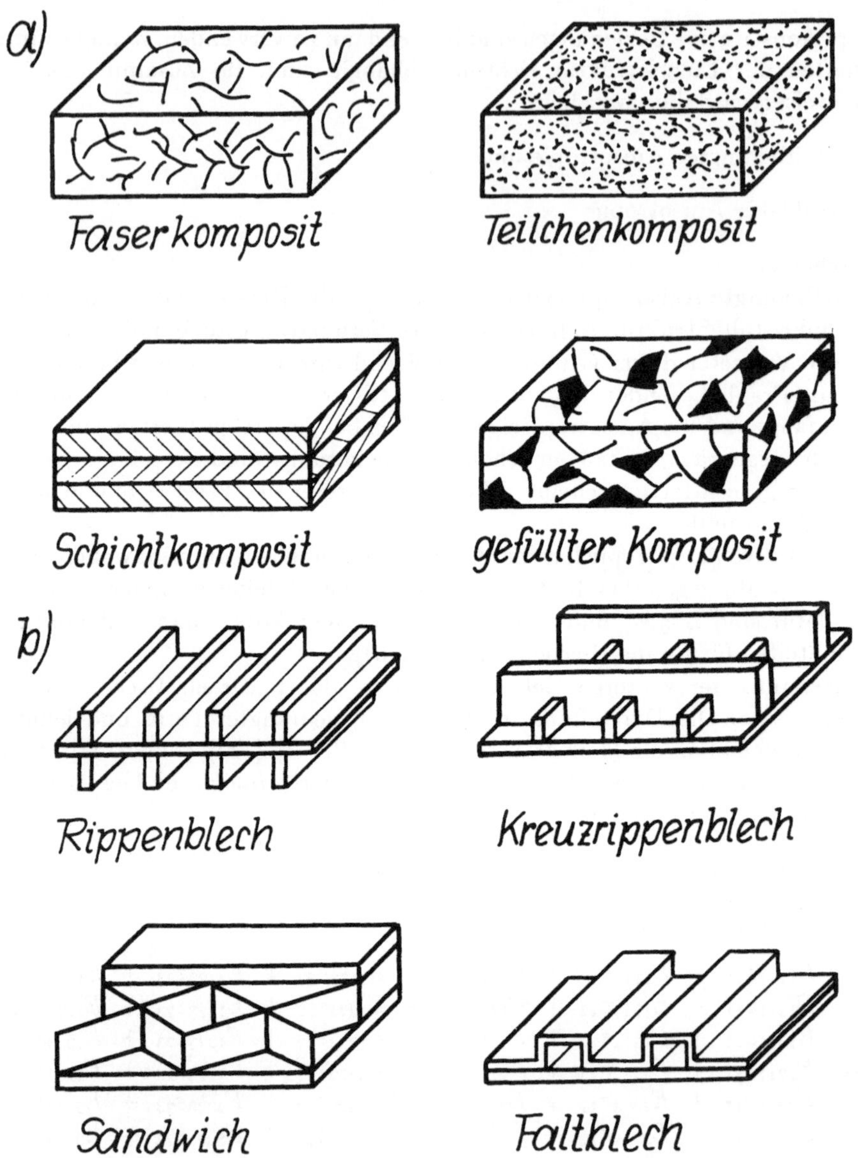

Bild 8.1 Beispiele für anisotrope Strukturen: a) werkstoffbedingte Anisotropie (faserverstärkte Verbundwerkstoffe), b) konstruktive Anisotropie

$$\begin{aligned}
\boldsymbol{\sigma} = [\sigma_i] &= [\sigma_{11}\ \sigma_{22}\ \sigma_{33}\ \sigma_{23}\ \sigma_{13}\ \sigma_{12}]^T \\
&= [\sigma_1\ \sigma_2\ \sigma_3\ \sigma_4\ \sigma_5\ \sigma_6]^T \\
\boldsymbol{\varepsilon} = [\varepsilon_i] &= [\varepsilon_{11}\ \varepsilon_{22}\ \varepsilon_{33}\ \varepsilon_{23}\ \varepsilon_{13}\ \varepsilon_{12}]^T \\
&= [\varepsilon_1\ \varepsilon_2\ \varepsilon_3\ \varepsilon_4\ \varepsilon_5\ \varepsilon_6]^T
\end{aligned}$$

Bei der Umnummerierung wurde folgende Zuordnung vorgenommen:

$$11 \to 1,\ 22 \to 2,\ 33 \to 3,\ 23 \to 4,\ 13 \to 5,\ 12 \to 6$$

Damit nimmt das verallgemeinerte *Hooke*sche Gesetz (8.1) folgenden Ausdruck an

$$\sigma_i = E_{ij}\varepsilon_j;\ i,j = 1,\ldots,6 \tag{8.2}$$

Die *Hooke*sche Matrix hat dabei folgende Struktur

$$\mathbf{E} = [E_{ij}] = \begin{bmatrix}
E_{11} & E_{12} & E_{13} & E_{14} & E_{15} & E_{16} \\
 & E_{22} & E_{23} & E_{24} & E_{25} & E_{26} \\
 & & E_{33} & E_{34} & E_{35} & E_{36} \\
 & & & E_{44} & E_{45} & E_{46} \\
 & & & & E_{55} & E_{56} \\
S & Y & M & & & E_{66}
\end{bmatrix} \tag{8.3}$$

Diese Matrix enthält im allgemeinen Fall (die Existenz des elastischen Potentials vorausgesetzt) 21 voneinander linear unabhängige Komponenten. Diese geben das anisotrope Werkstoffverhalten wieder und sind durch geeignete Werkstoffkennwerte auszudrücken.

Eine Vereinfachung ergibt sich bei Berücksichtung bestimmter Sonderfälle der makroskopischen Anisotropie. Existiert beispielsweise eine Symmetrieebene für die elastischen Eigenschaften (monokliner Werkstoff), nimmt Gl. (8.3) folgenden Ausdruck an

$$\mathbf{E} = \begin{bmatrix}
E_{11} & E_{12} & E_{13} & 0 & 0 & E_{16} \\
 & E_{22} & E_{23} & 0 & 0 & E_{26} \\
 & & E_{33} & 0 & 0 & E_{36} \\
 & & & E_{44} & E_{45} & 0 \\
 & & & & E_{55} & 0 \\
S & Y & M & & & E_{66}
\end{bmatrix} \tag{8.4}$$

Damit reduziert sich die Anzahl der linear unabhängigen und von Null verschiedenen Komponenten auf 13. Eine solche Symmetrieebene läßt sich bei homogenen Strukturen durch die Mittelfläche definieren, bei dünnen, faserverstärkten Schichten kann man meistens die Schichtmittelfläche gleichfalls als eine derartige Symmetrieebene ansehen. In Gl. (8.4) wurde davon ausgegangen, daß die Hauptachsen 1 und 2 in der Symmetrieebene liegen.

Ein weiterer wichtiger Sonderfall ist mit dem Auftreten von 3, zueinander orthogonalen Symmetrieebenen gegeben. Fallen die Hauptachsen der Orthotropie mit den Koordinatenachsen zusammen, erhält man aus Gl. (8.3)

$$\mathbf{E} = \begin{bmatrix} E_{11} & E_{12} & E_{13} & 0 & 0 & 0 \\ & E_{22} & E_{23} & 0 & 0 & 0 \\ & & E_{33} & 0 & 0 & 0 \\ & & & E_{44} & 0 & 0 \\ & & & & E_{55} & 0 \\ S & Y & M & & & E_{66} \end{bmatrix} \qquad (8.5)$$

In diesem Fall kommt es zu einer Entkopplung: Normalspannungen rufen ausschließlich Dehnungen, Schubspannungen ausschließlich Gleitungen hervor. Die Anzahl der linear unabhängigen Komponenten reduziert sich auf 9. Ein solches konstitutives Modell hat Bedeutung, wenn beispielsweise die Einzelschicht durch ein ebenes Geflecht von Fasern verstärkt wird und der Winkel zwischen den beiden Verstärkungsrichtungen ein rechter Winkel ist.

Im Zusammenhang mit Anwendungen wird vielfach an Stelle der Darstellung 8.5 eine Darstellung in den sogenannten Ingenieurkonstanten bevorzugt

$$\mathbf{E} = \begin{bmatrix} \dfrac{E_1(1 - \nu_{23}\nu_{32})}{\Delta} & \dfrac{E_2(\nu_{12} + \nu_{13}\nu_{32})}{\Delta} & \dfrac{E_3(\nu_{13} + \nu_{12}\nu_{23})}{\Delta} & 0 & 0 & 0 \\[2ex] & \dfrac{E_2(1 - \nu_{31}\nu_{13})}{\Delta} & \dfrac{E_3(\nu_{23} + \nu_{21}\nu_{13})}{\Delta} & 0 & 0 & 0 \\[2ex] & & \dfrac{E_3(1 - \nu_{12}\nu_{21})}{\Delta} & 0 & 0 & 0 \\[2ex] & & & G_{23} & 0 & 0 \\[1ex] & & & & G_{13} & 0 \\[1ex] S & Y & M & & & G_{12} \end{bmatrix}$$

Dabei ist

$$\Delta = 1 - \nu_{12}\nu_{21} - \nu_{23}\nu_{32} - \nu_{13}\nu_{31} - 2\nu_{31}\nu_{23}\nu_{12}$$

Außerdem sind E_1, E_2, E_3 die Elastizitätsmoduln, G_{23}, G_{13}, G_{12} die Schubmoduln und $\nu_{ij}(i, j = 1, 2, 3)$ die entsprechenden Querkontraktionszahlen. Aufgrund der Symmetrie der Matrix $\mathbf{E}$ müssen die folgenden Beziehungen erfüllt sein

$$E_1\nu_{21} = E_2\nu_{12}; \quad E_2\nu_{32} = E_3\nu_{23}; \quad E_3\nu_{13} = E_1\nu_{31}$$

Damit sind von den 12 Materialkennwerten nur 9 linear unabhängig.

Bei Annahme transversaler Isotropie ist eine weitere Vereinfachung möglich. Diese Annahme ist beispielsweise für faserverstärkte Einzelschichten bei Verstärkung in einer Richtung gerechtfertigt. Ist 1 die Verstärkungsrichtung, gilt

$$\mathbf{E} = \begin{bmatrix} E_{11} & E_{12} & E_{12} & 0 & 0 & 0 \\ & E_{22} & E_{23} & 0 & 0 & 0 \\ & & E_{22} & 0 & 0 & 0 \\ & & & (E_{22} - E_{23})/2 & 0 & 0 \\ & & & & E_{55} & 0 \\ S & Y & M & & & E_{55} \end{bmatrix} \qquad (8.6)$$

Damit sind nur 5 Komponenten für die Erfassung der Werkstoffbesonderheiten notwendig. Für den einfachsten Fall der Isotropie ergibt sich aus der Gl. (8.3)

$$\mathbf{E} = \begin{bmatrix} E_{11} & E_{12} & E_{12} & 0 & 0 & 0 \\ & E_{11} & E_{12} & 0 & 0 & 0 \\ & & E_{11} & 0 & 0 & 0 \\ & & & (E_{11} - E_{12})/2 & 0 & 0 \\ & & & & (E_{11} - E_{12})/2 & 0 \\ S & Y & M & & & (E_{11} - E_{12})/2 \end{bmatrix}$$

$$(8.7)$$

In den Ingenieurkonstanten ergibt sich mit $G = E/2(1 + \nu)$ die Matrix $\mathbf{E}$ zu

$$\mathbf{E} = \begin{bmatrix} \dfrac{E(1-\nu)}{(1+\nu)(1-2\nu)} & \dfrac{E\nu}{(1+\nu)(1-2\nu)} & \dfrac{E\nu}{(1+\nu)(1-2\nu)} & 0 & 0 & 0 \\[2ex] & \dfrac{E(1-\nu)}{(1+\nu)(1-2\nu)} & \dfrac{E\nu}{(1+\nu)(1-2\nu)} & 0 & 0 & 0 \\[2ex] & & \dfrac{E(1-\nu)}{(1+\nu)(1-2\nu)} & 0 & 0 & 0 \\[2ex] & & & G & 0 & 0 \\ & & & & G & 0 \\ S & Y & M & & & G \end{bmatrix}$$

Den Sonderfällen der Anisotropie, der Ermittlung der Anzahl ihrer linear unabhängigen und von Null verschiedenen Komponenten, der Ermittlung der Werkstoffkennwerte sowie der Invertierung der Gl. (8.2) sind zahlreiche Beiträge gewidmet. In ihnen werden die insbesondere für den Experimentator wichtigen Ingenieurkonstanten (Elastizitätsmoduln, Querkontraktionszahlen, Schubmoduln) sowie mögliche Restriktionen für diese diskutiert. An dieser Stelle werden aus Platzgründen diese Ausführungen nicht wiederholt. Es sei daher exemplarisch auf [121], [126] und [131] verwiesen.

Eine weitere Vereinfachung der konstitutiven Beziehungen ist offensichtlich bei Verwendung der *Kirchhoff*-Hypothesen möglich. Es gilt dann

$$\sigma_3 = 0; \quad \varepsilon_4 = \varepsilon_5 = 0; \quad \varepsilon_3 = 0 \tag{8.8}$$

Die Annahme der Hypothesen ist für dünne Einzelschichten mit schwacher Anisotropie nahezu immer gerechtfertigt. Damit kann u.a. auch die klassische Laminattheorie hier eingeordnet werden. Zu den Anwendungsgrenzen der *Kirchhoff*-Hypothesen gibt es nur wenige Aussagen, die die Anisotropie betreffen. Ein Beispiel aus dem Buch von *Ambarcumyan* [42] zeigt jedoch, daß das *Kirchhoff*-Modell zu beträchtlichen Fehlern bereits bei einer transversal–isotropen Einzelschicht führen kann. Weitere Probleme können bei großen Schichtdicken bzw. großen Unterschieden bezüglich der elastischen Eigenschaften (über eine Zehnerpotenz) in benachbarten Schichten (schubweicher Verbund) bzw. in den verschiedenen Anisotropierichtungen entstehen. Auf den letztgenannten Umstand weisen u.a. die Autoren der Arbeit [144] hin. Eine ausführliche Diskussion zu den Grenzen der *Kirchhoff*schen Theorie und der Notwendigkeit des Übergangs zur Theorie schubweicher Platten ist u.a. in [66], [131] und [159] gegeben.

Mit den vereinfachenden Annahmen (8.8) geht Gl. (8.2) in die folgende Beziehung über

$$
\begin{aligned}
\sigma_1 &= E_{11}\varepsilon_1 + E_{12}\varepsilon_2 + E_{16}\varepsilon_6 \\
\sigma_2 &= E_{12}\varepsilon_1 + E_{22}\varepsilon_2 + E_{26}\varepsilon_6 \\
0 &= E_{13}\varepsilon_1 + E_{23}\varepsilon_2 + E_{36}\varepsilon_6 \\
\sigma_4 &= E_{14}\varepsilon_1 + E_{24}\varepsilon_2 + E_{46}\varepsilon_6 \\
\sigma_5 &= E_{15}\varepsilon_1 + E_{25}\varepsilon_2 + E_{56}\varepsilon_6 \\
\sigma_6 &= E_{16}\varepsilon_1 + E_{26}\varepsilon_2 + E_{66}\varepsilon_6
\end{aligned}
\tag{8.9}
$$

Das reduzierte Gleichungssystem (8.9) liefert 3 „normale" Beziehungen im Rahmen der *Kirchhoff*-Theorie: die 1., 2. und 6. Gleichung stellen den Zusammenhang zwischen den Spannungen in der Ebene und den verbliebenen Deformationsgrößen dar. Die übrigen 3 Gleichungen tauchen im Rahmen der *Kirchhoff*schen Theorie isotroper Kontinua nicht auf, sie stellen jedoch kein zusätzliches Problem dar. Die 3. Gleichung gibt Ristriktionen für Materialkennwerte, die in den übrigen Gleichungen nicht auftauchen. Sie können folglich immer so gewählt werden, daß die 3. Gleichung erfüllt ist. Für die Schubspannungen σ_4 und σ_5 erhält man hier keine verschwindenden Ausdrücke. Bei der Formulierung des elastischen Potentials werden diese Spannungen jedoch mit ε_4 bzw. mit ε_5 multipliziert, so daß das Resultat trotzdem Null wird.

Die nachfolgenden Ausführungen sollen auf Problemstellungen beschränkt bleiben, für die die getroffenen Annahmen als zumindest annähernd erfüllt angesehen werden können. Die Modellierung bestimmter anisotroper Strukturen erfolgt dabei nach einem einheitlichen Konzept:

- Modellierung der Eigenschaften einer Einzelschicht in einem lokalen Koordinatensystem (meist lokales Hauptachsensystem)

- Transformation der lokalen Anisotropieeigenschaften in ein globales Koordinatensystem, welches mit den Hauptachsen des Plattenstreifens zusammenfallen sollte

- Kopplung der anisotropen Einzelschichteigenschaften zu äquivalenten anisotropen Eigenschaften

Diese Vorgehensweise (nur auf sie wird im weiteren eingegangen) läßt sich bei Schichtmodellen, bestehend aus vielen dünnen Einzelschichten, sowie ausgesteiften Konstruktionen mit zahlreichen Aussteifungen, für eine globale Strukturanalyse einsetzen. Lokale Effekte sind aufgrund der bekannten, zu stark vereinfachenden Idealisierungen (z.B. vollständiges Haften der Schichten im Verbund) schlecht beschreibbar. In den nachfolgenden Abschnitten 8.1.2 und 8.1.3 werden ausgewählte Modelle der werkstoffbedingten und der konstruktiven Anisotropie betrachtet. Für den Fall, daß die vereinfachten Modelle nicht genügend sichere Aussagen gestatten, wird oftmals mit ausschließlich experimentellen und empirischen Aussagen gearbeitet. Beispiele dazu sind u.a. in [67], [121], [131], [133], [156] und [169] angegeben.

Die Diskussion der Beispiele zur Umsetzung des beschriebenen Konzeptes wird hier auf die mechanischen Steifigkeiten beschränkt. Im Rahmen der *Kirchhoff*schen Annahmen ergeben sich folgende konstitutive Gleichungen für die Schnittgrößen und Deformationsgrößen der Einzelschicht bei vorausgesetzter Anisotropie (bezogen auf ein lokales Koordinatensystem 1, 2, 3)

$$\begin{bmatrix} n_1 \\ n_2 \\ n_{12} \\ \\ m_1 \\ m_2 \\ m_{12} \end{bmatrix} = \begin{bmatrix} C_{11}^* & C_{12}^* & C_{13}^* & C_{14}^* & C_{15}^* & C_{16}^* \\ C_{12}^* & C_{22}^* & C_{23}^* & C_{15}^* & C_{25}^* & C_{26}^* \\ C_{13}^* & C_{23}^* & C_{33}^* & C_{16}^* & C_{26}^* & C_{36}^* \\ \\ C_{14}^* & C_{15}^* & C_{16}^* & C_{44}^* & C_{45}^* & C_{46}^* \\ C_{15}^* & C_{25}^* & C_{26}^* & C_{45}^* & C_{55}^* & C_{56}^* \\ C_{16}^* & C_{26}^* & C_{36}^* & C_{46}^* & C_{56}^* & C_{66}^* \end{bmatrix} \begin{bmatrix} \varepsilon_1 \\ \varepsilon_2 \\ \varepsilon_{12} \\ \\ \kappa_1 \\ \kappa_2 \\ \kappa_{12} \end{bmatrix} \tag{8.10}$$

Mit C_{ij}^* werden die anisotropen Steifigkeiten im lokalen Koordinatensystem bezeichnet. Die entsprechende Steifigkeitsmatrix weist bestimmte Symmetrien auf. Man unterscheidet außerdem

$$\mathbf{C}_S^* = \begin{bmatrix} C_{11}^* & C_{12}^* & C_{13}^* \\ C_{12}^* & C_{22}^* & C_{23}^* \\ C_{13}^* & C_{23}^* & C_{33}^* \end{bmatrix}$$

$$\mathbf{C}_P^* = \begin{bmatrix} C_{44}^* & C_{45}^* & C_{46}^* \\ C_{45}^* & C_{55}^* & C_{56}^* \\ C_{46}^* & C_{56}^* & C_{66}^* \end{bmatrix}$$

$$\mathbf{C}_K^* = \begin{bmatrix} C_{14}^* & C_{15}^* & C_{16}^* \\ C_{15}^* & C_{25}^* & C_{26}^* \\ C_{16}^* & C_{26}^* & C_{36}^* \end{bmatrix}$$

Damit nimmt die Steifigkeitsmatrix $\mathbf{C}^*$ folgende Struktur an

$$\mathbf{C}^* = \begin{bmatrix} \mathbf{C}_S^* & \mathbf{C}_K^* \\ \\ \mathbf{C}_K^* & \mathbf{C}_P^* \end{bmatrix}$$

Hierbei ist $\mathbf{C}_S^*$ die Matrix der Scheibensteifigkeiten (auch Membransteifigkeiten genannt). Sie enthält die Dehnsteifigkeit in den beiden Hauptrichtungen 1 und 2 sowie die Kontraktionssteifigkeit und die Schubsteifigkeit in der Ebene. Diese Größen tauchen in der klassischen *Kirchhoff*-Theorie nicht auf, da sie dem reinen Scheibenzustand entsprechen. $\mathbf{C}_P^*$ ist die Matrix der Plattensteifigkeiten. Sie enthält die Biegesteifigkeiten in den beiden Hauptbiegerichtungen, eine Biegesteifigkeit, die die '"Kontraktion" wiedergibt, sowie die Torsionssteifigkeit. $\mathbf{C}_K^*$ enthält die Koppelsteifigkeiten zur Erfassung der Kopplungen zwischen dem Scheiben- und dem Plattenzustand.

$\mathbf{C}_K^*$ verschwindet offensichtlich nur für über die Dicke symmetrischen Wandaufbau. Versuche, durch gezielte Auswahl der Bezugsfläche (z.B. über die Definition einer neutralen Fläche) führen nur in wenigen Ausnahmefällen zum Erfolg [2], [163], [164].

8.1.2 Materialanisotropie — Konstitutivgleichungen für linear–elastische anisotrope Kontinua

Nachfolgend wird für bestimmte Sonderfälle von Einzelschichtmodellen die Struktur der Steifigkeitsmatrix angeführt. Ausführlich werden diese Beispiele in [127] diskutiert.

8.1.2.1 Isotrope Einzelschicht

Die Steifigkeitsmatrix reduziert sich zu

$$
\begin{bmatrix}
C_{11}^* & C_{12}^* & 0 & & & \\
C_{12}^* & C_{11}^* & 0 & & \mathbf{0} & \\
0 & 0 & C_{33}^* & & & \\
& & & C_{44}^* & C_{45}^* & 0 \\
& \mathbf{0} & & C_{45}^* & C_{44}^* & 0 \\
& & & 0 & 0 & C_{66}^*
\end{bmatrix}
\tag{8.11}
$$

mit

$$
C_{11}^* = \frac{Et}{1-\nu^2}; \quad C_{12}^* = \frac{\nu Et}{1-\nu^2}; \quad C_{33}^* = Gt;
$$

$$
C_{44}^* = \frac{Et^3}{12(1-\nu^2)}; \quad C_{45}^* = \frac{\nu Et^3}{12(1-\nu^2)}; \quad C_{66}^* = \frac{Gt^3}{12};
$$

Hierbei sind E, ν, G Elastizitätsmodul, Querkontraktionszahl, Schubmodul und t die Dicke der Einzelschicht.

8.1.2.2 Orthotrope Einzelschicht

Für die in Bild 8.2 dargestellte orthotrope Einzelschicht gilt

$$
\begin{bmatrix}
C_{11}^* & C_{12}^* & 0 & & & \\
C_{12}^* & C_{22}^* & 0 & & \mathbf{0} & \\
0 & 0 & C_{33}^* & & & \\
& & & C_{44}^* & C_{45}^* & 0 \\
& \mathbf{0} & & C_{45}^* & C_{44}^* & 0 \\
& & & 0 & 0 & C_{66}^*
\end{bmatrix}
\tag{8.12}
$$

mit

$$
C_{11}^* = \frac{E_{\parallel}t}{1-\nu_{\parallel}\nu_{=}}; \quad C_{12}^* = \nu_{=}C_{11}^* = \nu_{\parallel}C_{22}^*; \quad C_{22}^* = \frac{E_{=}t}{1-\nu_{\parallel}\nu_{=}}; \quad C_{33}^* = G_{\#}t;
$$

$$
C_{44}^* = \frac{E_{\parallel}t^3}{12(1-\nu_{\parallel}\nu_{=})}; \quad C_{45}^* = \nu_{=}C_{44}^* = \nu_{\parallel}C_{55}^*; \quad C_{55}^* = \frac{E_{=}t^3}{12(1-\nu_{\parallel}\nu_{=})}; \quad C_{66}^* = \frac{G_{\#}t^3}{12};
$$

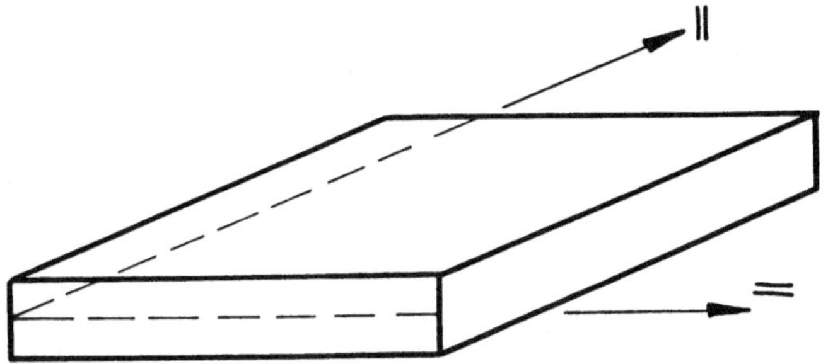

Bild 8.2 Orthotrope Einzelschicht (= Querrichtung, ∥ Längsrichtung)

Die Orthotropie gilt bezogen auf das Hauptachsensystem ∥ (Längsrichtung in der Ebene), = (Querrichtung in der Ebene). Damit sind $E_\parallel, E_=$ die entsprechenden Elastizitätsmoduln, $\nu_\parallel, \nu_=$ die Querkontraktionszahlen und $G_\#$ der Schubmodul.

8.1.2.3 Transversal–isotrope Einzelschicht

Dieses Modell (Bild 8.3) wird für unidirektional verstärkte Faserverbunde mit Erfolg eingesetzt. Dabei ist nach Einführung der isotropen Einzelschicht und der orthotropen

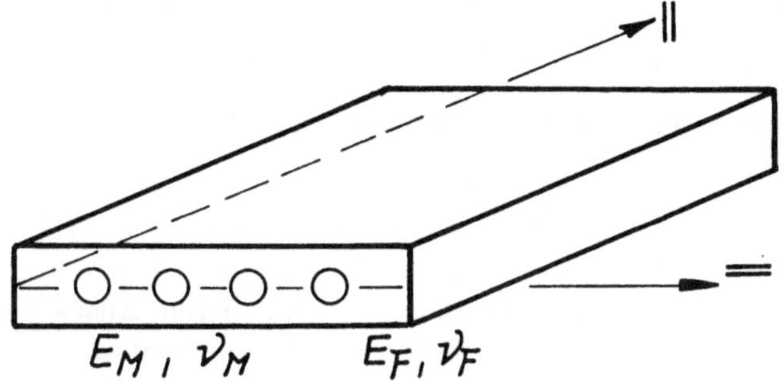

Bild 8.3 Unidirektional faserverstärkte Einzelschicht (transversale Isotropie)

Einzelschicht die Begründung der Steifigkeitsmatrix elementar. Ist die Längsrichtung ∥ gleichzeitig die Verstärkungsrichtung, gilt wie im orthotropen Fall

$$
\begin{bmatrix}
C_{11}^* & C_{12}^* & 0 & & & \\
C_{12}^* & C_{22}^* & 0 & & \mathbf{0} & \\
0 & 0 & C_{33}^* & & & \\
& & & C_{44}^* & C_{45}^* & 0 \\
& \mathbf{0} & & C_{45}^* & C_{44}^* & 0 \\
& & & 0 & 0 & C_{66}^*
\end{bmatrix}
\tag{8.13}
$$

mit den entsprechenden Einzelsteifigkeiten. Im Zusammenhang mit der Modellierung
unidirektional faserverstärkter Verbunde tritt jedoch noch das Problem der Berechnung der makroskopischen Elastizitätsmoduln und Querkontraktionszahlen sowie der
Schubmoduln für den Faser–Matrix–Verbund auf der Grundlage der Eigenschaften
der Fasern und der Matrix. Hierzu gibt es in der Literatur verschiedene Ansätze, die
auf einer „Verschmierung" der Eigenschaften der Einzelkomponenten beruhen. Damit
wird der Übergang zu dem in Bild 8.4 dargestellten Ersatzmodell vorgenommen.

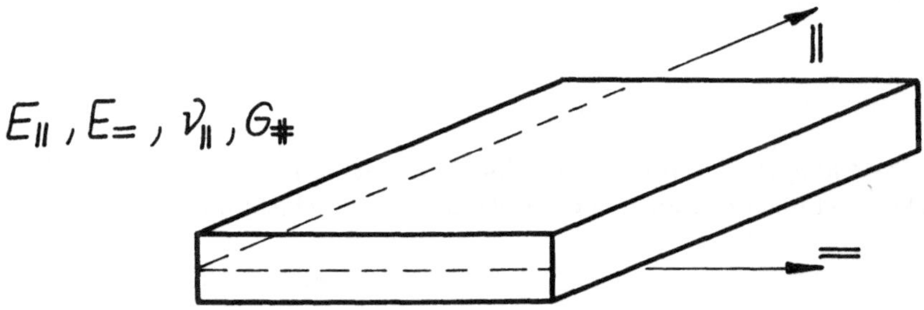

Bild 8.4   Ersatzmodell für unidirektional faserverstärkte Schicht

Eine Möglichkeit besteht in der Anwendung der Theorie der Verstärkung bzw. der
Armierungstheorie [126]. Sie ist praxisnah und gestattet neben den faserverstärkten Verbundwerkstoffen auch armierten Beton zu modellieren. Ausgangspunkt dabei
sind die unterschiedlichen Volumenanteile der Einzelkomponenten, die sich auch auf
die mechanischen Eigenschaften des Verbundes auswirken. Gleichzeitig kann man im
Rahmen dieses theoretischen Konzeptes einen Weg erkennen, wie durch gezielte Ma-
terialkombination gewünschte Verbundeigenschaften erzeugt werden können.

Ausgangspunkt der Theorie der Verstärkung sind Modellvorstellungen, daß die Verbundeigenschaften sich als Reihenschaltung bzw. Parallelschaltung der Einzeleigen-
schaften darstellen lassen. Im ersten Fall geht man von der Spannungsäquivalenz, im
zweiten Fall von der Verzerrungsäquivalenz aus. Diese Modellvorstellungen entsprechen Überlegungen zu Mischungsregeln für Polykristalle, wie sie in den grundlegenden
Arbeiten von *Voigt* [166] und *Reuss* [147] begründet wurden. Später wurde von *Hill* [84]
gezeigt, daß die beiden Abschätzungen Grenzfälle im Sinne einer oberen bzw. einer unteren Schranke für die wahren Verbundeigenschaften darstellen. In der Nachfolgezeit
wurden daher immer wieder Versuche unternommen, diese Schranken zu verbessern.

Vielfach sind jedoch diese Versuche mit die Allgemeingültigkeit stark einschränkenden Annahmen oder empirischen bzw. halbempirischen Ansätzen verbunden. Ein Beispiel dazu sind die Annahmen der Monografie [51]:

- Die Anzahl der verstärkenden Elemente ist groß und die Elemente sind gleichmäßig über das Volumen verteilt.

- Die Steifigkeit der verstärkenden Elemente ist größer als die der Matrix.

- Die Äquivalenz von inhomogener Struktur und quasihomogener Ersatzstruktur sei gegeben.

Diese Annahmen sind in der Praxis schwer zu verifizieren. Ein besonderes Problem ist auch mit der Äquivalenzannahme verbunden, da die statische und die dynamische Äquivalenzforderung zu unterschiedlichen Aussagen führen kann. Damit kommt der experimentellen Überprüfung eine besondere Bedeutung zu.

Ein besonders einfacher, aber mechanisch strenger Ansatz kann [126] entnommen werden. Dabei wurden folgende Annahmen getroffen:

- Das verstärkende Material sei ein kontinuierliches, homogenes und transversal-isotropes Material.

- Das Grund- und das Fasermaterial seien linear-elastisch.

- Zwischen Grund- und Fasermaterial bestehe ideale Haftung.

- Die zur Verstärkung quer gerichteten Spannungen infolge der Querkontraktion bei Längsbeanspruchung sind vernachlässigbar.

- Bei Querbeanspruchung sollen die Spannungen in Grund- und Verstärkungsmaterial gleich sein. Die Deformationsanteile an der Gesamtdeformation verhalten sich wie die Volumenanteile.

Diese Annahmen treffen zu, wenn die Packungsdichte der Verstärkungen genügend groß ist und eine gleichmäßige Verteilung vorliegt. Die genauen Anwendungsgrenzen lassen sich jedoch derzeit nicht angeben. Die im Rahmen dieser Annahmen berechenbaren Komponenten der elastischen Verbundeigenschaften kann man [126] entnehmen. In Analogie wird dort auch ein in zwei Richtungen verstärktes Material betrachtet.

In [169] werden andere (vereinfachte) Formeln angegeben. Diese gelten insbesondere für Faser–Harz–Verbunde. In Längsrichtung gelten danach die Beziehungen

$$
\begin{aligned}
E_\parallel &= \varphi_F E_F + (1 - \varphi_F) E_M, \\
\nu_\parallel &= \varphi_F \nu_F + (1 - \varphi_F) \nu_M
\end{aligned}
$$

mit E_F, E_M als Elastizitätsmoduln des Faser- und des Matrixwerkstoffes, ν_F, ν_M als die entsprechenden Querkontraktionszahlen sowie φ_F als Volumenanteil des Faserwerkstoffes. Für die übrigen Werte gibt *Wiedemann* [169] die folgenden Ausdrücke an

$$E_= = \frac{E_M\left[E_F\sqrt{\varphi_F} + E_M\left(1 - \sqrt{\varphi_F}\right)\right]}{E_M\sqrt{\varphi_F} + \left(1 - \nu_M^2\right)\left(1 - \varphi_F\right)\left[E_F\sqrt{\varphi_F} + E_M\left(1 - \sqrt{\varphi_F}\right)\right]},$$

$$G_{\#} = \frac{G_M\left[G_F\sqrt{\varphi_F} + G_M\left(1 - \sqrt{\varphi_F}\right)\right]}{G_M\sqrt{\varphi_F} + \left(1 - \varphi_F\right)\left[G_F\sqrt{\varphi_F} + G_M\left(1 - \sqrt{\varphi_F}\right)\right]}$$

Für viele praktisch bedeutsame Fälle gilt

$$0,3 \leq \varphi_F \leq 0,7$$

Damit erhält man näherungsweise

$$E_= \approx \frac{E_M}{\left(1 - \nu_M^2\right)\left(1 - \varphi_F\right)},$$

$$G_{\#} \approx \frac{G_M}{1 - \varphi_F} = \frac{E_=}{3}$$

Diese Mittelungsformeln liefern nach Aussagen in [169] gute Ergebnisse für Glasfasern, da dieses Material selbst isotrop ist. Bei Kohlefasern, die selbst orthotrop sind, müssen die Formeln modifiziert werden. Andere empirische bzw. halbempirische Ansätze werden in [64] und [127] diskutiert und verglichen. Die wichtigste Aussage dabei ist, daß die Empirie bestimmte Grenzen hat, so daß der Schlußfolgerung, in unklaren Situationen hybride Techniken (Kopplung von Berechnung der Verbundeigenschaften und experimenteller Bestimmung von Verbundeigenschaften) zu verwenden, zugestimmt werden kann. Leider sind derzeit auch dem Experiment Grenzen bezüglich seiner Durchführbarkeit gesetzt, worauf jedoch hier nicht eingegangen werden soll.

8.1.3 Konstruktive Anisotropie — Modellierung versteifter dünnwandiger Strukturelemente

In Abhängigkeit von der Anordnung und der Anzahl der Steifen werden unterschiedliche Modelle eingesetzt. Wichtige Sonderfälle sind dabei die

- diskrete Einzelsteife und

- Steifenschar (Bild 8.5)

Während im ersten Fall ein entsprechendes diskretes Modell, welches auch die Einzelsteife vollständig modelliert, zu bevorzugen ist, kann im Falle der Steifenschar versucht werden, diese zu einem quasihomogenen Ersatzmodell zu „verschmieren". Letzteres ist meist einfacher zu handhaben, jedoch wird in der Regel das Ersatzkontinuum anisotrop. Für globale Abschätzungen des Strukturverhaltens genügen meist die „verschmierten Modelle". Für die Bewertung lokalen Versagens sind sie jedoch vielfach ungeeignet.

Im Zusammenhang mit der Modellbildung bei konstruktiver Anisotropie kann man in der Literatur zwei Konzepte zur Beschreibung konkreter Anisotropieeigenschaften antreffen:

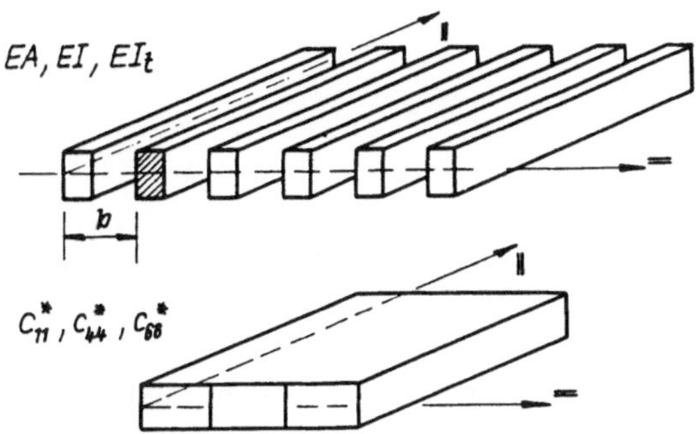

Bild 8.5 Steifenschar und Ersatzmodell

- mechanische (theoretische) Modellierung

- experimentelle Bestimmung

Der zweite Weg wird insbesondere bei sehr komplizierter Geometrie beschritten, da er häufig brauchbare Ergebnisse mit vertretbarem Aufwand liefert. Beispiele dazu kann man u.a. in [169] finden.

Die mechanische Modellierung soll am Beispiel der Parallelsteifenschar erläutert werden. In diesem Fall werden zur Aussteifung parallel liegende, gleichweit voneinander entfernt liegende Rippen angebracht. Die reale Struktur läßt sich bei genügend großer Rippenanzahl verschmieren, so daß eine quasihomogene Ersatzstruktur betrachtet werden kann. Verlaufen die Rippen parallel zur Hauptachse 1, ergibt sich für die Steifigkeitsmatrix $\mathbf{C}$ folgende spezielle Struktur

$$\begin{bmatrix} C_{11}^* & 0 & 0 & & & \\ 0 & 0 & 0 & & \mathbf{0} & \\ 0 & 0 & 0 & & & \\ & & & C_{44}^* & 0 & 0 \\ & \mathbf{0} & & 0 & 0 & 0 \\ & & & 0 & 0 & C_{66}^* \end{bmatrix} \tag{8.14}$$

Die Steifigkeiten lassen sich dann durch Verschmieren aus den Steifigkeitswerten der Einzelsteifen ermitteln. Setzt man einen Rechteckquerschnitt für die einzelne Rippe voraus, ist nach der Festigkeitslehre EA die Dehnsteifigkeit der Einzelrippe (A ist der Querschnitt), EI_b die Biegesteifigkeit (I_b ist das Flächenträgheitsmoment) und GI_t ist die Torsionssteifigkeit (I_t stellt das Torsionsträgheitsmoment dar). Beträgt der Abstand zwischen den einzelnen Rippe b, erhält man abschließend die Dehnsteifigkeit (längs)

$$C_{11}^* = \frac{EA}{b}$$

die Biegesteifigkeit (längs)

$$C_{44}^* = \frac{EI_b}{b}$$

und die Drillsteifigkeit

$$C_{66}^* = \frac{EI_t}{b}$$

Alle anderen Steifigkeiten sind Null.

8.1.4 Transformation der Steifigkeiten vom lokalen Koordinatensystem in ein globales Koordinatenystem

Die Steifigkeitswerte C_{ij}^* waren auf das jeweils für die konkrete Einzelschicht günstigste Hauptachsensystem bezogen worden. Für Schichtenverbunde, aber auch für versteifte Bleche, muß das lokale Hauptachsensystem nicht das günstigste sein. Daher ist es oftmals notwendig, eine Transformation in ein anderes Koordinatensystem vorzunehmen (Bild 8.6). Hier kann man jedoch diese Aufgabe wesentlich vereinfachen, da es in fast

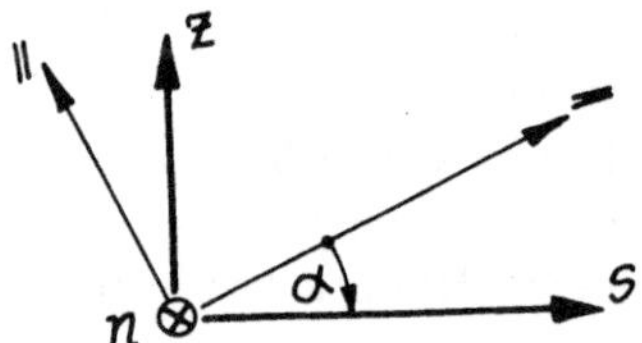

Bild 8.6   Transformationswinkel α

allen für die Praxis relevanten Fällen genügt, eine ebene Drehung vom lokalen Hauptachsensystem $=, \parallel$ zu den globalen Koordinaten s, z vorzunehmen. Die Koordinate 3 geht dabei in die die Querschnittsrichtung kennzeichnende Koordinate über (d.h. es wird eine Drehung um die Achse 3 vorgenommen, wobei der Drehwinkel α sei). Es gilt dann

$$C_{11} = C_{11}^* \cos^4 \alpha + C_{22}^* \sin^4 \alpha + \frac{1}{2}(C_{12}^* + 2C_{33}^*)\sin^2 2\alpha,$$

$$C_{22} = C_{11}^* \sin^4 \alpha + C_{22}^* \cos^4 \alpha + \frac{1}{2}(C_{12}^* + 2C_{33}^*)\sin^2 2\alpha,$$

$$C_{12} = C_{12}^* + \left[\frac{C_{11}^* + C_{22}^*}{4} - \frac{1}{2}(C_{12}^* + 2C_{33}^*)\right]\sin^2 2\alpha,$$

$$C_{33} = C_{33}^* + \left[\frac{C_{11}^* + C_{22}^*}{4} - \frac{1}{2}(C_{12}^* + 2C_{33}^*)\right]\sin^2 2\alpha,$$

$$C_{13} = (C_{12}^* + 2C_{33}^* - C_{22}^*)\sin^3\alpha\cos\alpha - (C_{12}^* + 2C_{33}^* - C_{11}^*)\sin\alpha\cos^3\alpha,$$
$$C_{23} = (C_{12}^* + 2C_{33}^* - C_{22}^*)\sin\alpha\cos^3\alpha - (C_{12}^* + 2C_{33}^* - C_{11}^*)\sin^3\alpha\cos\alpha$$

Die restlichen Transformationsregeln erhält man durch Erhöhen der Werte der Indizes um drei ($C_{ij} \to C_{i+3j+3}$, $C_{ij}^* \to C_{i+3j+3}^*$ mit $i,j = 1,2,3$).

8.1.5 Ermittlung der Verbundeigenschaften

Alle bisher getroffenen Aussagen galten für die Einzelschicht, die in einem bestimmten Abstand zur Referenzebene liegt. Dabei war der Sonderfall des Nullabstandes eingeschlossen. Die Verbundeigenschaften lassen sich dann wie folgt definieren. Die bisher betrachtete Einzelschicht stellt im Verbund die Schicht mit der Nummer $k(k = 1,\ldots,m)$ dar (Bild 8.7). Aus elementaren Überlegungen der Festigkeitslehre

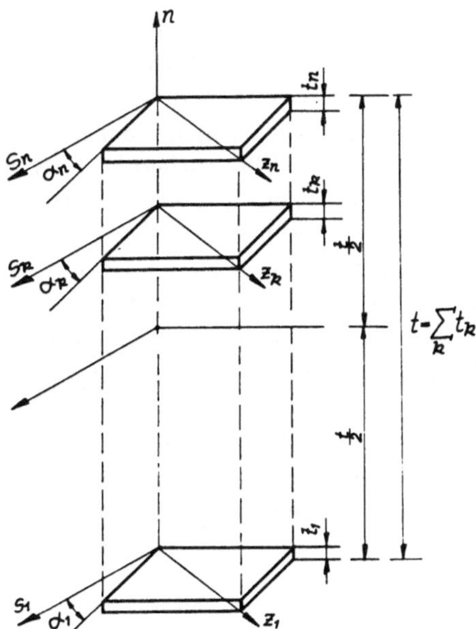

Bild 8.7 Schichtenverbund

folgt dann [169]

$$\mathbf{C}_S = \sum_{(k)} \mathbf{C}_{Sk}, \quad \mathbf{C}_K = \sum_{(k)} n_k \mathbf{C}_{Kk}, \quad \mathbf{C}_P = \sum_{(k)} [\mathbf{C}_{Pk} + n_k^2 \mathbf{C}_{Sk}] \tag{8.15}$$

Sind nur Laminatstrukturen zu betrachten, kann eine integrale Mittlung der elastischen Schichteigenschaften ebenfalls zum Ziel führen. Dabei ergibt sich beispielsweise für die Dehnsteifigkeit bei vorausgesetzter Isotropie

$$C_{11} = \int\limits_{-h/2}^{h/2} \frac{E}{1 - \nu^2} \, dn$$

Eine ausführliche Ableitung dieser und der übrigen Steifigkeiten ist in [2] zu finden.
Das hier bevorzugte Konzept nach [169] gestattet gleichermaßen eine Erfassung von
Laminaten und von versteiften Konstruktionselementen.

8.2 Strukturanalyse anisotroper verallgemeinerter prismatischer Stabmodelle

Der Ableitung der Gleichungen für verallgemeinerte Stabmodelle dünnwandiger isotroper Konstruktionen in den Kapiteln 2 und 4 bis 7 lag ein einheitliches methodisches
Konzept zugrunde. Ausgangspunkt war stets das biegesteife Faltwerk. Vorausgesetzt
wurden kleine Verformungen im Sinne einer Theorie 1. Ordnung und lineare isotrope
Konstitutivgleichungen für die Beziehungen zwischen den Schnittgrößen des Faltwerkes und den zugeordneten Deformationsgrößen. Für die Scheiben/Plattenstreifen
wurde die Gültigkeit der technischen Scheiben/Plattentheorie nach *Kirchhoff* angenommen. Scheiben- und Plattenschnittgrößen können dann unabhängig voneinander
berechnet und ihre Wirkungen superponiert werden. Zugelassen waren dünnwandige
Konstruktionen mit gerader oder eben gekrümmter Systemachse, ihre Querschnittsformen konnten offen, geschlossen oder gemischt offen–geschlossen sein. Aus den Modellgleichungen für gemischt offen–geschlossene Querschnitte konnten auf deduktivem
Wege die Modellgleichungen für allgemeine polygonale Querschnittsformen abgeleitet
werden.

Für die Ableitung der Gleichungen für verallgemeinerte anisotrope Stabmodelle
wird das methodische Konzept unverändert übernommen. Die Voraussetzungen der
technischen Scheiben- und Plattentheorie werden gleichfalls beibehalten, aber in zwei
wesentlichen Punkten ergänzt:

- Die Konstitutivgleichungen für die Beziehungen zwischen Schnittgrößen und Deformationsgrößen werden auf den allgemeinen anisotropen Fall erweitert.

- Der Streifenaufbau in Dickenrichtung muß keine Symmetrie aufweisen, d.h. es
  kann im allgemeinen Fall keine neutrale Fläche für die Plattenschnittgrößen definiert werden, der Scheiben- und der Plattenzustand sind dann gekoppelt.

Für die folgenden Ableitungen werden die Elemente der anisotropen Steifigkeits- bzw.
Flexibilitätsmatrix als bekannt vorausgesetzt. Ihre Bestimmung war Gegenstand des
Abschnittes 8.1. Anders als für isotrope Konstruktionen werden die Ableitungen nur
für dünnwandige anisotrope Konstruktionen mit gerader Systemachse und gemischt
offen–geschlossenen Querschnitten dargestellt. Auf die Sonderfälle der offenen oder
der geschlossenen Querschnittsformen wird im Zusammenhang mit der deduktiven

Ableitung verallgemeinerter Stabmodelle eingegangen, eine Erweiterung der Modellgleichungen auf Systeme mit eben gekrümmter Systemachse entspricht der Vorgehensweise von Kapitel 5 und kann gegebenenfalls ohne Schwierigkeiten selbst vorgenommen werden. Auf den Sonderfall einer Symmetrie der Strukturelemente in Dickenrichtung und der damit verbundenen wesentlichen Vereinfachungen wird besonders hingewiesen. Zur Vereinfachung der Darstellung der aufwendigen Modellgleichungen anisotroper Konstruktionen wird auf die Mitnahme der Temperaturglieder verzichtet.

8.2.1 Elastisches und kinetisches Potential des anisotropen biegesteifen Faltwerkes

Definiert man für einen Scheiben-/Plattenstreifen einen Vektor $\mathbf{n}(z,s)$ der Scheibengrößen $n_z(z,s), n_s(z,s), n_{zs}(z,s)$, einen Vektor $\mathbf{m}(z,s)$ der Plattengrößen $m_z(z,s)$, $m_s(z,s), m_{zs}(z,s)$, einen Vektor $\boldsymbol{\varepsilon}(z,s)$ der Verzerrungen $\varepsilon_z(z,s), \varepsilon_s(z,s), \varepsilon_{zs}(z,s)$ und einen Vektor $\boldsymbol{\kappa}(z,s)$ der Krümmungen $\kappa_z(z,s), \kappa_s(z,s)$ bzw. Drillungen $\kappa_{zs}(z,s)$, d.h.

$$\mathbf{n}^T = [n_z \ n_s \ n_{zs}]; \quad \mathbf{m}^T = [m_z \ m_s \ m_{zs}] \tag{8.16}$$

$$\boldsymbol{\varepsilon}^T = [\varepsilon_z \ \varepsilon_s \ \varepsilon_{zs}]; \quad \boldsymbol{\kappa}^T = [\kappa_z \ \kappa_s \ \kappa_{zs}] \tag{8.17}$$

erhält man unter der Voraussetzung eines linearen anisotropen Materialveraltens und einer inhomogenen, nicht mittensymmetrischen Struktur über die Wanddicke t das Elastizitätsgesetz für die Schnittgrößen in der Form

$$\mathbf{n}^T = \mathbf{C}_S \boldsymbol{\varepsilon} + \mathbf{C}_K \boldsymbol{\kappa}; \quad \mathbf{m}^T = \mathbf{C}_K \boldsymbol{\varepsilon} + \mathbf{C}_P \boldsymbol{\kappa} \tag{8.18}$$

bzw.

$$\mathbf{s} = \mathbf{C} \mathbf{d} \tag{8.19}$$

mit

$$\mathbf{s}^T = [\mathbf{n}^T \ \mathbf{m}^T]; \quad \mathbf{d}^T = [\boldsymbol{\varepsilon}^T \ \boldsymbol{\kappa}^T]$$

$$\mathbf{C} = \begin{bmatrix} \mathbf{C}_S & \mathbf{C}_K \\ \mathbf{C}_K & \mathbf{C}_P \end{bmatrix}$$

Die Steifigkeitsmatrix $\mathbf{C}$ hat das Format (6, 6) und die Untermatrizen $\mathbf{C}_S, \mathbf{C}_P$ und $\mathbf{C}_K$ kennzeichnen die folgenden Steifigkeiten

$$\mathbf{C}_S = \begin{bmatrix} C_{11} & C_{12} & C_{13} \\ C_{12} & C_{22} & C_{23} \\ C_{13} & C_{23} & C_{33} \end{bmatrix} \quad \text{Matrix der Scheibensteifigkeiten } (\mathbf{n} = \mathbf{n}(\boldsymbol{\varepsilon}))$$

$$\mathbf{C}_P = \begin{bmatrix} C_{44} & C_{45} & C_{46} \\ C_{45} & C_{55} & C_{56} \\ C_{46} & C_{56} & C_{66} \end{bmatrix} \quad \text{Matrix der Plattensteifigkeiten } (\mathbf{m} = \mathbf{m}(\boldsymbol{\kappa}))$$

$$\mathbf{C}_K = \begin{bmatrix} C_{14} & C_{15} & C_{16} \\ C_{15} & C_{25} & C_{26} \\ C_{16} & C_{26} & C_{36} \end{bmatrix} \quad \begin{array}{l} \text{Matrix der Koppelsteifigkeiten} \\ (\mathbf{n} = \mathbf{n}(\boldsymbol{\kappa}) \text{ und } \mathbf{n} = \mathbf{n}(\boldsymbol{\varepsilon})) \end{array}$$

Wie im Abschnitt 8.1 gezeigt wurde, können die Elemente der Steifigkeitsmatrizen in Abhängigkeit von der gegebenen Materialanisotropie oder konstruktiven Anisotropie berechnet werden. Vielfach vereinfachen sich die Steifigkeitsmatrizen durch eine größere Zahl von Nullelementen.

Bei allen bisher behandelten verallgemeinerten Stabmodellen waren der Scheiben- und der Plattenzustand entkoppelt, d.h. $\mathbf{C}_K \equiv \mathbf{0}$. Für die anisotropen Steifigkeitsgleichungen ist eine solche Entkopplung nur für zur Mittelfläche symmetrische Strukturen oder für ganz spezielle Steifigkeitsverhältnisse möglich.

Betrachtet wird jetzt ein allgemeines, biegesteifes, anisotropes Faltwerk nach Bild 8.8. Wie im Kapitel 2 werden ein globales kartesisches Koordinatensystem (x, y, z) und eine der Anzahl der Scheiben-/ Plattenstreifen entsprechende Zahl von lokalen Koordinatensystemen (z, s_i, n_i) definiert. Für den i-ten Streifen gilt dann

$$u_i(z, s_i), \ v_i(z, s_i), \ w_i(z, s_i) \ \text{Verschiebungen}$$

$$p_{z_i}(z, s_i), \ p_{s_i}(z, s_i), \ p_{n_i}(z, s_i) \ \text{Flächenlasten}$$

$$q_{z_i}(z, s_i)\,|_{z=0,l}, \ q_{z_i}(z, s_i)\big|_{z=0,l} \ q_{s_i}(z, s_i)\,|_{z=0,l} \ \text{Randlasten}$$

Mit den kinematischen Gleichungen

$$\varepsilon_{z_i} = u_i', \ \varepsilon_{s_i} = \dot{v}_i, \ \varepsilon_{zs_i} = \dot{u}_i + v_i'$$

$$\kappa_{z_i} = -w_i'', \ \kappa_{s_i} = -\ddot{w}_i, \ \kappa_{zs_i} = -2\dot{w}_i'$$

$$(\ldots)' = \frac{\partial(\ldots)}{\partial z}, \ (\dot{\ldots}) = \frac{\partial(\ldots)}{\partial s_i}$$

und dem elastischen Potential entsprechend Gl. (2.1)

$$\begin{aligned} \Pi &= \int\limits_{(V)} W \, dV - \int\limits_{(V)} \mathbf{f}^T \mathbf{v} \, dV - \int\limits_{(A)} \mathbf{p}^T \mathbf{v} \, dA \\ &= W_i - W_a \end{aligned}$$

erhält man für das biegesteife, anisotrope Faltwerk durch Summation über alle Streifen

$$\begin{aligned} \Pi &= \frac{1}{2} \sum (i) \int\limits_0^l \int\limits_0^{d_i} (\mathbf{s}_i^T \mathbf{d}_i) \, ds_i \, dz - W_a \\ &= \frac{1}{2} \sum (i) \int\limits_0^l \int\limits_0^{d_i} (\mathbf{d}_i^T \mathbf{C}_i \mathbf{d}_i) \, ds_i \, dz - W_a \end{aligned}$$

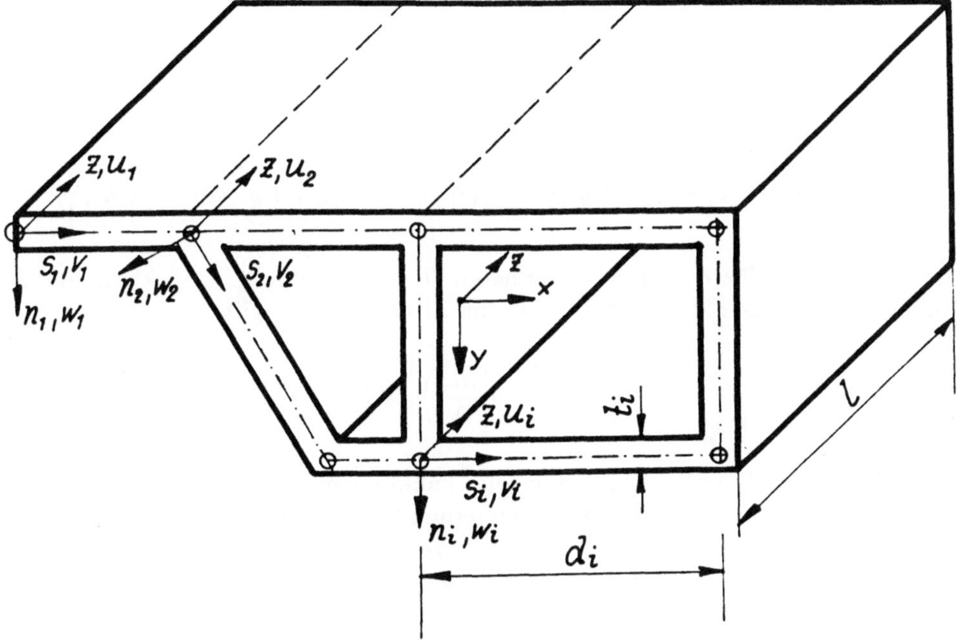

Bild 8.8 Biegesteifes, anisotropes Faltwerk mit gemischt offen–geschlossenem Querschnitt

und Einsetzen von $\mathbf{d}_i$ und $\mathbf{C}_i$ sowie der äußeren Endwertarbeit W_a folgt

$$
\begin{aligned}
\Pi = \sum_i \Bigg\{ \frac{1}{2} \int\limits_0^l \int\limits_0^{d_i} & \Bigg[C_{11_i} u_i'^2 + C_{22_i} \dot{v}_i^2 + C_{33_i} (\dot{u}_i + v_i')^2 \\
& + C_{44_i} w_i''^2 + C_{55_i} \ddot{w}_i^2 + 4 C_{66_i} \dot{w}_i'^2 + \\
& + 2 C_{12_i} u_i' \dot{v}_i + 2 C_{13_i} u_i' (\dot{u}_i + v_i') - 2 C_{14_i} u_i' w_i'' - 2 C_{15_i} u_i' \ddot{w}_i - 4 C_{16_i} u_i' \dot{w}_i' \\
& - 2 C_{15_i} \dot{v}_i w_i'' - 2 C_{25_i} \dot{v}_i \ddot{w}_i - 4 C_{26_i} \dot{v}_i \dot{w}_i' \\
& - 2 C_{16_i} (\dot{u}_i + v_i') w_i'' - 2 C_{26_i} (\dot{u}_i + v_i') \ddot{w}_i \\
& + 2 C_{23_i} \dot{v}_i (\dot{u}_i + v_i') - 4 C_{36_i} (\dot{u}_i + v_i') \dot{w}_i' \\
& + 2 C_{45_i} w_i'' \ddot{w}_i + 4 C_{46_i} w_i'' \dot{w}_i' + 4 C_{56_i} \ddot{w}_i \dot{w}_i' \\
& - 2 (p_{z_i} u_i + p_{s_i} v_i + p_{n_i} w_i) \Bigg] \, ds_i \, dz \\
& - \int\limits_0^{d_i} \Bigg[(q_{z_i} u_i + q_{s_i} v_i + q_{n_i} w_i) \big|_{z=0} + (q_{z_i} u_i + q_{s_i} v_i + q_{n_i} w_i) \big|_{z=l} \Bigg] \, ds_i \Bigg\}
\end{aligned}
\tag{8.20}
$$

Die Gleichungen für die kinetische Energie T können direkt vom Abschnitt 2.2.1 übernommen werden, d.h. auch für das anisotrope Faltwerk gilt

$$
T(\mathbf{u}) = \frac{1}{2} \sum_i \int\limits_0^l \int\limits_0^{d_i} \rho_i t_i \left[\left(\frac{\partial u_i}{\partial t} \right)^2 + \left(\frac{\partial v_i}{\partial t} \right)^2 + \left(\frac{\partial w_i}{\partial t} \right)^2 \right] \, ds_i \, dz ,
$$

wobei die Verschiebungen u_i, v_i und w_i jetzt Funktionen der Ortskoordinaten z, s_i und der Zeit t sind. Für die Variationsformulierung bildet man wieder die *Lagrange*sche Funktion $L = T - \Pi$ und geht vom *Hamilton*sschen Prinzip aus. Damit sind das elastische Potential Π und das kinetische Potential L für das anisotrope, biegesteife Faltwerk als Ausgangspunkte für die folgenden Ableitungen bekannt.

8.2.2 Reduktion der zweidimensionalen Aufgabe durch Reihenentwicklung der Verschiebungen mit Hilfe verallgemeinerter Koordinatenfunktionen

Die Gl. (8.20) für das elastische Potential ist eine Erweiterung der Gl. (2.4) für isotrope Konstruktionen auf den allgemeinen anisotropen Fall mit nicht mittensymmetrischer Struktur über die Wanddicke t. Die Reduktion des zweidimensionalen Problems erfolgt mit den gleichen Produktsummenansätzen wie im isotropen Fall

$$
\begin{aligned}
u_i(z, s_i) &= \sum_j U_j(z) \varphi_j(s_i) = \mathbf{U}^T \boldsymbol{\varphi} = \boldsymbol{\varphi}^T \mathbf{U} \\
v_i(z, s_i) &= \sum_k V_k(z) \psi_k(s_i) = \mathbf{V}^T \boldsymbol{\psi} = \boldsymbol{\psi}^T \mathbf{V}
\end{aligned}
$$

$$w_i(z, s_i) \;=\; \sum_k V_k(z)\xi_k(s_i) = \mathbf{V}^T\boldsymbol{\xi} = \boldsymbol{\xi}^T\mathbf{V} \tag{8.21}$$

$$\mathbf{U}^T \;=\; [U_1, \ldots, U_j, \ldots], \quad \mathbf{V}^T = [V_1, \ldots, V_k, \ldots]$$

$$\boldsymbol{\varphi}^T \;=\; [\varphi_1, \ldots, \varphi_j, \ldots], \quad \boldsymbol{\psi}^T = [\psi_1, \ldots, \psi_k, \ldots], \quad \boldsymbol{\xi}^T = [\xi_1, \ldots, \xi_k, \ldots]$$

Das Einsetzen der Reihenansätze (8.21) in (8.20) für das elastische Potential des anisotropen, biegesteifen Faltwerks führt auf eine übersichtlichere Matrizenformulierung

$$
\begin{aligned}
\Pi(\mathbf{U}, \mathbf{V}) \;=\; \frac{1}{2}\int_0^l \Big[& \mathbf{U}'^T\mathbf{A}_1\mathbf{U}' + \mathbf{V}^T\mathbf{A}_6\mathbf{V} + \mathbf{U}^T\mathbf{A}_3\mathbf{U} + 2\mathbf{U}^T\mathbf{A}_{15}\mathbf{V}' + \mathbf{V}'^T\mathbf{A}_4\mathbf{V}' \\
+ \; & \mathbf{V}''^T\mathbf{A}_7\mathbf{V}'' + \mathbf{V}^T\mathbf{A}_{12}\mathbf{V} + 4\mathbf{V}'^T\mathbf{A}_9\mathbf{V}' + 2\mathbf{U}'^T\mathbf{A}_{14}\mathbf{V} \\
+ \; & 2\mathbf{U}^T\mathbf{A}_2\mathbf{U}' + 2\mathbf{U}'^T\mathbf{A}_{13}\mathbf{V}' - 2\mathbf{U}'^T\mathbf{A}_{17}\mathbf{V}'' - 2\mathbf{U}'^T\mathbf{A}_{19}\mathbf{V} \\
- \; & 4\mathbf{U}'^T\mathbf{A}_{18}\mathbf{V}' + 2\mathbf{U}^T\mathbf{A}_{16}\mathbf{V} + 2\mathbf{V}^T\mathbf{A}_5\mathbf{V}' - 2\mathbf{V}^T\mathbf{A}_{26}\mathbf{V}'' \\
- \; & 2\mathbf{V}^T\mathbf{A}_{28}\mathbf{V} - 4\mathbf{V}^T\mathbf{A}_{27}\mathbf{V}' - 2\mathbf{U}^T\mathbf{A}_{20}\mathbf{V}'' - \mathbf{V}'^T\mathbf{A}_{23}\mathbf{V}'' \\
- \; & 2\mathbf{U}^T\mathbf{A}_{22}\mathbf{V} - 2\mathbf{V}'^T\mathbf{A}_{25}\mathbf{V} - 4\mathbf{U}^T\mathbf{A}_{21}\mathbf{V}' - 4\mathbf{V}'^T\mathbf{A}_{24}\mathbf{V}' \\
+ \; & 2\mathbf{V}^T\mathbf{A}_{10}\mathbf{V}'' + 4\mathbf{V}'^T\mathbf{A}_8\mathbf{V}'' + 4\mathbf{V}^T\mathbf{A}_{11}\mathbf{V}' \\
- \; & 2(\mathbf{U}^T\mathbf{f}_z + \mathbf{V}^T\mathbf{f}_s + \mathbf{V}^T\mathbf{f}_n)\Big]\, dz \\
- \; & (\mathbf{U}^T\mathbf{r}_z + \mathbf{V}^T\mathbf{r}_s + \mathbf{V}^T\mathbf{r}_n)\,\big|_{z=0} - (\mathbf{U}^T\mathbf{r}_z + \mathbf{V}^T\mathbf{r}_s + \mathbf{V}^T\mathbf{r}_n)\,\big|_{z=l}
\end{aligned}
$$

$$\tag{8.22}$$

Die Matrizen $\mathbf{A}_l, l = 1, \ldots, 28$ der verallgemeinerten Querschnittswerte sind wie folgt definiert

$$\mathbf{A}_1 = \sum_i \int_0^{d_i} C_{11_i}\boldsymbol{\varphi}\boldsymbol{\varphi}^T ds_i, \quad \mathbf{A}_2 = \sum_i \int_0^{d_i} C_{13_i}\dot{\boldsymbol{\varphi}}\boldsymbol{\varphi}^T ds_i, \quad \mathbf{A}_3 = \sum_i \int_0^{d_i} C_{33_i}\dot{\boldsymbol{\varphi}}\dot{\boldsymbol{\varphi}}^T ds_i,$$

$$\mathbf{A}_4 = \sum_i \int_0^{d_i} C_{33_i}\boldsymbol{\psi}\boldsymbol{\psi}^T ds_i, \quad \mathbf{A}_5 = \sum_i \int_0^{d_i} C_{23_i}\dot{\boldsymbol{\psi}}\boldsymbol{\psi}^T ds_i, \quad \mathbf{A}_6 = \sum_i \int_0^{d_i} C_{22_i}\dot{\boldsymbol{\psi}}\dot{\boldsymbol{\psi}}^T ds_i,$$

$$\mathbf{A}_7 = \sum_i \int_0^{d_i} C_{44_i}\boldsymbol{\xi}\boldsymbol{\xi}^T ds_i, \quad \mathbf{A}_8 = \sum_i \int_0^{d_i} C_{46_i}\dot{\boldsymbol{\xi}}\boldsymbol{\xi}^T ds_i, \quad \mathbf{A}_9 = \sum_i \int_0^{d_i} C_{66_i}\dot{\boldsymbol{\xi}}\dot{\boldsymbol{\xi}}^T ds_i,$$

$$\mathbf{A}_{10} = \sum_i \int_0^{d_i} C_{45_i}\ddot{\boldsymbol{\xi}}\boldsymbol{\xi}^T ds_i, \quad \mathbf{A}_{11} = \sum_i \int_0^{d_i} C_{56_i}\ddot{\boldsymbol{\xi}}\dot{\boldsymbol{\xi}}^T ds_i, \quad \mathbf{A}_{12} = \sum_i \int_0^{d_i} C_{55_i}\ddot{\boldsymbol{\xi}}\ddot{\boldsymbol{\xi}}^T ds_i,$$

$$\mathbf{A}_{13} = \sum_i \int_0^{d_i} C_{13_i}\boldsymbol{\varphi}\boldsymbol{\psi}^T ds_i, \quad \mathbf{A}_{14} = \sum_i \int_0^{d_i} C_{12_i}\boldsymbol{\varphi}\dot{\boldsymbol{\psi}}^T ds_i, \quad \mathbf{A}_{15} = \sum_i \int_0^{d_i} C_{33_i}\dot{\boldsymbol{\varphi}}\boldsymbol{\psi}^T ds_i$$

$$\mathbf{A}_{16} = \sum_i \int_0^{d_i} C_{23_i} \dot{\boldsymbol{\varphi}} \boldsymbol{\psi}^T ds_i, \quad \mathbf{A}_{17} = \sum_i \int_0^{d_i} C_{14_i} \boldsymbol{\varphi} \boldsymbol{\xi}^T ds_i, \quad \mathbf{A}_{18} = \sum_i \int_0^{d_i} C_{16_i} \boldsymbol{\varphi} \dot{\boldsymbol{\xi}}^T ds_i,$$

$$\mathbf{A}_{19} = \sum_i \int_0^{d_i} C_{15_i} \boldsymbol{\varphi} \ddot{\boldsymbol{\xi}}^T ds_i, \quad \mathbf{A}_{20} = \sum_i \int_0^{d_i} C_{16_i} \dot{\boldsymbol{\varphi}} \boldsymbol{\xi}^T ds_i, \quad \mathbf{A}_{21} = \sum_i \int_0^{d_i} C_{36_i} \dot{\boldsymbol{\varphi}} \dot{\boldsymbol{\xi}}^T ds_i,$$

$$\mathbf{A}_{22} = \sum_i \int_0^{d_i} C_{26_i} \dot{\boldsymbol{\varphi}} \ddot{\boldsymbol{\xi}}^T ds_i, \quad \mathbf{A}_{23} = \sum_i \int_0^{d_i} C_{16_i} \boldsymbol{\psi} \boldsymbol{\xi}^T ds_i, \quad \mathbf{A}_{24} = \sum_i \int_0^{d_i} C_{36_i} \boldsymbol{\psi} \dot{\boldsymbol{\xi}}^T ds_i,$$

$$\mathbf{A}_{25} = \sum_i \int_0^{d_i} C_{26_i} \boldsymbol{\psi} \ddot{\boldsymbol{\xi}}^T ds_i, \quad \mathbf{A}_{26} = \sum_i \int_0^{d_i} C_{15_i} \dot{\boldsymbol{\psi}} \boldsymbol{\xi}^T ds_i, \quad \mathbf{A}_{27} = \sum_i \int_0^{d_i} C_{26_i} \dot{\boldsymbol{\psi}} \dot{\boldsymbol{\xi}}^T ds_i,$$

$$\mathbf{A}_{28} = \sum_i \int_0^{d_i} C_{25_i} \dot{\boldsymbol{\psi}} \ddot{\boldsymbol{\xi}}^T ds_i, \tag{8.23}$$

Für die Vektoren $\mathbf{f}_z, \mathbf{f}_s, \mathbf{f}_n$ und $\mathbf{r}_z, \mathbf{r}_s, \mathbf{r}_n$ der verallgemeinerten Flächen– und Randlasten gelten weiterhin die Gln. (2.30).

Der Berechnungsaufwand für die verallgemeinerten Querschnittswerte reduziert sich für zwei praktisch wichtige Sonderfälle:

- Die Matrix $\mathbf{C}$, und somit ihre Elemente C_{ij}, sind für jeden Faltwerkstreifen unabhängig von der Profilkoordinate s_i. Die C_{ij}–Werte können dann vor das Integral gezogen werden, d.h.

$$\mathbf{A}_1 = \sum_{(i)} C_{11_i} \int_0^{d_i} \boldsymbol{\varphi}(s_i) \boldsymbol{\varphi}^T(s_i) \, ds_i,$$
$$\dots$$

- Die C_{ij} sind für alle Streifen gleich und unabhängig von s. Es muß dann nicht für jeden Streifen eine gesonderte $\mathbf{A}$–Matrix berechnet werden, d.h.

$$\mathbf{A}_1 = C_{11} \sum_{(i)} \int_0^{d_i} \boldsymbol{\varphi}(s_i) \boldsymbol{\varphi}^T(s_i) \, ds_i,$$
$$\dots$$

Die Variation des elastischen Potentials führt mit $\delta\Pi = 0$ auf das folgende Matrizendifferentialgleichungssystem mit den zugeordneten Randbedingungen

$$
\begin{aligned}
&-\mathbf{A}_1\mathbf{U}'' + (\mathbf{A}_2 - \mathbf{A}_2^T)\mathbf{U}' + \mathbf{A}_3\mathbf{U} \\
&+\mathbf{A}_{17}\mathbf{V}''' - (\mathbf{A}_{13} - 2\mathbf{A}_{18} + \mathbf{A}_{20})\mathbf{V}'' \\
&+(-\mathbf{A}_{14} + \mathbf{A}_{15} + \mathbf{A}_{19} - 2\mathbf{A}_{21})\mathbf{V}' + (\mathbf{A}_{16} - \mathbf{A}_{22})\mathbf{V} && = \mathbf{f}_z \\
&-\mathbf{A}_{17}^T\mathbf{U}''' - (\mathbf{A}_{13}^T - 2\mathbf{A}_{18}^T) + 2\mathbf{A}_{20}^T)\mathbf{U}'' \\
&+(\mathbf{A}_{14}^T - \mathbf{A}_{15}^T - \mathbf{A}_{19}^T + \mathbf{A}_{21}^T)\mathbf{U}' + (\mathbf{A}_{16}^T - \mathbf{A}_{22}^T)\mathbf{U} \\
&+\mathbf{A}_7\mathbf{V}'''' + (2\mathbf{A}_8^T - 2\mathbf{A}_8 + \mathbf{A}_{23} - \mathbf{A}_{23}^T)\mathbf{V}''' \\
&-(\mathbf{A}_4 + 4\mathbf{A}_9 - \mathbf{A}_{10}) - \mathbf{A}_{10}^T - 4\mathbf{A}_{24} + \mathbf{A}_{26} + \mathbf{A}_{26}^T)\mathbf{V}'' \\
&+(\mathbf{A}_5 - \mathbf{A}_5^T + 2\mathbf{A}_{11} - 2\mathbf{A}_{11}^T + \mathbf{A}_{25} - \mathbf{A}_{25}^T - 2\mathbf{A}_{27} + 2\mathbf{A}_{27}^T)\mathbf{V}' \\
&+(\mathbf{A}_6 + \mathbf{A}_{12} - \mathbf{A}_{28})\mathbf{V} && = \mathbf{f}_s + \mathbf{f}_n \\
\delta\mathbf{U}^T \quad & [\mathbf{A}_1\mathbf{U}' + \mathbf{A}_2^T\mathbf{U} - \mathbf{A}_{17}\mathbf{V}'' + (\mathbf{A}_{13} - 2\mathbf{A}_{18})\mathbf{V}' \\
&+(\mathbf{A}_{14} - \mathbf{A}_{19})\mathbf{V} \pm \mathbf{r}_z] && = 0 \\
\delta\mathbf{V}'^T \quad & [-\mathbf{A}_{17}\mathbf{U}' - \mathbf{A}_{20}^T\mathbf{U} \\
&+\mathbf{A}_7\mathbf{V}'' + (2\mathbf{A}_8^T - \mathbf{A}_{23}^T)\mathbf{V}' + (\mathbf{A}_{10}^T - \mathbf{A}_{26}^T)\mathbf{V} && = 0 \\
\delta\mathbf{V}^T \quad & [\mathbf{A}_{17}^T\mathbf{U}'' + (\mathbf{A}_{13}^T - 2\mathbf{A}_{18}^T + \mathbf{A}_{20}^T)\mathbf{U}' + (\mathbf{A}_{15}^T - 2\mathbf{A}_{21}^T)\mathbf{U} \\
&-\mathbf{A}_7\mathbf{V}''' + (2\mathbf{A}_8 - 2\mathbf{A}_8^T - \mathbf{A}_{23} + \mathbf{A}_{23}^T)\mathbf{V}'' \\
&+(\mathbf{A}_4 + \mathbf{A}_9 - \mathbf{A}_{10}^T - 4\mathbf{A}_{24} + \mathbf{A}_{26}^T)\mathbf{V}' \\
&+(\mathbf{A}_5^T + 2\mathbf{A}_{11}^T - \mathbf{A}_{25} - 2\mathbf{A}_{27}^T)\mathbf{V} \pm \mathbf{r}_s \pm \mathbf{r}_n && = 0
\end{aligned}
$$

$$(8.24)$$

Die Gln. (8.22) und (8.24) beschreiben das Berechnungsmodell eines linear-elastischen, anisotropen, biegesteifen Faltwerks unter der Voraussetzung kleiner Deformationen. Der Scheiben- und der Plattenzustand in den Streifen des Faltwerks sind wegen der fehlenden Symmetrie zur Scheiben- bzw. Plattenmittelfläche gekoppelt. Bei der integralen Formulierung nach Gl. (8.22) kommen für die verallgemeinerten Verschiebungen $\mathbf{U}(z)$ und $\mathbf{V}(z)$ höchstens erste bzw. zweite Ableitungen vor, d.h. die wesentlichen Randbedingungen der Variationsformulierung beschränken sich auf Randwerte für $\mathbf{U}$, $\mathbf{V}$ und $\mathbf{V}'$. Dies ist bei der Ableitung von Finite–Element–Lösungen zu beachten.

Für die globale Eigenschwingungsanalyse sind folgende Ergänzungen erforderlich. Die Produktansätze für die Verschiebungen berücksichtigen die Zeitabhängigkeit durch harmonische Ansätze

$$
\begin{aligned}
u_i(z, s_i, t) &= \sum_j U_j(z)\varphi_{ij}(s_i)\sin\omega_0 t \\
v_i(z, s_i, t) &= \sum_k V_k(z)\psi_{ik}(s_i)\sin\omega_0 t \\
w_i(z, s_i, t) &= \sum_k V_k(z)\xi_{ik}(s_i)\sin\omega_0 t
\end{aligned}
\qquad (8.25)
$$

Neben den Matrizen $\mathbf{A}_l$ der verallgemeinerten Steifigkeiten werden noch verallgemeinerte Trägheitsmatrizen definiert

$$
\mathbf{B}_1 = \sum_{(i)} \int_0^{d_i} \varphi\varphi^T \rho_i t_i \, ds_i
$$

$$\mathbf{B}_2 \;=\; \sum_{(i)} \int_0^{d_i} \boldsymbol{\psi}\boldsymbol{\psi}^T \rho_i t_i \; ds_i \tag{8.26}$$

$$\mathbf{B}_3 \;=\; \sum_{(i)} \int_0^{d_i} \boldsymbol{\xi}\boldsymbol{\xi}^T \rho_i t_i \; ds_i$$

Für die *Lagrange*sche Funktion, d.h. für das kinetische Potential L folgt dann die Matrixformulierung

$$L \;=\; T - \Pi \tag{8.27}$$

$$
\begin{aligned}
=\; \frac{1}{2}\int_0^l \Bigg[& \omega_0^2 \left(\mathbf{U}^T\mathbf{B}_1\mathbf{U} + \mathbf{V}^T\mathbf{B}_2\mathbf{V} + \mathbf{V}^T\mathbf{B}_3\mathbf{V}\right) \\[4pt]
& - \left(\mathbf{U}'^T\mathbf{A}_1\mathbf{U}' + \mathbf{V}^T\mathbf{A}_6\mathbf{V} + \mathbf{U}^T\mathbf{A}_3\mathbf{U} + 2\mathbf{U}^T\mathbf{A}_{15}\mathbf{V}' + \mathbf{V}'^T\mathbf{A}_4\mathbf{V}' \right. \\[4pt]
& + \mathbf{V}''^T\mathbf{A}_7\mathbf{V}'' + \mathbf{V}^T\mathbf{A}_{12}\mathbf{V} + 4\mathbf{V}'^T\mathbf{A}_9\mathbf{V}' + 2\mathbf{U}'^T\mathbf{A}_{14}\mathbf{V} \\[4pt]
& + 2\mathbf{U}^T\mathbf{A}_2\mathbf{U}' + 2\mathbf{U}'^T\mathbf{A}_{13}\mathbf{V}' - 2\mathbf{U}'^T\mathbf{A}_{17}\mathbf{V}'' - 2\mathbf{U}'^T\mathbf{A}_{19}\mathbf{V} \\[4pt]
& - 4\mathbf{U}'^T\mathbf{A}_{18}\mathbf{V}' + 2\mathbf{U}^T\mathbf{A}_{16}\mathbf{V} + 2\mathbf{V}^T\mathbf{A}_5\mathbf{V}' - 2\mathbf{V}^T\mathbf{A}_{26}\mathbf{V}'' \\[4pt]
& - 2\mathbf{V}^T\mathbf{A}_{28}\mathbf{V} - 4\mathbf{V}^T\mathbf{A}_{27}\mathbf{V}' - 2\mathbf{U}^T\mathbf{A}_{20}\mathbf{V}'' - \mathbf{V}'^T\mathbf{A}_{23}\mathbf{V}'' \\[4pt]
& - 2\mathbf{U}^T\mathbf{A}_{22}\mathbf{V} - 2\mathbf{V}'^T\mathbf{A}_{25}\mathbf{V} - 4\mathbf{U}^T\mathbf{A}_{21}\mathbf{V}' - 4\mathbf{V}'^T\mathbf{A}_{24}\mathbf{V}' \\[4pt]
& \left. + 2\mathbf{V}^T\mathbf{A}_{10}\mathbf{V}'' + 4\mathbf{V}'^T\mathbf{A}_8\mathbf{V}'' + 4\mathbf{V}^T\mathbf{A}_{11}\mathbf{V}' \right) \Bigg] \; dz
\end{aligned}
\tag{8.28}
$$

Ausgangspunkt für Eigenschwingungsberechnungen dünnwandiger, anisotroper Faltwerke ist dann die Variationsformulierung nach *Hamilton* oder das entsprechende System eindimensionaler Schwingungsdifferentialgleichungen.

8.2.3 Deduktive Ableitung verallgemeinerter Stabmodelle

Analog zu der Vorgehensweise in den Abschnitten 2.1.2.2 und 2.2.2.1 können auf deduktivem Wege die Gleichungen verallgemeinerter Stabmodelle für die Analyse dünnwandiger, anisotroper Konstruktionen abgeleitet werden. Die Ableitung der Gleichungen vereinfachter Stabmodelle erfolgte auf zweifache Weise:

- Vernachlässigung einzelner Terme im elastischen bzw. kinetischen Potential. Voraussetzung dafür ist die Abschätzung des Einflusses solcher Terme auf das globale mechanische Verhalten von Strukturelementen oder Konstruktionen. Diese Vorgehensweise wurde ausführlich in den Abschnitten 2.1.2.2 und 2.2.2.1 beschrieben.

- Vorgabe der Verformungskinematik für die Querschnittskontur durch gezielte Auswahl verallgemeinerter Koordinatenfunktionen. Dies entspricht der Vorgehensweise im Kapitel 6.

Beispielhaft sei auf folgende vereinfachte Stabmodelle hingewiesen:

1. Vernachlässigung der Längsbiegemomente bzw. der Längskrümmungen der Plattenstreifen. In allen Gleichungen entfallen dann die Matrizen $\mathbf{A}_7$, $\mathbf{A}_8$, $\mathbf{A}_{10}$, $\mathbf{A}_{17}$, $\mathbf{A}_{20}$, $\mathbf{A}_{23}$ und $\mathbf{A}_{26}$.

2. Zusätzliche Vernachlässigung der Plattendrillmomente. Es entfallen dann noch zusätzlich die Matrizen $\mathbf{A}_9$, $\mathbf{A}_{11}$, $\mathbf{A}_{18}$, $\mathbf{A}_{21}$, $\mathbf{A}_{24}$ und $\mathbf{A}_{27}$.

3. Zusätzliche Vernachlässigung der Querdehnungen. Es entfallen weiter auch die Matrizen $\mathbf{A}_5$, $\mathbf{A}_6$, $\mathbf{A}_{14}$, $\mathbf{A}_{16}$ und $\mathbf{A}_{28}$.

Bei der Ableitung verallgemeinerter Stabmodelle für Schwingungsanalysen ist zu beachten, daß mit der Matrix $\mathbf{A}_7$ auch die Matrix $\mathbf{B}_3$ entfällt. Auf eine ausführliche Darstellung aller Modellgleichungen wird hier verzichtet und auf die Arbeiten [5] bis [9], [13], [34] und [127] verwiesen. Als Ausnahme werden nachfolgend nur die Gleichungen für das Stabschalenmodelle (Fall 1) entsprechend Kapitel 5 angegeben. Man erhält für das elastische Potential der anisotropen Stabschale

$$
\begin{aligned}
\Pi(\mathbf{U},\mathbf{V}) \;=\; & \frac{1}{2}\int_0^l \Bigg[\mathbf{U}'^T\mathbf{A}_1\mathbf{U}' + \mathbf{V}^T\mathbf{A}_6\mathbf{V} + \mathbf{U}^T\mathbf{A}_3\mathbf{U} + 2\mathbf{U}^T\mathbf{A}_{15}\mathbf{V}' + \mathbf{V}'^T\mathbf{A}_4\mathbf{V}' \\
+\;\; & \mathbf{V}^T\mathbf{A}_{12}\mathbf{V} + 4\mathbf{V}'^T\mathbf{A}_9\mathbf{V}' + 2\mathbf{U}'^T\mathbf{A}_{14}\mathbf{V} \\
+\;\; & 2\mathbf{U}^T\mathbf{A}_2\mathbf{U}' + 2\mathbf{U}'^T\mathbf{A}_{13}\mathbf{V}' - 2\mathbf{U}'^T\mathbf{A}_{19}\mathbf{V} \\
-\;\; & 4\mathbf{U}'^T\mathbf{A}_{18}\mathbf{V}' + 2\mathbf{U}^T\mathbf{A}_{16}\mathbf{V} + 2\mathbf{V}^T\mathbf{A}_5\mathbf{V}' \\
-\;\; & 2\mathbf{V}^T\mathbf{A}_{28}\mathbf{V} - 4\mathbf{V}^T\mathbf{A}_{27}\mathbf{V}' \\
-\;\; & 2\mathbf{U}^T\mathbf{A}_{22}\mathbf{V} - 2\mathbf{V}'^T\mathbf{A}_{25}\mathbf{V} - 4\mathbf{U}^T\mathbf{A}_{21}\mathbf{V}' - 4\mathbf{V}'^T\mathbf{A}_{24}\mathbf{V}' \\
+\;\; & 4\mathbf{V}^T\mathbf{A}_{11}\mathbf{V}' \\
-\;\; & 2(\mathbf{U}^T\mathbf{f}_z + \mathbf{V}^T\mathbf{f}_s + \mathbf{V}^T\mathbf{f}_n) \Bigg] dz \\
-\;\; & (\mathbf{U}^T\mathbf{r}_z + \mathbf{V}^T\mathbf{r}_s + \mathbf{V}^T\mathbf{r}_n)\big|_{z=0} - (\mathbf{U}^T\mathbf{r}_z + \mathbf{V}^T\mathbf{r}_s + \mathbf{V}^T\mathbf{r}_n)\big|_{z=l}
\end{aligned}
\tag{8.29}
$$

oder die entsprechenden Differentialgleichungen

$$-\mathbf{A}_1\mathbf{U}'' + (\mathbf{A}_2 - \mathbf{A}_2^T)\mathbf{U}' + \mathbf{A}_3\mathbf{U}$$
$$-(\mathbf{A}_{13} - 2\mathbf{A}_{18}$$
$$+(-\mathbf{A}_{14} + \mathbf{A}_{15} + \mathbf{A}_{19} - 2\mathbf{A}_{21})\mathbf{V}' + (\mathbf{A}_{16} - \mathbf{A}_{22})\mathbf{V} \qquad = \mathbf{f}_z$$
$$-(\mathbf{A}_{13}^T - 2\mathbf{A}_{18}^T)$$
$$+(\mathbf{A}_{14}^T - \mathbf{A}_{15}^T - \mathbf{A}_{19}^T + \mathbf{A}_{21}^T)\mathbf{U}' + (\mathbf{A}_{16}^T - \mathbf{A}_{22}^T)\mathbf{U}$$
$$-(\mathbf{A}_4 + 4\mathbf{A}_9 - 4\mathbf{A}_{24})\mathbf{V}''$$
$$+(\mathbf{A}_5 - \mathbf{A}_5^T + 2\mathbf{A}_{11} - 2\mathbf{A}_{11}^T + \mathbf{A}_{25} - \mathbf{A}_{25}^T - 2\mathbf{A}_{27} + 2\mathbf{A}_{27}^T)\mathbf{V}'$$
$$+(\mathbf{A}_6 + \mathbf{A}_{12} - \mathbf{A}_{28})\mathbf{V} \qquad = \mathbf{f}_s + \mathbf{f}_n$$
$$\delta\mathbf{U}^T \quad [\mathbf{A}_1\mathbf{U}' + \mathbf{A}_2^T\mathbf{U} + (\mathbf{A}_{13} - 2\mathbf{A}_{18})\mathbf{V}'$$
$$+(\mathbf{A}_{14} - \mathbf{A}_{19})\mathbf{V} \pm \mathbf{r}_z] \qquad = 0$$
$$\delta\mathbf{V}^T \quad [(\mathbf{A}_{13}^T - 2\mathbf{A}_{18}^T + (\mathbf{A}_{15}^T - 2\mathbf{A}_{21}^T)\mathbf{U}$$
$$+(\mathbf{A}_4 + \mathbf{A}_9 - 4\mathbf{A}_{24})\mathbf{V}'$$
$$+(\mathbf{A}_5^T + 2\mathbf{A}_{11}^T - \mathbf{A}_{25} - 2\mathbf{A}_{27}^T)\mathbf{V} \pm \mathbf{r}_s \pm \mathbf{r}_n \qquad = 0$$

$$(8.30)$$

Bei Schwingungsproblemen sind die Trägheitsterme zu ergänzen.

Bei vielen praktischen Aufgaben liegt ein zur Mittelfläche der Konstruktion symmetrischer Strukturaufbau vor. In der Steifigkeitsmatrix $\mathbf{C}$ entfallen dann die Koppelmatrizen $\mathbf{C}_K$, und der Scheiben– und Plattenzustand können wie im isotropen Fall getrennt berechnet und die Ergebnisse überlagert werden. Es vereinfachen sich dann alle Modellgleichungen wesentlich, da die Matrizen $\mathbf{A}_{17}$ bis $\mathbf{A}_{28}$ entfallen. Eine weitgehend vollständige Übersicht über diese Klasse verallgemeinerter Stabmodelle findet man in [6].

Besondere Aufmerksamkeit verdient noch der Sonderfall einer orthogonalen Anisotropie in Richtung der Achsen s, z, d.h. einer Orthotropie. In der Untermatrix $\mathbf{C}_S$ gilt $C_{13} = C_{23} = 0$, in Untermatrix $\mathbf{C}_P$ der Plattenaufgabe $C_{46} = C_{56} = 0$. Damit entfallen auch noch die Matrizen $\mathbf{A}_2, \mathbf{A}_5, \mathbf{A}_8, \mathbf{A}_{11}$ und $\mathbf{A}_{13}$, und man erhält für das elastische Potential und die entsprechenden Differentialgleichungen wesentlich vereinfachte Ausdrücke

$$
\begin{aligned}
\Pi(\mathbf{U}, \mathbf{V}) = \ &\frac{1}{2}\int_0^l \Big[\mathbf{U}'^T\mathbf{A}_1\mathbf{U}' + \mathbf{V}^T\mathbf{A}_6\mathbf{V} + \mathbf{U}^T\mathbf{A}_3\mathbf{U} + 2\mathbf{U}^T\mathbf{A}_{15}\mathbf{V}' + \mathbf{V}'^T\mathbf{A}_4\mathbf{V}' \\
&+\ \mathbf{V}''^T\mathbf{A}_7\mathbf{V}'' + \mathbf{V}^T\mathbf{A}_{12}\mathbf{V} + 4\mathbf{V}'^T\mathbf{A}_9\mathbf{V}' + 2\mathbf{U}'^T\mathbf{A}_{14}\mathbf{V} \\
&+\ 4\mathbf{V}^T\mathbf{A}_{11}\mathbf{V}' \\
&-\ 2(\mathbf{U}^T\mathbf{f}_z + \mathbf{V}^T\mathbf{f}_s + \mathbf{V}^T\mathbf{f}_n)\Big]\,dz \\
&-\ (\mathbf{U}^T\mathbf{r}_z + \mathbf{V}^T\mathbf{r}_s + \mathbf{V}^T\mathbf{r}_n)\,\big|_{z=0} - (\mathbf{U}^T\mathbf{r}_z + \mathbf{V}^T\mathbf{r}_s + \mathbf{V}^T\mathbf{r}_n)\,\big|_{z=l}
\end{aligned}
$$

$$(8.31)$$

$$
\begin{aligned}
&-\mathbf{A}_1\mathbf{U}'' + \mathbf{A}_3\mathbf{U} \\
&+(-\mathbf{A}_{14} + \mathbf{A}_{15})\mathbf{V}' && = \mathbf{f}_z \\
&-(\mathbf{A}_{13}^T - 2\mathbf{A}_{18}^T)\mathbf{V}'' \\
&+(\mathbf{A}_{14}^T - \mathbf{A}_{15}^T)\mathbf{U}' \\
&+\mathbf{A}_7\mathbf{V}'''' - (\mathbf{A}_4 + 4\mathbf{A}_9 - \mathbf{A}_{10}^T)\mathbf{V}'' \\
&+(\mathbf{A}_6 + \mathbf{A}_{12})\mathbf{V} && = \mathbf{f}_s + \mathbf{f}_n \\
\delta\mathbf{U}^T\quad &[\mathbf{A}_1\mathbf{U}' + \mathbf{A}_{14})\mathbf{V} \pm \mathbf{r}_z] && = 0 \\
\delta\mathbf{V}^T\quad &[\mathbf{A}_{15}^T\mathbf{U} - \mathbf{A}_7\mathbf{V}''' \\
&+(\mathbf{A}_4 + 4\mathbf{A}_9 - \mathbf{A}_{10})\mathbf{V}' \\
&\pm\mathbf{r}_s \pm \mathbf{r}_n && = 0 \\
\delta\mathbf{V}'^T\quad &[\mathbf{A}_7\mathbf{V}'' + \mathbf{A}_{10}^T\mathbf{V} && = 0
\end{aligned}
$$

$$(8.32)$$

Die Struktur dieser Gleichungen entspricht vollständig der Struktur der Modellgleichungen für isotrope Konstruktionen. Damit können alle Lösungsmethoden für isotrope verallgemeinerte Stabmodelle für orthotrope, mittensymmetrische verallgemeinerte Stabmodelle übernommen werden. Das gilt auch für die in den Kapiteln 3 und 4 angegebenen Lösungen. Gegebenenfalls ist zu beachten, daß Konstruktionen denkbar sind, die entweder nur in ihrer Scheibenwirkung oder ihrer Plattenwirkung orthotrope Struktureigenschaft haben [169]. Es entfallen dann nur die Matrizen $\mathbf{A}_2, \mathbf{A}_5, \mathbf{A}_{13}$ oder die Matrizen $\mathbf{A}_8$ und $\mathbf{A}_{11}$.

8.2.4   Beispiele

Die theoretische Ableitung der Modellgleichungen für dünnwandige, anisotrope Konstruktionen wird durch zwei einfache Beispiele ergänzt. Für einen Kragträger mit Kasten– oder U–Querschnitt wird der Einfluß der Anisotropie auf das statische und das dynamische Strukturverhalten untersucht. Hinweise auf weitere Anwendungen findet man in [9] und [127].

8.2.4.1   Kragträger aus kohlefaserverstärktem Kunststoff — statisches Strukturverhalten

Betrachtet wird der Kragträger nach Bild 8.9. Für den Kragträger wurde für unterschiedliche Querschnitte und Belastungen der Einfluß des Wandaufbaus auf das Verformungsverhalten untersucht. Die Berechnung erfolgte mit der FEM. Die Konstruktion der verallgemeinerten Koordinaten geht von 4 Haupt– und 3 bzw. 4 Nebenknoten aus. Es wurde einheitlich ein Nebenknotenfreiheitsgrad zwei gewählt. Bild 8.10 zeigt den gewählten Wandaufbau. Variante A ist eine mittensymmetrisch aufgebaute Wandstruktur. Es gibt somit keine Kopplungen zwischen dem Scheiben– und dem Plattenzustand. Die Scheibensteifigkeitsmatrix $\mathbf{C}_S$ hat die gleiche Struktur wie im isotropen Fall. Variante B führt durch eine andere Reihenfolge der Schichten zu einem nicht mittensymmetrischen Wandaufbau, und es kommt somit zu einer Kopplung der Scheiben– und Plattenbeanspruchung.

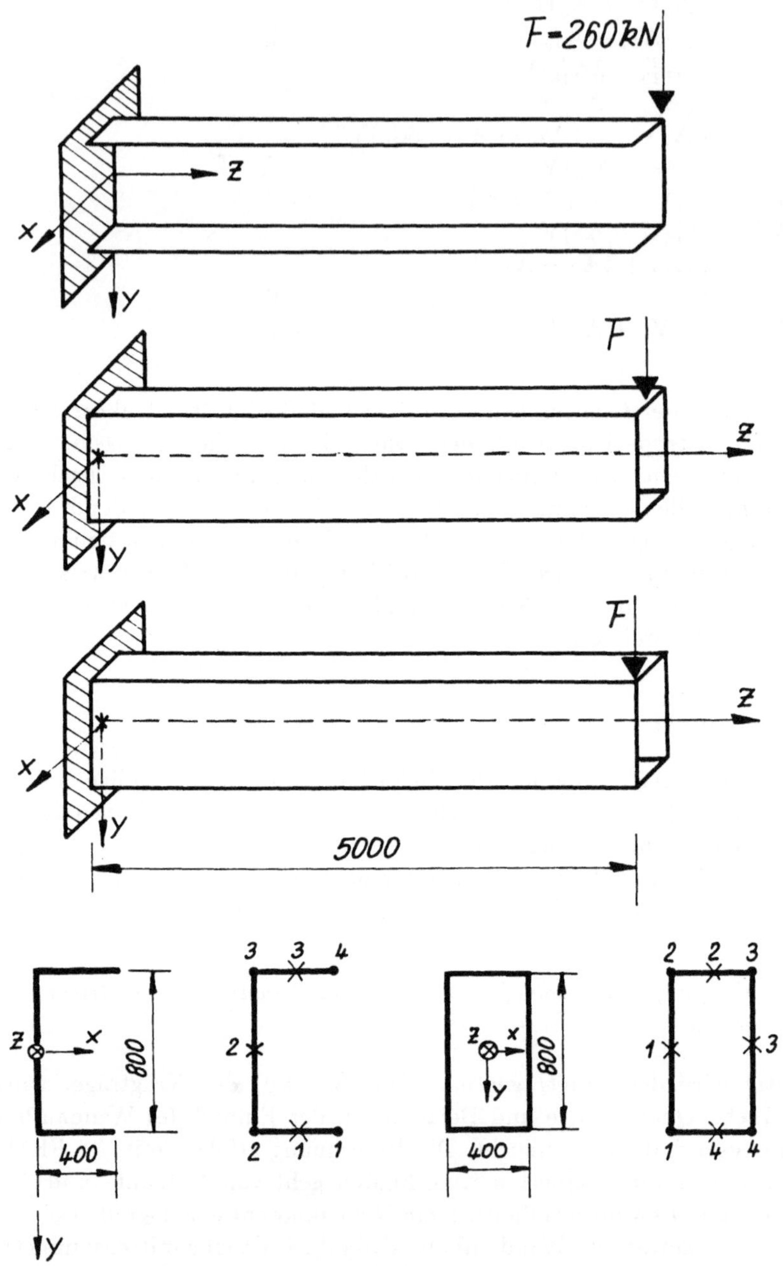

Bild 8.9   Kragträger. a) System und Belastung, b) Querschnitt mit Angabe der Hauptknoten (•) und der Nebenknoten (×)

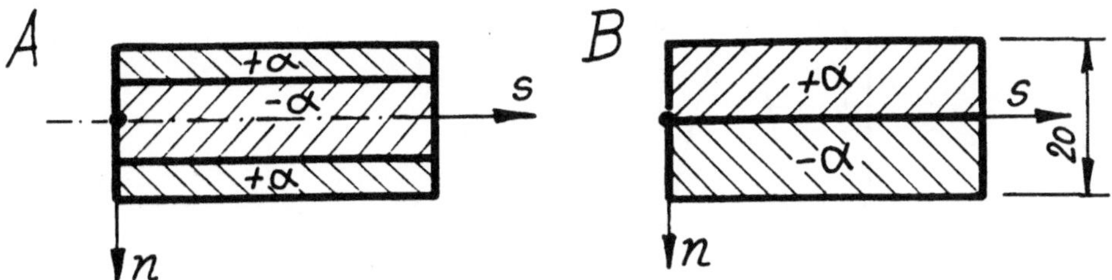

Bild 8.10 Wandaufbau des Kragträgers

$$
\mathbf{C}^A = \begin{bmatrix}
C_{11} & C_{12} & 0 & 0 & 0 & 0 \\
C_{12} & C_{22} & 0 & 0 & 0 & 0 \\
0 & 0 & C_{33} & 0 & 0 & 0 \\
0 & 0 & 0 & C_{44} & C_{45} & C_{46} \\
0 & 0 & 0 & C_{45} & C_{55} & C_{56} \\
0 & 0 & 0 & C_{46} & C_{56} & C_{66}
\end{bmatrix}
$$

$$
\mathbf{C}^B = \begin{bmatrix}
C_{11} & C_{12} & 0 & 0 & 0 & C_{16} \\
C_{12} & C_{22} & 0 & 0 & 0 & C_{26} \\
0 & 0 & C_{33} & C_{16} & C_{26} & 0 \\
0 & 0 & C_{16} & C_{44} & C_{45} & C_{46} \\
0 & 0 & C_{26} & C_{45} & C_{55} & C_{56} \\
C_{16} & C_{26} & 0 & C_{46} & C_{56} & C_{66}
\end{bmatrix}
$$

Für die Steifigkeiten der Einzelschichten wurden die folgenden Werte berechnet

$$E_{\|} = 153000 \; N/mm^2; \quad E_{=} = 10900 \; N/mm^2; G_{\#} = 56000 \; N/mm^2$$

$$\nu_{\|} = 0,3; \nu_{=} = 0,021$$

Bild 8.11 zeigt die relative Änderung der Durchbiegung des Kragträgers an der Lastangriffsstelle, wenn statt des symmetrischen Wandaufbaus A der Wandaufbau B
gewählt wird. Aufgetragen wurde $\Delta v = \Delta v(\alpha)$ in Prozent. Für dieses Beispiel wurde
auch der Einfluß des Nebenknotenfreiheitsgrades untersucht. Als Ergebnis kann man
feststellen, daß für unsymmetrischen Wandaufbau und offene Querschnittsform ein
höherer Nebenknotenfreiheitsgrad als 2 zu empfehlen ist [127].

8.2.4.2 Kragträger aus kohlefaserverstärktem Kunststoff — Berechnung von Eigen-schwingungen

Betrachtet wird wieder der Kragträger nach Bild 8.9. Für diesen Träger wurde
zunächst der Einfluß des Nebenknotenfreiheitsgrades auf die ersten Eigenfrequenzen

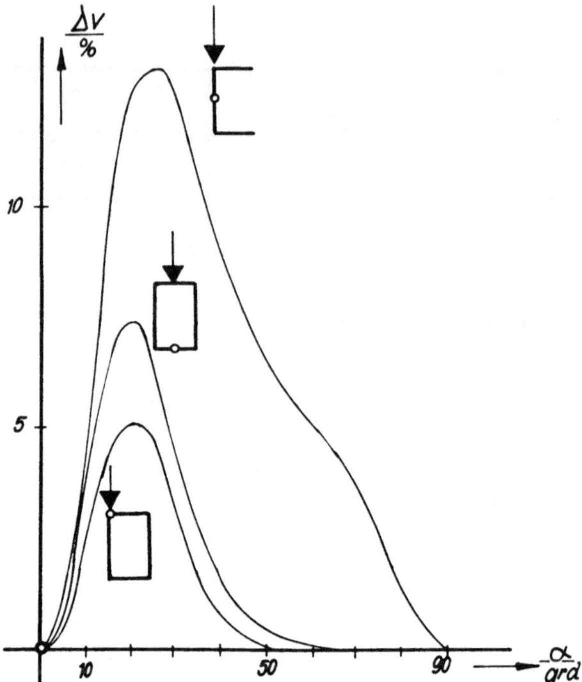

Bild 8.11　Prozentuale Änderung Δv der Verschiebung v beim Übergang von der Variante A zu der Variante B

der Biegedrillschwingungen untersucht. Es wurde festgestellt, daß eine Berücksichtigung höherer Nebenknotenansätze kaum wesentliche Verbesserungen bewirkt [127]. Interessanter ist der Einfluß des Faserwinkels α. Bild 8.12 zeigt die Abhängigkeit der vier ersten Eigenfrequenzen vom Winkel α. Man erkennt, daß der Faserwinkel α die Eigenfrequenzen signifikant beeinflussen kann. Damit ist eine Möglichkeit der Konstruktionsoptimierung gegeben. Der Einfluß von α kann so groß sein, daß sich sogar die Ordnung der Eigenfunktion ändert.

8.2.5　Zusammenfassende Wertung der Modelle

Setzt man voraus, daß die für die Ableitung des elastischen und des kinetischen Potentials eines anisotropen, biegesteifen Faltwerks getroffenen Voraussetzungen zulässig sind, können wie im isotropen Fall auf deduktivem Weg verallgemeinerte Stabmodelle abgeleitet werden. Dabei nimmt das Stabschalenmodell wieder den zentralen Platz ein, da es sich sowohl durch seine Einsatzbreite, seine Aussagequalität und seine numerische Effizienz auszeichnet. Grundlage für den Einsatz des Stabschalenmodells ist die Verfügbarkeit eines anisotropen Stabschalenelementes, alle Aussagen für die Entwicklung der Element– und Systemmatrizen einschließlich der computerorientierten Auswahl und Bereitstellung verallgemeinerter Koordinatenfunktionen können von

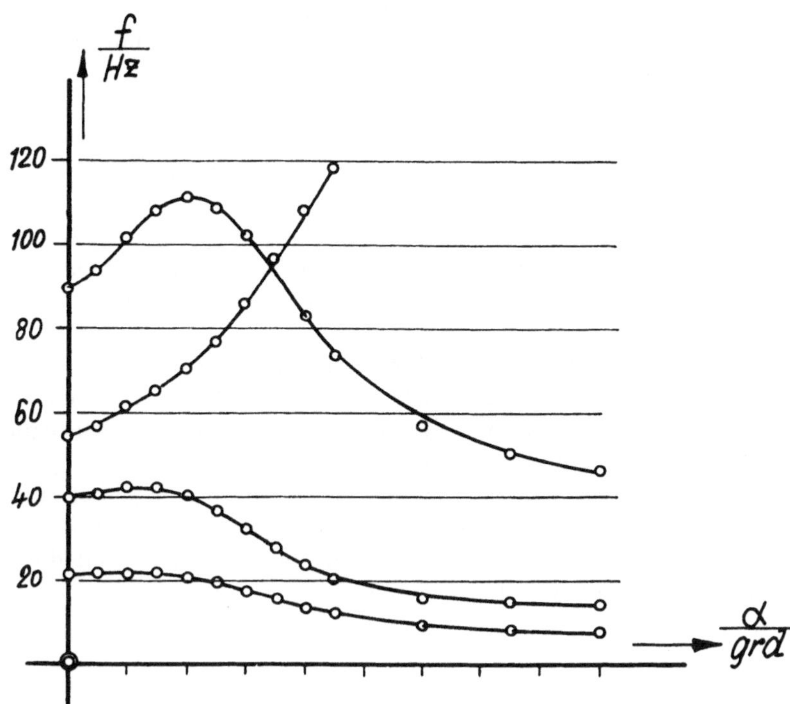

Bild 8.12 Einfluß des Faserwinkels α auf die Eigenfrequenzen eines Kragträgers

den Ableitungen für ein isotropes finites Stabschalenelement im Kapitel 5 sinngemäß übernommen werden.

Für dünnwandige, anisotrope Konstruktionen mit geschlossenen Querschnitten kann es bei einfachen Querschnittsformen vorteilhaft sein, für die globale Strukturanalyse vom halbmomentenfreien Schalenmodell auszugehen. Voraussetzung hierfür ist, wie im isotropen Fall, eine analytische Eingabe der verallgemeinerten Koordinatenfunktionen. Da die Grenzen der Anwendbarkeit alternativer Lösungsstrategien viel enger als im isotropen Fall gesetzt sind, wird man in fast allen Fällen auf das Stabschalenmodell und die Finite–Elemente–Methode zurückgreifen. Für den Sonderfall orthotroper Konstruktionen kann man aber auch die bewährten analytischen Lösungen oder das Übertragungsmatrizenverfahren direkt vom isotropen Fall übernehmen, da die Strukturen der Gleichungen für isotrope und orthotrope halbmomentenfreie Schalenmodelle übereinstimmen. Es gelten somit in diesem Sonderfall die Ausführungen in den Kapiteln 3 und 4. Auf weitere Ausführungen wurde daher hier verzichtet.

Für dünnwandige, anisotrope Konstruktionen mit offenem Querschnitt kann das Stabmodell nach *Vlasov* eingesetzt werden. Setzt man einen unverformbaren Querschnitt voraus und vernachlässigt die Schubverzerrungen in der Stabmittelfläche,

erhält man das zum Beispiel in [128] beschriebene *Vlasov* –Stabmodell. Besser ist
aber auch im anisotropen Fall der Konzeption von Kapitel 6 zu folgen und das *Vlasov*
–Stabmodell durch die Berücksichtigung sekundärer Verwölbungen zu erweitern.

Da für anisotrope Strukturelemente der Einfluß von Schubverformungen im Vergleich mit isotropen Strukturelementen vielfach zunimmt, kann das in [155] entwickelte Stabmodell, bei dem die Schubverformungen nicht vernachlässigt werden,
besonders empfohlen werden.

Natürlich kann die Gesamtheit verallgemeinerter Stabmodelle, wie sie in den Abschnitten 2.1.2.2 und 2.2.2.1 für globale statische und dynamische Analysen isotroper
Konstruktionen abgeleitet wurden, auch für anisotrope Konstruktionen angegeben
werden. Die oben ausgewählten drei Modellklassen haben aber für die Anwendung
die größte Bedeutung.

Die Erweiterung der Gleichungen für verallgemeinerte anisotrope Stabmodelle auf
Temperaturlastfälle, auf schwach nichtprismatische Konstruktionen oder auf Konstruktionen mit eben gekrümmter Systemachse entspricht der für isotrope Konstruktionen dargestellten Vorgehensweisen.

Weitere Hinweise auf die Ableitung anisotroper Stabmodelle bei unterschiedlichen
Annahmen können z.B. den Arbeiten von *Bauchau* [48], *Grigolyuk* und *Kulikov* [78]
sowie von *Kobelev* [117] entnommen werden. Ferner sei auch auf die Arbeiten von
Mehn [128] und *Zwicke* [180] hingewiesen.

9 Ausblick

Für die vorliegende Einführung in die Grundlagen der Modellierung und Berechnung dünnwandiger stabförmiger Konstruktionen wurden im Sinne einer Stoff- und Umfangsbegrenzung zahlreiche vereinfachende Voraussetzungen vereinbart. Von diesen seien noch einmal besonders hervorgehoben:

- Es wird nur das globale Strukturverhalten betrachtet, d.h. es wird vorausgesetzt, daß das globale und das lokale Strukturverhalten sich nicht wesentlich beeinflussen und daher eine getrennte Analyse möglich ist.

- Es werden im Sinne einer statischen Theorie 1. Ordnung linear elastisches Materialverhalten und kleine Verformungen vorausgesetzt, d.h. es werden ausschließlich geometrisch und physikalisch lineare Beziehungen betrachtet.

- Es werden Produktansätze eingeführt, die zu einer Reduktion der Dimension des Berechnungsmodells führen, d.h. die globale Strukturanalyse erfolgt ausschließlich mit quasi–eindimensionalen verallgemeinerten Stabmodellen.

- Es werden solche Längsabmessungen für die Strukturelemente vorausgesetzt, daß der Einfluß der Platten--/Schalenbiegenormalspannungen in Richtung der Systemachse des verallgemeinerten Stabmodells im Vergleich zu den Membrannormalspannungen vernachlässigbar klein ist, d.h. es werden die entsprechenden Krümmungsterme im elastischen Potential eines biegesteifen Faltwerkes Null gesetzt und dadurch die Ordnung der Variationsformulierung um Eins vermindert. Dadurch ist eine sehr effektive Formulierung eines finiten Stabschalenelementes mit C^0–Stetigkeit möglich.

Mit zahlreichen Beispielen konnte demonstriert werden, daß trotz der genannten, zum Teil recht einschneidenden Annahmen wichtige technische Aufgabenstellungen mit den abgeleiteten verallgemeinerten Stabmodellen ausreichend genau gelöst werden können. Natürlich verbleiben auch viele Aufgaben, die nicht mit einem so einfachen Modell für eine globale Strukturanalyse behandelt werden können. Auf einige dieser Aufgaben sei nachfolgend kurz hingewiesen.

Die hier vorausgesetzte Geometrie einer dünnwandigen Konstruktion als prismatisches oder schwach nichtprismatisches Faltwerk legt es nahe, als numerische Lösungsmethode die Finite–Streifen–Methode anzuwenden [58], [59]. Ein besonders interessanter Lösungsweg wurde von *Röhr* theoretisch ausgearbeitet und praktisch für die Strukturanalyse von Schiffskörpern erprobt [149]. Für die für Schiffskonstruktionen typische stark gegliederte Gestaltung mit zahlreichen Luken und lokalen Ausschnitten wurde durch eine sinnvolle Kombination von finiten Streifenelementen mit finiten

Scheiben– und/oder Plattenelementen in sehr rationeller Weise eine gute Approximation der Geometrie erreicht und gleichzeitig der Berechnungsaufwand im Vergleich zu einer alleinigen Diskretisierung mit Scheiben– und/oder Plattenelementen wesentlich reduziert. An vielen Forschungsstellen wird die Finite–Streifen–Methode mit Erfolg auf die Lösung aktueller Aufgaben der dünnwandigen Konstruktionen angewendet.

Lokale und globale Beanspruchungs– oder Versagenszustände können sich in Abhängigkeit von den Längen– und Querschnittsabmessungen der Strukturelemente gegenseitig ungünstig beeinflussen. Es bedarf somit genauerer Untersuchungen über mögliche Interaktionen zwischen den globalen und den lokalen Zuständen. Für dünnwandige Stäbe mit offenem Profil wurde von *Kammler* [92] ein spezielles finites Element entwickelt, das für Stabilitätsuntersuchungen die jeweils maßgebende lokale oder globale Versagensform liefert und auch alle Interaktionen erfaßt. Dabei wurde auch elasto-plastisches Werkstoffverhalten zugelassen. Von *Goltermann* und *Møllmann* [130], [77] wurde auf der Grundlage der Finiten–Streifen–Methode ein Berechnungsverfahren für nichtlineare Interaktionsmoden ausgearbeitet und auf Stabilitätsuntersuchungen für Kastenträger angewendet. Dieses Verfahren läßt sich auch für Eigenschwingungsanalysen einsetzen. Der Berechnungsaufwand für derart gekoppelte Aufgabenstellungen ist beträchtlich. Verallgemeinerte eindimensionale Stabmodelle, die gleichzeitig lokale und globale Zustände auch in ihrer Interaktion erfassen, und dabei unterschiedliche Modellapproximationen wie die halbmomentenfreie Schale, die Stabschale u.a.m. zulassen, liegen noch nicht vor.

Eine Verallgemeinerung des Konzeptes für die Ableitung eindimensionaler Modellgleichungen 1. Ordnung auf geometrisch und/oder physikalisch nichtlineare Aufgaben bereitet erhebliche Schwierigkeiten. Setzt man wiederum voraus, daß das globale Strukturverhalten gesondert betrachtet werden kann, ist die Einbeziehung großer Verformungen prinzipiell möglich. Bei geometrisch nichtlinearen Aufgaben ist jedoch die Kopplung von lokalem und globalem Strukturverhalten wesentlich ausgeprägter als im linearen Fall. Man wird daher im allgemeinen nicht auf die Einbeziehung der Interaktionen verzichten können. Noch größere Schwierigkeiten bereitet die Erfassung eines physikalisch nichtlinearen Strukturverhaltens. In einer Arbeit von *Lundgren* [124] wird gezeigt, wie die klassische *Vlasov*-Theorie auf dünnwandige Stäbe mit offenem Profil und nichtlinearem Materialverhalten erweitert werden kann. Eine solche Erweiterung bereitet für verallgemeinerte Stabmodelle prinzipielle Schwierigkeiten. Die Einführung neuer Schnittgrößen beim verallgemeinerten Stabmodell vergrößert die Zahl der Schnittgrößen im Vergleich zur klassischen Stabtheorie teilweise erheblich. Die für einen elastisch–plastischen Beanspruchungsnachweis notwendige Interaktion einer großen Zahl verallgemeinerter Schnittgrößen ist noch nicht gelöst worden.

Abschließend sei darauf hingewiesen, daß für die gesicherte Anwendung verallgemeinerter Stabmodelle auf Faserverbundkonstruktionen noch zahlreiche Probleme zu lösen sind. Diese betreffen vorrangig die Berechnung und Bewertung von Versagenszuständen und die Beurteilung der Notwendigkeit zur Einbeziehung von Querschubsteifigkeit und Dickenänderung der Streifenquerschnitte bei Laminatstrukturen. Erfahrungen aus der Theorie der Platten und Schalen (z.B. [3], [66]) weisen darauf hin, daß die Anwendung der *Kirchhoff*-Hypothesen nicht für alle Praxisfälle möglich ist.

Literaturverzeichnis

[1] Alfutov, N.A.; Zinov'ev, P.A.; Popov, B.G.: Berechnung mehrschichtiger Platten und Schalen aus Kompositwerkstoffen (russ.), Moskau: Mashinostroenie 1984

[2] Altenbach, H.: „Die Ermittlung der Deformationsenergie für dünne Platten und Schalen mit in Dickenrichtung veränderlichen Materialeigenschaften“, In: Wiss. Ztschr. TU Magdeburg 28, 1984

[3] Altenbach, H.: „Modellierung des Deformationsverhaltens mehrschichtiger Flächentragwerke — ein Überblick zu Forschungsrichtungen und -tendenzen“, In: Wiss. Ztschr. TU Magdeburg 32, 1988

[4] Altenbach, H.: Werkstoffmechanik, Leipzig/Stuttgart: Deutscher Verlag für Grundstoffindustrie 1993

[5] Altenbach, H.; Altenbach, J.; Matzdorf, V.: „Berechnungsmodelle für anisotrope Stabschalen“, In: Internationales Schiffstechnisches Symposium, Heft 2: Schiffbaumechanik. Rostock 1989

[6] Altenbach, H.; Altenbach, J.; Matzdorf, V.: „Grundlagen einer verallgemeinerten halbmomentenfreien Schalentheorie für dünnwandige anisotrope Konstruktionen“, In: Technische Mechanik 11, 1990

[7] Altenbach, H.; Altenbach, J.; Matzdorf, V.: „Anisotrope Stabschalenmodelle mit nichtsymmetrischem Wandaufbau“, In: Technische Mechanik 12, 1990

[8] Altenbach, H.; Altenbach, J.; Matzdorf, V.: „Grundlagen der Theorie anisotroper Schalen großer Länge“ (russ.), In: Dinamika i prochnost' mashin (Kharkov). Vol. 54, 1990

[9] Altenbach, H.; Altenbach, J.; Matzdorf, V.: „Anwendung von Stabmodellen bei der globalen Strukturanalyse dünnwandiger anisotroper Konstruktionen“ (russ.), In: Dinamika i prochnost' mashin (Kharkov) (im Druck)

[10] Altenbach, J.: „Einfluß der Modell- und Elementqualität auf die Berechnung der Eigenschwingungen dünnwandiger Konstruktionen mit der FEM“, In: Numerische Behandlung von Eigenwertaufgaben, Bd. 4. Basel: Birkhäuser 1987

[11] Altenbach, J.: „Finite Element Modelling and Analysis of Thinwalled Structures“, In: The Mathematics of Finite Elements and Applications VII – MAFELAP 1990, London: Academic Press 1991

[12] Altenbach, J.; Altenbach, H.; Kissing, W.: „Die Entwicklung eindimensionaler finiter Elemente auf der Grundlage der Theorie der halbmomentenfreien Schale nach Vlasov“ (russ.), In: Dinamika i prochnost' mashin (Kharkov). Vol. 38, 1983

[13] Altenbach, J.; Altenbach, H.; Matzdorf, V.: „Berechnung anisotroper dünnwandiger Stäbe, die aus ebenen Streifen mit symmetrischem Querschnitt bestehen" (russ.), In: Mekh. komp. materialov 1989

[14] Altenbach, J.; Fischer, U.: Finite–Elemente–Praxis, Leipzig: Fachbuchverlag 1991

[15] Altenbach, J.; Gabbert, U.: „Das universelle Finite–Elemente–Programmsystem COSAR — Gegenwärtiger Stand und Entwicklungstendenzen", In: Technische Mechanik 9, 1988

[16] Altenbach, J.; Garz, K.-F.: „Die Berechnung von geschlossenen Kreisringträgern nach der Faltwerkstheorie", In: Wiss. Ztschr. der TU Magdeburg 10, 1966

[17] Altenbach, J.; Horeschi, H.: Kritische Betrachtungen zu einer Arbeit von Rangelow. TH Magdeburg: Interner Forschungsbericht des Instituts für Festkörpermechanik

[18] Altenbach, J.; Kissing, W.: „Finite Elemente auf der Grundlage einer verallgemeinerten Wlassowschen halbmomentenfreien Schalentheorie", In: Technische Mechanik 3, 1982

[19] Altenbach, J.; Kissing, W.: „Numerische Probleme bei der Anwendung einer verallgemeinerten halbmomentenfreien Schalentheorie und ihre Umgehung durch Finite–Elemente–Formulierung", In: Wiss. Beiträge IH Wismar 7, 1982

[20] Altenbach, J.; Kissing, W.: „Erweiterung der halbmomentenfreien Schalentheorie von Wlassow für geschlossene prismatische Konstruktionen", In: Sonderheft Problemseminar Flächentragwerke III. TU Dresden 1982

[21] Altenbach, J.; Kissing, W.: „Finite Elemente auf der Grundlage der halbmomentenfreien Schalentheorie zur Behandlung nichtprismatischer Kastenträger", In: Schiffbauforschung 22, 1983

[22] Altenbach, J.; Kissing, W.: „Berechnungsmodelle und –methoden für dünnwandige geschlossene Stabschalen", In: Berichte X. IKM, Heft 1. Weimar 1984

[23] Altenbach, J.; Kissing, W.: „Finite elements based on the semimoment shell theory and the application to thinwalled closed constructions", In: Prace Naukowe Politechnika Szczecinska. Nr. 306, 1985

[24] Altenbach, J.; Kissing, W.: „Numerische Berechnung konischer dünnwandig geschlossener Konstruktionen", In: Schiffbauforschung 24, 1985

[25] Altenbach, J.; Kissing, W.: „Finite–Elemente–Berechnungen von Stabschalenmodellen", In: Wiss. Beiträge IH Wismar 10, 1985

[26] Altenbach, J.; Kissing, W.: „Halbmomentenfreie Schalentheorie für prismatische und nichtprismatische Kastenträger", In: Studientexte Problemseminar Flächentragwerke IV. TU Dresden 1985

[27] Altenbach, J.; Kissing, W.: „A generalized semimoment Vlasov shell theory for one- or multicell thinwalled structures", In: Berichte V. Nationaler Mechanik-Kongreß Varna 1985

[28] Altenbach, J.; Kissing, W.: „Statische und dynamische Analyse für prismatische und nichtprismatische Kastenträger", In: Technische Mechanik 7, 1986

[29] Altenbach, J.; Kissing, W.: „Globale elastostatische Analyse dünnwandiger Schiffbaukonstruktionen", In: Schiffbauforschung 25, 1986

[30] Altenbach, J.; Kissing, W.: „Verallgemeinerte Stabmodelle als Grundlage von Spannungs- und Verformungsberechnungen für dünnwandige geschlossene Konstruktionen unter statischen und thermischen Belastungen", In: Wiss. Ztschr. TU Miskolc 1987

[31] Altenbach, J.; Kissing, W.; Reckziegel,P.; Zwicke, M.: „FE-Modellierung und Optimierungskonzeption zur rechnergestützten Analyse von Aufgaben der Schiffsfestigkeit und der Schiffsschwingungen", In: Schiffbauforschung 26, 1987

[32] Altenbach, J.; Kissing, W.; Schulz, J.: „Die Berechnung dünnwandiger Ringträger mit geschlossenem Querschnitt auf der Grundlage des halbmomentenfreien Schalenmodells nach Wlassow", Teil I, In: Technische Mechanik 12, 1991; Teil II, In: Technische Mechanik 13, 1992

[33] Altenbach, J.; Kissing, W.; Shelkovy, S.K.: „Finite Elemente auf der Grundlage der halbmomentenfreien Schalentheorie für dünnwandige geschlossene nichtprismatische Konstruktionen" (russ.), In: Dinamika i prochnost' mashin (Kharkov). Vol.42, 1985

[34] Altenbach, J.; Matzdorf, V.: „Modellieren und Berechnen anisotroper Stabschalenkonstruktionen", In: Bauplanung-Bautechnik 44, 1990

[35] Altenbach, J.; Sacharov, A.S.: Die Methode der finiten Elemente in der Festkörpermechanik, Leipzig: Fachbuchverlag 1982

[36] Altenbach, J.; Schneider, F.; Zwicke, M.: „Eigenschwingungsanalyse prismatischer Stabschalen mit gemischt offen-geschlossenen Querschnitten", In: Technische Mechanik 8, 1987

[37] Altenbach, J.; Scholz, E.: „Local Mesh Refinements and Macro Transition Elements in Stress Analysis", In: The Mathematics of Finite Elements and Applications VI – MAFELAP 1987, London: Academic Press 1988

[38] Altenbach, J.; Zwicke, M.: „Theoretische Ableitung und Bewertung unterschiedlicher quasieindimensionaler Modelle für die statische Strukturanalyse dünnwandiger komplexer Konstruktionen", In: Technische Mechanik 7, 1986

[39] Altenbach, J.; Zwicke, M.: „Theoretische Ableitung und Bewertung unterschiedlicher quasieindimensionaler Modelle für die Eigenschwingungsanalyse dünnwandiger Konstruktionen", In: Technische Mechanik 7, 1986

[40] Altenbach, J.; Zwicke, M.: „Ableitung und Bewertung verallgemeinerter Stabmodelle zur Strukturanalyse dünnwandiger Konstruktionen", In: Berichte XI. IKM, Heft 1. Weimar 1987

[41] Altenbach, J.; Zwicke, M.: „Entwicklung und Anwendung von Stabschalenelementen im Programmsystem COSAR", In: Tagung Festkörpermechanik. Dresden 1988

[42] Ambarcumyan, S.A.: Theorie der anisotropen Platten (russ.), Moskau: Nauka, 1967

[43] Ambarcumyan, S.A.: Theorie der anisotropen Schalen (russ.), Moskau: Fizmatgis, 1961

[44] Argyris, J.; Dunne, P.C.: The general theory of cylindrical and conical tubes under torsion and bending loads, single and many–cell tubes of arbitrary cross–section, etc., In: J. of the Roy. Aero. Soc. 51, 1947 and 1949

[45] Argyris, J.; Kelsey, S.: Modern fuselage analysis and elastic aircraft, London: Butterworths 1963

[46] Argyris, J.; Mlejnek, H.–P.: Die Methode der finiten Elemente, Braunschweig: Vieweg 1986 (Bd.1), 1987 (Bd. 2), 1988 (Bd. 3)

[47] Argyris, J.H.; Radaj, D.: Steifigkeitsmatrizen dünnwandiger Stäbe und Stabsysteme, In: Ingenieur–Archiv 40(1971)

[48] Bauchau, O.A.: „A beam theory for anisotropic materials", In: Trans. ASME. J. Appl. Mech. 52, 1985

[49] Bathe, K.–J.: Finite–Elemente–Methoden, Berlin: Springer 1986

[50] de Boer, R.: „Der gerade Stab mit geschlossenem dünnwandigem Profil unter näherungsweiser Berücksichtigung der Schub- und Querschnittsdeformation", In: Ingenieur–Archiv 39, 1970

[51] Bolotin, V.V.; Novichkov, Y.N.: Mechanik der mehrschichtigen Konstruktionen (russ.), Moskau: Mashinostroenie 1980

[52] Bornscheuer, F.W.: „Systematische Darstellung des Biege– und Verdrehvorganges unter besonderer Berücksichtigung der Wölbkrafttorsion", In: Der Stahlbau 21, 1952

[53] Boswell, L.F.; Zhang, S.H.: „The effect of distorsion in thin-walled box-spine beams", In: Int. J. Solids & Struct. 20, 1984

[54] Brebbia, C.A. (Editor): Finite Element Systems. A Handbook (3rd Edition), Berlin: Springer

[55] Bredt, R.: Kritische Bemerkungen zur Drehelastizität, In: Ztschr. des VDI 40, 1896

[56] Byčkov, D.V.: Stroitel'naya mekhanika steržnevych tonkostennykh konstrukcij, Moskva: Gosstrojisdat 1962

[57] Carlsson, L.A.; Pipes, R.B.: Hochleistungsfaserverbundwerkstoffe, Stuttgart: Teubner 1989

[58] Chung, Y.K.: Finite strips method in structural mechanics, Oxford: Pergamon 1976

[59] Chung, Y.K.: Finite strip method in structural and continuum mechanics, In: Int. J. Struct. 1, 1981

[60] Cywinski, Z.: Torsion des dünnwandigen Stabes mit veränderlichem einfach–symmetrischen offenen Querschnitt, In: Der Stahlbau 33, 1964

[61] Dannehl, J.: Zum Spannungszustand im Kastenträger mit geschlossenem einfach–symmetrischen Querschnitt unter Berücksichtigung des Querschnitteinflusses, TH Magdeburg, Fak. f. Techn. Wissenschaften: Diss. 1969

[62] Dannehl, J.: „Beitrag zum Spannungszustand im biegebeanspruchten doppelsymmetrischen Kastenträger", In: Wiss. Ztschr. TH Magdeburg 10, 1976

[63] Dabrowski, R.: Gekrümmte dünnwandige Träger, Berlin u.a.: Springer 1968

[64] Desserich, G.M.: Beitrag zur Spannungs– und Verformungsanalyse mehrschichtiger Flächentragwerke, ETH Zürich: Diss. 1983

[65] Diener, R.: Berücksichtigung der Wölbkrafttorsion in räumlichen Stabtragwerken, In: IFL–Mitteilungen 12, 1973

[66] Elishakoff, J.; Irretier, H. (editors): Refined Dynamical Theories of Beams, Plates and Shells an their Applications, Proceedings of EUROMECH-Coll. 219, Berlin: Springer 1987

[67] Ewald, G.; Lischke, N.: „Das Werkstoffgesetz mehrlagiger anisotroper Gitterstrukturen", In: Bauingenieur 62, 1987

[68] Fels, D.: Konzeptioneller Aufbau, Implementierung und Testung von Element-
     katalogen für universelle Finite–Elemente–Programmsysteme, TU Magdeburg:
     Diss. A 1986

[69] Fischer, U. (Herausgeber): Finite Elemente Programme in der Festkörperme-
     chanik, Leipzig: Fachbuchverlag 1986

[70] Franzke, H.: Die Ermittlung von Spannungen und Formänderungen in dünnwan-
     digen zweizelligen Kastenträgern unter stationärer Temperaturfeldbelastung mit
     Hilfe einer erweiterten halbmomentenfreien Schalentheorie nach Wlassow, TH
     Wismar: Diss. A 1986

[71] Freund, H.: Torsionsschwingungen ebener Rahmen mit Berücksichtigung der
     Wölbkrafttorsion, TH Darmstadt: Diss. 1984

[72] Gabbert, U.: „Berücksichtigung von Zwangsbedingungen in der FEM mittels
     der Penalty–Funktion–Methode, In: Technische Mechanik 4, 1983

[73] Gabbert, U.: Die Finite–Elemente–Methode in den Ingenieurwissenschaften un-
     ter dem Aspekt der rechentechnischen Realisierung im Rahmen universeller Pro-
     grammsysteme, TU Magdeburg: Diss. B 1988

[74] Garz, K.-F., Altenbach, J.: „Methoden der Berechnung geschlossener Ringträ-
     ger", In: Hebezeuge und Fördermittel 7, 1967

[75] Göldner, H. u.a.: Lehrbuch Höhere Festigkeitslehre, Bd. 1, 3. verbesserte Auf-
     lage, Leipzig: Fachbuchverlag 1991

[76] Göldner, H. u.a.: Lehrbuch Höhere Festigkeitslehre, Bd. 2, 3. durchgesehene
     Auflage, Leipzig–Köln: Fachbuchverlag 1992

[77] Goltermann, P.; Møllmann, H.: Interactive Buckling in thin–walled beams. Part
     2: Applications, DCAMM Report 345, 1987

[78] Grigolyuk, E.I.; Kulikov, G.M.: „Ein verallgemeinertes Modell der Mechanik
     dünnwandiger Konstruktionen aus Kompositwerkstoffen" (russ.), In: Mekh.
     komp. materialov 1988

[79] Gründer, J.: Verformungs– und Spannungsberechnung an Stabtragwerken aus
     dünnwandigen offenen Profilen unter Berücksichtigung des elastischen Knoten-
     verhaltens, TU Dresden: Diss. 1988

[80] Gunnlaugsson, G.A.; Pedersen, P.T.: A finite element formulation for beams
     with thinwalled cross–sections, In: Computer & Structures 15, 1982

[81] Gute, S.: Anwendung numerischer Lösungsverfahren bei der Berechnung von
     Ringträgern. TH Wismar, Fak. Maschinenbau: Diplomarbeit 1991

[82] Heilig, R.: „Der Schubverformungseinfluß auf die Wölbkrafttorsion von Stäben mit offenem Profil", In: Der Stahlbau 30, 1961

[83] Heilig, R.: „Beitrag zur Theorie der Kastenträger beliebiger Querschnittsform", In: Der Stahlbau 30, 1961

[84] Hill, R.: The elastic behaviour of a cristalline aggregate, In: Proc. Phys. Soc. 65, 1952, 389A

[85] Hirashima, M.; Yajima, S.: „Baustatischer Beitrag für elastische dünnwandige Stäbe", In: Bull. of Science and Engineering Research Laboratory Waseda University. Nr. 45, 1969

[86] Jensen, J.J.; Pedersen, P.T.: Recent advances in beam models used for ship hull vibration analysis, Int. Symp. on Ship Vibrations, Genova, 1984

[87] Jensen, J.J.; Pedersen, T.P.: A beam model for the torsional–bending response of ship hulls, In: Supplementary papers of the Royal Institution of Navel Architects, Vol. 125, 1983

[88] Jensen, J.J.: On the shear coefficient in Timoshenko's beam theory, In: J. Sound & Vibr. 87, 1983

[89] Jirousek, J.: A family of variable section curved beam and thick–shell or membran–stiffening isoparametric elements, In: Int. J. Numer. Methods in Engng. 17(1981)2

[90] Kaftan, U.: Behandlung von nichtprismatischen dünnwandigen geschlossenen Konstruktionen mit einer erweiterten halbmomentenfreien Schalentheorie nach Wlassow unter Berücksichtigung von stationären Temperaturlastfällen, IH Wismar: Diss. A 1986

[91] Kämmel, G.; Franeck, H.-J.: Einführung in die Methode der finiten Elemente, Leipzig: Fachbuchverlag 1988

[92] Kammler, G.: Ein finites Elementmodell zur Berechnung von Trägern und Stützen mit offenem dünnwandigem Querschitt unter Berücksichtigung der Interaktion zwischen globalem und lokalem Versagen, Universität Stuttgart: Diss. 1987

[93] Kantorovitsch, L.W.; Krylow, W.I.: Näherungsmethoden der höheren Analysis, Berlin: Deutscher Verlag der Wissenschaften 1956

[94] Kappus, R.: Drillknicken zentrisch gedrückter Stäbe mit offenem Profil im elastischen Bereich, In: Luftfahrtforschung 13, 1937

[95] Kissing, W.: „Einfache Berechnungsmodelle zur Ermittlung von Spannungen und Deformationen in thermisch belasteten dünnwandigen Kastenträgern", In: Schiffbauforschung 20, 1981

[96] Kissing, W.: „Zur Behandlung dünnwandig geschlossener Konstruktionen mit einer verallgemeinerten halbmomentenfreien Schalentheorie nach Wlassow", In: Technische Mechanik 2, 1981

[97] Kissing, W.: „Die halbmomentenfreie Schale nach Wlassow, ein Berechnungsmodell für längs- und querversteifte dünnwandige Konstruktionen und seine Anwendung auf Temperaturfeldbelastungen", In: Sonderheft Weiterbildung Schiffsfestigkeit. Universität Rostock 1982

[98] Kissing, W.: Verallgemeinerte Stabmodelle zur Behandlung dünnwandiger geschlossener Konstruktionen unter Einbeziehung von stationären Temperaturlastfällen, TU Magdeburg: Diss. B 1982

[99] Kissing, W.: „Ein Berechnungsmodell zur Untersuchung der Mittragewirkung kurzer Deckshäuser", In: Wiss. Beiträge IH Wismar 9, 1984

[100] Kissing, W.; Franzke, H.: „Untersuchung zweizelliger dünnwandiger Kastenträger unter thermischer Belastung mit einem erweiterten halbmomentenfreien Schalenmodell", In: Schiffbauforschung 22, 1983

[101] Kissing, W.; Franzke, H.: „Die Berechnung thermisch belasteter zweizelliger dünnwandig geschlossener Kastenträger als Gelenkfaltwerk", In: Schiffbauforschung 13, 1984

[102] Kissing, W.; Franzke, H.: „Der Einfluß von Querversteifungen auf den Spannungs- und Formänderungszustand zweizelliger Kastenträger", In: Schiffbauforschung 24, 1985

[103] Kissing, W.; Kaftan, U.: „Die Anwendung des Gelenkfaltwerkmodells zur Untersuchung einzelliger Kastenträger unter Temperaturfeldbelastungen", In: Schiffbauforschung 21, 1982

[104] Kissing, W.; Kaftan, U.: „Anwendung des halbmomentenfreien Schalenmodells auf temperaturfeldbelastete konische Kastenträger", In: Schiffbauforschung 23, 1984

[105] Kissing, W.; Kaftan, U.: „Die Untersuchung von Spannungen und Formänderungen konischer Kastenträger mit der halbmomentenfreien Schalentheorie unter Verwendung numerischer Lösungsstrategien für die entstehenden Dgl.-Systeme", In: Wiss. Beiträge IH Wismar 10, 1985

[106] Kissing, W.; Kaftan, U.: „Berechnung konischer Kastenträger mit dem Programm KONIKA auf der Grundlage der halbmomentenfreien Schalentheorie nach Wlassow", In: Schiffbauforschung 26, 1987

[107] Kissing, W.; Oßwald, R.: „Schwingungsuntersuchungen an querversteiften dünnwandigen Konstruktionen mit einem halbmomentenfreien Schalenmodell", In: Schiffbauforschung 24, 1985

[108] Kissing, W.; Oßwald, R.; Pöhls, Ch.: „Berechnung freier Schwingungen stabförmiger dünnwandiger, geschlossener Konstruktionen mit einem erweiterten halbmomentenfreien Stabmodell nach Wlassow", In: Wiss. Beiträge IH Wismar 10, 1985

[109] Kissing, W.; Oßwald, R.; Pöhls, Ch.: „Schwingungsuntersuchungen an versteiften Kastenträgern unter Berücksichtigung der Konturverformungen", In: Schiffbauforschung 27, 1988

[110] Kissing, W.; Oßwald, R.; Pöhls, Ch.; Reckziegel, P.: „Anwendung des halbmomentenfreien Schalenmodells auf statische und dynamische Untersuchungen von dünnwandigen geschlossenen Konstruktionen", In: Wiss. Ztschr. TH Wismar 2, 1990

[111] Kissing, W.; Reckziegel, P.: „Rechnergestützte Spannungs- und Formänderungsberechnungen an dünnwandigen Konstruktionen", In: Wiss. Beiträge TH Wismar 13, 1988

[112] Kissing, W.; Reckziegel, P.: „Nichtprismatische dünnwandige Konstruktionen und ihre rechnergestützte Untersuchung mit der halbmomentenfreien Schalentheorie", In: Schiffbauforschung 28, 1989

[113] Kissing, W.; Reckziegel, P.: „Einführung in die Handhabung des Programmsystems VLAKA zur globalen Analyse dünnwandiger geschlossener Schiffbaukonstruktionen mit dem halbmomentenfreien Schalenmodell", In: Rostock SH Schiffsfestigkeit, 1990

[114] Kissing, W.; Reckziegel, P.: „A solution of systems of differential equations by using the transfer-matrix algorithm with the avoidence of numerical instabilities and its application to semimoment shell theories", In: X. Pol. Conf. on Comp. Methods in Mechanics, Swinoujscie 1991

[115] Kissing, W.; Ring, H.: „Die Anwendung von Übertragungsmatrizen bei der Berechnung von Kastenträgern mit Hilfe der halbmomentenfreien Schalentheorie nach Wlassow unter Einbeziehung stationärer Temperaturlastfälle", In: Schiffbauforschung 23, 1984

[116] Kissing, W.; Schulz, J.: „Grundlagen der Berechnung von Ringträgern mit dünnwandigem geschlossenen Querschnitt unter Anwendung des halbmomentenfreien Schalenmodells", In: XI. IKM-Berichte, Heft 1. Weimar 1987

[117] Kobelev, V.V.: „Ein Modell anisotroper dünnwandiger Stäbe" (russ.), In: Mekh. komp. materialov 1988

[118] Kollbrunner, C.F.; Basler, K.: Torsion, Berlin/Heidelberg/New York: Springer 1966

[119] Kollbrunner, C.F.; Hajdin, N.: Beitrag zur Theorie dünnwandiger Stäbe mit gekrümmter Achse, Zürich: Verlag Leeman 1969

[120] Kollbrunner, C.F.; Hajdin, N.: Dünnwandige Stäbe, Berlin u.a.: Springer 1971 (Bd. 1), 1974 (Bd. 2)

[121] Kompozicionnye materialy (unter der Redaktion von V.V. Vasil'ev und Y.N. Tarnopolskiy), Moskau: Mashinostroenie 1990

[122] Korotkin, J.I.; Rostovcev, D.M.; Sivers, N.L.: Schiffsfestigkeit, Rostock: Institut für Schiffbau 1977

[123] Lekhnicky, S.G.: Elastizitätstheorie für anisotrope Körper (russ.), Moskau: Nauka 1977 (s.a. Lekhnitskii, S.G.: Theory of Elasticity of an Anisotropic Body, Moscow: Mir 1981)

[124] Lundgren, K.: Vlasov torsion of thin–walled open beams of non–linear material, Chalmers Tekniska Högskola: Diss. 1977

[125] Magrab, E.B.: Vibrations of elastic structural members, Sijthoff & Noordhoof 1979

[126] Mālmeisters, A.; Tamusz, V.; Teters, G.: Mechanik der Polymerwerkstoffe, Berlin: Akademie–Verlag 1977

[127] Matzdorf, V.: Ein quasi–eindimensionales Element zur globalen statischen und dynamischen Strukturanalyse dünnwandiger anisotroper Stab– oder stabähnlicher Konstruktionen, TU Magdeburg: Diss. 1991

[128] Mehn, R.: Ein Beitrag zur Theorie von anisotropen dünnwandigen Stäben, Düsseldorf: VDI-Verlag, Fortschrittsberichte Reihe 1, Nr. 141, 1986

[129] Möller, R.: Zur Berechnung prismatischer Strukturen mit beliebigem nicht formtreuen Querschnitt, TH Darmstadt: Diss. 1982

[130] Møllmann, H.; Goltermann, P.: Interactive Buckling in thin–walled beams. Part 1: Theory, DCAMM Report 344, 1987

[131] Moser, K.: Faser–Kunststoff–Verbund, Düsseldorf: VDI–Verlag 1992

[132] Murray, N.W.: Introduction to the theory of thin–walled structures, Oxford: Clarendon Press 1985

[133] Neumann, U.: Konstruktionswerkstoff carbonverstärkter Kohlenstoff (CFC), In: VDI-Berichte 563: Konstruieren mit Verbund– und Hybridwerkstoffen, Düsseldorf: VDI–Verlag 1985

[134] Nowinski, J.: Theory of thin–walled bars, In: Appl. Mech. Rev. 12, 1959

[135] Nutzerhandbuch des Programmsystems COSAR. Teil I: Grundlagen; Teil II: Eingabevorschrift, TH Magdeburg: Methodisch–Diagnostisches Zentrum „Finite Elemente" 1985

[136] Obrascov, I.F.: Variationsmethoden der Berechnung dünnwandiger Flugzeugkonstruktionen (russ.), Moskau: Mashinostroenie 1966

[137] Obrascov, I.F.: Baumechanik von Flugapparaten (russ.), Moskau: Mashinostroenie 1986

[138] Oehlschläger, H.: Berechnung verwindungsweicher Nutzfahrzeugrahmen auf Torsion unter Berücksichtigung der Knotenausbildung, TH Braunschweig: Diss. 1981

[139] Ookuma, M.; Nagamatsu, A.: „Comparision of component mode synthesis method with MCS–NASTRAN", In: Bull. JSME 27, 1984

[140] Oßwald, R.: „Schwingungsberechnungen an dünnwandigen, prismatischen Konstruktionen unter Berücksichtigung der Dämpfung", In: Wiss. Beiträge der TH Wismar 13, 1988

[141] Pöhls, Ch.: Eigenschwingungsberechnungen an dünnwandigen Konstruktionen mit geschlossenem Querschnitt auf der Grundlage der halbmomentenfreien Schalentheorie nach Wlassow, TH Wismar, Fak. für Naturwissenschaften und Technik: Diss. 1991

[142] Postnov, V.A.; Kharkhurim, Ya.: Die Methode der finiten Elemente bei Berechnungen von Schiffskonstruktionen (russ.), Leningrad: Sudostroenie 1974

[143] Postnov, V.A.: „Torsion der Schiffe", In: Schiffbauforschung 20, 1981

[144] Prisyazhnyuk, V.K.; Piskunov, V.G.: „Ein Modell für flache Schalen und Platten aus kompositen Schichtkonstruktionen für die Lösung von Aufgaben der Statik, Dynamik und des Kontaktes" (russ.), In: Mekh. komp. materialov 1987

[145] Rangelow, R.P.: Anwendung der Variationsmethode von V.Z. Vlasov bei der Festigkeitsuntersuchung von kantigen Schalen mit einer geschlossenen Querschnittskontur, gebildet durch eine beliebige ebene Kurve. TU für Bauwesen Sofia: Diss. 1965

[146] Reckziegel, P.: Die Berechnung nichtprismatischer geschlossener Kastenträgerkonstruktionen auf der Grundlage eines erweiterten halbmomentenfreien Stabschalenmodells, TH Wismar, Fak. für Naturwissenschaften und Technik: Diss. 1991

[147] Reuss, I.: Berechnung der Fließgrenze von Mischkristallen auf Grund der Fließbedingung von Einkristallen, In: ZAMM 9, 1929

[148] Ring, H.: „Behandlung des einfachsymmetrischen dünnwandigen Kastenträgers mit Übertragungsmatrizen unter Anwendung dezentraler Rechentechnik", In: Wiss. Beiträge IH Wismar 9, 1984

[149] Röhr, U.: Entwicklung und Anwendung einer kombinierten Finite–Elemente–Methode für die Strukturanalyse des Schiffskörpers, Universität Rostock: Diss. 1988

[150] Roik, K.; Lindner, J.: Biegetorsionsprobleme gerader dünnwandiger Stäbe, Berlin: Ernst & Sohn 1972

[151] Saal, G.: Ein Beitrag zur Schwingungsberechnung von dünnwandigen, prismatischen Schalentragwerken mit unverzweigtem Querschnitt, TH Darmstadt: Diss. 1974

[152] Schardt, R.: Eine Erweiterung der technischen Biegelehre für die Berechnung biegesteifer prismatischer Faltwerke, In: Der Stahlbau 35, 1966

[153] Schardt, R.: Verallgemeinerte Technische Biegetheorie, Berlin u.a.: Springer 1989

[154] Scheste, D.: Wölbkrafttorsion von Stäbe mit dünnwandigem Querschnitt, In: Ingenieur–Archiv 38, 1969

[155] Schneider, F.: Finite Elemente auf der Grundlage verallgemeinerter Vlasov–Stabmodelle und ihr Einsatz bei der statischen und dynamischen Strukturanalyse dünnwandiger Konstruktionen, TH Magdeburg: Diss. A 1989

[156] Schlichting, J. u.a.: Verbundwerkstoffe. Grundlagen und Anwendung, Grafenau: Lexika-Verlag 1978

[157] Schwarz, H.R.: Numerische Mathematik, Stuttgart: B.G. Teubner 1986

[158] Sedlaček, G.: Systematische Darstellung des Biege– und Verdrehvorganges für prismatische Stäbe mit dünnwandigem Querschnitt unter Berücksichtigung der Profilverformung, Düsseldorf: VDI–Verlag, Fortschrittsberichte Reihe 4, Nr. 8, 1968

[159] Soldatos, K.: „On the theories used for the wave propagation in laminated composite thin elastic shells", In: ZAMM 36, 1985

[160] Timoshenko, S.: Schwingungsprobleme in der Technik, Berlin: Springer 1932

[161] Umanski, A.A.: Räumliche Tragwerke (russ.), Moskau: 1948

[162] Vajravelu, P.: Ein Beitrag zur Theorie nichtprismatischer dünnwandiger Stäbe mit offenem und geschlossenem Querschnitt, In: Schiffbauforschung 9, 1970; 10, 1971

[163] Vasil'ev, V.V.: Mechanik der Konstruktionen aus Kompositwerkstoffen (russ.), Moskau: Mashinostroenie 1988

[164] Vasil'ev, V.V.: „Einige Probleme der Schalentheorie, die mit den Besonderheiten moderner Konstruktionswerkstoffe verbunden sind" (russ.), In: Izv. AN SSSR. Mekh. tv. tela 1987

[165] Vinson, J.R.; Sierakowski, R.L.: The Behavior of Structures Composed of Composite Materials, Dordrecht u.a.: Martinus Nijhoff 1987

[166] Voigt, W.: Lehrbuch der Kristallphysik, Berlin – Leipzig: Teubner 1910

[167] Wagner, H.: Verdrehung und Knickung von offenen Profilen, In: Festschrift 25 Jahre TH Danzig, 1929; sowie In: Luftfahrtforschung 11, 1934

[168] Wansleben, F.: Die Theorie der Drillsteifigkeit von Stahlbauteilen, Köln: Stahlbau–Verlag 1956

[169] Wiedemann, J.: Leichtbau, Bd. 1: Elemente, Berlin: Springer 1986

[170] Witt, D.: Berechnung ebener Rahmen aus dünnwandigen Profilen, In: Maschinenbautechnik 22, 1973

[171] Witt, D.: Berechnung von Rahmen aus dünnwandigen Profilen. Studientexte Stabtragwerke 3, TU Dresden 1977

[172] Witt, D.: Beitrag zur Berechnung von Fahrzeugrahmen, TU Dresden: Diss. B 1977

[173] Wlassow, W.S.: Allgemeine Schalentheorie und ihre Anwendung in der Technik, Berlin: Akademie–Verlag 1958

[174] Wlassow, W.S.: Dünnwandige elastische Stäbe (Bd. 1 und 2), Berlin: Verlag für Bauwesen 1964, 1965

[175] Zhang, Sh.; Lyons, L.P.R.: „Thinwalled box beam finite element for curved bridge analysis", In: Computer & Structures 15, 1984

[176] Ziegenhorn, M.: Die statische und dynamische Berechnung von Schalenkonstruktionen, TU Dresden: Diss. A 1986

[177] Zienkiewicz, O.C.: Methode der finiten Elemente, München: Carl Hanser Verlag 1984

[178] Zwicke, M.: Berechnung dünnwandiger Stabschalen mit Hilfe der halbmomentenfreien Schalentheorie nach Vlasov, TH Magdeburg, Wissenschaftsbereich Festkörpermechanik: Diplomarbeit 1985

[179] Zwicke, M.: Ein quasieindimensionales Finites Element für die globale mecha-
      nische Strukturanalyse dünnwandiger stabähnlicher Konstruktionen, TH Mag-
      deburg: Diss. A 1987

[180] Zwicke, M.: Ein Konzept zur globalen FE–Modellierung von dünnwandigen lang-
      gestreckten Konstruktionen, Kaiserslautern (im Druck)

Sachwortverzeichnis

verallgemeinerte Massenträgheiten 88
verallgemeinerte Querkräfte 22, 61, 251, 266
verallgemeinerte Querschiebungen 248
verallgemeinerte Querschnittswerte 22, 29, 54, 56, 63, 95, 293
verallgemeinerte Randlasten 294
verallgemeinerte Schnittgrößen 22, 23, 32, 42, 47, 54, 57, 63, 99
verallgemeinerte Spannungsgleichung 23
verallgemeinerte technische Biegetheorie 221
verallgemeinerte Verschiebungen 18, 22, 29, 43, 63, 251
Verformungskinematik 18, 28, 105, 106, 107

Wölbkrafttorsion 27, 228, 233

Zustandsvektor 41, 47, 55, 82, 252
zweizelliger Rechteckquerschnitt 111